21 世纪高等教育建筑环境与能源应用工程系列教材

制冷空调新技术

陈焕新　申利梅　蔡姗姗　等编著

丁国良　主　审

U0240541

机械工业出版社

本书内容涉及制冷技术、新兴行业、应用领域三方面。全书共15章，从制冷剂、制冷新技术的突破，到新技术在制冷空调系统的应用，详细、深入地介绍了制冷空调领域的前沿技术，内容包括大数据技术在制冷空调中的应用、数据中心冷却技术、新能源/光伏在制冷行业的应用、磁制冷技术、热电制冷技术、多联机空调系统、磁悬浮冷水机组、热泵技术与室内环境控制、空气净化技术、超高效中央空调机房系统、地源热泵系统设计与工程应用、工业热泵技术、喷气增焓技术及其在低温热泵系统的应用、功能型材料的发展及其在建筑节能领域的应用、制冷剂等，并阐述了未来发展方向。

本书可作为高等院校能源与动力工程、建筑环境与能源应用工程专业高年级本科生教材，也可作为制冷及低温工程等相关专业研究生教材，并可供制冷空调行业工程技术人员参考。

图书在版编目（CIP）数据

制冷空调新技术/陈焕新等编著. —北京：机械工业出版社，2022.5
21世纪高等教育建筑环境与能源应用工程系列教材
ISBN 978-7-111-70318-1

Ⅰ.①制⋯ Ⅱ.①陈⋯ Ⅲ.①空调制冷系统—空调技术—高等学校—教材 Ⅳ.①TB657.2

中国版本图书馆CIP数据核字（2022）第039975号

机械工业出版社（北京市百万庄大街22号 邮政编码100037）
策划编辑：刘 涛 责任编辑：刘 涛 高凤春
责任校对：张晓蓉 张 薇 封面设计：马精明
责任印制：常天培
天津嘉恒印务有限公司印刷
2022年8月第1版第1次印刷
184mm×260mm·20印张·520千字
标准书号：ISBN 978-7-111-70318-1
定价：89.00元

电话服务　　　　　　　　　网络服务
客服电话：010-88361066　　机 工 官 网：www.cmpbook.com
　　　　　010-88379833　　机 工 官 博：weibo.com/cmp1952
　　　　　010-68326294　　金 书 网：www.golden-book.com
封底无防伪标均为盗版　机工教育服务网：www.cmpedu.com

序

2019 年，中共中央办公厅、国务院办公厅印发《加快推进教育现代化实施方案（2018—2022 年）》，提出要"健全产教融合的办学体制机制，坚持面向市场、服务发展。促进就业的办学方向，优化专业结构设置，大力推进产教融合、校企合作"。为了落实中央要求，适应新技术革命和产业变革对卓越创新人才的要求，教育部积极推进新工科等建设，明确要坚持问题导向，不仅需要让学生掌握各专业的基础知识，也应该让他们接触更加前瞻的技术与产品，适应技术革命和产业变革带来的影响与变化，《制冷空调新技术》则在此要求下应势而生。

该书囊括了制冷领域的诸多现代新型技术及其产品的相关内容，并涉及制冷领域外延的相关技术知识。针对传统教材普遍存在技术知识相对滞后的问题，该书由高校与行业内的知名企业、研究院所合作共同编著，他们对教材内容加以创新和发展，拓展了教学内容的广度，丰富了学生的认知。该书既是在教育部"产教融合、校企合作"政策推动下的成果结晶，又是教育现代化发展中与企业合作办学的一次重要探索。

陈焕新教授从事制冷空调领域教学科研 30 多年，积累了许多经验，近年来对大数据在制冷空调领域的应用及数据中心冷却技术的研究取得了丰硕的成果，并被爱思唯尔评为"2019 年中国高被引学者"。《制冷空调新技术》一书便是他多年研究成果的一个总结。

该书由知名高校、设计院、国际知名企业的专家学者编著，具有两个显著特点。一是"专业的人做专业的事"。每一章节内容均由领域内国内外领先的技术团队所编写。如：多联机空调系统的内容，由空调多联技术的开创者大金（中国）投资有限公司编写；光伏空调的内容，由珠海格力电器股份有限公司编写，其旗下光伏空调产品有着"全球绿色制冷系统的领跑者"的美誉。二是强调让学生了解行业最新动态和最新技术，让"新技术、新产品进校园，新技术、新产品进课堂"。这不仅使得该书的实用性更强，还可以提高读者尤其是年轻读者的兴趣。这些特点决定了《制冷空调新技术》既适用于研究生了解专业领域的前沿技术和相关动态，也可被用于本科生的选修课程，同时，推荐给行业工程技术人员阅读，也大有裨益。

在此，我祝贺教材的成功出版，并对所有参与编写的专家、老师的专业与敬业表示敬意，同时希望广大读者能有所收获，真正成为新工科建设背景下的工程人才。

江亿

2020. 12. 6

前　言

我校（华中科技大学）开设现代制冷空调技术这门研究生课程10多年来，一直备受学生重视和欢迎，但遗憾的是一直使用临时讲义，没有专门教材，特别是没有行业最优秀的企业参与讲义的编写和课程的教学。近几年来有几个知名企业进入校园介绍他们的最新技术成果和理论，使我们打开了思路，为什么不邀请一些国际知名大企业专家和设计大师参与这项工作呢。而且这也和我们的"新技术、新产品进校园，新技术、新产品进课堂"理念不谋而合，这便是本书编写的目的和课程改革的初衷。

本书编著的主旨"新技术、新产品进校园，新技术、新产品进课堂"恰与《国务院办公厅关于深化高等学校创新创业教育改革的实施意见》《国务院办公厅关于深化产教融合的若干意见》等政策方针相吻合，是深化"引企入教""产教融合"以及"校企合作"等政策的重要探索。本书由高校、企业、设计院等机构的专家学者共同参与编写，由华中科技大学陈焕新教授担任主编。本书囊括了本专业国内外的最新研究成果，跟踪国内外高新技术前沿，将近几年国内外涉及最热门的相关领域涵盖其中，推动学科专业建设与产业转型升级相适应。

本书内容分为15章，主要介绍制冷空调行业的最新研究现状以及未来发展方向，涉及制冷技术、新兴行业、市场应用三大方面。本书主张"专业的人做专业的事"，每一章内容均由相关技术领域内领先的技术团队编写，深入浅出地阐述该领域的最新技术及研究成果，极具权威性和代表性。

陈焕新教授多年来致力于制冷空调领域中大数据的应用研究，近5年在该领域发表论文130余篇，其中被SCI收录70余篇，并编写了国内第一部关于大数据在空调领域应用的学术专著——《制冷空调遇上大数据——行业大变革》，在行业内享有盛名。另外，其团队在数据中心冷却技术的研究上也卓有成效，五次参与编写《中国数据中心冷却技术年度发展研究报告》，得到了同行的肯定与认可。本次将其团队近年来的研究成果和相关技术理论编纂成本书的第1章和第2章，供学习交流和探讨。

第1章大数据技术在制冷空调中的应用由华中科技大学陈焕新教授和郭亚宾博士编写。本章首先介绍了大数据的应用背景及意义，其次介绍了大数据技术中所涉猎的诸多算法，最后结合工程实际阐述了大数据在制冷空调行业的应用。

第 2 章数据中心冷却技术由陈焕新教授和孙东方博士编写。本章介绍了数据中心的发展概况和能耗情况，阐述了数据中心的多项冷却技术，并结合工程案例进行理论分析，最后总结了数据中心冷却技术的现状和未来发展趋势。

第 3 章新能源/光伏在制冷行业的应用由珠海格力电器股份有限公司的副总裁、总工程师谭建明、新能源环境技术研究院院长赵志刚和所长张雪芬编写，其提出新能源直流供电与空调系统相结合的理念，自主研发光储空调直流化关键技术，实现了系统发储用一体化集成应用，技术成果达到国际领先水平，项目成果荣获制冷行业首个中国发明专利金奖、2019 年广东省技术发明一等奖。牵头制定光伏直驱控制器两项 IEC 国际标准，已推广应用至全球近 30 个国家和地区，推动直流化系统的应用和发展，为全球节能减排做出重要贡献。本章对光伏如何应用于制冷行业进行详尽的阐述。

第 4 章磁制冷技术由华中科技大学申利梅副教授和童潇编写，第 5 章热电制冷技术新进展由华中科技大学申利梅副教授和陈艺欣编写。这两章主要介绍了磁制冷技术、热电制冷技术的基本原理和研究热点，从材料、器件和系统等方面综述了固体制冷技术的发展现状和发展方向。

第 6 章多联机空调系统由大金（中国）投资有限公司技术本部部长钟鸣编写。作为空调多联技术的开创者，大金将其引入中国市场，填补了国内中央空调领域的技术空白。据统计，大金作为多联机市场的核心代表品牌，自 2006 年有统计以来，大金多联机在空调市场所有产品的增长率排名中位居首位，现以23%的多联机市场占有率位居行业第一。本章不仅对该系统进行理念·介绍，更是结合实际，对系统的设计过程进一步阐述说明。

第 7 章磁悬浮冷水机组由海尔智家生态平台原副总裁王莉、青岛海尔空调电子有限公司智慧楼宇产业总经理付松辉、智慧楼宇研发总监国德防编写。海尔磁悬浮变频冷水机组标志着中央空调行业从有油进入"无油时代"，本章详细介绍了机组的技术原理、系统构造以及应用领域等。

第 8 章热泵技术与室内环境控制由青岛海信日立空调系统有限公司开发中心主任邓玉平、预研技术部所长曹法立博士、开发中心所长李丛来编写。作为"中国热泵行业十大杰出品牌"之一，也是高端变频多联机市场第二品牌，公司对于热泵技术有卓越的见解，本章内容包含热泵的定位分析、热泵系统的设计和现场安装、热泵系统的新风设计、热泵节能技术、空气品质与用户体验以及智能化技术在热泵系统中的应用等。

第 9 章空气净化技术由南京天加环境科技有限公司董事长蒋立、洁净室技术研究中心经理陈二松、全球洁净事业总经理吴小泉、市场服务中心总监梁路军编写。南京天加环境科技有限公司是国内洁净环境的系统集成供应商和服务商。本章从背景、标准、技术以及系统产品等多方面对空气净化技术进行阐述。

第 10 章超高效中央空调机房系统由广东美的暖通设备有限公司超高效建筑研究院院长李元阳博士、先行研究主任工程师方兴博士、技术总监黄国强编写。美的中央空调一直关注高效智能暖通系统的科技前沿，掌握国际领先的智能化、数字化核心技术，美的楼宇科技以"突破科技，成就梦想"为发展理念，在高效机房系统上以"精准控温，智慧节能"为核心，致力为用户创造舒适、宜人的美好环境。本章对美的超高效中央空调机房系统进行全面而精准的讲述。

第11章地源热泵系统设计与工程应用由中信建筑设计研究总院有限公司总工程师陈焰华、建筑科学研究院副总工程师於仲义、建筑科学研究院院长雷建平编写。专家们结合其研究成果和丰富的实践经验，介绍了一种利用少量高位能使热量从低位热源流向高位热源的节能和可再生能源利用系统，并结合工程案例阐述了其节能减排特性，内容更加符合工程技术人才的培养目标。

第12章工业热泵技术由上海汉钟精机股份有限公司董事长余昱暄、协理邓壮编写。上海汉钟精机股份有限公司专门从事螺杆式压缩机相应技术的研制开发，已成为我国最具实力、生产规模最大的螺杆式压缩机生产企业，在行业内占据一定的主导地位。本章主要讲述螺杆热泵压缩机的相关实际应用案例。

第13章喷气增焓技术及其在低温热泵系统的应用由艾默生副总裁殷光文和总监杨汉、季磊编写。艾默生旗下的谷轮品牌压缩机率先在其产品上规模化应用喷气增焓技术，有效解决了空气源热泵的低温适应性等技术难题。本章主要从喷气增焓原理、系统以及应用案例等多方面，对喷气增焓技术进行全面阐述。

第14章功能型材料的发展及其在建筑节能领域的应用由华中科技大学蔡姗姗副教授编写。本章从材料的角度分析制冷行业在建筑节能领域的变革创新，对超低能耗建筑中的被动式制冷技术提供发展思路。本章聚焦可应用于建筑的部分功能型材料，重点针对辐射制冷膜与新型围护结构等进行扩展阐述。

第15章制冷剂由霍尼韦尔国际公司前员工亚太区市场经理牛永明博士编写，其在制冷剂的研究方面一直处于领先水平。本章分别从制冷剂的发展历史、相关法规、主要低GWP制冷剂以及可燃制冷剂的风险评估等方面进行介绍。

本书聚集了众人的智慧，在编写过程中试图反映现代制冷空调新技术的全貌，尽可能地介绍新的研究领域和发展趋势。显然，有些新的研究领域在理论和实践上尚不成熟，通过本书简略的阐述希望能够引起读者的关注并推动这些领域的发展。

本书由陈焕新教授组织编写，并邀请了诸多知名企业和设计院的专家共同参与本书的编写工作，在此感谢所有技术专家对本书做出的积极贡献，同时华中科技大学的博士生、硕士生李正飞、徐成良、周镇新、刘佳慧、张弘韬同学对书中部分图表的绘制等工作做出了贡献，特此表示感谢。

　　由于制冷空调领域涉及的范围广泛，而本书的篇幅有限，因此在取材和论述方面不免存在疏漏之处甚至不可忽视的错误，为此恳请读者予以谅解并能加以指正。

编著者

目　录

第 1 章
大数据技术在制冷空调中的应用

1.1 为什么要引入大数据技术

现如今，物联网、云计算、移动互联网、车联网、手机、平板计算机、PC 以及遍布全球的各式各样的传感器，无一不是数据的来源及承载方式，人们早已生活在数据爆炸的时代，大数据时代已经来临，特别是在制冷空调行业中，运用大数据技术进行生产、销售、运行维护以及故障检测与诊断等正在潜移默化地改变整个行业，我国人口众多，互联网用户数在 2015 年已经超过 6 亿人。海量的互联网用户创造了大规模的数据量。在制冷空调行业中通过数据挖掘和关联规则可以从数据中挖掘出有用的信息，截至目前，全球有超过半数的财富 500 强企业在大数据竞争中失去优势。这种发展趋势在国内同样不可避免，在未来的市场竞争中，能在第一时间从大量互联网数据中获取最有价值的信息的企业才最具有优势。

大数据的价值就是对海量数据进行存储和分析，大数据的海量化、多样化、快速化和价值化的特征使得其"廉价、迅速、优化"这三个方面的综合成本最优。大数据正在开启一次重大的时代转型，就像望远镜让我们能够感受宇宙，显微镜让我们能够观测微生物一样，大数据正在改变我们的生活以及理解世界的方式，成为新发明和新服务的源泉，而更多的改变正蓄势待发。

在建筑行业中，随着计算机技术、传感技术、自动控制技术的提升，建筑系统逐渐向着高度自动化、智能化的方向发展，许多建筑通过建筑自动化系统（Building Automation Systems，BAS）来实时监控建筑中各个子系统或设备（如暖通空调系统、照明系统、电梯系统、安全系统等）的运行状况。为了实现 BAS 的功能，计算机以较短的时间间隔（几秒到几分钟）收集和存储各个系统或设备的实时运行数据，包括系统和设备的运行参数、分项计量电表数据等。随着建筑使用年限的增加，BAS 存储的数据量将会越来越庞大。建筑空调系统作为建筑中最复杂、最关键的系统之一，其运行监控参数占据了总数据的绝大部分。同时，许多大中型空调系统或设备（如冷水机组、多联式空调系统等）的内嵌控制模块中也存储了大量的运行数据，可以通过计算机进行传输和存储。以上两种方式都为建筑节能提供了广阔的大数据来源。

在建筑环境控制系统的运行过程中，利用大数据技术对运行过程中的运行数据（如温度、压力、室内湿度等）进行采集并从中对得到的数据进行挖掘分析，从而达到系统的智能化运行，实现节约能源的目的，还可以通过跟踪系统的换热设备、压缩机等部件积累下来的超大量数据，捕捉到各换热部件的运行情况，从而能从根本上杜绝能源浪费。

制冷空调系统是维持室内热舒适性和空气品质的关键设备，是建筑内的主要耗能系统或设备之一，其全年运行能耗一般占建筑总能耗的 30%～50%，因此，制冷空调系统的稳定、高效运行对建筑节能具有重要实际意义。另外，制冷空调系统故障多样，且难以避免，其在故障条件下运行时会导致系统能耗增加、能效降低、寿命减少，甚至会导致系统停机、部件坏死等严重后果。对制冷空调系统进行故障诊断能够提前判断故障的发生，或者快速检测到故障发生类型，从而有效避免系统发生故障，或者快速排除系统故障，避免产生更加严重的后果，并能够提高系统运行稳定性及用户体验，降低系统维护成本。

1.2 大数据技术概述

大数据技术在广义上来讲，包含了从数据获取到结果呈现整个流程中涉及的所有技术种类。但是从空调领域的具体应用来讲，其核心研究技术在于数据挖掘。大数据的本质是海量的、多维度、多形式的数据，因而大数据技术的主要目的在于对海量、多维度以及多形式的数据进行信息提取和挖掘，最终具体应用在领域内。本章将结合大数据技术的具体原理，介绍目前制冷空调行业中应用最为广泛的五类数据挖掘技术。

1.2.1 决策树

决策树是最经典的数据挖掘方法之一，它以树形结构将决策/分类过程展现出来，简单直观、解读性强。当预测结果为类别时，决策树为分类回归树，当预测结果为一个实数时，决策树为回归决策树。其基本流程遵循简单且直观的"分而治之"策略，如图 1-1 所示。从该策略上，我们可以看到决策树算法最重要的一步是第 8 步，即如何确定最优的划分属性。目前最为常见的几类典型决策树算法是 CART、ID3 和 C4.5。

输入： 训练集 $D=\{(x_1, y_1), (x_2, y_2), \cdots, (x_m, y_m)\}$；
　　　　属性集 $A=\{a_1, a_2, \cdots, a_d\}$.
过程： 函数 TreeGenerate (D,A)
1: 生成结点 node；
2: if D 中样本全属于同一类别 C then
3: 　　将 node 标记为 C 类叶节点；return
4: end if
5: if $A=\varphi$ OR D 中样本在 A 上取值相同 then
6: 　　将 node 标记为叶节点，其类别标记为 D 中样本数最多的类；return
7: end if
8: 从 A 中选择最优划分属性 a_*；
9: for a_* 的每一个值 a_*^v do
10: 　　为 node 生成一个分支；令 D_v 表示 D 中在 a 上取值为 a_*^v 的样本子集；
11: 　　if D_v 为空 then
12: 　　　　将分支节点标记为叶节点，其类别标记为 D 中样本最多的类；return
13: 　　else
14: 　　　　以 TreeGenerate (D_v, A\{a_*}) 为分支节点
15: 　　end if
16: end for
输出： 以 node 为根节点的一棵决策树

图 1-1　决策树算法策略

CART 算法使用"基尼系数"来选择划分属性。如果用 $k(k = 1, 2, \cdots, L)$ 来表示类别，L 表示数据集 D 的总变量数。"基尼系数"可以用式（1-1）来表示。p_k 表示训练数据在每个节点属于第 k 类的概率。一个完全纯净的节点的基尼系数为零，内部节点增加，基尼系数近似 1。基尼系数越大，节点越不纯。

$$\text{Gini}(D) = 1 - \sum_{k=1}^{L} p_k^2 \tag{1-1}$$

ID3 算法以"信息增益"为准则来选择划分属性。假定存在样本集合 D，该集合中第 k 个类

别数目占总数目的比例为 p_k，样本集合 D 的信息熵定义为式（1-2）。$\mathrm{Ent}(D)$ 的值越小，D 的纯度越高。依据式（1-2）计算出不同的分支节点所包含的样本数，给分支节点赋予权重，从而计算某一特定属性 a 对样本集合 D 划分所获得的"信息增益"，这个也就是 ID3 算法划分属性的主要依据，其计算公式见式（1-3）。式中 V 表示离散属性 a 的可能取值总数。

$$\mathrm{Ent}(D) = -\sum_{k=1}^{|L|} p_k \log_2 p_k \tag{1-2}$$

$$\mathrm{Gain}(D,\ a) = \mathrm{Ent}(D) - \sum_{v=1}^{|V|} \frac{|D^v|}{|D|} \mathrm{Ent}(D^v) \tag{1-3}$$

C4.5 算法是在 ID3 算法的基础上进行改进，其不直接使用"信息增益"选择划分属性，而是先从候选划分属性中找到信息增益高于平均水平的属性，然后以"增益率"高低水平判定最优划分。采用上述相同的符号，其定义见式（1-4），其中 $\mathrm{IV}(a)$ 的定义见式（1-5）。

$$\mathrm{Gain\_ratio}(D,\ a) = \frac{\mathrm{Gain}(D,\ a)}{\mathrm{IV}(a)} \tag{1-4}$$

$$\mathrm{IV}(a) = -\sum_{v=1}^{|V|} \frac{|D^v|}{|D|} \log_2 \frac{|D^v|}{|D|} \tag{1-5}$$

决策树算法在实际运用中，解决"过拟合"问题的主要手段是"剪枝"，即人为设定树深等条件，去掉树形的部分分支来降低过拟合风险。决策树剪枝的主要策略有"预剪枝"和"后剪枝"两种。预剪枝：在决策树生成的过程中，对每个节点在划分前先进行估计，若当前节点的划分不能带来决策树泛化性能的提升，则停止当前节点的划分。后剪枝：在决策树生成后，自底向上地对非叶节点进行考察，若将该节点对应的子树替换为叶节点能带来决策树泛化性能的提升，则将该子树替换为叶节点。以两层树深二分类问题为例，图 1-2 为剪枝后决策树分类树形结构示意图。

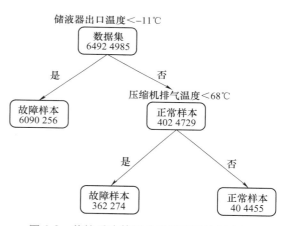

图 1-2　剪枝后决策树分类树形结构示意图

1.2.2　神经网络

神经网络的研究早已出现[1]。"神经网络"是一个相对较大的多学科领域。神经网络最广泛使用的定义是神经网络是自适应简单单元的广泛并行互联网络，其组织可以模拟生物神经网络系统与现实世界对象的相互作用[1]。

神经网络结构很多，如反向传播神经网络（BPNN）[2]、径向基本功能网络（RBFN）[3]、自组织映射网络（SOMN）[4]等。BPNN 因其向后传播和强大的非线性映射能力而得到更广泛的应用。因此，本文主要阐述 BPNN 算法。

BPNN 的一般结构如图 1-3 所示。完整的 BPNN 包括三层：输入层、隐藏层和输出层。每层包含至少一个神经元。删除后的变量视为输入层，输出层是压缩器的三种操作状态。但是，隐藏层很难确定，它取决于输入层和输出层之间的匹配。

BPNN（也称为 BP 神经网络）的工作原理如下：首先，将输入示例提供给输入层神经元，然后逐层转发信号，直到生成输出层结果；其次，计算输出层结果误差，并将误差向后传播到隐藏层神经元；再次，根据隐藏层神经元的误差调整连接权限和阈值活动；最后，循环该迭代过程直到达到停止条件。BPNN算法的最终目标是最小化输出层和期望值之间的累积误差。

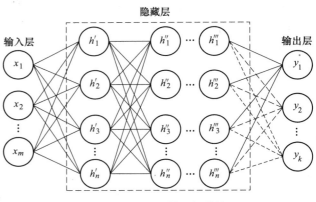

图 1-3 BPNN 的一般结构

1.2.3 支持向量机

支持向量机（Support Vector Machine，SVM）于 1963 年提出，在 20 世纪 90 年代后得到快速发展并衍生出一系列改进和扩展算法，包括多分类 SVM、最小二乘 SVM、支持向量回归、支持向量聚类、半监督 SVM 等，在人像识别、文本分类等模式识别问题中有广泛应用。支持向量机是一类按监督学习方式对数据进行二元分类的广义线性分类器，其决策边界是对学习样本求解最大边距超平面。它的目的是寻找一个超平面来对样本进行分割，分割的原则是间隔最大化，最终转化为一个凸二次规划问题来求解。

由简至繁的模型包括：当训练样本线性可分时，通过硬间隔最大化，学习一个线性可分支持向量机；当训练样本近似线性可分时，通过软间隔最大化，学习一个线性支持向量机；当训练样本线性不可分时，通过核技巧和软间隔最大化，学习一个非线性支持向量机。

1. 线性可分支持向量机

当训练样本线性可分时，通常采用硬间隔最大化，学习一个线性可分支持向量机。而样本是否线性可分的判断依据为，能否使用线性函数将样本分开。线性函数的定义十分简单，在二维空间中就是一条直线，在三维空间中就是一个平面，以此类推，如果不考虑空间维数，这样的线性函数统称为超平面。以二维空间为例，如图 1-4 所示。图中○代表正类，●代表负类，样本是线性可分的，但是很显然不是只有这一条直线可以将样本分开，而是有无数条，我们所说的线性可分支持向量机就对应着能将数据正确划分并且间隔最大的直线，如图 1-4 中实斜线所示。

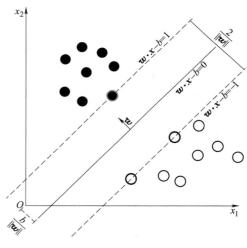

图 1-4 支持向量与间隔

在样本空间中，划分超平面可通过如下线性方程来描述：

$$G\boldsymbol{w}^{\mathrm{T}}\boldsymbol{x} + b = 0 \tag{1-6}$$

其中，$\boldsymbol{w}$ 为法向量，决定了超平面的方向；b 为位移项，决定了超平面与原点之间的距离。显然，划分超平面可根据法向量 $\boldsymbol{w}$ 和位移 b 确定。

$$\min \frac{1}{2} \parallel \boldsymbol{w} \parallel^2$$

$$\mathrm{s.\,t.}\ y_i(\boldsymbol{w}^{\mathrm{T}} + b) \geqslant 1,\ i = 1,\ 2,\ \cdots,\ m \tag{1-7}$$

这就是支持向量机的基本型。式（1-7）本身是一个凸二次规划问题，可以使用现有的优化计算包来计算，但我们选择更为高效的方法。即对式（1-7）使用拉格朗日乘子法得到其对偶问题，该问题的拉格朗日函数可以写为

$$L(\boldsymbol{w}, b, \boldsymbol{\alpha}) = \frac{1}{2} \|\boldsymbol{w}\|^2 + \sum_{i=1}^{m} \alpha_i [1 - y_i(\boldsymbol{w}^\mathrm{T} \boldsymbol{x}_i + b)] \tag{1-8}$$

其中，α_i 为松弛因子；y_i 为拉格朗日乘子。

经求解可得模型：

$$f(\boldsymbol{x}) = \boldsymbol{w}^\mathrm{T} \boldsymbol{x} + b = \sum_{i=1}^{m} \alpha_i y_i \boldsymbol{x}_i^\mathrm{T} \boldsymbol{x} + b \tag{1-9}$$

上述过程的 KKT 条件为

$$\begin{cases} \alpha_i \geqslant 0 \\ y_i f(\boldsymbol{x}_i) - 1 \geqslant 0 \\ \alpha_i(y_i f(\boldsymbol{x}_i) - 1) \geqslant 0 \end{cases}$$

分析一下，对于任意的训练样本 $(\boldsymbol{x}_i, y_i)$，若 $\alpha_i = 0$，则其不会在式（1-7）中的求和项中出现，也就是说，它不影响模型的训练；若 $\alpha_i > 0$，则 $y_i f(\boldsymbol{x}_i) - 1 = 0$，也就是该样本一定在边界上，是一个支持向量。这里显示出了支持向量机的重要特征：当训练完成后，大部分样本都不需要保留，最终模型只与支持向量有关。

2. 非线性支持向量机和核函数

对于非线性问题，线性可分支持向量机并不能有效解决，要使用非线性模型才能很好地分类。人们希望能用解线性分类问题的方法求解非线性问题，因此需采用非线性变换将非线性问题变换成线性问题。对于这样的问题，可以将训练样本从原始空间映射到一个更高维的空间，使得样本在这个空间中线性可分，如果原始空间维数是有限的，即属性是有限的，那么一定存在一个高维特征空间使样本可分。

根据 Mercer 定理，只要一个对称函数所对应的核矩阵半正定，那么它就能作为核函数来使用。通过前面的讨论可知，我们希望样本在特征空间内线性可分，因此特征空间的好坏对支持向量机的性能至关重要。需注意的是，在不知道特征映射的形式时，我们并不知道什么样的核函数是合适的，而核函数也仅是隐式地定义了这个特征空间。于是，"核函数"选择成为支持向量机的最大变数。若核函数选择不合适，则意味着将样本映射到了一个不合适的特征空间，很有可能导致性能不佳。表 1-1 列出了几种常用的核函数。

表 1-1　常用核函数

名　称	表　达　式	参　数
线性核	$k(\boldsymbol{x}_i, \boldsymbol{x}_j) = (\boldsymbol{x}_i^\mathrm{T}, \boldsymbol{x}_j)$	
多项式核	$k(\boldsymbol{x}_i, \boldsymbol{x}_j) = (\boldsymbol{x}_i^\mathrm{T}, \boldsymbol{x}_j)^d$	$d \geqslant 1$ 为多项式的次数
高斯核	$k(\boldsymbol{x}_i, \boldsymbol{x}_j) = \exp\left(-\dfrac{\|\boldsymbol{x}_i - \boldsymbol{x}_j\|^2}{2\sigma^2}\right)$	$\sigma > 0$ 为高斯核的带宽（width）
拉普拉斯核	$k(\boldsymbol{x}_i, \boldsymbol{x}_j) = \exp\left(-\dfrac{\|\boldsymbol{x}_i - \boldsymbol{x}_j\|}{\sigma}\right)$	$\sigma > 0$
Sigmoid 核	$k(\boldsymbol{x}_i, \boldsymbol{x}_j) = \tanh(\beta \boldsymbol{x}_i^\mathrm{T} \boldsymbol{x}_j + \theta)$	Tanh 为双曲正切函数，$\beta > 0$，$\theta < 0$

1.2.4 贝叶斯分类器

贝叶斯分类器是一类分类器算法的总称，贝叶斯定理是这类算法的核心，因此统称为贝叶斯分类。根据其考虑"属性条件独立性假设"的程度，贝叶斯分类器又分为朴素贝叶斯分类器和半朴素贝叶斯分类器。贝叶斯定理见式（1-10），其中 $P(c)$ 是类的"先验"概率，$P(x \mid c)$ 是样本 x 相对于类标记 c 的类条件概率，$P(x)$ 是用于归一化的因子。

$$P(c \mid x) = \frac{P(c)P(x \mid c)}{P(x)} \tag{1-10}$$

在计算后验概率 $P(c \mid x)$ 时，类的条件概率是所有属性上的联合概率，对于有限的训练样本，难以直接获得准确的条件概率值。因此，朴素贝叶斯分类器采用"属性条件独立性假设"，即对于已知类别，假设所有的属性相互独立。那么贝叶斯定理表达式（1-10）可以写为式（1-11），其中 d 为属性数目，x_i 为 x 在第 i 个属性上的值。

$$P(c \mid x) = \frac{P(c)P(x \mid c)}{P(x)} = \frac{P(c)}{P(x)} \prod_{i=1}^{d} P(x_i \mid c) \tag{1-11}$$

对于所有的类别来说 $P(x)$ 都是相同的，则朴素贝叶斯分类器的表达式为式（1-12），其中 d 为属性数目，x_i 为 x 在第 i 个属性上的值。

$$h_{\mathrm{nb}}(x) = \arg \max_{c \in y} P(c) \prod_{i=1}^{d} P(x_i \mid c) \tag{1-12}$$

可以看出朴素贝叶斯分类器的训练过程就是基于训练集来估计类先验概率 $P(c)$，并为每个属性估计条件概率 $P(x_i \mid c)$。

在现实生活中，分类对应的各个属性之间是相互独立这种假设往往是难以做到的。分类过程中，适当地考虑一部分属性之间的相互依赖关系，即在一定程度上放松了对属性条件独立性的假设，这样便诞生了半朴素贝叶斯分类器。其最常用的一种策略称为"独依赖估计"（One-Dependent Estimator，ODE），基本思想就是适当考虑一部分属性之间的相互依赖信息，从而既不需要进行完全联合概率计算，又不至于彻底忽略了比较强的属性依赖关系，很好地兼顾了两者。独依赖估计表达式为式（1-13），其中 pa_i 为属性 x_i 所依赖的属性，称为父属性。

$$P(c \mid x) \propto P(c) \prod_{i=1}^{d} P(x_i \mid c, pa_i) \tag{1-13}$$

修正后的半朴素贝叶斯公式见式（1-14），可以看到类条件概率 $P(x_i \mid c)$ 修改为了 x_i 依赖于分类 c 和一个依赖属性 pa_i。

$$h_{\mathrm{nb}}(x) = \arg \max_{c \in y} P(c) \prod_{i=1}^{d} P(x_i \mid c, pa_i) \tag{1-14}$$

1.2.5 集成学习

集成学习（Ensemble Learning）是近年来机器学习领域的研究热点之一，它本身不是一个单独的机器学习算法，而是使用一系列机器学习器进行学习，并使用结合策略把各个学习结果进行整合从而获得比单个学习器学习效果更好的"强学习器"来完成学习任务，可以用于解决分类问题、回归问题、特征选取、异常点检测等多种机器学习问题。

集成学习的原理来源于 PAC 学习模型（Probably Approximately Correct Learning）[5]。Kearns 和 Valiant 最早探讨了弱学习算法与强学习算法的等价性问题，即提出了是否可以将弱学习算法提升成强学习算法的问题。如果两者等价，那么在学习概念时，只要找到一个比随机猜测略好的弱学习算法，就可以将其提升为准确率非常高的强学习算法。集成学习的主要思路是先通过一定的规则生成一组"个体学习器"（Individual Learner），再采用某种策略将它们进行组合，最后综合判断输出最终结果。个体学习器通常都是一个种类的，或者说是同质（Homogeneous）的，是用一个现有的学习算法从训练数据产生，例如 C4.5 决策树或 BP 神经网络算法等。个体学习器也可以不全是一个种类的，我们称为异质（Heterogeneous）的，例如个体学习器中同时包含 C4.5 决策树和 BP 神经网络。目前来说，同质个体学习器的应用是最广泛的，一般我们常说的集成学习的方法都是指的同质个体学习器。根据个体学习器生成方式的不同，目前集成学习方法大致可分为两大类：第一类是个体学习器之间存在强依赖关系，一系列个体学习器基本都需要串行生成的序列化方法，代表算法是 Boosting 系列算法；第二类是个体学习器之间不存在强依赖关系，一系列个体学习器可以同时生成的并行化方法，代表算法是 Bagging 和随机森林（Random Forest）系列算法。

Boosting 算法[6]的原理如图 1-5 所示，首先从训练集用初始权重训练出一个弱学习器，再根据弱学习器的学习误差率表现来更新训练样本的权重，使得先前弱学习器做错的训练样本在后续得到更多的重视，然后基于调整权重后的样本分布来训练下一个弱学习器；如此重复进行，直至弱学习器个数达到事先指定的值，最终将这多个弱学习器进行加权整合，得到最终的强学习器。Boosting 系列算法里最著名的算法主要有 AdaBoost 算法和提升树（Boosting Tree）系列算法。

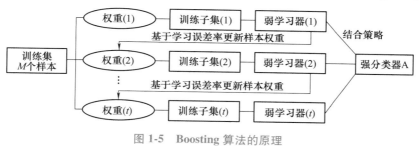

图 1-5　Boosting 算法的原理

Bagging 算法原理[7]和 Boosting 不同，它的弱学习器之间没有依赖关系，个体弱学习器的训练集是通过随机采样得到的，一般采用的是自助采样法（Bootstrap Sampling），如图 1-6 所示。由于是随机采样，这样每次的采样集是和原始训练集不同的，和其他采样集也是不同的，于是我们能得到多个不同的弱学习器，再对这多个弱学习器通过结合策略来得到最终的强学习器。随机森林[8]（Random Forest，RF）是 Bagging 的一个特化进阶版，其在以决策树作为基学习器构建 Bagging 集成的基础上，进一步在决策树的训练过程中引入了特征的随机选择，其基本思想没有脱离 Bagging 的范畴。

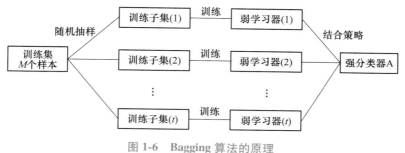

图 1-6　Bagging 算法的原理

集成学习的结合策略主要有三种，分别是平均法、投票法和学习法。对于数值类的回归预测问题，通常使用的结合策略是平均法，也就是说，对于若干个弱学习器的输出进行平均得到最终的预测输出。而投票法主要针对分类任务，有相对多数投票法、绝对多数投票法和加权投票法。当训练数据很多时，一种更为强大的结合策略是使用"学习法"，即通过另一个学习器来进行结合，Stacking 就是学习法的典型代表。

1.3 大数据技术在故障诊断领域中的应用

暖通空调（HVAC）系统是建筑系统中不可缺少的设备，占据了建筑能耗的较大部分[1]。在能源日益枯竭的今天，如何提高能源利用、降低建筑耗能成为一个具有重要意义的课题。多联机变流量（VRF）空调系统作为一种较新的暖通空调技术，与传统技术相比，具有控制能力强、易于安装维护、设计灵活和能效性好的优点，因此受到越来越多的关注，在中小型建筑和部分公共建筑中得到日益广泛的应用[2]。然而在复杂环境、机械磨损或维护不当的情况下运行多年后，多联机系统可能会出现阀门故障、换热器结垢、传感器故障和制冷剂泄漏或充注过量等问题，这将增加系统能耗并降低运行效率。

暖通空调系统故障检测与诊断（Fault Detection and Diagnosis，FDD）的方法主要分为三种：基于定性经验知识、基于分析模型和基于数据驱动。随着互联网、物联网、云计算及信息技术的快速发展与成熟，数据也发生了翻天覆地的变化，对于制造业，大数据已逐渐受到国家和企业的重视。暖通空调行业作为典型的制造业，正处于转型发展的关键时期，大量历史积累数据成为企业的宝贵财富[5]。基于数据驱动的方法不依靠先验知识，仅通过分析大量数据发现变量和参量之间的固有联系，在复杂的暖通空调系统 FFD 中的研究与应用越来越广泛[6]。而数据挖掘的目的在于从大量的、复杂的数据中获取潜在的、有价值的信息和知识。数据挖掘涉及多学科交叉融合，综合了机器学习、人工智能、数据库技术、统计学和信息检索等方面的前沿技术[7]。近些年来随着计算机技术的日益成熟和数据挖掘算法的不断推进，利用计算机数据挖掘技术实时地分析系统数据，对空调系统做故障诊断，发现异常及时报警，有效地保证了空调机组正常高效的工作，并为机组运行的安全性和能耗损失的减少提供了一个行之有效的解决方案。

1.3.1 多联机阀类故障诊断

本案例故障诊断的研究对象为一台额定制冷量为 45kW，制冷剂为 R410A 的多联机系统，该多联机试验系统示意图如图 1-7 所示，共有 5 个室内机，编号为 1、2、3、4、5，1 个室外机，为了保证多联机的正常运行，多联机上布有多个传感器，用来测量温度、压力、阀门开度、压缩机以及风机频率等，共 41 个参数。其中温度测点以及压力测点已经在图上标出。首先在制冷和制热工况下分别正常运行多联机系统，获得该多联机运行正常的数据。然后进行阀类故障试验，故障试验分别为其中任意一个室内机电子膨胀阀卡死 1（卡在 0 开度）、电子膨胀阀泄漏、电子膨胀阀卡死 2（卡在最大开度）、四通阀故障，加上正常数据分别用标签 A1～A5 表示。神经网络输出结果中，采用向量表示各故障类型，1 表示运行状况，越接近 1，表示越接近运行状态，见表1-2。

表 1-2　阀类故障类型的向量表示

故障类型	标　签	输出向量表示
电子膨胀阀卡死 1	A1	（1 0 0 0 0）
电子膨胀阀泄漏	A2	（0 1 0 0 0）
电子膨胀阀卡死 2	A3	（0 0 1 0 0）
四通阀故障	A4	（0 0 0 1 0）
正常	A5	（0 0 0 0 1）

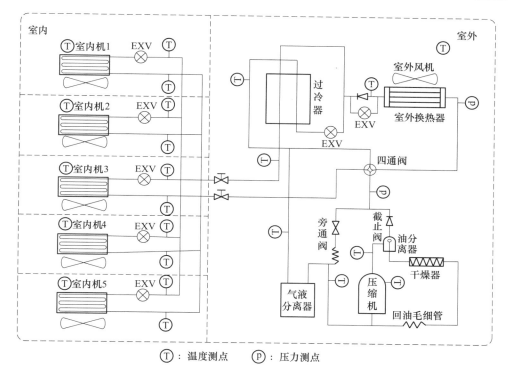

　　①：温度测点　　　①：压力测点

图 1-7　多联机试验系统示意图

　　多联机的阀类故障诊断复合模型流程如图 1-8 所示。首先，输入数据按比例随机划分为训练集和测试集，均进行数据归一化处理。然后，采用遗传算法针对训练集进行故障特征的选取和神经网络模型的训练，得到最优特征子集，同时对神经网络的参数，如传递函数、训练函数、神经网络隐藏层节点数等进行优化选择。最后，利用测试集对训练好的神经网络模型进行测试，得到诊断结果。

　　优化前后各故障的检测率如图 1-9 所示，only-BPNN 为采用原始特征集建模检测结果，GA-BPNN 为优化特征集后建模的检测结果。可以看出，采用原始特征集进行建模时，电子膨胀阀卡死 1 的故障检测率为 89.49%，电子膨胀阀泄漏的检测率为 97.47%，电子膨胀阀卡死 2 的故障检测率为 89.72%。利用遗传算法优化后的电子膨胀阀的故障检测率均得到提高，其中电子膨胀泄漏的故障检测率达到 100%，电子膨胀阀卡死 1 和电子膨胀阀卡死 2 的故障分别提高到 98.21% 和 97.72%。

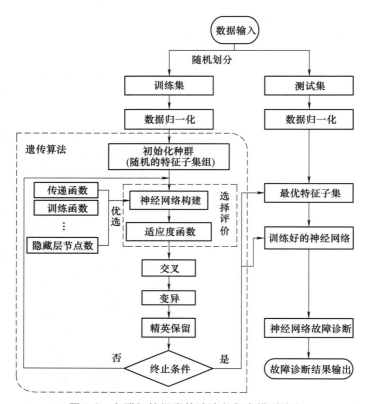

图 1-8 多联机的阀类故障诊断复合模型流程

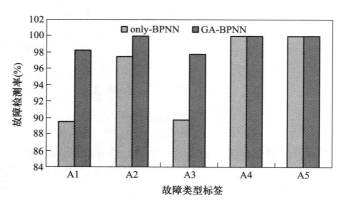

图 1-9 优化前后各故障检测率比较

1.3.2 多联机制冷剂充注量故障诊断

由于在复杂的环境中长期运行，或是不恰当的维护，可能导致多联机系统制冷剂泄漏或者过充。而制冷剂充注量水平对多联机系统的高效运行影响很大，及时诊断出制冷剂充注量故障不仅有利于多联机系统长时间高效运行，而且可保证其使用寿命。本案例故障诊断采用一种基于主成分分析-决策树的多联机故障检测与诊断方法，利用充注量试验数据机型决策树模型建模，并使用三组机组实际运行的数据验证模型的鲁棒性，结果表明该方法能降低数据维度，具有良好的检测与诊断效果。

多联机试验系统示意图如图 1-7 所示。该故障试验引入了不足、适中及过量 3 种不同的制冷剂充注程度，共计 9 种充注量水平，见表 1-3。

表 1-3 制冷剂充注量水平

编 号	充注量水平（%）	充注程度
1	63.64	不足
2	75.45	不足
3	80.00	不足
4	84.84	适中
5	95.75	适中
6	103.74	适中
7	111.72	过量
8	120.00	过量
9	130.00	过量

图 1-10 所示为基于 PCA-DT 的多联机制冷剂充注量故障诊断流程。对原始数据集进行数据预处理，数据预处理包含数据清洗和特征提取两部分，剔除数据中的不变值、异常值以及缺失值。选取室外环境温度、冷凝温度、蒸发温度、压缩机排气温度、压缩机进气温度、压缩机壳顶温度、压缩机运行频率、压缩机电流、化霜温度、过冷器气体出口温度、过冷器液体出口温度、气液分离器进口温度、气液分离器出口温度、室外机膨胀阀开度等 14 个变量进行后续的建模工作。对这些变量组成的数据集进行标准化，求取其负荷向量矩阵并建立 PCA 模型。对于经过 PCA 降维处理后的多联机数据，随机抽取 75% 作为决策树算法的训练集，利用训练集建立决策树模型（DT 模型），并用剩余的 25% 数据作为测试集测试该决策树模型。

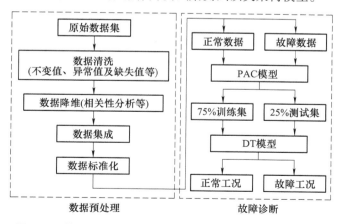

图 1-10 基于 PCA-DT 的多联机制冷剂充注量故障诊断流程

图 1-11 所示为提出的 PCA-DT 模型与单纯的决策树模型的故障诊断结果，从图中可以看出：当 $k=4$ 时，PCA-DT 模型的诊断准确率最低；当 $k=6$ 时，两种模型的诊断准确率大致相同；当 $k>6$ 时，PCA-DT 模型的诊断准确率较决策树模型有所提高，提高了约 3.32%。

1.3.3 多联机压缩机回液故障诊断

压缩机回液故障是一种常见的故障，通常认为其表现形式为制冷剂液体流回压缩机，回液会导致压缩机组件的机械故障，如转子烧毁、轴承磨损等。多联机采用的压缩机一般为全封闭式压缩机，组件一旦损坏就无法进行维修，只能更换，这样会导致高额的维修费用。回液故障的发生也

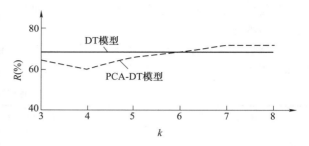

图 1-11 DT 模型和 PCA-DT 模型的诊断准确率

会导致多联机偏离正常运行工况，降低多联机的能效，造成额外的能耗浪费。因此有必要对多联机压缩机回液故障进行检测。

针对压缩机回液故障，采用数据驱动算法 CART 作为建立故障检测的算法。并在图 1-7 所示的多联机系统上进行了正常和回液两种工况下的试验，采集到相关试验数据。经过数据预处理并利用专业知识初步筛选变量。然后使用相关性分析剔除相关性高的变量，并将剩余的少数关键变量作为故障诊断模型的输入变量建立压缩机回液故障诊断模型。结果表明，CART 模型对于压缩机回液故障有着良好的检测结果，而且建立的决策树模型中所包含的分类规则与专业知识吻合较好。

图 1-12 所示为变量间的相关性分析结果。从图 1-12a 中可以看出，部分变量间存在高度的线性相关关系。这些相关变量主要包括风机电流与风机频率，冷凝饱和温度和压缩机电流，蒸发饱和温度和气液分离出口温度，压缩机壳顶温度和压缩机排气温度。对于线性相关的变量，如压缩机壳顶温度，温度传感器放置在出口附件的壳体上，容易受到压缩机排气温度的影响，两者高线性相关较易理解。故剔除风机电流、压缩机壳顶温度、冷凝饱和温度和蒸发饱和温度 4 个物理量。得到的结果如图 1-12b 所示。从中可以看出，最终的输入变量间的线性相关性较小。

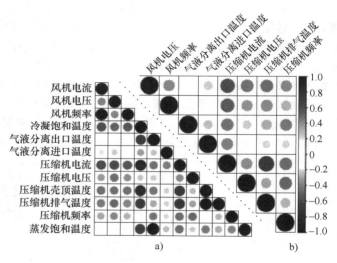

图 1-12 变量相关性分析

为分析各变量对回液故障检测模型的重要性，将各变量按重要程度排序，如图 1-13 所示。从图中可见气液分离器进口温度对于故障的检测最为重要，在检测前，经理论分析认为，故障的引入方式是在气液分离器前注入压缩机后的制冷剂液体，故气液分离器进口温度较正常运行情况偏高。而气液分离器处于低压侧，高压制冷剂液体进入其中后会迅速膨胀汽化降温，导致气液分离器出口处的温度低于正常工况下的温度。由于液体制冷剂进入压缩机，影响了压缩过程，导致排气温度降低，故使用该变量可以区分回液与正常工况。而实际上，这些变量的趋势与区分故障的重要度和理论预测的一致。

建立的回液故障检测决策树模型如图 1-14 所示，根据模型可以提取如下规则：

1）如果气液分离器进口温度低于-11.5℃，则系统处于故障工况。

2）如果气液分离器进口温度高于或等于-11.5℃，且压缩机排气温度低于67.5℃，高于或等于62.5℃，则系统处于故障工况。

3）如果气液分离器进口温度高于或等于-11.5℃，且压缩机排气温度低于62.5℃，则系统处于正常工况。

4）如果气液分离器进口温度高于-11.5℃，且压缩机排气温度高于或等于67.5℃，则系统处于正常工况。

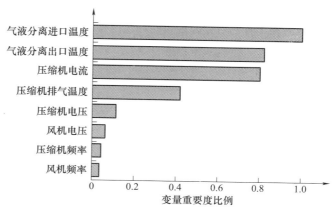

图1-13 回液故障检测模型中变量重要性排序

可以看出，模型中的规则多数还是与之前所预期的保持一致。但是在利用压缩机排气温度进行进一步划分时发现，故障工况处于62.5~67.5℃之间，这与实际分析有出入，这可能是由于未对原始数据进行异常值剔除，动态数据以及稳态数据均参与建模造成的。

上述决策树模型是利用75%的观测值训练得到的，对于总数据集的评价结果见表1-4。分类准确率的定义，为所有预测正确的样本数除以总的样本数，因此由分类准确率的定义可知，分类准确率为95.6%。此外，为了对模型的鲁棒性进行评估，引入了Kappa统计量。经过计算，Kappa统计量的平均值为0.91，这表示模型预测值与实际值有比较好的一致性。

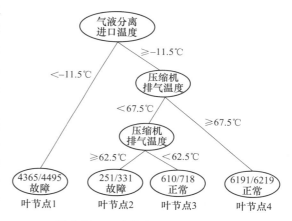

图1-14 回液故障检测决策树模型

表1-4 回液故障检测结果的混淆矩阵

分类结果	实际标签	
	故　障	正　常
故障	5832	504
正常	181	9176

1.4 大数据技术在空调系统能耗预测领域中的应用

建筑及其相关设备的能耗接近世界总能耗的40%，是全球能源消耗的重要组成部分。在我国，建筑能耗、工业能耗和交通能耗组成了社会能源消耗的三大主体。据统计，目前我国建筑能耗占社会总能耗的27.6%，建筑总能耗中公共建筑能耗占比巨大，且能耗占比超过民用建筑总能耗的 1/4。而办公建筑能耗作为公共建筑能耗的重要组成部分，具有能耗大且分布不均的显著特点，国内外学者也对办公建筑能耗情况做了大量研究。因此，解决降低办公建筑能耗问题迫在眉睫。"十三五"计划中明确指出将"建筑节能和绿色建筑"作为能源战略发展的重点领域。制冷空调作为维持建筑室内空气品质和热舒适环境的关键系统，是建筑能源消耗的重要来源。据统计，制冷空调及其相关系统的全年运行能耗达到了建筑总能耗的一半以上。制冷空调系统的正常、可靠、高效运行，是建筑节能至关重要的一环，准确预测建筑的能耗是解决这一问题的一个有前景的途径，对实现国家节能减排目标具有重要意义。当前计算机运算、存储、通信技术飞速发展，海量数据信息覆盖整个社会，大数据时代已悄然而至（图 1-15）。能源消耗预测是自 1980年以来的研究热点，一般来说，工程方法和数据驱动方法是应用于能源消耗预

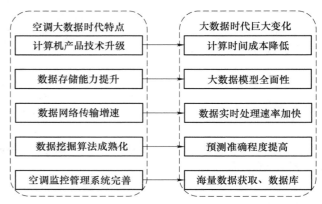

图 1-15　大数据时代下制冷空调的巨大变化

测的两种主要研究方法。工程方法主要依靠详细的建筑信息建立建筑物理模型，使用 TRNSYS、EnergyPlus 等仿真工具对建筑能耗进行预测，但由于结果不准确，建模复杂，不适合进行短期预测。数据驱动方法被称为"黑匣子"，目前是研究前沿的一个活跃领域，它在不了解详细建筑信息的情况下预测能源消耗，事实上，建筑的历史运行数据足以建立数据驱动模型。正是由于数据驱动方法在能耗预测方面的优势，数据驱动方法已经被相当多的研究者使用进行研究。

1.4.1　传统机器学习算法预测空调系统能耗

早期利用数据驱动方法进行能耗预测的研究主要集中在单一的机器学习方法上，然后对机器学习模型的结构进行优化。在各种机器学习方法中，人工神经网络（ANN）和支持向量机（SVM）被认为是最常用和最基本的方法。

在过去的几十年里，人工神经网络已经成为一种相当普遍的预测能源消耗的模型。Kalogirou 介绍了人工神经网络在能源领域的各种应用，分析表明，使用人工神经网络的建筑能耗预测性能可以达到较高的精度。Ben-Nakhi 和 Mahmoud 使用通用回归神经网络（General Regression Neural Network，GRNN）来预测公共和办公建筑的冷负荷，选择外部小时温度作为网络的输入，结果表明 GRNN 可以优化建筑的热环境。Gonzalez 和 Zamarreno 利用反馈神经网络预测小时能耗，是对传统神经网络的优化和改进。F. Martellotta 等人利用 EnergyPlus 生成的数据集训练一个人工神经网络（ANN），该网络能够根据有限的输入数据较准确地预测每小时的能源消耗。R. Mena等人建立短期电力需求预测神经网络模型并评估位于西班牙东南部的 CIESOL 生物气候建筑。试验结果表明，该方法对实际数据具有快速预测效果，短期预测时间为 60min，平均误差为11.48%。Filipe Rodriguesab 等人记录了 2000 年 2 月至 2001 年 7 月期间葡萄牙里斯本 93 个真实家庭的消费记录，将短时负荷预测（STLF）应用于人工神经网络（ANN）中，结果表明，该方法较好预测了家庭用电能耗和负荷分布。C. Buratti 等人以翁布里亚大区（意大利中部）收到的约6500 份能源证书（2700 份为自声明）为基础，建立了一个人工神经网络，从证书中报告的几个具体参数来评估全球建筑的能源消耗，并利用数据库数据对实现的神经网络进行了测试，得到了良好的相关性。

　　由于神经网络中可以调节的各种参数，在相同的输入条件下，可以从相同的模型中推断出不同的结果。因此，为了预测效果，研究人员考虑了模型的参数优化问题。Wei 等人利用前馈神经网络（FFNN）和极限学习机（ELM）以及集成模型，建立了空调系统用电量预测模型。研究结果表明，使用入住率作为输入特征能够提高神经网络模型预测能耗的准确性。Bashir 和 EI-Hawary 在神经网络的训练阶段使用粒子群优化（PSO）算法来调整网络的权值，PSO 算法具有比传统 BP 算法更高的预测精度。Kubota 等人利用遗传算法对模型进行特征提取和选择，建立了建筑能量负荷预测模型。Karatasou 等人分析总结了假设检验等统计程序以及信息准则、交叉验证等在建筑用电负荷预测中的作用，这些方法都可以得到很好的结果。

　　由于训练支持向量机等价于求解线性约束二次规划问题，因此支持向量机在求解非线性问题方面具有许多独特的优势，在众多的应用中，它被发现已逐渐超越了其他的机器学习算法。K. Amasyali 等人使用机器学习算法（包括支持向量机、人工神经网络、决策树和其他统计算法）的数据驱动型建筑能耗预测研究进行了回顾。Zhao 等人将建筑能耗预测方法分为复杂的工程方法、简化的工程方法、统计方法、基于人工神经网络的方法、基于 SVM 的方法和灰色模型；并从模型的复杂性、易用性、运行速度、所需投入和准确性等方面进行了比较分析，如图 1-16 所示。Chen 等人运用 SVM 方法对电力负荷进行预测，并将预测结果与其他几种方法进行对比，发现 SVM 的预测效果相较于另外七种方法表现得最好。Chalal 等人侧重于建筑规模和城市规模能耗预测，并进一步分类和讨论在每个规模的可用方法，例如支持向量机和神经网络等方法。Li 等人应用支持向量机预测小时建筑冷负荷。结果表明，与传统的反向传播神经网络相比，支持向量机方法具有更好的预测精度。Cao 等人将支持向量机模型与人工神经网络模型进行了制冷系统智能建模的比较，支持向量机模型结构简单，收敛速度快，预测精度高。Li 等人将支持向量机与三种常用的人工神经网络（包含 BPNN、BPFNN 和 GRNN 神经网络）对办公楼小时冷负荷进行了充分的比较，仿真结果表明，支持向量机模型的性能略优于其他神经网络模型。

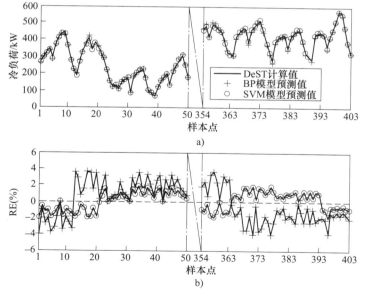

图 1-16　能耗预测曲线及相对误差（RE）曲线

a）能耗预测曲线　b）相对误差曲线

虽然支持向量机在建筑能耗预测方面具有优势，但是它的主要缺点是计算费用较高，这意味着使用支持向量机进行大样本分析所需的时间比一般机器学习方法要长得多。基于支持向量机（SVM）的改进方法，即最小二乘支持向量机（LSSVM），可以在一定程度上减少建模时间。Li 等人使用 LSSVM 预测建筑冷负荷，结果表明 LSSVM 比 BPNN 具有更好的准确性和泛化性。此外，LSSVM 方法被应用于建筑能源消耗预测，并通过直接搜索优化（DSO）算法和实数编码遗传算法（RCGA）进行了优化，与传统的 LSSVM 建筑能源消耗预测膜性能相比，DSO-RCGA-LSS-VM 模型是一个更可靠和更高效率的预测模型。

1.4.2　集成学习预测空调系统能耗

集成学习本质上是为了减少一次预测结果的随机性。对于大多数能源消耗预测问题，将多个预测器的输出组合在一起，往往比单个预测器的性能更好。Granitto 等人对集成学习算法进行了全面的评价。有三种方法可以获得多个预测器：第一种是使用不同的机器学习算法处理相同的原始数据；第二种是调整给定机器学习算法的参数；第三种是将原始数据分解成不同的子集。一般来说，调整算法的参数主要是为了优化，与积分的概念无关。因此，将集成预测模型分为异质集成模型和同质集成模型两大类，分别对应第一种和第三种（图 1-17）。

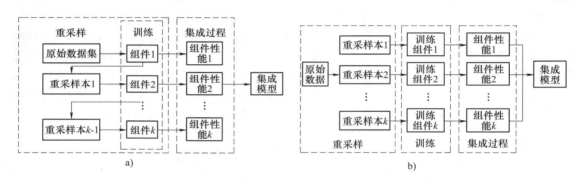

图 1-17　集成学习的基本模式

a）串联学习　b）平行学习

在能耗预测方面，Fan 等人最初以 MLR、ARIMA、SVR、RF、MLP、BT、MARS、kNN 等 8 个预测模型作为基础模型，预测建筑能耗和峰值用电需求。在这项工作中，与每个基本模型相关的权重由遗传算法确定（图 1-18）。Chou 和 Bui 利用 ANN、SVR、CART、CHAID、GLR 和集成模型等多种数据挖掘技术对建筑冷负荷（CL）和热负荷（HL）进行了预测。对比结果表明，集成方法（SVR +ANN）是预测 CL 的最佳模型。

综上所述，在建立异构集成模型时，有两个关键因素：基础模型和集成方法。基础模型是指各种机器学习算法，不同的算法有不同的应用范围，这正是集成模型的意义所在。集成方法本质上是多目标优化，每个基本模型的权重都要优化，使预测值与实际值之间的误差最小化。

数据分解是集成模型的一种典型方法，Wang 等人将集成学习用于我国水电消耗预测。采用季节分解方法将数据分为三类，然后利用 LSSVR 分别预测这三个不同的分量，得出一个集成结果。试验结果表明，基于 sd 的 LSSVR 集成学习方法是一种非常有前途的具有季节性的复杂时间序列预测方法。与此类似，图 1-19 基于 LSSVR 的集成经验模态分解（EEMD）方法用于我国的核能消费预测，该混合集成学习模型在水平预测和方向预测方面均优于其他一些流行的预测模

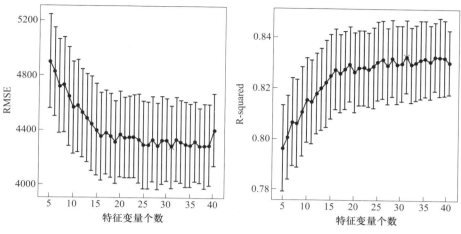

图 1-18　权重变量选择过程

型。此外，作者提出了数据特征驱动模型的新概念，将数据分为两种不同的形式，即自然特征和模式特征。自然特征包括稳定性、线性和复杂性。模式特征是数据的隐藏成分，包括周期性、季节性、可变性和随机性。结果表明，所提出的模型是一种非常有前途的核能消耗分析和预测工具。

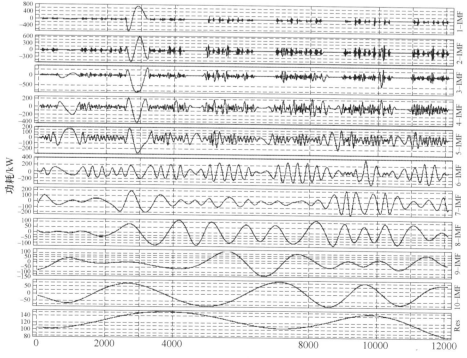

图 1-19　数据分解结果

1.4.3 新的技术——深度强化学习

深度强化学习是人工智能领域的一个新的研究热点，被认为是迈向人工智能的重要途径。深度强化学习结合了强化学习的决策能力和深度学习的感知能力，目前已经在机器人等领域得到了广泛应用（图 1-20）。Levine 等人利用深度卷积神经网络来近似策略，并采用引导式策略搜索来指导机器人完成一些简单的操作。Hansen 等人提出一种基于 DQN 模型，采用 Q 值梯度下降优化超参数的方法。

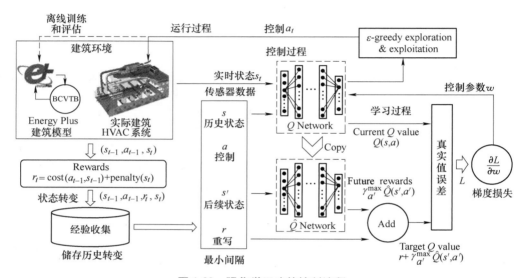

图 1-20　强化学习建筑控制流程

建筑能耗方面，强化学习还刚刚起步。Elena 等人基于 Q-learning 和 Sarsa 两种强化学习算法，并结合深度信念网络和迁移学习，实现了智慧电网环境中建筑的无监督能耗预测，结果表明，与未结合深度信念网络的模型相比，预测结果的均方根误差显著降低。Liu 等人提出基于强化学习算法监督控制建筑室内热质量，进而节约能耗。Yang 等人提出了一种基于强化学习的建筑能耗控制方法，该方法在 MATLAB 上利用表格 Q-learning 和批量 Q-learning 实现建筑能耗控制，结果表明，该控制方法较其他控制方法可节约 10%左右的能耗。

1.5　展望

传统的制冷空调产业与大数据技术应用是未来整个制冷空调产业的发展趋势。空调行业产值达到了约 6700 亿元，实现大数据健康管理产业化具有重要的意义。通过大数据技术，可以减少空调的运行能耗，用户费用节省可达 6 亿元。利用数据挖掘技术，可以降低空调产品故障率，延长使用寿命和保护环境。未来可以实现提前预测故障何时发生，并提前排除故障。通过数据挖掘技术实现对建筑制冷空调能耗的预测，可以有效地调整建筑冷热输送量，实现节能目的。

本章参考文献

［1］　GUO Y B，CHEN H X. Fault diagnosis of VRF air-conditioning system based on improved Gaussian mixture model with PCA approach［J］. International Journal of Refrigeration，2020，118：1-11.

［2］　WERBOS P. Beyond regression：new tools for prediction and analysis in the behavioral science［D］. Cambridge：Harvard University，1974.

［3］　BROOMHEAD D S，LOWE D. Multivariable functional interpolation and adaptive networks［J］. Complex Systems，1988（2）：321-355.

［4］　KOHONEN T. Self-organized formation of topologically correct feature maps［J］. Biological Cybernetics，1982（43）：59-69.

［5］　FREUND Y，SCHAPIRE R E . A decision-theoretic generalization of on-line learning and an application to boosting［C］// Proceedings of the Second European Conference on Computational Learning Theory. Berlin：Springer，1999：119-139.

［6］　BREIMAN L. Bagging predictors［J］. Machine Learning，1996，24（2）：123-140.

［7］　BREIMAN L. Random forests［J］. Machine Learning，2001，45（1）：532.

第 2 章
数据中心冷却技术

2.1　数据中心简介

2.1.1　数据中心的发展概况

数据中心是单位的业务系统与数据资源进行集中、集成、共享、分析的场地、工具、流程等的有机组合。从应用层面看，包括业务系统、基于数据仓库的分析系统；从数据层面看，包括操作型数据和分析型数据以及数据与数据的集成/整合流程；从基础设施层面看，包括服务器、网络、存储和整体 IT 运行维护服务。

IT 技术、互联网的飞速发展和应用普及，推动着人们生活、生产等各方面的变化与进步，致使全球数据量剧增，对数据存储、处理等的需求促进着数据中心产业的形成和不断发展。目前，我国数据中心的发展已历时 20 多年，随着近年来经济腾飞、科技发展，我国数据中心规模不断壮大，发展势头迅猛，数据中心对人民生活、商业等经济发展、社会发展有着重大影响与意义。

数据中心需求量的增加推动着数据中心行业市场规模的增大。数据中心的市场规模主要包括两种业务：基础业务和增值业务。基础业务包括主机托管、宽带出租、IP 地址出租、服务器出租和虚拟主机出租等，增值业务包括数据备份、负荷均衡、设备检测、远程维护、代理维护、系统集成、异地容灾、安全系统和逆向 DNS 等。图 2-1 给出了 2010—2018 年我国数据中心市场规模的增长趋势。

图 2-1　2010—2018 年我国数据中心市场规模（亿元）的增长趋势

2018 年"网络强国建设三年行动"等战略提出，在围绕城市和农村宽带提速、5G 网络部署、下一代互联网部署等领域，加大网络基础设施建设力度，为数据中心市场的发展带来新的业务增长点。2018 年我国数据中心市场继续保持稳定增长，市场总规模为 1277.2 亿元，同比增长 35.0%，较 2017 年 946.1 亿元的市场规模，提高了 331.1 亿元的规模。从整体上分析，我国数据中心市场目前正处在一个高速发展的阶段。

2.1.2 数据中心的能耗情况

1. 数据中心的能耗现状

数据中心的能耗主要指 IT 设备能耗、制冷设备能耗、供配电系统自身能耗以及其他数据中心设施能耗的总和。2016 年我国数据中心的能耗构成如图 2-2 所示。2016 年 IT 设备所产生的能耗约占数据中心总能耗的 45%，IT 设备包括数据中心中的计算、存储、网络等不同类型的设备。制冷设备是为了保证 IT 设备运行所需温度、湿度环境而建立的配套设施，主要包括机房内所使用的空调设备和提供冷源的设备等。目前，空调系统等制冷设备已成为数据中心最大的能耗来源之一，2016 年制冷设备的能耗约占总能耗的 40%。供配电系统主要用于提

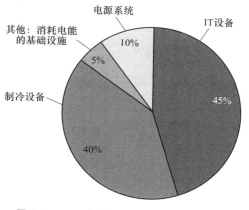

图 2-2　2016 年我国数据中心的能耗构成

供满足设备使用的电压和电流，并保证供电的安全性和可靠性，2016 年电源系统的能耗约占总能耗的 10%，其中 7% 左右的能耗来源于 UPS 供电系统，约 3% 的能耗来源于 UPS 输入供电系统。其他消耗电能的基础设施，主要包括照明设备、安防设备、防水、传感器以及相关数据中心建筑的管理系统等，其能耗约占总能耗的 5%。制冷设备的能耗与 IT 设备相当，这表明空调系统仍然是数据中心提高能源效率的重要环节。

目前，我国数据中心发展如火如荼，处在一个高速发展的阶段。数据中心的规模和数量越来越多，数据中心能源消耗也逐步增大，已经引起能源类相关组织和机构的高度重视。据不完全统计，截至 2017 年，全球约有 800 万个数据中心投入使用，共消耗了 4162 亿 kW·h 的电力，相当于全球总用电量的 2%。图 2-3 所示为 2014—2017 年全国数据中心耗电量。2017 年的全国数据中心总能耗达到 1200～1300 亿 kW·h，约占全国总耗电量的 2%，耗电规模大于 2017 年三峡大坝（976.05 亿 kW·h）和葛洲坝电厂（190.5 亿 kW·h）的发电量之和。

2. 数据中心冷却系统能耗现状

（1）能耗评估指标　对于数据中心的整体能效，《中国数据中心冷却技术年度发展研究报告 2016》中介绍了两种影响力较广、应用广泛的能耗评价指标——电能利用效率（Power Usage Effectiveness，PUE）和数据中心基础设施效率（Data Center Infrastructure Effectiveness，DCiE）。PUE 的计算见式（2-1），当提供相同服务、IT 设备的能耗也相同时，总能耗越低的数据中心 PUE 越低，这说明其能源效率越高。DCiE 是 PUE 的倒数，DCiE 值越高表明能源效率越高。

$$PUE = \frac{数据中心总能耗}{IT 设备总能耗}$$

$$= \frac{IT 设备总能耗 + 空调系统总能耗 + 配电设备总能耗}{IT 设备总能耗} \qquad (2-1)$$

虽然 PUE 和 DCiE 指标适用于评价数据中心整体能效，但不能直观地反映出数据中心冷却系统的能效。

常规空调设备有一个表征能效的指标 COP（Coefficient of Performance），它等于空调设备提

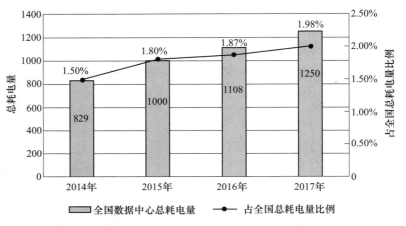

图 2-3　2014—2017 年全国数据中心耗电量分析

供的冷（热）量与其耗电量之比。空调系统包括空调设备、风机、盘管等设备。提供相同的冷（热）量，消耗的能量越少，COP 越高，空调能效越高。

数据中心中的空调系统，通过带走数据中心内部的发热量，建立 IT 设备运行所需的温度、湿度环境，保证数据中心正常运行。因此，《中国数据中心冷却技术年度发展研究报告 2018》重点提出了一种能耗评价指标——冷却系统综合 COP，可用于评估数据中心冷却系统性能，或用作调整现有数据中心的运行设定点，以实现热效率和容量利用率之间的最佳匹配。

COP 的定义：COP 是衡量冷却系统冷却效率的指标。COP 越大意味冷却系统的冷却效率高，在产生相同制冷量时所消耗的电功率越小。在最基本的形式中，冷却系统的 COP 定义为

$$COP = \frac{冷却系统提供的冷（热）量}{系统能耗的总功率} \tag{2-2}$$

参照此定义可得到数据中心冷却系统的综合 COP_{IDC} 为

$$COP_{IDC} = \frac{机房发热量}{空调系统总耗电量} \tag{2-3}$$

其中，机房发热量包括服务器、风机等设备的发热量；空调系统总耗电量包括冷机、冷却塔、水泵、风机、加湿器、加热器等所有与热环境控制有关的设备的耗电量。如果供电侧引入了可再生能源发电，如天然气发电、太阳能光伏发电等，则统一折算成电力计算，式（2-3）中分母只包括从外界引入的电力，不考虑内部的生产过程。如果机房同时还向外供应余热，则可以从式（2-3）的分子的发热量中再加上对外输出的热量。

（2）数据中心冷却系统能耗现状　数据中心属于能耗密集型产业，从电商平台到网上银行，数据中心几乎运营处理着一切信息应用，数据中心建设、投入使用、运营维护等各方面对电力的消耗增长显著，数据中心能耗成本往往占据数据中心总运营成本的 50% 以上。

目前，全球数据流量飞速增长，互联网、移动 APP、物联网等每天都在产生海量数据。根据 IDC 咨询的分析，2012—2020 年全球数据总量稳定保持 50% 左右的年增长率增加，到 2024 年，全球数据中心耗电量将占到全球总耗电量的 5% 以上，冷却系统是数据中心耗电量的大户，其耗电量将占全球总耗电量的 2% 以上。同时根据调研机构 Research and Markets 的调查统计，预估到 2023 年全球数据中心冷却系统的市场规模将超过 80 亿美元，其中，2017—2023 年的复合年增长率约为 6%。

根据相关数据显示，我国数据中心的电费占据数据中心运维总成本的 60% ~ 70%，电费成本

巨大。而冷却成本是数据中心总电费的主要贡献因素之一。随着高密度甚至超高密度服务器的加速部署,数据中心的耗电量居高不下,冷却系统作为数据中心耗电量的大户,消耗着大量能源,但同时有着巨大的节能潜力。根据《中国数据中心冷却技术年度发展研究报告 2017》中对 2015 年我国数据中心技术节能潜力分析结果,空调系统的技术节能潜力在 4% ~ 69%,平均为 36.5%。通过节能潜力分析,数据中心冷却系统的节能潜力巨大,对冷却系统采用一定的节能措施,对提高冷却系统能效、降低数据中心运行维护成本有着重要影响。

2. 2　数据中心冷却技术

2. 2. 1　数据中心冷却理念

数据中心的热环境不仅影响数据中心的能效,而且影响数据中心的可靠运营。数据中心热源主要有:①机房内 IT 设备的散热;②建筑围护结构的传热;③太阳辐射热;④维护工作人员的散热;⑤照明等其他电子辅助设备的散热;⑥维持房间正压的新风负荷及伴随各种散湿过程产生的潜热。其中,IT 设备产热量占数据中心热量主要部分(70% ~ 80%)。IT 设备工作的稳定性和老化速度与环境温度有很大关系,随着工作环境温度的升高,电子元器件的失效率将明显升高。因此,使 IT 设备运行于恒温恒湿的环境下,是数据中心安全可靠运行的需求。数据中心热量一部分主要由空调冷却系统冷却后排至外界环境,另外一部分则通过建筑围护结构的导热传递到环境中。因此应该一方面降低数据中心产热,一方面优化冷却系统、增强围护结构散热能力将热量及时排出,从而保证数据中心安全可靠运行。

数据中心热环境营造过程包含的主要环节如图 2-4 所示,该过程实质上是在一定的驱动温差下,将热量从室内输运到室外的过程。若机房内热源(服务器芯片)的工作温度为 T_{chip},选取的室外热汇温度为 T_0,则此时相应的排热过程驱动热量 Q 传递的总温差 $\Delta T_d = T_{chip} - T_0$,此温差 ΔT_d 表征了热量排出过程全部可用的传热驱动力。根据选取的室外热汇方式,T_0 可有不同的

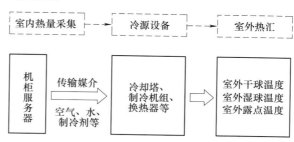

图 2-4　数据中心热环境营造过程包含的主要环节

取值:若使用室外空气直接排出热量,T_0 代表室外空气干球温度;若采用冷却塔直接蒸发冷却方式排出热量,T_0 代表室外空气湿球温度;若使用间接蒸发冷却方式来排出热量,T_0 代表室外空气露点温度,如采用深层湖水、海水冷却,则 T_0 为冷却水温度。

图 2-5 给出了从服务器到室外热汇(湿球温度)的典型排热过程在 T-Q 图的表征,在该过程中,包含从服务器芯片→机柜送排风→机房空调送回风→冷水→室外热汇的多个热量采集、传递环节。

2. 2. 2　数据中心传统冷却方式

数据中心的传统冷却大多采用机房精密空调。精密空调具有高效率、高可靠性和灵活性的特点,能满足数据中心和其他高可用性计算机机房日益增加的散热、湿度控制、过滤及其他方面的要求。机房精密空调主要包括风冷型直接蒸发式空调系统、水冷型直接蒸发式空调系统、冷冻水型机房专用空调系统、双冷源机房专用空调系统等。

1. 风冷型直接蒸发式空调系统

风冷型直接蒸发式空调系统是常用的一种机房精密空调系统，如图 2-6 所示。系统主要包括室内机、风冷室外机和内外间连接铜管等，系统简单，安装方便快捷。

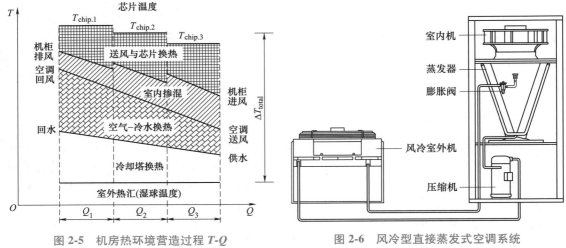

图 2-5　机房热环境营造过程 *T-Q* 图的表征（利用室外自然冷源）

图 2-6　风冷型直接蒸发式空调系统

该系统使用制冷剂冷媒作为传热介质，空气通过室内机组内蒸发盘管制冷降温后，在室内进行空气循环。制冷系统主要由压缩机、蒸发盘管、膨胀阀、制冷配件和管路组成。蒸发盘管中的制冷剂吸收房间释放的热量，蒸发汽化成低压低温的气体，经过压缩机压缩增压后成为高温高压的气体，制冷剂进入室外冷凝器，放出热量，并经过节流装置（膨胀阀）变成低温低压的制冷剂进入蒸发盘管进行蒸发制冷，如此循环。室内机内还配置风机、加热器、加湿器及控制器。

风冷型直接蒸发式空调系统主要有以下优点：

1）适用于南北方任何区域，在室外温度-45～50℃范围内均可正常制冷，工作稳定可靠。

2）室外机和室内机之间由细小的铜管连接，节约了安装空间，同样冷量需要的管井尺寸小，各系统独立工作，当单个系统出现故障后只需对故障机进行检修，对其他系统无影响。

3）省去了冷却水系统所必不可少的冷却塔、水泵、锅炉及相应的管道系统等许多辅件，节约了水资源，同时避免了水质过差的地区所造成的冷凝器结垢、水管堵塞等现象，系统结构简单、紧凑，维护管理及保养方便，有效减少安装维修空间。

4）机组可以直接放置在屋顶、裙楼平台或水平地面上，无须建造机房、锅炉房，安全、清洁，制热时的热量直接取自室外空气，可节省能量。

但是，风冷型直接蒸发式空调系统有以下缺点：

1）在机房负荷较大空调设备数量多的时候需较大室外安装空间，室外冷凝器占用大量建筑面积。

2）存在性能系数较低、运行性能不稳定、受室外环境温度变化影响较大等问题。在夏天温度较高时，由于外机集中摆放散热不良，容易引起高压报警。

2. 水冷型直接蒸发式空调系统

水冷型直接蒸发式空调系统的基本结构如图 2-7 所示，室内机配置水冷冷凝器，由冷却塔提供冷却水。制冷剂吸收机房内的热量，通过水冷冷凝器传递给冷却水，热量由冷却塔排放到室外环境。

水冷型直接蒸发式空调系统的优点主要有：

1）每个机组的冷凝器、蒸发器均在室内机内部，制冷循环系统在机组内部完成。

2）多台室内机可以共用一台冷却塔，室外所需安装空间小。

3）不需要室内机、室外机的连接铜管，只需要一组冷却水管可以将所有的机组连接在一起，由水泵循环供水，不存在室内机、室外机距离和高差限制。

不过，该类空调系统也有几点不足：

1）水冷型直接蒸发式空调，室外需要配备冷却塔，且室内需要接有冷却水管回路。

2）冷却塔的噪声和飘水问题会对周围产生影响。

3）寒冷地区要注意管路的保温以及冷却塔的结冰问题。

3. 冷冻水型机房专用空调系统

冷冻水型机房专用空调系统（图 2-8）是一种集中制冷方式，其冷冻水系统的冷却塔集中放置，能有效地解决直接蒸发机房专用机系统室外机安装位置不满足要求等问题。因其高效节能的优势，大、中型数据中心常采用冷冻水系统为机房供冷。

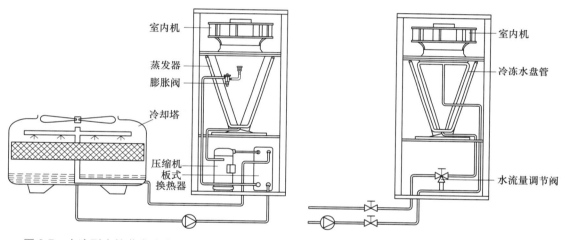

图 2-7　水冷型直接蒸发式空调系统的基本结构　　　图 2-8　冷冻水型机房专用空调系统

冷冻水型机房专用空调系统一般由冷水机组、冷却塔（水冷冷水机组用）、水泵、冷冻水型专用机房空调（制冷末端）、管路及附件等组成。其主要特点如下：

1）高能效：作为冷冻水型机房专用空调的集中冷源，冷水机组可以采用多种形式，并且冷水机组还能更好地利用自然冷源，冷冻水系统的能效比较高。

2）结构紧凑：冷冻水型机房空调无室外机组，其风冷主机或水冷主机的冷却塔，由于是集中放置，节省安装的空间。

3）可远距离输送冷量：冷冻水型机房空调的冷冻水输送采用水泵作为输送动力，可远距离输送冷冻水至各个机房空调。

不过，该系统一般存在如下缺点：

1）需要安装的设备及阀门等部件较多，系统的单点故障点较多。

2）为达到灵活、可扩展、可靠、适用、易维护和节能的需求，冷冻水型制冷系统中的水系统和控制系统的设计比较复杂。

冷冻水温度是冷冻水型机房专用空调系统的关键指标。近几年，在需求、节能、投资等因素的综合驱动下，冷冻水温度有逐步提升的趋势，尤其是近期设计的新建数据中心的冷冻水供水温度基本都提高至10℃以上，以前供水温度7℃的数据中心已经退出了历史舞台。

冷冻水温度的行业分化明显。互联网公司作为建设和租用数据中心的大户，比较侧重高冷冻水温的选取，尤其是某些大型互联网公司，在定制耐高温服务器的前提下，已将冷冻水的供水温度提至15~18℃，甚至更高。

4. 双冷源机房专用空调系统

双冷源机房专用空调系统，全称"双冷源温湿分控空调系统"技术，是新一代节能空调系统技术，在同一个空调系统中采用两种不同蒸发温度的冷源，在空气处理过程则采用温度、湿度独立控制的系统形式。在双冷源机房专用空调系统中，高温冷源为主冷源，承担夏季全部新风负荷和绝大部分室内显热负荷；低温冷源为辅助冷源，主要承担夏季室内湿负荷。在空气处理部分，新风机组同时以高低温两种冷源为工作冷源，对新风进行深度除湿，承担起全部新风负荷与室内湿负荷，负责室内相对湿度控制；风机盘管等循环型空气处理末端则以高温冷源为工作冷源，主要承担室内显热负荷，负责室内温度控制。

双冷源机房专用空调系统可分为风冷/冷冻水及冷冻水/冷却水双冷源系统，由各系统相关的构件组成，分别如图2-9、图2-10所示。其中，风冷/冷冻水双冷源系统由风冷直接蒸发制冷系统和冷冻水盘管组成，通过控制器控制系统运行，两套系统互为备份。优先使用冷冻水系统，当冷冻水供应中断或者水温不足以承担全部负荷时，控制器自动启用风冷型制冷系统。冷冻水/冷却水双冷源系统跟风冷/冷冻水双冷源系统结构类似，系统由两个制冷盘管组成，即由水冷制冷系统和冷冻水系统两个制冷系统组成，在冷却水型的蒸发器上，平行进入一组冷冻水盘管。通过控制器控制系统运行，两套系统互为备份，一般适用于可以提供冷冻水场合。优先采用冷冻水为冷源，当没有冷冻水供应时，控制器自动启用冷却水型制冷系统。

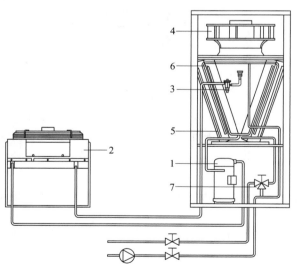

图2-9　风冷/冷冻水双冷源系统

1—压缩机　2—风冷室外机　3—膨胀阀　4—室内机
5—蒸发器　6—冷冻水盘管　7—水流量调节阀

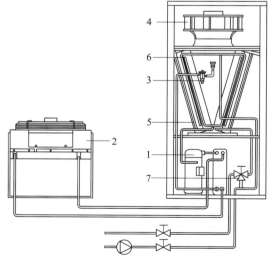

图2-10　冷冻水/冷却水双冷源系统

1—压缩机　2—冷却塔　3—膨胀阀　4—室内机
5—蒸发器　6—冷冻水盘管　7—板式换热器

2.2.3　数据中心新兴冷却方式

传统的数据中心冷却方式存在传热效率低、局部热点难以消除以及制冷系统能耗大等问题。

针对常规机房空调能耗较高和使用局限性，近年来学者们提出了利用自然冷源冷却数据中心的新型冷却方式。新型冷却方式主要分为三大类，即风侧自然冷却方式、水侧自然冷却方式和热管自然冷却方式。

1. 风侧自然冷却方式

（1）直接风侧自然冷却　如图 2-11 所示，直接风侧自然冷却系统的基本工作原理是直接将室外温湿度适宜冷空气引入室内对数据中心进行冷却。一般的直接风侧机房冷却系统主要包括冷却盘管、过滤器、送风风机以及数据中心机柜等装置，如图 2-12 所示。系统中热回风通过冷却盘管进行冷却，随后被送风风机再次送入室内冷却数据中心，如此循环实现热源冷却。由于该系统需要全年不间断运行，能耗大，能效较低。但大量使用室外空气直接进行数据中心的冷却也会带来新的问题，引入室外空气的同时空气中的尘埃、水分以及气体污染物等也会进入数据中心，这将加速 IT 设备上金属零件的腐蚀和老化，对 IT 设备造成永久性伤害，因此该系统对于空气条件要求较高，在使用时应充分考虑当地的环境和气候因素。

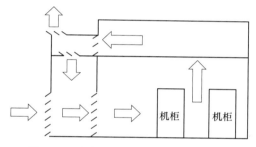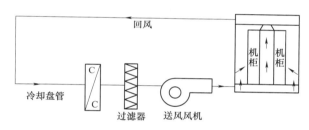

图 2-11　直接风侧自然冷却系统原理图　　　图 2-12　直接风侧机房冷却系统

（2）间接风侧自然冷却　与直接风侧自然冷却系统不同的是，间接风侧自然冷却系统中室外冷空气并不直接进入数据中心，而是通过换热设备与室内回风进行热交换，被冷却的回风经过风机重新输送至数据中心对其进行冷却。

一种典型的带转轮换热器的间接风侧自然冷却系统如图 2-13 所示。转轮换热器换热效率高、风机静压压降小，但是其占地面积较大，应用场地受到了极大的限制，还存在室外空气与回风交叉污染的问题。另一种带热管的间接风侧自然冷却系统如图 2-14 所示。热管相对于转轮换热器而言换热效率较低，但是其占地面积小，不存在室外空气与回风交叉污染的问题，安全可靠。

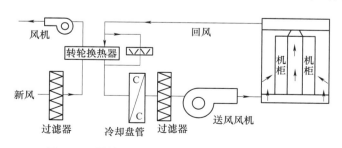

图 2-13　带转轮换热器的间接风侧自然冷却系统

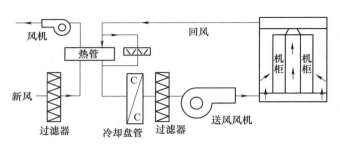

图 2-14　带热管的间接风侧自然冷却系统

2. 水侧自然冷却方式

水侧自然冷却系统的冷却介质是水，其中直接利用自然环境中低温水的系统称为直接水侧自然冷却系统，而通过冷却塔或者干冷器利用冷空气获得低温水的系统分别称为冷却塔水侧自然冷却系统和风冷型水侧自然冷却系统。图 2-15 所示为通过冷却塔获得低温水的冷却塔水侧自然冷却系统。

上述系统可通过调节不同室外空气状态下机组的工作模式，使得机组长期运行能耗降低，提升系统的整体能效。在冬季

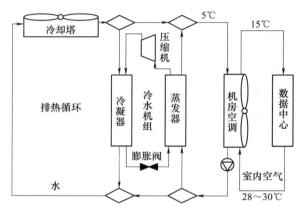

图 2-15　冷却塔水侧自然冷却系统

室外空气湿球温度较低时，通过冷却塔来冷却数据中心空调系统中的冷冻水，从而实现对数据中心的冷却。而且当室外空气的湿球温度足够低时，可以不开启冷水机组，完全依靠自然冷源来冷却数据中心，这大大降低了制冷系统的能耗；当室外空气的温度较高时，可以开启冷水机组，该冷水机组通过带冷却塔的排热循环向环境中排放冷凝热。

3. 热管自然冷却方式

热管是一种优良的被动传热装置，其导热系数在数量级上远高于相同尺寸的固体材料。由于热管传热热阻低，可靠性高，尤其近几年批量生产成本大幅降低，热管与换热器和散热器的复合系统表现出巨大的节能潜力。图 2-16 所示为一种利用热管自然冷却的独立热管冷却空调系统，系统能通过热管提供冷量，无须机械制冷实现机房冷却。当环境温度相对较高时需要蒸气压缩系统辅助制冷。热管

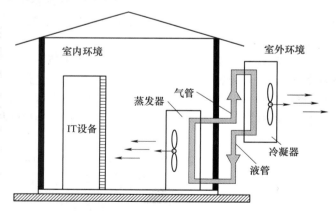

图 2-16　独立热管冷却空调系统

在数据中心冷却中的应用还存在其他一些使用形式，如图 2-17 所示的组合式热管冷却空调系统。机房排出的热空气进入气室，在气室中过滤、加湿，被热管蒸发器冷却，再由风机送回机房，进行 IT 设备冷却。

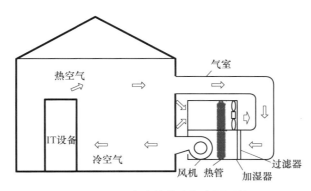

图 2-17　组合式热管冷却空调系统

2.3　数据中心冷却案例分析

本节结合大型企业的典型数据中心的冷却系统进行介绍,借此分析数据中心的设计思路、基础设施以及冷却方案。另外,数据中心基础设施的可靠性、节能降耗、节约运行费用等一直是该行业关注的热点问题,因此本节也结合数据中心案例对数据中心冷却系统的节能改造进行分析。

2.3.1　大型企业数据中心冷却系统典型案例

云存储中心不适合放在中心城市,但又不能距离中心城市太远。建设在中心城市市区,会受到土地、劳动力成本等因素制约,影响企业的竞争力;离中心城市太远,维护起来不方便。建设数据中心必须要综合考虑地理位置、环境等基本要素。廊坊具有位于京津唐中心、土地成本低、温度适宜等诸多优势,是建设大型数据中心的理想选择地,本节以廊坊云数据中心的建设为案例进行分析。

根据华为公司的云战略,需要将国内各地研究所的大量编译服务器迁移部署到云平台。根据业务对网络的响应要求,采用分布与集中部署相结合的方式。对网络时延要求小于 15ms,与本地设备接口密切的应用采用本地研究所部署;对于可 IP 化、远程共享使用的应用采取区域集中部署云平台方式解决。按照研发基地物业分布、公司网络架构和研发计算中心的应用部署要求,将集中云平台部署在北部(廊坊)研发区域机房。此次规划 L2 厂房作为数据中心,为仓储式数据中心,需要确保足够的温湿度和洁净度控制。场地长 204m,宽 132m,可提供建筑面积超过 50000m²;一楼层高 9m,二楼层高约 7m。业务需求一期约 1300 个机柜,平均功率 6kW/机柜,实际总 IT 负荷约 7800kW;远期总机柜数量将达到 5000 个,要求满足快速部署、灵活扩容。PUE 要求的底线是 1.35,挑战 1.30。廊坊云数据中心建设方案见表 2-1。

表 2-1　廊坊云数据中心建设方案

整体方案	
机柜数	一期 1300 个,远期超过 5000 个
总建筑面积	总建筑 50000m²,一期使用 14500m²
基础建筑	防震:抗八级 层高:一楼层高 9m,二楼层高 7m 承重:一楼 20kN/m²,二楼 10kN/m²,屋顶 0.5kN/m² 防火:一类防火建筑

（续）

整体方案	
供电系统	市电：2 路独立 10kV 高压引入 柴油发电机：N+1，10 台 2500kVA 高压油机并机 变压力器：8 台 2500kVA 变压器；TIER Ⅲ 区域 2N，TIER Ⅱ 区域 N+1 UPS 系统：TIER Ⅲ 区域 2N，TIER Ⅱ 区域 N+1 蓄电池后备时间：5min 机柜功率：6kW
制冷系统	冷水机组：4 台 3516kW 水冷冷风机组带免费制冷功能，N+1 供水管道：双环路设计，可在线维护，蓄冷罐提供连续制冷 精密空调：N+1 末端气流组织：密闭冷通道+密闭热通道+行级空调
消防系统	IG541 气体消防
管理系统	智能 DCIM

1. 方案概述

仓储式数据中心：最大化利用现有结构和防火分区，节省投资与建设周期。

柔性设计：整体规划、分期建设、模块化设计、工厂预制、现场灵活安装与扩容。

绿色节能：提高送风温度+水侧免费制冷+冷热通道全封闭+近端制冷+变频组件+智能照明+气流组织优化=PUE 小于 1.35。

智能管理系统：集成动环监控、智能建筑监控、消防监控、CCTV、门禁。

2. 冷却系统亮点

该数据中心冷却系统分期启用、模块独立，采用网状双环路冷冻水系统，如图 2-18 所示，可提高可靠性，并实现在线检修及在线扩容的能力。关键系统配置如下：

1）冷水机组、冷却塔、板换 N+1 配置，且一一对应。

2）采用冷冻水 InRow 精密空调，N+2 配置。

3）服务器机房和重要辅助房间采用中温冷冻水（13℃），提高制冷效率。

4）保障连续制冷，每个主管均设 15min 冷量的蓄冷罐。

5）非重要房间（办公室，人员支持）和数据中心湿度控制用空调机组的除湿，采用园区低温冷冻水（7℃）。

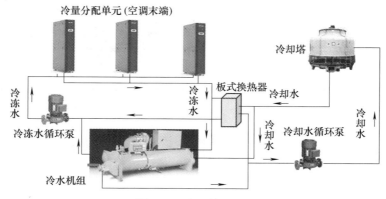

图 2-18　水系统原理图

为响应国家节能减排号召，年平均 PUE 设计仅为 1.344（最高 1.434、最低 1.289）。廊坊地区的室外环境参数见表 2-2，根据室外环境采取的主要节能减排技术如下：

1）提高送风温度（25±2）℃，大幅降低空调能耗。

2）采用中温冷冻水（13/18℃），提高冷冻机运行效率，增加自然冷却时间。

3）采用高效水冷离心冷水机组（COP>5.6），变频水泵，无刷直流变频 EC 风机，适应负荷变化，降低能耗，提高运行效率。

4）冷却塔的风机采用变频调速控制，根据出塔水温控制风机转速，实现节能。

5）适当放宽湿度要求，精密空调不配置除湿功能，湿度集中控制。

6）冷热通道全封闭，隔绝冷热气流，提高冷气流利用率。

7）InRow 空调靠近热源动态制冷，送回风距离短，提升冷量利用率。

8）水侧自然冷却，将完全和部分免费制冷用到极致。

表 2-2 室外环境参数

湿球温度	全年累计时间/h	占比（%）	制冷类型
≥−16℃，≤9℃	4673	53.35	完全自然冷却
>9℃，≤14℃	1075	12.28	部分自然冷却
>14℃	3012	34.38	电制冷

注：廊坊地区的极端最高湿球温度为 29.2℃，极端最低湿球温度为−16℃。

3. 价值总结

（1）节省投资　利用现有旧厂房，不破坏现有建筑结构和消防，节省机房基建周期，节约投资成本约 15%。

（2）快速建设　项目一期实施周期仅 5 个月，相比传统新建楼宇数据中心的平均 24 个月的实施周期，共缩短 79% 建设周期。

（3）绿色节能　PUE 1.3~1.35，节省运营成本约 20%。每 1300 个 6kW 机柜 10 年生命周期相比传统数据中心节省电费约 2.2 亿元。

2.3.2　数据中心改造案例

总体上，我国数据中心存在极大的降低能源消耗空间，有很多高能耗的早期数据中心需要节能改造。2013 年年初，工业和信息化部联合发改委等五大政府部门共同发布数据中心建设布局指导意见，指出我国将加强数据中心标准化工作，针对已建数据中心，鼓励企业利用云计算、绿色节能等先进技术进行整合、改造和升级。从这一指导中可以看到，政府对于国内各企业数据中心改造、升级的关注和重视程度。目前，国内企业在数据中心改造、升级方面的需求呈现出迅猛上升的趋势。

已建成的数据中心明显受到供电系统与制冷系统的限制。电力供应日益紧张，而数据中心规模越来越大，能耗越来越高。随着服务器集成度的提高，数据中心机房单机架的功率大幅提升，服务器机架功率较高，高耗电必然产生高发热，这使得局部发热变得很厉害，温度梯度变化大，通风降温处理复杂。空调系统制冷量或送风量设计过小、机柜发热量过大、机柜排列过于密集等问题导致服务器局部过热，造成服务器全部报警甚至停机。据相关数据显示，我国有近 33% 的机房曾因为空调制冷问题出现过宕机现象。

1. 改造案例

数据中心能耗主要来源于 IT 设备、照明系统、空调系统、电源系统等。数据中心能耗的有效部分是 IT 设备耗电，其余部分能耗理论上越小越好。数据中心空调系统能耗占总能耗 40% 左右，因此，数据中心节能主要集中在空调系统的能效提升上，从多个方面进行节能升级改造，如合理的气流组织、选用更加节能的设备、空调室外机雾化喷淋、群控系统的升级改造等方面。

例如，国内某大型数据中心总机架数量约 5000 架，运行时间约 8 年。该数据中心在进行节能改造之前全年平均 PUE 约为 2.0，改造前的上一个年度全年电费约 1.2 亿元（电费为 0.89 元/度，1 度 = 1kW·h）。该数据中心由于运行时间较长，存在很多问题，如机房内多处过热、存在安全隐患、气流组织紊乱、空调容量配置不合理等，这些都造成了增加能耗。

对该数据中心进行了以下节能改造工作：①新建了群控系统，实现对机房内精密空调的控制、室外冷水主机的控制、室外机雾化喷淋系统的监控；②进行数据中心机房内空调气流组织优化（如封闭冷通道、空调分区等）；③更换了部分空调冷水主机；④新建空调室外机雾化喷淋系统。该项目中整体群控系统是整个节能改造的"大脑"，控制着精密空调、空调冷水主机、雾化喷淋系统的开启与关停，是实现节能的关键部分。该项目在每个分区的冷热通道设置温湿度传感器，将数据中心机房内温湿度上传至控制层 DDC（直接数字控制）来控制每个分区内精密空调的开启与关停，达到节能目的。

该项目改造前后 PUE 对比及节能量见表 2-3。改造后 PUE 由 1.99 降低至 1.70，每年节电量约 1721 万 kW·h，每年节省电费约 1532 万元。随 IT 设备功耗的进一步增加，年节电量还会进一步增加。

表 2-3　某大型数据中心节能改造前后 PUE 对比及节能量

月份	1 月	2 月	3 月	4 月	5 月	6 月	7 月	8 月	9 月	10 月	11 月	12 月	平均
改造前 PUE	1.82	1.78	1.95	1.99	2.02	2.06	2.08	2.11	2.13	2.09	1.95	1.91	1.99
改造后 PUE	1.58	1.49	1.58	1.66	1.71	1.75	1.79	1.86	1.89	1.76	1.68	1.62	1.70
节能/万 kW·h	117	142	181	161	152	152	142	122	117	161	132	142	—

2. 我国数据中心的节能改造存在的问题

我国数据中心节能改造过程中，仍会遇到很多的问题。例如，根据行业经验，在数据中心的运营成本中，75% 以上都是能源成本。数据中心通常规划用 15～20 年收回全部成本，而在收回成本时，累计的运营成本通常会比建设成本多出 4 倍以上。在建设新的数据中心时，采用低 PUE 的设计方案，有利于降低数据中心的运营成本。但是，和 PUE 指标关系很大的电力、空调和土建的建设成本占到了数据中心建设成本的 80% 以上，规划建设一个低 PUE 的数据中心，将会不可避免地带来数据中心建设成本的上升。很多投资者对投资回报周期尤其敏感，往往在数据中心运作起来之后，根据实测得的 PUE 及机房的具体情况再进行一定程度的调度和优化。

很多数据中心在投入使用的过程中，对资源需求的定位不准确，服务器配置与性能过度，从而导致数据中心能耗的增长与浪费。数据中心需要正确地选择资源和云实例，这就需要了解一天之内工作负荷模式以及该模式如何在业务周期中发生变化，并了解工作负荷的详细使用模式。虽然数据中心的节能改造可以降低能耗，但过度的配置与性能还是会导致不必要的能耗浪费。

数据中心的节能改造虽然有一定的困难与挑战，但已经取得了一定的成效。在未来，伴随着"互联网+"、云计算、大数据以及清洁能源等技术的进一步发展，数据中心有望全面实现绿色发展，智能化的运维管理也将释放无限的潜力。

2.4 数据中心冷却技术发展现状及趋势

2.4.1 数据中心冷却技术发展现状

近年来，诸如"十三五"等重要举措的推进，正带动数据中心日益规范化、绿色化，今后我国数据中心制冷技术不仅要解决机房内日益增长的散热需求，同时还要往节能减排的方向不断改进。

1. 国内数据中心冷却节能现状

我国数据中心内有大量的 IT 设备，IT 设备发热密度大，且连续运行，要保证数据中心长期稳定运行，对制冷系统的要求必然很高。现在数据中心的冷却系统具有可靠性高、绿色高效、温湿度要求严格、洁净度要求高，需要提供适量新风以及大风量，小焓差等特点。

目前，国内数据中心冷却系统大多数为设计院广泛采用的开放空间上、下送风气流组织形式，无有效阻隔所造成的冷热气流混合，造成了严重能源浪费。针对这一问题，采取密闭通道技术减小冷空气输送距离从而减少冷量沿程损失的方式逐渐得到广泛应用，两种隔离方式的气流组织形式如图 2-19、图 2-20 所示。此外，随着新的 ASHRAE TC 9.9 标准发布，将机房环境最高温度从 40℃ 提升至 45℃，意味着传统开放空间数据中心的送风温度可以从原先的 13~15℃ 提升至 24~28℃，不仅可以减少制冷量，而且传统设定的送风温度过低，制冷过程中不可避免需要一部分制冷量用于除湿，这部分制冷量可以达到 20% 左右，提高送风温度可提高空调系统显热比，可以节省除湿和重复加湿造成的能耗，可以有效提高制冷系统能效，这部分节省的能耗将是非常可观的。

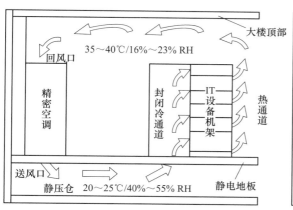

图 2-19 隔离冷通道气流组织图

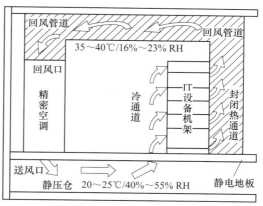

图 2-20 隔离热通道气流组织图

数据中心并不是一直处于满负荷运行状态，大部分时间都是处于 50% 左右的部分负荷运行状态，考虑降低部分负荷情况下制冷系统能耗水平，有两方面的应用：一方面是针对压缩机技术得到认可的直流变频技术；另一方面是直流无刷风机、变频水泵、流量调节阀等变流量调节技术在国内数据中心制冷技术中的应用。对于减小数据中心制冷系统能耗问题，另一重要方向是对自然条件的应用，对适宜地区，诸如北方地区，秋冬季节自然冷却充足，可以充分利用室外低温进行直接或者间接自然冷却。

数据中心基站空调是当前数据中心基站必备冷却设备，其能耗占比也较高，基站冷却能耗的两大影响因素是负荷和设备效率。负荷包括室外气象引起的传热负荷和内部设备的发热负荷，传热负荷受室外气象参数以及基站面积影响。数据中心基站常用冷却方式分类见表2-4。目前，国内数据中心应用新型基站冷却技术可以改变原有基站冷却能耗特点，如定制空调、智能通风系统、热管排热器、智能换热等。

表2-4　数据中心基站常用冷却方式

冷却措施	一次投资	施工难度	维护保养	备 注
变频空调	高	和普通空调相同	和普通空调相同	技术成熟，产品较少
高效空调	高			节能效果相对较低
添加剂	低	较低	无	技术成熟，维护量大，对空气质量要求高，租用基站开孔需征得业主同意
智能通风	中等	墙体开孔，需做好防水措施	需要定期清洗或更换滤网，否则节能效果大幅度降低	

目前，据IDC的统计结果，当前我国数据中心数量约为55万个，这么多的数据中心，位于我国各地，不同的地理条件会对数据中心产生不同的影响，必然导致一些问题，如位于西北地区的数据中心，该地区的数据中心以分散式空调系统居多；主要采用风冷式技术，而液冷式技术很少；机房环境温度基本达到设计标准，但是很多存在局部机柜过热现象；西北地区风沙大，对于密闭性不好的机房，服务器落灰严重；改造后和集中控制较好的数据中心均采用高效节能技术，充分利用了西北地区过渡季节和冬季的自然冷源优势。

2. 数据中心主要冷却方式现状

我国数据中心传统冷却方式主要有风冷型直接蒸发式空调系统、水冷型直接蒸发式空调系统、冷冻水型机房专用空调系统、双冷源机房专用空调系统等，这几种传统空调系统对比见表2-5。传统冷却方式就能满足数据中心及机房的日常散热、湿度控制、过滤及其他方面的要求，同时这些传统的冷却方式不可避免地也各有一些不足，相对于新兴的冷却方式，传统冷却方式传热效率低、局部热点难以消除以及制冷系统能耗大。近来的新兴冷却方式主要是风侧自然冷却方式、水侧自然冷却方式和热管自然冷却方式。

表2-5　各种空调系统对比

比较项目	风冷型直接蒸发式空调系统	水冷型直接蒸发式空调系统	冷冻水型机房专用空调系统	双冷源机房专用空调系统
初投资	最低	稍高	稍高	投资成本最高
系统复杂程度	系统组成简单、器件少、施工简单工期短	需布置冷却塔及空调水系统	需布置冷水机组及空调水系统	需布置冷水机组、空调水系统及风冷系统管路
制冷系统效率	最低	高于风冷型系统	制冷效率较高	制冷效率最高
运行稳定性	稳定性稍差，夏季易高压报警	稳定性较好	稳定性较好，但水进机房	具有双系统，互为备份，最稳定
故障率、维护成本	稍高	不高	低	低
能量调节方式	关闭、开启压缩机	调节冷却水流量	调节冷冻水流量	调节冷冻水流量或开启、关闭压缩机
适用范围	水源缺乏的地区、小型数据中心	有集中冷却水系统的场所	大型数据中心	大型数据中心

3. 数据中心冷却系统存在的问题

随着电子技术的高速发展，数据机房设备数量不断增加，要维护好系统设备稳定运行，只能不断提高系统设计和设备的投入运营的要求。因此，国内各数据中心开始重视设备集成化，面对如此庞大的冷却系统设备数量，设备集成化的程度和难度也相应提高。集成化导致数据中心机房空调负荷表现为热负荷大、湿负荷小、单位体积发热量越来越大。庞大的散热量给冷却系统造成了巨大的压力，直接增加了系统能耗。同时，机房冷却系统空调设备数量增多及集成化增强，对其设计质量保障和监控管理的要求更加严格。设备集成化带来了各类设备间兼容性的问题、子系统间实际施工配合问题，进一步增加数据中心冷却系统的设计成本和整个系统的能耗。

前面提到的数据中心集成化程度提高、设备数量急剧增加、高散热量的数据中心局部发热问题愈加严重，变化明显的温度梯度，使得系统冷却问题复杂起来。造成数据中心机房局部过热的重要原因之一是气流组织设计不合理。在实际解决数据中心散热及能耗问题的过程中，存在如下一些产品问题：地板开孔率过高、冷空气泄漏、冷却能力预置过度、网络影响散热难以管理。数据中心冷却系统的运维管理也面临一些挑战，如机房运行时间长，需要冷却系统保证较高的可靠性；要求数据中心空调机组故障后能够迅速重启；数据中心冷却系统空调机组数量多且集成化程度高，但是缺乏统一的集中监控与管理平台；同时数据中心技术人才缺失也是一个残酷的现实。

2.4.2　数据中心冷却技术未来发展趋势

能源危机的挑战下，节能减排成为各国的一个共同追求，同时降低运营成本也是各个数据中心的追求，数据中心机房几乎全年都需要制冷，在冬季和过渡季节室外温度低于室内温度时，自然界存在着丰富的冷源，利用自然冷源对机房进行冷却是实现节能减排的一个关键方向。

目前数据中心利用自然冷源的形式主要有蒸发冷却、冷却塔供冷、双盘管乙二醇自然冷却、氟泵自然冷却、新风自然冷却、鸡窝式热压自然循环风冷却系统、湖水/海水自然冷却等。

蒸发冷却技术以其独特的特点在数据中心机房的应用中已经得到了一定程度的推广。蒸发冷却技术在数据机房的主要应用形式分为直接蒸发冷却系统、间接蒸发冷却系统、蒸发冷却与机械制冷联合系统、蒸发冷却冷水机组。

随着服务器内置元器件功率密度不断提升，相同体积服务器及相同体积机柜的额定功率不断增加，功率密度大幅度增加，液体冷却技术作为可实现大负荷制冷的方法正逐步被接纳和应用。针对循环的方式和液体的状态，液体冷却技术可以进一步分为开式架构系统和闭式架构系统，或者单相供冷系统和两相供冷系统，或者机柜级冷却系统和设备级冷却系统。液体冷却的有效性表现在能设计出成本低、可靠性高的系统，因而获得了广泛的应用，在经济上可以与直接空气冷却相竞争，对于一个具体的数据中心来说，根据不同液体冷却技术的适用范围，合理选择液体冷却系统并充分考虑系统故障的备选方案，是今后液体冷却技术应用的关键点。

芯片是信息设备的核心部件，具备大量数据的快速处理能力。为保障芯片的正常运行，必须保证芯片的温度控制在合适的范围内。芯片冷却的传统方式是空气冷却，随着芯片散热量的不断提升，之前的芯片冷却技术不再满足芯片的散热需求，因此需要开发新的芯片级冷却技术。常用的芯片级冷却技术主要有风扇冷却、水冷技术、热管技术、液体冷却。目前基于常用芯片冷却技术的优化方案不断产生，芯片级冷却技术将在热电制冷、热声制冷、液态金属冷却、纳米微气流冷却、激光冷却等方向有所突破。

本章参考文献

[1] 中国制冷学会数据中心冷却工作组. 中国数据中心冷却技术年度发展研究报告 2016 [M]. 北京：中国建筑工业出版社，2016.

[2] 中国制冷学会数据中心冷却工作组. 中国数据中心冷却技术年度发展研究报告 2018 [M]. 北京：中国建筑工业出版社，2018.

[3] ZHU K, CUI Z, WANG Y B, et al. Estimating the maximum energy-saving potential based on IT load and IT load shifting [J]. Energy, 2017, 138：902-909.

[4] SUN Y T, WANG T J, YANG L, et al. Research of an integrated cooling system consisted of compression refrigeration and pump-driven heat pipe for data centers [J]. Energy and Buildings, 2019, 187：16-23.

[5] 赵锋. 数据中心节能减排技术介绍 [J]. 电信网技术，2011（1）：5-9.

[6] KYUMAN C, HYUNJAE C, YONGHO J, et al. Economic analysis of data center cooling strategies [J]. Sustainable Cities and Society, 2017, 31：234-243.

[7] 尹晓竹. 大型数据中心空调系统节能分析及方法研究 [J]. 邮电设计技术，2015（1）：16-21.

[8] 张莹，诸凯，梁雨迎. 用于大型服务器 CPU 冷却的散热器性能研究 [J]. 流体机械，2012, 40（12）：62-65.

[9] 刘晓华，谢晓云，张涛，等. 建筑热湿环境营造过程的热学原理 [M]. 北京：中国建筑工业出版社，2016.

[10] HOWARD C, SHENGWEI W. Reliability and availability assessment and enhancement of water-cooled multi-chiller cooling systems for data centers [J]. Reliability Engineering and System Safety, 2019, 191：106573. 1-106573. 14.

[11] SHAO S Q, LIU H C, ZHANG H N, et al. Experimental investigation on a loop thermosyphon with evaporative condenser for free cooling of data centers [J]. Energy, 2019（185）：829-836.

[12] MAHDI D, SAJJAD V N, AHMAD A. Simultaneous use of air-side and water-side economizers with the air source heat pump in a data center for cooling and heating production [J]. Applied Thermal Engineering, 2019, 161：114133. 1-106573. 10.

[13] 李平安. 互联网爆发式增长背景下数据中心的节能改造 [J]. 电信快报，2016（8）：36-38.

[14] 耿志超，黄翔，折建利，等. 间接蒸发冷却空调系统在国内外数据中心的应用 [J]. 制冷与空调，2017, 31（5）：527-532.

[15] 吕继祥，王铁军，赵丽，等. 基于自然冷却技术应用的数据中心空调节能分析 [J]. 制冷学报，2016, 37（3）：113-118.

[16] ALI H K, SAMAN K H. A review on efficient thermal management of air-and liquid-cooled data centers：from chip to the cooling system [J]. Applied Energy, 2017, 205：1165-1188.

[17] ZHNANG H N, SHNO S Q, TIAN C Q, et al. A review on thermosyphon and its integrated system with vapor compression for free cooling of data centers [J]. Renewable and Sustainable Energy Reviews, 2018, 81：789-798.

[18] ZHANG K, ZHANG Y W, LIU X F, et al. Recent advancements on thermal management and evaluation for data centers [J]. Applied Thermal Engineering, 2018, 142：215-231.

第 3 章

新能源/光伏在制冷行业的应用

3.1 技术背景

3.1.1 建筑节能的发展

建筑能耗与工业能耗、交通能耗是构成我国社会消费终端能耗的三大主要能耗。随着我国城镇化发展，城镇面积大幅增加，随之而来的是建筑能耗的同步增长。2001—2011 年，我国建筑面积从 110 亿 m² 增长到 230 亿 m²，建筑总能耗从 3.5 亿 tce（tce 是 1t 标准煤当量）增长到 6.87 亿 tce。现有公共建筑面积 80 亿 m²，建筑能耗为 1.71 亿 tce，占建筑能耗总量的 24.8%。此类建筑的能耗强度是我国普通居民住宅的 10~20 倍，能耗问题突出，预计 2050 年，全国公共建筑面积将达到 441 亿 m²，公共建筑面积的增长所带来的建筑能耗问题日益增大。2013 年，国务院印发《能源发展"十二五"规划》中，对于公共建筑明确提出实现公共建筑单位面积能耗下降 10%，大型公共建筑能耗降低 15% 的目标。

根据《2018—2023 年中国建筑节能行业现状调研分析及发展趋势研究报告》数据显示，建筑能耗已占我国能源消费总量的 27% 以上，供暖、空调能耗占建筑能耗的 60%~70%。空调作为建筑耗能的大户，设备自身的节能发展成为建筑节能的关键手段。近些年来，各暖通空调设备厂家已对设备的制冷循环效率、压缩机绝热效率、机械效率、电机效率等问题进行研究攻关，实现了设备自身能效水平的大幅提高。目前，要进一步提升制冷设备自身的能效已经比较困难，为应对建筑节能对制冷设备节能性的新要求，需要从"开源"的角度寻求新的节能出路。

3.1.2 新能源光伏与制冷系统的结合

太阳能作为一种可再生能源，以其清洁、廉价和取之不尽的特点而受到各国的广泛关注，使用太阳能来替代或部分替代常规能源已成为当下的研究热点。太阳能的大范围利用将对缓解紧张的能源局势，减少常规能源消耗，促进建筑节能，降低 CO_2 排放起到至关重要的作用。其发电虽受昼夜、晴雨、季节的影响，但可以分布式进行，非常适合于光伏建筑一体化的设计应用。在太阳能的主要利用方式中，太阳能光伏利用直接将太阳能转变为电能加以利用，是一种高品位的清洁能源。炎热的夏季是用电的高峰季节，其中空调耗电占据了一大部分，由于电力资源的相对不足，近几年在上海、杭州等华东地区，已多次出现拉闸限电的情况，因此，若将太阳能转换成电能加以利用，将在一定程度上缓解电能供应不足。

将太阳辐射能直接转换成电能加以利用是太阳能利用最理想的形式。利用光伏发电驱动空调进行制冷和供暖，可以减少一大部分建筑耗电，光伏和空调结合为一个系统具有很多优点。在夏季，太阳能电池的发电功率和建筑物的负荷有较好的匹配关系，空调可以最大限度地利用太阳能为室内供冷。冬季室内热负荷晚上要比白天大，独立系统中配置的蓄电池可以将白天多余的电量储存下来用于晚上为室内供热。光伏空调系统的大规模使用可以在用电高峰时段减小电网的压力，并对节能减排有重要意义。

3.2 光伏制冷系统

3.2.1 系统简介

1. 光伏变频空调常规方案

光伏变频空调要解决的核心问题主要有两点：高效利用光伏输出能量驱动空调机组，光伏输出富余能量的实时并网。为了解决以上两个问题，光伏变频空调的发展主要历经三代，但技术的更迭改进过程中仍存在一定的问题，详见表3-1。

通常会将第一代光伏空调产品方案称为常规方案一，第二代光伏空调产品及第三代光伏空调产品方案统称为常规方案二。常规方案一是将光伏所发的直流电逆变为交流电后并网，然后由电网统一调度，实现负荷用电。常规方案二是将光伏所发直流电通过 DC/DC 稳压设备稳压后供给负荷用电，并在负荷不工作时将光伏所发直流电通过独立逆变单元逆变为交流电后并网。

从以上两种常规方案可知，制约光伏空调发展存在三大关键性难题：能量转换损失大，利用率低；无法实现能量双向流动；变流转换设备成本高昂、工程施工复杂。

基于此，珠海格力电器股份有限公司于 2013 年创新性研发了一种光伏直驱变频空调系统，从硬件拓扑及软件控制两个层面，攻克了光伏输出直流电直接驱动制冷设备、通过制冷设备直接并网、能量双向流动以及自发自用率匹配制冷设备用电的技术难题。通过对整体系统进行可靠性、友好性及开放性的控制优化，实现了整体系统的可靠运行，绿色并网，友好交互以及开放包容。

表 3-1　常规光伏空调工程设备及光伏直驱变频空调系统对比

光伏空调迭代	拓扑	特点	优势	劣势
第一代光伏空调	图 3-1a	交流并网	自发自用	多次能量转换损失达 6% ~ 8%，空调非直接利用光伏能量
第二代光伏空调	图 3-1b	直流驱动	能量转换损失较小	光伏多余电量不能并网，鲜有大功率 DC/DC 稳压器
第三代光伏空调	图 3-1c	直流驱动	余电上网	系统复杂成本高，设备较多，鲜有大功率 DC/DC 稳压器

2. 光伏直驱变频空调系统方案

光伏输出能量为直流电，变频空调系统通过将交流电转换为直流电实现变频控制。光伏直驱变频空调系统（图 3-2）则是在以下两个假设下实现：一是将光伏输出直流电直接连接至变频空调系统的直流母线处；二是将网侧单元变流模块整流、逆变功能进行复用。光伏直驱变频空调系统无须经过各种转换环节即可实现对负荷单元的直接驱动，避免了常规方案中多级整流、逆变模块导致多级能量转换损失。同时，电网单元网侧换流器采用四象限变流器，从硬件层实现能量双向流动，不需要额外并网设备，降低工程成本。光伏直驱变频空调系统实现了光伏供电系统的直驱化、轻型化，大幅提升了光伏系统发电利用率。

根据光伏直驱变频空调系统架构拓扑图可知，该系统在硬件层面上具备了光伏直接驱动空

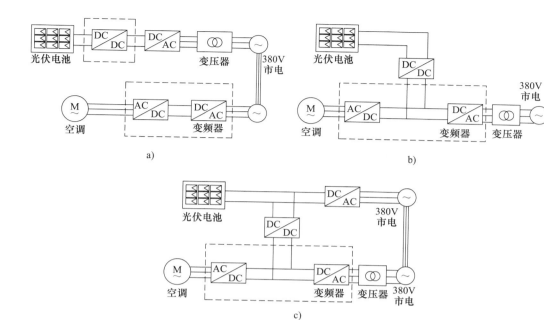

图 3-1　三代光伏空调拓扑结构

a）第一代光伏空调　b）第二代光伏空调　c）第三代光伏空调

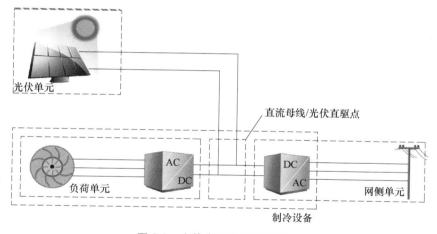

图 3-2　光伏直驱变频空调系统

调负荷、余电通过空调直接并网的可能。根据实际光伏发电情况及变频空调系统运行需求，通过对电能流向的分析可知，该系统具备五大运行模式，如下：

（1）纯空调工作模式　如图 3-3 所示，当光伏单元不发电时，变频空调从公共电网取电，此时系统相当于一个常规的高效变频空调系统。

（2）纯光伏发电工作模式　如图 3-4 所示，当变频空调不工作时，光伏单元所发电能全部回馈至公共电网，向电网系统送电，此时系统相当于一个常规的光伏发电站。

（3）光伏空调工作模式　如图 3-5 所示，当光伏单元发电功率等于变频空调耗电功率时，光伏单元所发电能全部应用于变频空调，此时光伏单元所发电能实现完全的自发自用，对外"零费用"。

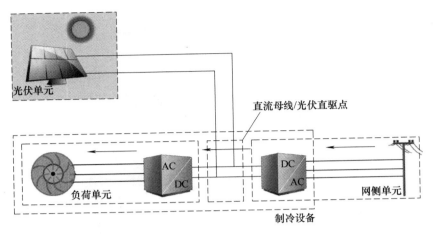

图 3-3　纯空调工作模式

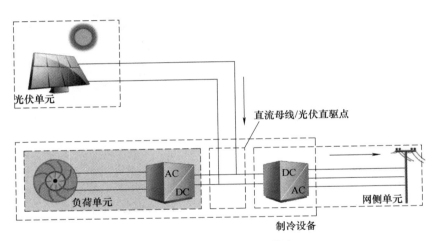

图 3-4　纯光伏发电工作模式

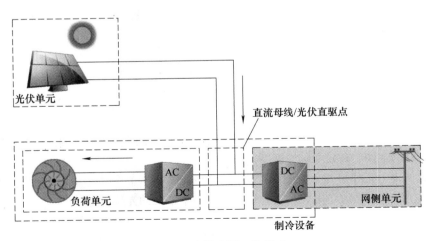

图 3-5　光伏空调工作模式

（4）光伏空调及系统发电工作模式　如图 3-6 所示，当光伏单元发电功率大于变频空调耗电功率时，光伏单元所发电能一部分满足变频空调运行，富余部分通过网侧单元发电反馈到电网，向电网系统送电。

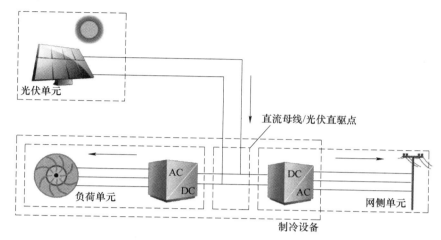

图 3-6　光伏空调及系统发电工作模式

（5）光伏空调及系统用电工作模式　如图 3-7 所示，当光伏单元发电功率小于变频空调耗电功率时，光伏单元所发电能不足以驱动变频空调工作时，不足电能部分由公共电网进行补充。

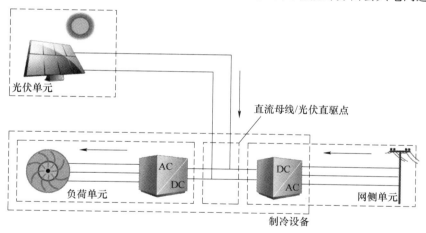

图 3-7　光伏空调及系统用电工作模式

根据光伏发电量和空调负荷运行需求，系统可在以上 5 种工作模式实时切换，系统功率阶跃时间小于 200ms，动态切换时间小于 10ms。光伏直驱变频空调系统是在变频空调技术基础上，将光伏发电技术与高效变频技术进行有机结合，利用光伏直流电直接驱动变频空调，实现光伏发电单元对空调机组的自发自用及余电实时并网。相对常规的"光伏发电+空调机组"方案而言，光伏直流电直接驱动变频空调，省去了上网下网"直流—交流—直流"的转换损失，光伏直驱利用率高达 99%以上，效率提高了 6%～8%，同时，节省了相关转换的设备，具有高效、节能、稳定的特点。

3.2.2　三元换流控制技术

1. 光伏直驱变频空调系统数学模型

光伏直驱变频空调系统主要包括 3 个主单元：光伏单元、网侧单元和负荷单元（变频空调）。

（1）光伏电池数学模型　光伏发电是以半导体 PN 结受到太阳光照产生光生伏特效应为基础，其可以直接将光能转化为电能，光伏电池发电与其使用材料、环境温度和光照辐射量等多种因素有关。太阳能光伏电池复杂物理特性可由图 3-8 所示的等效电路来描述。当光照恒定时，由于光子在光伏电池中

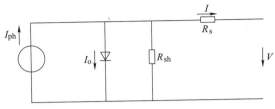

图 3-8　光伏电池等效电路

激发光生电流 I_{ph} 不会随着光伏电池的工作状态而变化，故其可以等效为一个恒流源。当光伏电池两端接入负荷后，光生电流流过负荷建立起端电压 V。负荷端电压反作用于光伏电池 PN 结上，产生与光生电流反向的电流 I_o。由于光伏板材料本身有电阻，相当于电池本身内阻 R_s，工作时其必然会引起电池板内部损耗。电路中并联的电阻 R_{sh} 为旁漏电阻，由于制造工艺的因素，光伏电池边缘与金属电极在制造时可能产生微小裂痕和划痕，从而导致本来要流过负荷的光生电流被短路形成漏电。光伏电池的工作电流计算式为

$$I = I_{ph} - I_o\left\{\exp\left[\frac{q(V + R_s I)}{nKT}\right] - 1\right\} - \frac{V + R_s I}{R_{sh}} \tag{3-1}$$

式中　I_{ph}——光伏阵列短路电流（A）；

　　　I_o——反向饱和电流（A）；

　　　I——光伏阵列工作电流（A）；

　　　q——电子电荷（$1.6×10^{19}$C）；

　　　n——二极管因子；

　　　K——玻耳兹曼常量（$1.3×10^{-23}$J/K）；

　　　V——光伏电池输出电压（V）；

　　　T——热力学温度（K）；

　　　R_s——电池内电阻（Ω）；

　　　R_{sh}——旁漏电阻（Ω）。

（2）变频空调电机数学模型　在转子磁场定向的 d-q 旋转坐标系下，永磁同步变频式离心电机的电压方程和磁链方程可以表示为

$$\begin{cases} u_d = R_s i_{dm} + L_d p i_{dm} - \omega_e L_q i_{qm} \\ u_q = R_s i_{qm} + L_q p i_{qm} + \omega_e L_d i_{dm} + \omega_e \psi_f \end{cases} \tag{3-2}$$

$$T_e - T_L = J_m \frac{d\omega_r}{dt} + B_m \omega_r \tag{3-3}$$

式中　i_{dm}、i_{qm}——定子电流在 d 轴和 q 轴上的分量（A）；

　　　u_d、u_q——定子电压在 d 轴和 q 轴上的分量（V）；

　　　L_d、L_q——直轴同步电感和交轴同步电感（H）；

　　　ω_e——电机电角速度（rad/s），且 $\omega_e = N_p \omega_r$；

ω_r——电机机械角速度（rad/s）；

R_s——定子电阻（Ω）；

Ψ_f——永磁体磁链（V·s）；

N_p——电机极对数；

p——微分算子，且 $p = \dfrac{\mathrm{d}}{\mathrm{d}t}$；

T_e——电磁转矩（N·m）；

T_L——负荷转矩（N·m）；

B_m——阻力摩擦系数（N·m·s）；

J_m——转动惯量（kg·m^2）。

（3）网侧换流器数学模型　在同步旋转坐标系 d-q 坐标下，三相光伏换流器的电压方程和功率方程可表示为

$$\begin{cases} e_d - v_d = L\dfrac{\mathrm{d}i_d}{\mathrm{d}t} + Ri_d - \omega L i_q \\[2mm] e_q - v_q = L\dfrac{\mathrm{d}i_q}{\mathrm{d}t} + Ri_q + \omega L i_d \end{cases} \tag{3-4}$$

$$Cv_{\mathrm{dc}}\frac{\mathrm{d}v_{\mathrm{dc}}}{\mathrm{d}t} + \frac{v_{\mathrm{dc}}^2}{R_{\mathrm{dc}}} = \frac{3}{2}(v_d i_d + v_q i_q) \tag{3-5}$$

式中　i_d、i_q——光伏换流器网侧电流在同步旋转坐标系下 d 轴和 q 轴上的分量（A）；

v_d、v_q——光伏换流器网侧电压在同步旋转坐标系下 d 轴和 q 轴上的分量（V）；

e_d、e_q——电网电压在同步旋转坐标系下 d 轴和 q 轴上的分量（V）；

v_{dc}——光伏换流器直流侧电压（V）；

ω——电网基波频率（Hz）；

R——网侧等效电阻（Ω）；

C——直流侧支撑电容（F）；

L——网侧等效电感（H）；

R_{dc}——直流侧等效电阻（Ω）。

2. 三元换流控制策略

（1）三元换流控制策略设计　光伏直驱变频空调系统将光伏单元、负荷单元（变频空调）和网侧单元进行结合，对 3 个单元进行联动控制，实现能量的双向流动及实时切换。

以图 3-9 所示能量流动方向为正方向，忽略机载换流器损耗及其他损耗时，3 个单元存在以下关系：

①假定网侧单元、负荷（变频空调）单元为系统负荷，光伏单元为供电电源时

$$\begin{cases} v_{\mathrm{dc}} = v_{\mathrm{pv}} \\[1mm] P_{\mathrm{pv}} = P_{\mathrm{grid}} + P_{\mathrm{load}} \end{cases} \tag{3-6}$$

②假定网侧单元、光伏单元为供电源，负荷（变频空调）单元为系统负荷时

$$\begin{cases} v_{\mathrm{pv}} = v_{\mathrm{dc}} \\[1mm] i_{\mathrm{dc\_load}} = i_{\mathrm{dc\_grid}} + i_{\mathrm{pv}} \end{cases} \tag{3-7}$$

式中　v_{pv}——光伏单元输出电压（V）；

v_{dc}——中间直流母线电压（V）；

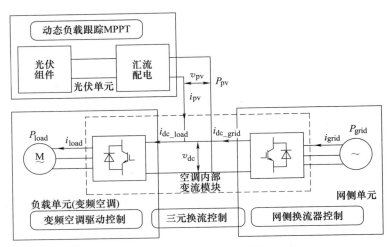

图 3-9　能量流动示意图

P_{pv}——光伏单元输出能量（kW）；

P_{grid}——网侧单元提供能量（kW）；

P_{load}——负荷单元（变频空调）消耗能量（kW）；

i_{pv}——光伏单元输出直流电流（A）；

i_{dc_grid}——中间直流母线网侧直流电流（A）；

i_{dc_load}——中间直流母线离心机侧直流电流（A）。

通过对该系统进行分析可知，光伏单元输出具有不稳定性，存在一定的波动范围，同时要在此基础上实现能量的双向流动及实时切换。因此，设计三元换流控制策略如下：

①控制目标

$$i_{grid} = v_{dc}\, i_{dc\_grid} / v_{grid}$$

$$\varphi = 0/180°\,（\varphi\ 为 i_{grid}\ 与 v_{grid}\ 的相位差）$$

②约束条件

$$P_{pv\_min} \leqslant P_{pv} \leqslant P_{pv\_max}$$

$$v_{pv\_min} \leqslant v_{pv} \leqslant v_{pv\_max}$$

$$i_{pv\_min} \leqslant i_{pv} \leqslant i_{pv\_max}$$

③平衡条件

$$P_{load} - P_{pv} = P_{grid}$$

$$v_{dc} = v_{pv}$$

$$i_{dc\_grid} + i_{pv} = i_{dc\_load}$$

式中　　v_{grid}——网侧单元电压（V）；

i_{grid}——网侧单元电流（A）；

P_{pv_min}——光伏单元最小输出能量（kW）；

P_{pv_max}——光伏单元最大输出能量（kW）；

v_{pv_min}——光伏单元最小输出电压（V）；

v_{pv_max}——光伏单元最大输出电压（V）；

$i_{\mathrm{pv\_min}}$——光伏单元最小输出直流电流（A）;

$i_{\mathrm{pv\_max}}$——光伏单元最大输出直流电流（A）。

约束条件限定了光伏单元的输出范围，保证整个系统的安全运行范围，防止过电流、过电压及欠电压等现象的发生；平衡条件给出了系统 3 个独立单元进行联动控制的依据，提供了三元换流的控制基础。

（2）动态负荷跟踪 MPPT 控制　光伏单元作为系统的能量参考元，其输出能力决定了网侧换流器对 i_{grid} 和 φ 的控制。系统优先使用光伏能量，最大限度地利用光伏输出能量驱动负荷单元。因此，对光伏输出能量的最大点进行跟踪非常必要。

根据光伏直驱变频空调系统存在的能量平衡关系，结合电导增量法，设计了一种适用于该系统的动态负荷跟踪 MPPT 方法，实现了电导增量法中步长自适应匹配系统条件的动态调整，提高了 MPPT 的响应速度和跟踪精度以及系统的自发自用率。根据系统能量守恒，对各子系统功率进行预测可知光伏单元下一时刻需要输出的功率值 P_{pv}^{*}，如下：

$$\frac{\mathrm{d}P_{\mathrm{pv}}}{\mathrm{d}t} \approx \frac{P_{\mathrm{pv}}^{*} - P_{\mathrm{pv}}}{T_{\mathrm{samp}}} \tag{3-8}$$

式中　$\dfrac{\mathrm{d}P_{\mathrm{pv}}}{\mathrm{d}t}$——功率变化参考值（W/s）;

P_{pv}^{*}——下一时刻光伏输出功率预测值（W）;

P_{pv}——当前时刻光伏输出功率（W）;

T_{samp}——采样时间（s）。

根据光伏阵列的输出特性及电导增量法控制原理设计 PI 控制器如下：

$$\frac{\mathrm{d}v_{\mathrm{pv}}}{\mathrm{d}t} = \left(K_{\mathrm{p}} + \frac{K_{\mathrm{i}}}{s} \right) \frac{\mathrm{d}P_{\mathrm{pv}}}{\mathrm{d}t} - v_{\mathrm{step}} \tag{3-9}$$

式中　$\dfrac{\mathrm{d}v_{\mathrm{pv}}}{\mathrm{d}t}$——动态负荷跟踪 MPPT 步长（V/s）;

K_{p}——PI 控制器比例控制参数;

K_{i}——PI 控制器积分控制参数;

v_{step}——初始时间步长（V/s）。

其控制环路框图及控制流程如图 3-10、图 3-11 所示。

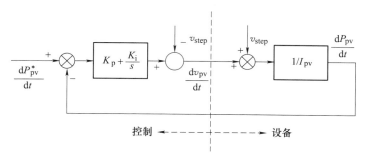

图 3-10　动态负荷跟踪 MPPT 控制环路框图

（3）变频空调控制　变频空调负荷单元在系统中能量消耗相对稳定，在系统中通过特定的控制方法或逻辑可保证其应用电压的稳定。针对其本体控制，采用基于模型参考自适应的无位置传感器控制方法对变频空调负荷单元进行控制。其转速位置辨识运算框图如图 3-12 所示。以电机定子电压矢量为参考模型，转子电压矢量为可调模型，在同一状态下进行比较，建立适当的自适应率，最终使辨识转速与实际转速保持一致。

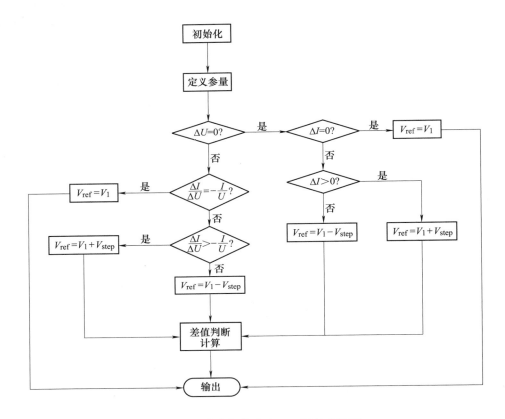

图 3-11　动态负荷跟踪 MPPT 控制流程

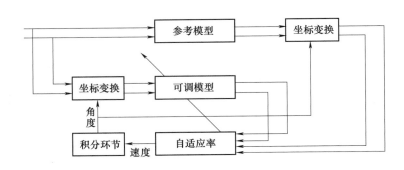

图 3-12　模型参考自适应转速位置辨识框图

（4）网侧换流器控制　通过对系统进行分析可知，三元换流控制策略的最终落脚点为网侧换流器的控制。通过一定的控制逻辑和优先策略等，可避免网侧换流器的频繁切换。而系统中 3 个单元通过母线直联建立能量平衡关系，光伏单元及负荷单元对三元换流控制策略提出约束。在此基础上，通过光伏换流器控制 i_{grid} 和 φ，最终实现三元换流控制策略的控制目标。将网侧电流分解为同步旋转坐标系下的 d 轴分量和 q 轴分量，分别对这 2 个分量进行 PI 控制，最终实现光伏换流器的控制，保证其既可在整流模式下工作又可在逆变模式下工作。根据以上思想设计光伏换流器控制环路框图，如图 3-13 所示。

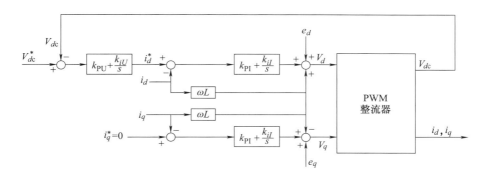

图 3-13　光伏换流器控制环路框图

3. 系统仿真验证

为验证三元换流控制策略的有效性，利用 Matlab/Simulink 平台搭建光伏直驱变频空调系统模型进行仿真。根据前述各单元数学模型及控制策略建立整个系统的仿真模型，如图 3-14 所示。该仿真模型通过母线直联将 3 个独立单元联系起来，建立三元换流控制的 3 个平衡条件。设定光伏单元输出电压范围为 ［450V，800V］，电流范围为 ［320A，430A］，功率范围为 ［190kW，250kW］。

仿真过程如下：

1）0.03s 之前，网侧换流器及光伏单元不工作。

2）0.03s 时，网侧换流器开始工作。

3）0.1s 时，光伏单元开始工作，此时辐照度为 1000，温度为 25℃，光伏最大输出功率为 245kW。

4）0.3s 时，MPPT 开始工作。

5）0.5s 时，光伏单元辐照度改变为 900，温度保持 25℃，光伏最大输出功率为 210kW。仿真结果如图 3-15 所示。

从图 3-16 可知，0.3s 时，动态负荷跟踪 MPPT 开始工作，能够在 0.03s 内寻找到光伏单元的最大输出功率点 244.7kW，与理论值仅相差 0.3kW。在 0.5s 时，环境温度发生变化，动态负荷跟踪 MPPT 可以在 0.5223s 内重新寻找到光伏单元的最大输出功率点 209.6kW，与理论值相差仅有 0.4kW。光伏单元动态负荷跟踪 MPPT 控制方法效果明显。

当光伏输出能量大于变频空调需求能量时，三元换流控制策略控制光伏换流器使其交流侧能量在 0.88ms 内进行切换，实现预定的能量双向流动和实时切换目标。

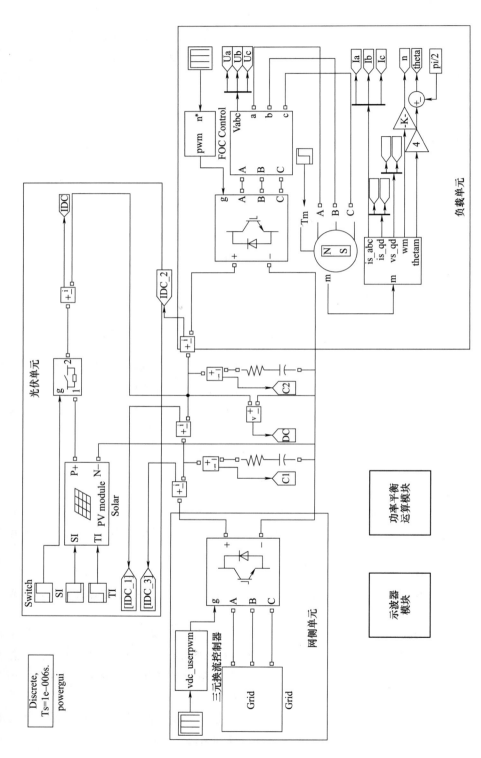

图 3-14 系统仿真模型

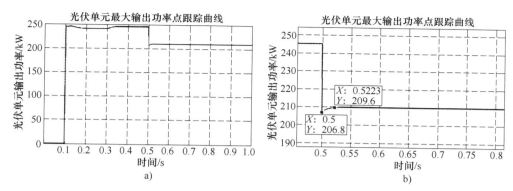

图 3-15　MPPT 曲线和随环境变化的 MPPT 曲线

a）MPPT 曲线　b）随环境变化的 MPPT 曲线

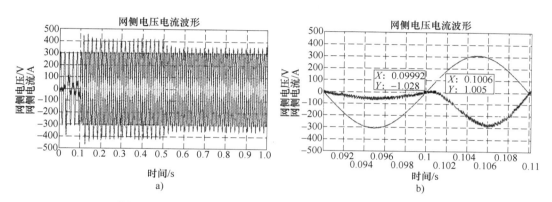

图 3-16　网侧换流器交流侧电压电流曲线和能量切换放大图

a）网侧换流器交流侧电压电流曲线　b）能量切换放大图

3.3　光储制冷系统

3.3.1　系统简介

1. 光伏直驱变频空调升级需求

光伏直驱变频空调系统的成功研发，大幅缓解了建筑耗能对公共电网的依赖，推动了制冷行业、光伏产业的发展及节能新思路。但随着传统化石能源资源的越来越少以及其带来的如雾霾、化石污染等能源污染问题的越来越严重，我国以及全球必须进一步寻求能源的转型及改革。2015 年，李克强总理在《政府工作报告》中重点提到要推动能源生产和消费革命，大力发展新能源，控制能源消费总量，加强工业、交通、建筑等重点领域的节能。近年来，光伏空调、光伏供暖、光伏煤改电等的出现也旨在推动空调的能源消费转型。光伏直驱变频空调系统验证了空调与新能源结合的可行性，解决了部分公共建筑空调能耗，但城镇住宅、乡村住宅、中小型公共建筑等空调能耗仍未解决，因此需要对空调设备进行光伏化、小型化、直流化、信息化升级。

随着对节能研究的深入，消费者对能源电力服务和信息的需求不断增加，电力系统对用电设备的峰谷响应及新能源消纳需求也在不断提高。同时，当前电力系统存在的间歇性断电、偏远地区供电、自然灾害电力应急等问题也对用电侧提出了更高的技术要求。因此光伏直驱变频空调系统需要实现对储能等其他能源的应用，来消除新能源间歇性对电网消纳带来的不利影响，提高电网的稳定及消费者的能源消费体验。

基于此，2015—2018 年珠海格力电器股份有限公司在对光伏直流化设备进行可行性论证的基础之上，提出一种双端多元光储空调系统架构，进行直流光储变频多联机系统基础架构和关键技术的研究，解决空调的多能源供电、建筑高能耗及用电侧需求响应等现实问题。

2. 双端多元光储空调系统架构

双端多元光储空调系统（图 3-17）通过将光伏输出直流电、储能高压直流端直接与变频空调系统进行连接，并通过对光储变频空调系统内部负荷用电特性等进行分析，建立了双端多元光储空调系统的双级开放直流母线。一级开放直流母线为 750V/400V（三相/单相）高压动力母线，为空调压缩机、空调风机等高压驱动部件供电，储能等其他新能源以此电压为基准进行直流开放对接。二级开放直流母线为 48V 安全母线，由高压母线电压进行转换而来，为系统中所有电子膨胀阀、线圈等部件以及系统控制用电进行供电，同时支持其他低压直流负荷接入。该系统架构具有以下三点优势：第一，提高系统用电效率，系统能量通过直流母线耦合，直接采用直流供电，减少了多次交直转换用电的能量损耗；第二，提高系统安全维护性，将系统高压点由原来的多处减少为两处，即空调交流供电接口和光伏供电接口；第三，实现直流母线的开放，为以空调系统为代表的能源消费终端在能源互联网时代实现能量的自由对接、信息的开放互联奠定基础。

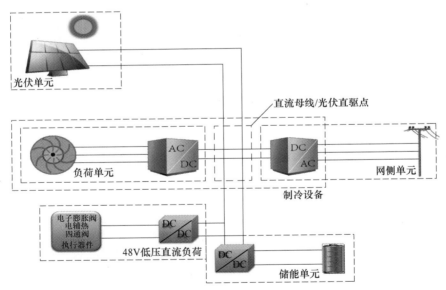

图 3-17 双端多元光储空调系统架构

3. 双端多元光储空调系统控制难题

双端多元光储空调系统在光伏直驱变频空调系统架构上引入了储能单元，由于直流能源的多样接入，系统对直流母线进行高低压分区隔离，对大功率负荷如变频压缩机等采用高压直流母线供电，对小功率负荷如电子膨胀阀、四通阀等采用低压安全直流母线进行供电。同时考虑其他能源的接入，高压直流母线采用开放式设计，可兼容其他能源的接入和负荷的供电。

由于储能单元具有双向特性，既可以作为负荷用电也可以作为能源端供电，且系统直流母线的开放使得直流母线接入的能源负荷多样化，整体系统的能量流路具有不确定性和多样性，系统的整体控制面临更多的挑战。经深入研究分析，最关键的两大控制难题主要为：如何实现能源双端公共电网和储能的灵活切换及系统能量的自由流动，以及如何实现多能源间的互补支撑及供需的平衡调度。

3.3.2　控制技术

1. 多元换流控制技术

（1）系统建模分析　要实现系统的多模式运行及切换，支持光伏的最大化利用，储能及电网能源负荷关系的实时切换，原有的三元换流控制技术已经不能满足系统运行的基本能量流动变化控制需求，需要对三元换流技术进行技术升级。通过对双端多元光储空调系统进行模式分析建模，通过分析研究，系统运行模式可以划分为并网运行模式、离网运行模式及并离网切换的临界模式。系统模型能量正向流路图如图 3-18 所示，并离网运行模式图如图 3-19 所示。

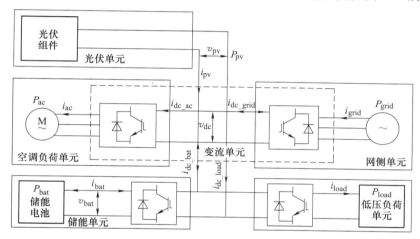

图 3-18　系统模型能量正向流路图

（2）并网运行模式多元换流控制　通过对双端多元光储空调系统进行分析，其工作在并网运行模式时，系统能量来源于光伏发电及公共电网，系统能源消费单元包括储能电池、空调负荷、系统其他负荷，此时储能电池作为负荷参与系统运行。系统状态运行模型如图 3-20 所示。

按照图 3-18 所示方向为能量正方向，结合图 3-20 可知系统并网运行模式状态方程如下：

$$\begin{pmatrix} P_{\text{bat}} \\ P_{\text{ac}} \\ P_{\text{load}} \end{pmatrix} = \boldsymbol{C}_1 \begin{pmatrix} P_{\text{grid}} \\ P_{\text{pv}} \end{pmatrix} \tag{3-10}$$

其中，

$$\boldsymbol{C}_1 = \begin{pmatrix} m_1\boldsymbol{\eta}_1\boldsymbol{\eta}_2 & n_1\boldsymbol{\eta}_1\boldsymbol{\eta}_2 \\ m_2\boldsymbol{\eta}_1\boldsymbol{\eta}_3 & n_2\boldsymbol{\eta}_1\boldsymbol{\eta}_3 \\ m_3\boldsymbol{\eta}_1\boldsymbol{\eta}_4 & n_3\boldsymbol{\eta}_1\boldsymbol{\eta}_4 \end{pmatrix}$$

式中　　　　　P_{bat} ——储能单元输入功率（kW）；

　　　　　　　P_{ac} ——空调负荷输入功率（kW）；

　　　　　　　P_{load} ——其他负荷输入功率（kW）；

P_{grid}——网侧单元输出功率（kW）；

P_{pv}——光伏单元输出功率（kW）；

$m_i (i=1, 2, 3)$——电能供能给各负载的比例；

$n_i (i=1, 2, 3)$——光伏供能给各负载的比例；

$\eta_i (i=1, 2, 3, 4)$——网侧变流器、储能变流器、机侧变流器、负荷变流器的转换效率。

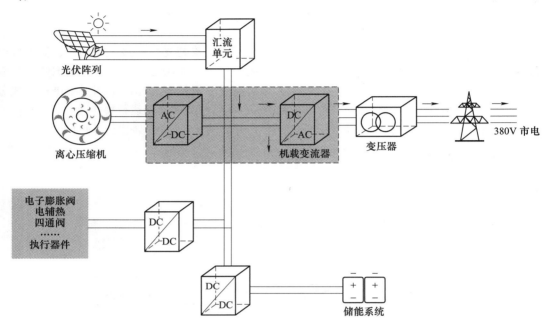

图 3-19　并离网运行模式图

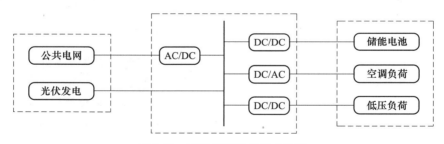

图 3-20　系统并网运行模式模型

系统在并网运行模式下控制策略设计如下：

控制目标：
$$\begin{cases} v_{dc} = v_{dc\_ref} \\ \angle (v_{grid}, i_{grid}) = 0°/180° \end{cases}$$

约束条件：
$$\begin{cases} P_{pv\_min} < P_{pv} < P_{pv\_max} \\ v_{bat\_min} < v_{bat} < v_{bat\_max} \\ v_{pv\_min} < v_{pv} < v_{pv\_max} \\ i_{pv\_min} < i_{pv} < i_{pv\_max} \end{cases}$$

平衡条件：$\begin{cases} v_{dc} = v_{pv} = v_{bat} \\ P_{grid} + P_{pv} = P_{bat} + P_{ac} + P_{load} \\ i_{grid\_dc} + i_{pv\_dc} = i_{bat\_dc} + i_{ac\_dc} + i_{load\_dc} \end{cases}$

式中　v_{dc}——直流母线电压（V）；

　　　v_{dc_ref}——直流母线电压控制目标（V）；

　　　v_{grid}——网侧单元电压（V）；

　　　i_{grid}——网侧单元电流（A）；

　　　P_{pv_min}——光伏单元最小输出功率（kW）；

　　　P_{pv_max}——光伏单元最大输出功率（kW）；

　　　v_{pv}——光伏单元工作电压（V）；

　　　v_{pv_min}——光伏单元最小输出电压（V）；

　　　v_{pv_max}——光伏单元最大输出电压（V）；

　　　i_{pv}——光伏单元工作电流（A）；

　　　i_{pv_min}——光伏单元最小输出电流（A）；

　　　i_{pv_max}——光伏单元最大输出电流（A）；

　　　v_{bat}——储能单元工作电压（V）；

　　　v_{bat_min}——储能单元最高充电电压（V）；

　　　v_{bat_max}——储能单元最低放电电压（V）；

　　　i_{grid_dc}——直流母线网侧直流电流（A）；

　　　i_{ac_dc}——直流母线机侧直流电流（A）；

　　　i_{bat_dc}——直流母线储能侧直流电流（A）；

　　　i_{pv_dc}——直流母线光伏侧直流电流（A）；

　　　i_{load_dc}——直流母线负荷侧直流电流（A）。

（3）离网运行模式多元换流控制　　通过对双端多元光储空调系统进行分析，其工作在离网运行模式时，系统能量来源于光伏发电及储能电池，系统能源消费单元包括空调负荷、系统其他负荷，此时储能电池作为能源端参与系统运行。系统状态运行模型如图 3-21 所示。

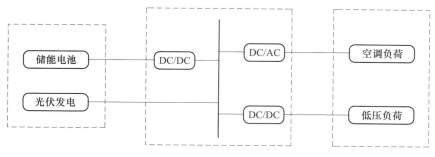

图 3-21　系统离网运行模式模型

按照图 3-18 所示方向为能量正方向，结合图 3-21 可知系统并网运行模式状态方程如下：

$$\begin{pmatrix} P_{ac} \\ P_{load} \end{pmatrix} = C \begin{pmatrix} P_{pv} \\ P_{bat} \end{pmatrix} \tag{3-11}$$

其中，

$$C = \begin{pmatrix} a_1\eta_3 & b_1\eta_2\eta_3 \\ a_2\eta_4 & b_2\eta_2\eta_4 \end{pmatrix}$$

式中 P_{bat}——储能单元输出功率（kW）；

          P_{ac}——空调负荷输入功率（kW）；

          P_{load}——其他负荷输入功率（kW）；

          P_{pv}——光伏单元输出功率（kW）；

    a_i $(i=1，2)$——光伏供能给各负荷的比例；

    b_i $(i=1，2)$——储能供能给各负荷的比例；

    η_i $(i=2，3，4)$——储能变流器、机侧变流器、负荷变流器的转换效率。

系统在离网运行模式下控制策略设计如下：

控制目标：$\begin{cases} v_{dc} = v_{dc\_ref} \\ \angle(v_{bat}，i_{bat}) = 0°/180° \end{cases}$

约束条件：$\begin{cases} P_{pv\_min} < P_{pv} < P_{pv\_max} \\ v_{bat\_min} < v_{bat} < v_{bat\_max} \\ v_{pv\_min} < v_{pv} < v_{pv\_max} \\ i_{pv\_min} < i_{pv} < i_{pv\_max} \end{cases}$

平衡条件：$\begin{cases} v_{dc} = v_{pv} = v_{bat} \\ P_{pv} + P_{bat} = P_{ac} + P_{load} \\ i_{pv\_dc} + i_{bat\_dc} = i_{ac\_dc} + i_{load\_dc} \end{cases}$

式中各变量定义同并网运行模式定义。

（4）并离网运行模式多元换流控制 通过对直流耦合双端多元换流光储空调系统进行分析，系统在并离网运行模式切换瞬间，负荷用电需求保持不变，整体系统的控制目标可简化为对直流母线的控制，电网及储能运行角度的切换主要通过通信的手段实现。图 3-22 所示为并离网两种运行模式切换的对照图。

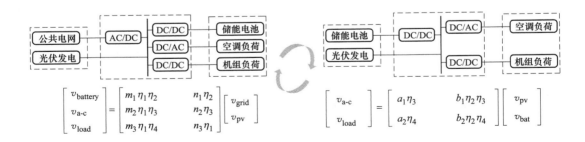

图 3-22   并离网运行模式切换对照图

按照图 3-18 所示方向为能量正方向，结合图 3-22 可知系统并离网切换瞬间系统控制目标为 $v_{dc} = v_{dc\_ref}$。

系统根据能量守恒定律及基尔霍夫定律，存在如下平衡约束关系：

$$
约束条件:\begin{cases} P_{pv\_min} < P_{pv} < P_{pv\_max} \\ P_{bat\_min} < P_{bat} < P_{bat\_max} \\ v_{pv\_min} < v_{pv} < v_{pv\_max} \\ i_{pv\_min} < i_{pv} < i_{pv\_max} \end{cases}
$$

$$
平衡条件:\begin{cases} v_{dc} = v_{pv} = v_{bat} \\ P_{grid} + P_{pv} + P_{bat} = P_{load} \\ i_{grid\_dc} + i_{pv\_dc} + i_{bat\_dc} = i_{load\_dc} \end{cases}
$$

式中各变量定义同并网运行模式定义。

2. 供需联动控制技术

（1）系统建模分析　光储制冷系统为双端多元光储空调系统，其控制过程中光伏、电网、储能的互补支撑调度很关键。本系统采用光伏优先、储能互补、电网支撑的供需联动控制技术进行能量调度，同时兼顾电网调度的响应控制。供需联动模型如图 3-23 所示。

从图 3-23 可知，供需联动模型中包含光伏、储能和电网三个能量来源。在供需联动模型中，其控制目标为实现光伏、储能和电网之间的多能互补。根据系统的不同供需要求，制定不同的多能互补策略。

针对供需联动模型，抽象得到图 3-24 所示的简化模型。

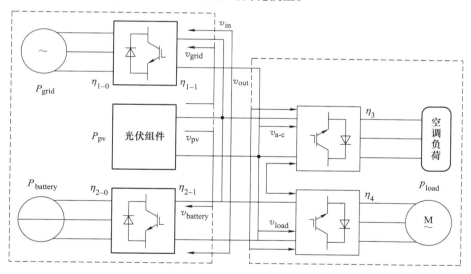

图 3-23　供需联动模型

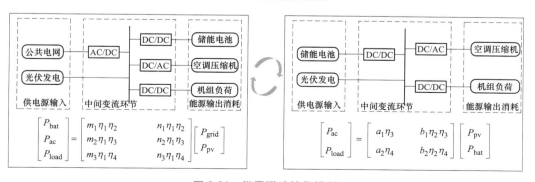

$$
\begin{bmatrix} P_{bat} \\ P_{ac} \\ P_{load} \end{bmatrix} = \begin{bmatrix} m_1\eta_1\eta_2 & n_1\eta_1\eta_2 \\ m_2\eta_1\eta_3 & n_2\eta_1\eta_3 \\ m_3\eta_1\eta_4 & n_3\eta_1\eta_4 \end{bmatrix} \begin{bmatrix} P_{grid} \\ P_{pv} \end{bmatrix}
$$

$$
\begin{bmatrix} P_{ac} \\ P_{load} \end{bmatrix} = \begin{bmatrix} a_1\eta_3 & b_1\eta_2\eta_3 \\ a_2\eta_4 & b_2\eta_2\eta_4 \end{bmatrix} \begin{bmatrix} P_{pv} \\ P_{bat} \end{bmatrix}
$$

图 3-24　供需联动简化模型

以简化模型为基础，建立如下数学模型：

$$\begin{bmatrix} P_{\text{grid\_in}} \\ P_{\text{bat\_in}} \\ P_{\text{ac}} \\ P_{\text{load}} \end{bmatrix} = C \begin{bmatrix} P_{\text{grid}} \\ P_{\text{pv}} \\ P_{\text{bat}} \end{bmatrix} \tag{3-12}$$

其中，

$$C = \begin{bmatrix} 0 & b_1\eta_{1-1} & c_1\eta_{2-0}\eta_{1-1} \\ a_2\eta_{1-0}\eta_{2-1} & b_2\eta_{2-1} & 0 \\ a_3\eta_{1-0}\eta_3 & b_3\eta_3 & c_3\eta_{2-0}\eta_3 \\ a_4\eta_{1-0}\eta_4 & b_4\eta_4 & c_4\eta_{2-1}\eta_4 \end{bmatrix}$$

式中　　　　　$P_{\text{grid\_in}}$——网侧单元吸收功率（kW）；

$P_{\text{bat\_in}}$——储能单元吸收功率（kW）；

P_{ac}——空调负荷输入功率（kW）；

P_{load}——其他负荷输入功率（kW）；

P_{grid}——网侧单元输出功率（kW）；

P_{pv}——光伏单元输出功率（kW）；

P_{bat}——储能单元输入功率（kW）；

$a_i(i=1，2，3，4)$——电网供能给各负荷的比例；

$b_i(i=1，2，3，4)$——光伏供能给各负荷的比例；

$c_i(i=1，2，3，4)$——储能供能给各负荷的比例；

$\eta_i(i=1，2，3，4)$——网侧变流器、储能变流器、机侧变流器、负荷变流器的转换效率。

可再生能源具有波动性大、随机性强的特点，随着其接入容量的不断增大，电力系统对利用储能系统平抑可再生能源功率波动的需求越来越迫切。对于基于多能互补的供需联动系统而言，需根据不同供需联动要求制定不同的控制策略，控制目标是实现系统级的多能互补。

（2）供需联动控制策略1　供需联动控制策略1的总体原则为：光伏优先→储能互补→电网支撑。该控制策略下的控制目标为使得 $v_{\text{dc}} = v_{\text{dc\_ref}}$，且 $\angle(v_{\text{bat}}，i_{\text{bat}}) = 0°／180°$，$\angle(v_{\text{grid}}，i_{\text{gird}}) = 0°$。

系统平衡约束条件为：

约束条件：$\begin{cases} P_{\text{pv\_min}} < P_{\text{pv}} < P_{\text{pv\_max}} \\ P_{\text{bat\_min}} < P_{\text{bat}} < P_{\text{bat\_max}} \\ v_{\text{pv\_min}} < v_{\text{pv}} < v_{\text{pv\_max}} \\ i_{\text{pv\_min}} < i_{\text{pv}} < i_{\text{pv\_max}} \end{cases}$

平衡条件：$\begin{cases} v_{\text{dc}} = v_{\text{pv}} = v_{\text{bat}} \\ P_{\text{grid}} + P_{\text{pv}} + P_{\text{bat}} = P_{\text{grid\_in}} + P_{\text{bat\_in}} + P_{\text{ac}} + P_{\text{load}} \\ i_{\text{grid\_dc}} + i_{\text{pv\_dc}} + i_{\text{bat\_dc}} = i_{\text{ac\_dc}} + i_{\text{load\_dc}} \end{cases}$

（3）供需联动控制策略2　供需联动控制策略2的总体原则为：光伏优先→电网调度→储能

响应。该控制策略下的控制目标为使得 $v_{dc} = v_{dc\_ref}$，且 $\angle(v_{grid}, i_{grid}) = 0°/180°$，$\angle(v_{bat}, i_{bat}) = 0°$。

系统平衡约束条件为：

$$约束条件：\begin{cases} P_{pv\_min} < P_{pv} < P_{pv\_max} \\ P_{bat\_min} < P_{bat} < P_{bat\_max} \\ v_{pv\_min} < v_{pv} < v_{pv\_max} \\ i_{pv\_min} < i_{pv} < i_{pv\_max} \end{cases}$$

$$平衡条件：\begin{cases} v_{dc} = v_{pv} = v_{bat} \\ P_{pv} + P_{bat} = P_{ac} + P_{load} \\ i_{pv\_dc} + i_{bat\_dc} = i_{ac\_dc} + i_{load\_dc} \end{cases}$$

式中各变量定义同并网运行模式定义。

通过供需联动控制技术，直流耦合双端多元换流光储空调系统可以执行多种节能运行模式，如白天模式、阴天模式、外出模式、夜晚模式等。同时也可以与公共电网进行联动控制，响应公共电网对用电需求侧响应。其中最具代表性的需求侧响应模式为恒功率模式，其具体实现最终与用户及电网交互表现形式如图 3-25 所示。

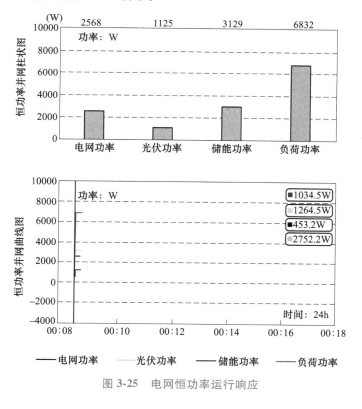

图 3-25　电网恒功率运行响应

3. 系统仿真验证

（1）仿真模型分析　基于多能互补的供需联动系统 MATLAB 仿真分析模型如图 3-26 所示。

（2）仿真验证结果　仿真条件为控制策略 1：优先使用光伏发电，0.2s 储能达到放电条件进

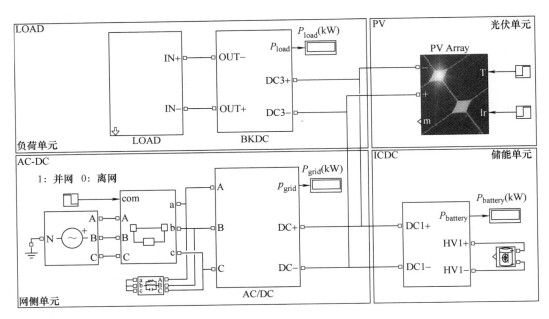

图 3-26　仿真模型分析

行补充，0.4s 储能无法继续放电由电网支撑；控制策略 2：优先使用光伏发电，储能维持接入不放电，0.4s 电网调度，储能响应支撑电网恒功率运行。

1）供需联动控制策略 1 仿真结果如图 3-27 所示。

2）供需联动控制策略 2 仿真结果如图 3-28 所示。

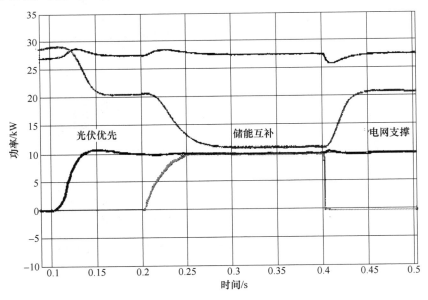

图 3-27　供需联动控制策略 1 仿真结果

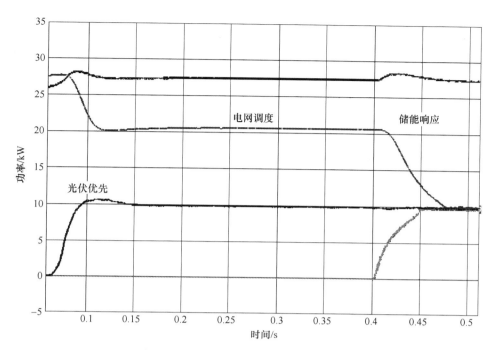

图 3-28　供需联动控制策略 2 仿真结果

3.4　新能源制冷应用展望

3.4.1　新能源制冷系统推动能源信息智慧管理（IEMS）发展

光伏/光储制冷系统包含光伏发电、储能储电、电网供电、空调用电、空调内部变电等多个环节；而对该系统的能量流动控制及调度控制，则涉及能源的实时采集、集中管理及轻量化交互等环节；光伏/光储制冷系统已经成为一种复杂的集成系统。而随着消费者对能源精细化管理的需求日益明显，需要进一步升级能源供给与消费整体方案。

基于此，在光伏/光储制冷系统的基础上，珠海格力电器股份有限公司在 2016—2018 年集中攻关清洁能源供给、高效设备研制、智能化能源调度和管理，推动构建网络化的能源新世界，打造清洁、安全、可靠、智慧、高效的人居工作生活环境，基于能源自由对接信息开放互联的目标，研发出局域能源互联网系统。

局域能源互联网系统融合了高效发电、安全储电、可靠变电、高效用电、实时 DCS 局域能源控制系统、IEMS 能源信息管理系统、轻量化人机交互 HMI。其在继承光伏/光储制冷系统相关技术的基础上，进一步攻关实现了从设备内到家居、楼宇、社区、园区，从单一的发用网的三元换流到发用储网及多单元之间的能源自由交换，体量和深度再跃一阶；其以光伏（储）制冷系统为能量中心，应用多元多端换流技术、功率级数据采集、秒级千点轮询实时响应、百万级并发阵列式管理等，实现物理世界数字化，能源视角看天下，能源精细化管理、应用。

随着全球能源互联网、互联网+等时代发展需求，IEMS 局域能源互联网系统将逐步生长成为一种集成的系统生态，广泛应用于家庭、工厂、楼宇、园区、社区、建筑、交通等局域能源互联网应用场景中。

3.4.2 新能源制冷系统推动直流生态成型

随着太阳能尤其是光伏的利用，直流重新回归技术热门视野，其正在经历从直流电器/电气—直流供电—直流生态住宅—直流微网—直流配电网络的发展过程。荷兰能源研究中心（ECN）、国际能源机构（IEA）、美国电力研究会（EPRI）早在1997年就系统地提出了采用直流供电技术的实施方案；欧洲和日本也在陆续进行相关的研究和开发工作。国内2009年初步拟定48V和350V的直流供电标准电压，试制成功了一系列采用直流供电的家用电器样品，但国内整体对直流电压的定义仍未明朗。

国内对光伏直流的研究从未间断，但不论从光伏效率、光伏应用、直流标准、直流供电技术等方面仍与国外存在差距，需要通过统一的平台去推动光伏直流系统相关技术、标准的发展跟进，迎头赶上国际光伏、直流化的脚步。光伏/光储制冷系统以直流母线作为能源母线，并实现直流母线的开放，奠定了直流能源自由对接的基本架构。通过对光伏/光储制冷系统架构的拓展应用研究，可将该系统架构应用于直流微网、以储能为中心的局域能源互联网系统等多个领域。同时，通过进一步探索能源与用电侧设备的结合以降低家电能耗，国内已经完成直流电器的技术攻关，实现纯直流家电应用，研发了直流冰箱、直流洗衣机、直流电饭煲、直流加湿器、直流电磁炉等新能源电器，并在雄安新区、苏州同里古镇直流社区、深圳直流未来大厦等多个直流生态系统中得到示范应用。

3.4.3 新能源制冷系统推动能源互联网的发展

光储制冷系统是在光伏直驱技术、三元换流技术的研究基础上建立的双端多元光储空调系统，实现了空调系统的多能源利用及直流化，保证了空调系统能量的传输效率及安全性。通过该技术的研究，实现了光伏、储能与空调系统的直流化及光储一体化，光伏直驱系统具备离网运行能力，不仅解决了离网运行场所光伏余电的储存问题，同时还消除了部分地区电网供电及光伏发电间歇性的影响。

能源信息智慧管理（IEMS）系统搭载的基于多能互补的供需联动控制技术，有效解决了光储制冷系统能量的智能控制与自主调度等技术难题，实现了系统多种能源间灵活自主的互补供能。通过该技术的研究，不仅解决了光储制冷系统及其以光储制冷系统为能源管理中心的家居/楼宇级能源的智能控制与自主调度，同时还保障了系统多能的互补支撑及发、储、用、网的供需联动控制，实现系统对电网调度的快速响应，如恒功率运行等。

光伏制冷系统的研发推出了局域能源互联网系统，未来的能源互联网将会是能源技术与互联网技术的深度融合，为能源环境的可持续发展与经济健康增长提供有效支撑。

早在20世纪80年代，清华大学时任校长高景德便提出了CCCP（现代电力系统是计算机、通信、控制与电力系统以及电力电子技术的深度融合）的概念。近年来，国内快速发展的智能电网也不断强调信息技术与现代电网的紧密结合。2012年8月首届中国能源互联网发展战略论坛在长沙举行，对能源互联网概念进行了初步介绍。2015年4月，国家能源局首次召开能源互联网工作会议。2016年2月，国家发改委、能源局、工信部联合发布国家能源互联网纲领性文件《关于推进能源互联网发展的指导意见》，提出了能源互联网的路线图，明确了推进能源互联网发展的指导思想、基本原则、重点任务和组织实施。从目前的情况来看，能源互联网正逐渐由以基础性研究为主的概念阶段向以应用型研究为主的起步阶段转变。

2004年The Economist发表了Building the Energy Internet，首次提出建设能源互联网，通过借鉴互联网自愈和即插即用的特点，将传统电网转变为智能、响应和自愈的数字网络，支持分布式发电和储能设备的介入，已减少大停电及其影响。2008 年 12 月德国联邦经济和技术部发起了一个技术创新促进计划，以信息通信技术（Information and Communication Technology，ICT）为基础构建未来能源系统，着手开发和测试能源互联网的核心技术。2010 年，日本启动"智慧能源共同体"计划，开展能源和智能电网等领域的研究。2011 年，日本开始推广"数字电网"计划，该计划是基于互联网的启发，构建一种基于各种电网设备的 IP 来实现信息和能量传递的新型能源网。

　　国内外的各方认知方式的侧重点有所不同，但都是将互联网技术运用到能源系统，把一个集中式、单向的、生产者控制的能源系统，转变成大量分布式辅以较少集中式的新能源与更多的消费者互动的能源系统，以提高新能源的比重，实现多元能源的有效互联和高效利用。

　　光伏制冷系统将会助力未来的能源互联网系统发展，能源互联网的发展真正的挑战不是电量的问题，而是柔性容量问题，是需要通过信息技术、物联网等手段，真正地将上游供给与下游需求无缝对接。

本章参考文献

[1]　赵争鸣，刘建政，孙晓瑛，等. 太阳能光伏发电及其应用 [M]. 北京：科学出版社，2005.

[2]　张毅. 独立光伏发电系统中充电控制芯片的研究与设计 [D]. 杭州：浙江大学，2008.

[3]　吕光昭. 独立光伏空调系统的研究 [D]. 上海：上海交通大学，2012.

[4]　崔容强，赵春江，吴达成. 并网型太阳能光伏发电系统 [M]. 北京：化学工业出版社，2007.

[5]　KOJABADI H M, GHNBI M. MRAS-Based adaptive speed estimator in PMSM drives [C/OL] // IEEE International Workshop on Advanced Motion Control. [S. l.]：[S. n]，2006.

[6]　张兴，张崇巍. PWM 整流器及其控制 [M]. 北京：机械工业出版社，2012.

[7]　刘振亚. 特高压直流输电技术理论 [M]. 北京：中国电力出版社，2012.

[8]　何道清，何涛，丁宏林. 太阳能光伏发电系统原理与应用技术 [M]. 北京：化学工业出版社，2012.

[9]　汤广福，罗湘，魏晓光. 多端直流输电与直流电网技术 [J]. 中国电机工程学报，2013，33（10）：8-17.

[10]　WILD-SCHOLTEN D, M J. Energy payback time and carbon footprint of commercial photovoltaic systems [J]. Solar Energy Materials and Solar Cells，2013，119：296-305.

[11]　IRENA. Southern African power pool：planning and prospects for renewable energy [C/OL] International Renewable Energy Agency. [S. l.]：[S. n]，2014.

第 4 章

磁制冷技术

4.1 磁热效应及原理

4.1.1 磁热效应

磁热效应（Magnetocaloric Effect，MCE）又称为磁卡效应，是外磁场的变化引起磁性材料内部磁熵改变并伴随着吸热和放热的一种现象，是磁性材料的固有特性[1]。不加磁场时，磁性材料内部磁矩的取向是杂乱无序的，此时材料的熵较大；施加磁场时，磁性材料被磁化，磁矩沿磁化方向择优取向，由无序变为有序，在等温条件下，材料的熵减小，向外界等温放热；移除磁场时，磁性材料退磁，由于磁性原子或离子的热运动，其磁矩又趋于无序，磁熵增大，在等温条件下，从外界吸热。磁热效应的原理如图 4-1 所示。

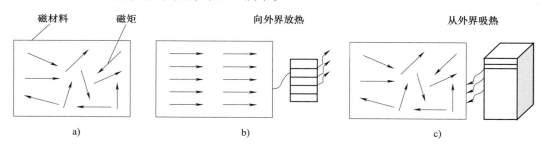

图 4-1　磁热效应的原理

a）无磁场 $H=0$　b）磁化 $H>0$　c）退磁到 $H=0$

从热力学的角度解释磁热效应，磁性物质由自旋体系、晶格体系及电子体系组成，磁性物质的总熵为三个体系熵之和[2]：

$$S(T, H) = S_M(T, H) + S_L(T) + S_E(T) \tag{4-1}$$

式中　S——系统总熵 [J/(kg·K)]；

$\quad\quad S_M$——磁熵 [J/(kg·K)]；

$\quad\quad S_L$——晶格熵 [J/(kg·K)]；

$\quad\quad S_E$——电子熵 [J/(kg·K)]；

$\quad\quad T$——热力学温度（K）；

$\quad\quad H$——磁场强度（T）。

磁熵是温度和磁场的函数，当磁场变化时，磁熵随之改变。而晶格熵和电子熵仅与温度有关，合起来称为温熵，于是式（4-1）可写为

$$S(T, H) = S_M(T, H) + S_T(T) \tag{4-2}$$

式中 S_T——温熵 $[J/(kg \cdot K)]$。

等温过程中，温熵不变，故式（4-2）简化为

$$\Delta S(T, H) = \Delta S_M(T, H) \tag{4-3}$$

式中 ΔS——系统总熵变 $[J/(kg \cdot K)]$；

　　 ΔS_M——等温磁熵变 $[J/(kg \cdot K)]$。

由式（4-3）可知，在等温条件下施加（移除）磁场，磁性材料的总熵减小（增大），向外界放热（吸热）。如图4-2所示，磁热效应的大小可由等温磁熵变 ΔS_M 表示，ΔS_M 越大，磁热效应越大。

绝热过程中，系统总熵不变，即

$$\Delta S(T, H) = \Delta S_M(T, H) + \Delta S_T(T) = 0 \tag{4-4}$$

式中 ΔS_T——绝热温熵变 $[J/(kg \cdot K)]$。

由式（4-4）可知，在绝热条件下施加（移除）磁场时，磁熵减小（增大），为了保持系统总熵不变，温熵增大（减小），则磁性材料温度升高（降低）。如图4-2所示，磁热效应的大小可由绝热温变 ΔT_{ad} 表示，ΔT_{ad} 越大，磁热效应越大。

4.1.2 磁制冷原理

磁制冷是建立在磁性材料的磁热效应基础上的[3]。考虑到绝热过程比等温过程更容易实现，本文以绝热过程和等磁场过程组成的循环为例对磁制冷原理进行阐述，如图4-3所示[4]，磁制冷循环由四个过程组成，如下：

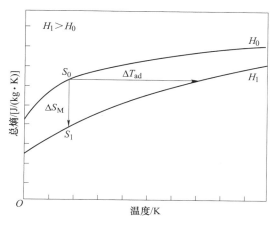

图 4-2　磁热效应 S-T 图

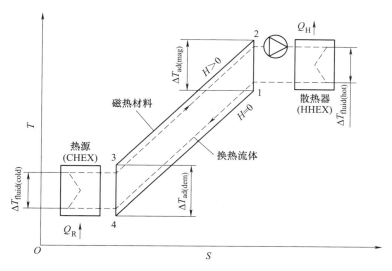

图 4-3　磁制冷工作原理示意图

1）1—2：绝热磁化，在绝热条件下施加磁场，磁热效应导致磁性材料的温度升高，工作过

程对应图 4-4a。

2）2—3：等磁场（$H>0$）换热，磁场保持最大值，水泵驱动工作流体离开冷端换热器，流经磁性材料并与之进行换热，流体被加热而磁性材料被冷却，之后流体进入热端换热器将热量传递给环境，工作过程对应图 4-4b。

3）3—4：绝热退磁，在绝热条件下移除磁场，磁热效应导致磁性材料的温度降低，工作过程对应图 4-4c。

4）4—1：等磁场（$H=0$）换热，被环境冷却后的流体离开热端换热器，流经磁性材料并与之进行换热，流体被冷却而磁性材料被加热，之后流体进入冷端换热器从热源吸收热量，达到制冷的目的，工作过程对应图 4-4d。

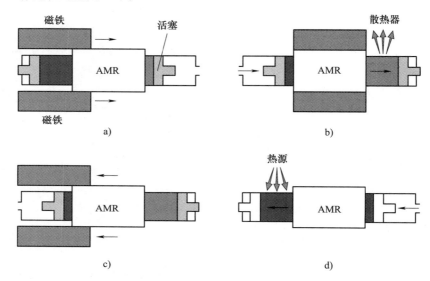

图 4-4　磁制冷工作过程示意图

a）绝热磁化　b）等磁场（$H>0$）换热　c）绝热退磁　d）等磁场（$H=0$）换热

4.2　磁制冷材料

在磁制冷领域中，一般按照磁制冷材料的工作温度分类，大致可以分为三个温区，即低温区（$<20K$）磁制冷材料、中温区（$20\sim80K$）磁制冷材料、室温区（$80K\sim$室温）磁制冷材料。

4.2.1　低温区（$<20K$）

这个温区内的磁制冷材料是利用磁卡诺循环进行制冷，材料处于顺磁状态，主要包括 $Dy_3Al_5O_{12}(DAG)$[5]、$Gd_2(SO_4)_3\cdot8H_2O$、$Gd_3Ga_5O_{12}(GGG)$[6]、$PrNi_5$[7]等顺磁材料。4.2K 以下通常用 GGG 和 $Gd_2(SO_4)_3\cdot8H_2O$ 等材料产生液氦流进行制冷，而 $4.2\sim20K$ 则常用 GGG、DAG 进行氢液化来制冷。

4.2.2　中温区（$20\sim80K$）

中温区是液化氮、氢的重要温区，利用磁埃里克森循环进行制冷。在这个温区内，磁制冷材料主要是一些多晶材料、重稀土元素单晶和 RAl_2、RNi_2 型材料[8]。C. Zimm[9] 等人研制出一种（$Dy_{1-x}Er_x$）Al_2 复合材料，这种材料磁矩大，利用该种材料可以实现在较宽温区内进行制冷。

4.2.3　室温区（80K～室温）

在大于 80K 的温区，此时温度较高，晶格熵较大，顺磁工质已不适宜用作制冷工质，需要用铁磁工质。过渡族元素中的 3d 电子层和稀土元素中重稀土元素的 4f 电子层有较多的未成对电子，这使得原子自旋磁矩较大，可能存在较大的磁热效应。故在此温区内，以稀土金属和过渡族金属及其化合物为主要研究对象[10]。主要包括稀土金属 Gd 及其合金[11-13]、Mn-As-Sb 系列合金[14, 15]、Mn-Fe-P-As 系列合金[16-18]、Gd-Si-Ge 系列合金[19, 20]、La-Ga-Mn-O 系列氧化物[21, 22]、La-Fe-Si 合金[23, 24]、Fe 基非晶合金、Ni-Mn 基哈斯勒合金[25] 等，大致可以分为 4 大系列：①Gd 基系列合金；②Mn 基系列合金；③LaFeSi 基系列合金；④Heusler 合金。

1. Gd 基系列合金材料

在稀土金属及其合金化合物中，Gd 金属及其合金一直都是最具代表性的铁磁性材料，也是研究最为广泛的室温磁制冷材料，主要是因为 Gd 的顺磁相到铁磁相的转变属于二级相变，具有较大的磁矩，且 Gd 金属 4f 层有 7 个未成对的电子，具有较高的自旋磁矩，磁热效应显著，且具有良好的导热性及较好的加工性。金属 Gd 的居里温度（293K）正好在室温附近，且在居里温度处，0～5T 磁场变化下最大的磁熵变 ΔS_{max} 约为 9.5J/（kg·K），最大绝热温变 ΔT_{ad} 约为 12K[26]，通常被当作评价其他材料的基准量。但 Gd 金属的纯度不高会降低其磁热效应，纯度要求高、价格昂贵且易氧化等限制了其发展，目前对 Gd 金属的研究主要集中在 Gd 合金化合物的磁热性能上。表 4-1 总结了 Gd 金属及其化合物磁制冷性能。

表 4-1　Gd 金属及其化合物磁制冷性能[27]

合　　金	制备方法	T_c/K	ΔS_{max}（0～5T）/[J/（kg·K）]	RCP（0～5T）/[J/kg]
Gd	—	292	8.9	461.6
$Gd_{100-x}B_x$	熔融纺丝	293	8.89	177.3
$Gd_{100-x}Mn_x$	铸造	278.9～292.2	8.3	467
$Gd_{100-x}Ga_x$	铸造	286	8	418.4
$Gd_{65}Mn_{35-x}Si_x$	熔融纺丝	218	4.7	660

具有巨磁热效应的 $Gd_5（Si_xGe_{1-x}）_4$[28] 化合物的发现是 Gd 基系列合金材料研究的重大突破，大大提高了磁制冷材料的性能。其居里温度为 276K，与 Gd 金属的居里温度相差不大，磁熵却是二级相变材料 Gd 的 2 倍以上（0～5T），这类化合物最重要的特征是晶体结构相变与磁相变同时发生，从而在居里温度附近能够产生远大于金属 Gd 的磁热效应。通过调节 Si/Ge 的比例，合金的居里温度可以在 30～280K 内变化，$n（Si）：n（Ge）$ 的比例越小，居里温度越低，当磁场变化 $\Delta H = 5T$ 时，Gd_5SiGe_3 的 ΔS_{max} 高达 68J/（kg·K），但它对应的居里温度为 148K，在相同的磁场变化条件下 $Gd_5Si_2Ge_2$ 的 ΔS_{max} 达到 19J/（kg·K），是铁磁材料 Gd 的 2 倍，此时合金的居里温度（约为 277K）恰好在室温附近。但其最大的限制为对纯度的要求很高，当含有微量的氧时磁熵急剧降低，且易于氧化，具有较大的热滞[29]。

这几年关于 Gd 金属合金的研究主要集中在通过不同的制备工艺探究 Gd-M（M = Zn，Er，Al，In，B，Ga，Mn，Fe）二元合金的磁热效应，虽然工作温度区间略微有所增大，但居里温度下降，磁熵变也减小。另外一些研究则集中在 Gd 基非晶态磁工质，因为 4f 层稀土元素与过渡族金属的

3d 层构成 RKKY 交换作用，且非晶态合金的结构无序性导致由局部浓度起伏产生了交换作用起伏，从而产生了很大的转变温度区域和制冷量[30]。利用熔铸法制备的 $Gd_{100-x}Mn_x$（$x=0$、5、10、20，$x\%$ 为原子分数）[31]，居里温度约在 $278.9 \sim 292.2K$ 之间，在 5T 磁场下，通过控制 Mn 的含量，可以调节居里温度。Mn 含量增加，磁熵变减小 [$8.6 \sim 5.9 J/(kg \cdot K)$]，居里温度（$278 \sim 293K$）与饱和磁化强度（$78 \sim 108emu/g$，$1emu/g = 10^6 A/(m \cdot kg)$）都降低，制冷能力先升高后降低[32]。另外，当 $x=5$ 时，虽然合金的最大磁熵变接近于 Gd 金属，但是合金的 RCP（相对制冷力）为 $202J/kg$（$0 \sim 2T$）和 $467J/kg$（$0 \sim 5T$），大于 Gd 金属。这说明合金 $Gd_{100-x}Mn_x$ 的半峰宽比 Gd 金属大，在较宽的温区内能够实现连续可调，适于较宽温区的制冷[33]。今后 Gd 基合金的研究应集中在以下方面：①探究高纯度金属 Gd 的制备工艺；②原材料合金元素 Gd 价格昂贵，从而影响合金制备规模，需要新的制备工艺和适当的热处理工艺使得磁热材料具有较大的磁熵变；③探究在保持较大的等温熵变或者绝热温变的同时提高磁热材料的可调温宽。

2. Mn 基系列合金材料

主要分为 $MnFe(P_xAs_{1-x})$ 和 $Mn_3XC(N)$ 反钙钛矿结构化合物。$MnFe(P_xAs_{1-x})$ 系化合物（$0.15 < x < 0.66$）是 Fe_2P 型结构，其磁性来源于 3d 电子层的巡游电子，巨磁热效应主要是因为在温度和磁场的诱导下，化合物的晶格常数不连续变化，同时材料发生了从铁磁性状态变化到顺磁性状态的一级磁性相变[32]。但是由于 MnFePAs 化合物中 As 为剧毒元素，而且 MnFePAs 化合物在居里温度处伴随着较大的热滞，限制了化合物的发展，所以大多数学者将更多的注意力集中在替代 As 元素上，例如在化合物中引入填隙原子。在 $Mn_{0.95}Fe_{1.05}P_{0.5}As_{0.5}B_x$[34] 化合物中引入填隙原子 B 后，在 $0 \sim 2T$ 磁场变化下，$x=0.01$，获得 $\Delta S_{max} = 15.2J/(kg \cdot K)$，大于 Gd 金属，$x=0.04$ 时，RCP（相对制冷力）为 $162J/kg$，与 Gd 金属相当，且所有样品在室温附近的热滞 $\Delta T_{hys} = 1 \sim 2K$，充分显示出 $Mn_{0.95}Fe_{1.05}P_{0.5}As_{0.5}B_x$ 化合物具有一定的发展潜力。虽然 MnFePAs 系列合金具有居里温度高、磁熵变大且可逆性好、制备工艺简单、价格便宜等优点，但有毒物质 As 的问题仍未解决。$Mn_5Ge_{3-x}Si_x$ 系列合金属于 Mn_5Si_3 型六方结构，它的晶格参数和居里温度随着 x 的增加而降低，当 $x=0.5$ 时，$T_c = 299K$，$\Delta S_{max} = 7.8J/(kg \cdot K)$。Si 的替代不会改变晶格结构，但是会对磁热效应产生两种影响：一是随着 Si 含量的增加，磁熵会减小；二是 Si 的替代会使磁热效应峰变宽。另外一种 Mn_5Si_3 型的合金 $Mn_5Ge_{3-x}Sb_x$，Sb 的掺入可以提高合金的居里温度，但会降低 Mn 均热磁性，同样 Sb 的掺入也会对合金产生两种影响：一是随着掺入量的增加，磁熵会减小；二是磁热效应峰会拓宽[27]。

$Mn_3XC(N)$ 反钙钛矿结构化合物的磁热效应逐渐被重视。随着温度的降低，该化合物在 248K 时发生了顺磁转变为铁磁的二级转变；在 164K 时发生了铁磁转变为反铁磁的一级转变，并伴随着不连续的晶格膨胀，其巨磁效应是由这两个阶段电子结构的不同导致的[32]。Wang 等人[35] 发现 Al 部分替代 Ga 后，合金 $Ga_{1-x}Al_xCMn_3$（$0 \le x \le 0.15$）的居里温度 T_c（$250 \sim 312K$）与饱和磁化强度 M_s 升高，磁熵变下降（$4.19 \sim 2.11J/(kg \cdot K)$，$H = 4.5T$），制冷能力提高。同样具有反钙钛矿结构的 $Sn_{1-x}CMn_{3+x}$（$0 \le x \le 0.4$），在 $H = 2T$ 时，RCP（相对制冷力）可以达到 $75J/kg$。反钙钛矿结构化合物虽然能在较宽的温度区间内保持较大的磁熵变，但是其居里温度远离室温，今后的研究重点在如何调节其居里温度至室温附近。

今后 Mn 基合金的研究应集中在以下方面：①对有毒物质的替代；②探究新型钙钛矿锰氧化合物的磁热效应；③对机械合金化结合等离子烧结技术的制备工艺细节进行优化，减少杂相的含量，从而降低杂相对化合物磁热性能的影响；④调节化合物成分配比，制备出具有合适的居里温度、较小热滞后和较大的磁熵变等优异性能的化合物。

3. LaFeSi 基系列合金材料

La 金属是稀土元素中相对较为便宜的金属，LaFeSi 基系列合金材料具有在室温附近磁熵变大，相变温度调节区间大等特点[36]。Si 含量较低时，$LaFe_{13-x}Si_x$ 在温度或磁场的上升和下降的循环过程中可观察到相当大的热滞或磁滞，这是一级相变，当 $x>1.8$ 时出现典型的二级相变，这说明随着 x 的增加，合金的相变从一级向二级演变。虽然 $LaFe_{13-x}Si_x$ 合金展现出巨磁热效应，但是 ΔS_{max} 都在温度低于 210K）时出现。为了实际应用，熵变最大值发生在环境温度附近是磁制冷所期望的制冷温度。但在实际中随着 T_c 的增加，MCE 迅速减小，因此，如何调节 T_c 至较高温度而不显著影响 ΔS 成为研究重点。目前提高 $La(Fe,Si)_{13}$ 合金居里温度的方法主要有：吸 H 技术（固溶 H）、引入填隙原子 C、B 等和利用 Co 取代 Fe 原子。吸 H 技术对化合物的 ΔS_{max} 影响最小，但会出现溢 H 现象，性能不稳定。引入填隙原子和用 Co 取代 Fe 虽然能提高化合物的居里温度，但合金的 ΔS_{max} 明显减小。今后 LaFeSi 基合金的研究应集中在以下方面：①研究掺杂磁性离子的电子组态对磁热效应的影响；②拓宽温跨区间，在可调范围内尽可能取得较大磁熵变；③研究 LaFeSi 基材料结构变化与稳定性。

4. Heusler 系列合金材料

Heusler 合金的铁磁性马氏体经过一级结构相变，转变为铁磁性奥氏体时，由于两种状态的磁化强度大小不同，显示出磁熵变化。某些特定成分使得它的磁性相变和马氏体相变可以在同一温度发生，从而也能够产生巨磁热效应，所以它的相变比较复杂[37]。Heusler 合金材料具有巨磁热效应、巨霍尔效应、超磁致伸缩、形状记忆效应、交换偏置现象，所以该合金材料仍然是一个热门的研究领域。在制冷方面，典型的 Heusler 合金为 NiMnGa，NiMnZ（Z = In、Sn、Sb）等系列合金。Cherechukin 等[38]在 H = 1.8T 磁场下用电弧熔炼法制备了 $Ni_{2.18}Mn_{0.82}Ga$ 合金，在 T = 333.2K 附近得到磁熵变约为（20.7±1.5）J/(kg·K)。Ingale 研究了合金 $Ni_{54.8}Mn_{20.3}Ga_{24.9}$ 在磁场 H = 1.2T、T = 332K 时 ΔS_{max} 达到 7.0J/(kg·K)，之后在合金中掺入 Co 时，磁熵变提高，在 $Ni_{41}Co_9Mn_{32}Ga_{18}$ 中，磁熵变达到最大值 17.8J/(kg·K)[39]。Mejia 等[40]对降低磁制冷材料 NiMnGa 基化合物成本进行了研究，指出少量的 Al 替代 Ga 与 $Ni_2(Mn,Cu)Ga$ 相比较不影响化合物的磁热性能，且合金 $Ni_2Mn_{1-x}Cu_xGa_{0.9}Al_{0.1}$ 中部分 Mn 被 Al 替代后，居里温度降至室温附近，最大磁熵变可达 9.5J/(kg·K)（ΔH=5T）接近于 Gd，显示出较高的制冷能力，同时 Al 替代明显降低了原材料的成本。对于 NiMnZ（Z = In、Sn、Sb）系列合金，也有很多学者做了大量研究。Krenke 等[41]指出合金 $Ni_{50.3}Mn_{33.8}In_{15.9}$（$T_c$ = 305K）在 190K、4T 的环境下，ΔS_{max} = 12J/(kg·K)。对于 NiMnSn 合金的研究集中在通过添加强磁性元素提高合金的铁磁交换，从而提高其磁熵变。Guo[42]向 NiCoMnSn 中添加 In，$Ni_{45}Co_5Mn_{40}In_8Sn_2$ 合金的热滞下降了 74%。Du 等[43]发现在 $Ni_{50}Mn_{50-x}Sb_x$ 系列合金中，当 x = 13 时，ΔS_{max} = 9.11J/(kg·K)（ΔH=5T）接近于 Gd，显示出较高的制冷能力。

Heusler 型铁磁性合金原材料价格相对较低，而且其磁热效应也较为明显，但是还有以下几个方面需要进一步的探究：①材料的粒度大小对磁热效应产生的具体影响；②热处理对热滞存在的影响；③马氏体相变产生的内应力对磁热效应的影响。

4.3　磁制冷机结构及分类

根据运行方式的不同，磁制冷机可以分为往复式与旋转式两类。室温磁制冷机主要由磁场源、主动式磁回热器（AMR）、换热系统、机械传动系统以及控制系统五个部分构成。常见的磁场源有超导磁场、电磁场以及永磁场。在早期的室温磁制冷机研究中，主要采用超导磁场作为磁场源，它可以提供 4T 以上的强磁场，较强的磁场强度也使得样机性能较为理想。但是超导磁场运行及维护成本较高，这为实际应用带来了困难。在早期研究中由于技术与制造问题，永磁场的磁场强度普遍较低（1T 左右），因此其制冷效果与使用超导磁场的磁制冷机相差较大，而随着 Halbach 结构永磁阵列结构的应用，永磁场磁场源逐渐取代了超导磁场，现有的永磁场的磁场强度一般在 2T 范围内。

室温磁制冷机与其他温区的磁制冷机最大的不同在于使用了主动式磁回热器以提升制冷温跨与制冷量。1982 年 Barclay 和 Steyert[44] 提出用固体蓄冷来代替液体即主动式磁蓄冷的概念。主动式磁回热器实际上就是一个兼具热源与热汇的回热器，其磁热工质既能产生冷量又担任了蓄冷的角色，因此称为主动式磁回热器（AMR）。在室温磁制冷机中，主动式磁回热器一般有圆柱形与长方体形两种，在回热器的内部填充磁热材料，如稀土金属 Gd 等。不同的磁热工质以及不同的工质结构可以产生不同的制冷效果，常见的工质结构有颗粒状、片状、碎片状以及条状。

4.3.1 往复式磁制冷机

往复式磁制冷机的特点是通过线性往复运动实现 AMR 励磁与退磁。由于磁场的体积与质量较大，如 2009 年 Tagliafico 等人的往复式磁制冷机[45] 磁场强度为 1.55T，磁场装置总质量达 35kg，如果采取磁场往复运动，则在运行时由于磁场惯性过大而难以有效制动，因此往复式磁制冷机一般为磁场静止，磁回热器做往复运动。

相比于其他类型的磁制冷机，往复式磁制冷机结构简单、组装拆卸方便、易于控制、试验测试便利，基于以上优点，往复式样机一直是众多科研工作者研究室温磁制冷的首选，自 1976 年 Brown 发明的第一台往复式室温磁制冷机[11] 开始，文献可查的往复式室温磁制冷机约有 31 台，根据 AMR 数量可以分为以下两类：单 AMR 型往复式磁制冷机与双 AMR 型往复式磁制冷机。

1. 单 AMR 型往复式磁制冷机

截至 2019 年，单 AMR 型磁制冷机约有 22 台[46-48]。单 AMR 型往复式磁制冷机的特征是样机只有一个 AMR 与磁场源，图 4-5 所示为 2008 年 Nakamura 等设计的一台典型单 AMR 型往复式磁制冷机[49]，样机只有一个圆柱形 AMR 测试段、一个磁场源以及其他部件，磁场静止而 AMR 做往复运动。单 AMR 样机一般采用单流路结构，即换热流体只在一条流路上循环往复流动，流动方向由流体驱动系统控制，因此部件较少，结构最为简单，制造成本最低。

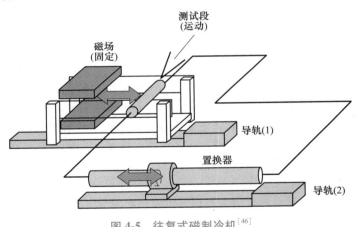

图 4-5 往复式磁制冷机[46]

单 AMR 型往复式磁制冷机的优点突出，但是由于单个 AMR 在一次循环里只能依次经过从励磁换热到退磁换热的过程，这大大限制了单 AMR 型往复式样机的运行频率，现有单 AMR 型样机运行频率一般在 1Hz 以内。而运行频率影响了制冷效果，频率高则相同时间内可以产生更大的制冷量，因此单 AMR 型往复式磁制冷机的制冷效果普遍较差，表 4-2 为典型单 AMR 型往复式磁制冷机的介绍。

表 4-2 典型单 AMR 型往复式磁制冷机

年份与作者	磁 场	磁热材料	换热流体	效 果
1990 年 Green 等[50]	7T 超导磁场	钆-铽金属带	氮气	24K 温跨
2003 年 Clot 等[51]	0.8 THalbach 型永磁阵列	钆片	水	8.8W 制冷功率
2008 年 Nakamura 等[49]	2T Halbach 型永磁阵列	钆颗粒	空气、水	20K 温跨
2010 年 Kim 等[52]	1.58 THalbach 型永磁阵列	钆颗粒	氮气	16K 温跨；最低温度 12℃
2013 年 Tusek 等[53]	0.007~1.15T 永磁场	钆片/钆颗粒	乙二醇水溶液	20K 温跨

2. 双 AMR 型往复式磁制冷机

双 AMR 型往复式磁制冷机的特征是使用了两个磁回热器（AMR）。两个 AMR 可以填充更多的磁热材料，大大提升制冷性能，两个 AMR 可以分别经历励磁与退磁实现连续制冷，当一个 AMR 正在励磁时，另一个 AMR 退磁，在一个机械周期内实际上完成了两个制冷周期，样机运行效率大大提高。此外，双 AMR 的结构很好地平衡了磁热材料所受磁力，减少样机耗功。截至 2019 年，双 AMR 型往复式磁制冷机约有 17 台[46-48]，大部分双 AMR 样机的制冷效果比单 AMR 样机好，温跨更大，制冷功率更大以及更易实现较高频率运行，表 4-3 列出了几台典型双 AMR 型往复式磁制冷机。虽然双 AMR 型往复式磁制冷机优点突出，但同时向换热与控制系统提出了更高的要求。

表 4-3 典型双 AMR 型往复式磁制冷机

年份与作者	磁 场	磁热材料	换热流体	效 果
1997 年 Zimm 等[9]	5T 超导磁场	钆颗粒	水	38K 温跨；600W 制冷功率
2003 年卢定伟等[54]	双 1.4T Halbach 型永磁阵列	钆片	水	25K 温跨；40W 制冷功率
2006 年黄焦宏[55]	1.52T Halbach 型永磁阵列	钆颗粒/LaFeSi 基合金颗粒	水	18K 温跨；35W 制冷功率

4.3.2 旋转式磁制冷机

旋转式磁制冷机的特点是通过旋转运动实现 AMR 励磁、退磁。与采用双 AMR 结构的往复式磁制冷机一样，旋转式样机也能够实现连续制冷，不同点在于往复式样机为了实现连续制冷，管路中流体需要配合两个 AMR 的运行状态实时改变流向，使换热流体、AMR 以及磁场保持同步，因此流体不是单向的，容易出现死体积效应与流体混合等问题。而旋转式磁制冷机中流体一般为单向流动，很好地避免了死体积效应与流体混合。往复式磁制冷机运行稳定，但是有很大的惯性力，限制了运行频率与性能，工作频率很少突破 1Hz。旋转式磁制冷机由于采用旋转运动，样机惯性力影响较小，其本质是旋转运动的平衡和稳定。因此可以实现更高的工作频率。此外，旋转运动需要的空间较往复运动小，样机磁场与 AMR 等其他部件可以设计得更加紧凑，磁场和 AMR 之间的相对位移功更小，效率更高。但是紧凑的结构也给样机设计提出了更高的要求，首先需要采用强度更高的材料，加工精度也更高，如样机轴承既要承受旋转部件的循环应力，还要确保运行时的平稳与低噪声，其次样机管路与散热器设计都要更加精密的计算，实现小体积大热流密度。根据磁场源的结构可以将旋转式磁制冷机分为非嵌套磁场型旋转式磁制冷机和嵌套磁场型旋转式磁制冷机两类，基本结构如图 4-6 所示。

1. 非嵌套磁场型旋转式磁制冷机

非嵌套磁场型旋转式磁制冷机出现较早，如图 4-6a 所示为典型非嵌套磁场型旋转式磁制冷机，该类样机最明显的特征是工质床内有多个 AMR 单元并且具有一套特殊的流体分配系统，但由于工质床与管路不是紧密相连，密封导致的旋转阻力、发热（分流器和大直径轴密封）和相对较大的流体泄漏等问题难以避免。东京工业大学的 Okamura 团队与美国航天公司航天技术中心的 Zimm 团队都对各自的非嵌套磁场型旋转式磁制冷机进行了多次设计与优化。1976 年至今文献可查的非嵌套型样机有 21 台，表 4-4 列了几台典型非嵌套磁场型旋转式磁制冷机。

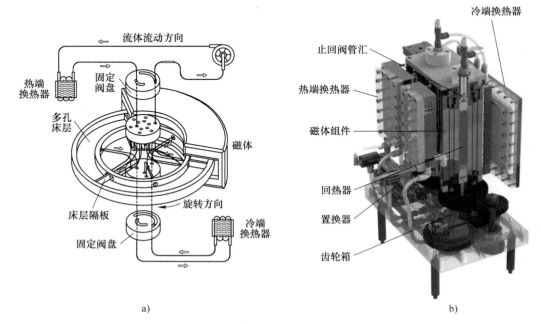

a)　　　　　　　　　　　　　　　　　　　　　　b)

图 4-6　旋转式磁制冷机基本结构

a）非嵌套磁场型旋转式磁制冷机[56]　　b）嵌套磁场型旋转式磁制冷机[57]

表 4-4　典型非嵌套磁场型旋转式磁制冷机

年份与作者	磁　场	磁热材料	换热流体	效　果
2006 年 Okamura 等[58]	0.77T 永磁场	钆基合金球	水	8K 温跨；60W 制冷功率
2006 年 Zimm 等[57,59]	1.5T 永磁场	钆/GdEr 合金/La 合金颗粒	水	25K 温跨；50W 制冷功率
2007 年 Okamura 等[60]	1.1T 永磁场	钆基合金	水	560W 制冷功率
2007 年 Zimm 等[61]	1.5T Halbach 型永磁阵列	钆片	水	12K 温跨；220W 制冷功率
2012 Engelbrecht 等[62]	1.24T Halbach 型永磁阵列	钆颗粒	乙二醇水溶液	13.8K 温跨；1010W 制冷功率
2014 年 Jacobs 等[63]	1.44T Halbach 型永磁阵列	LaFeSiH 合金颗粒	水	11K 温跨；2502W 制冷功率

2. 嵌套磁场型旋转式磁制冷机

嵌套磁场型旋转式磁制冷机的历史较短，2005 年 Shir 等[64]在样机上引入了嵌套磁场，截至 2019 年嵌套磁场型旋转式磁制冷机有 20 台[1-3]，表 4-5 列了几台较为典型的嵌套磁场型旋转式磁制冷机。如图 4-7 所示，嵌套磁场通常由 Halbach 阵列排布的内外同心圆筒形磁体组成（也有 3

层结构），Halbach 结构是工程上理想结构的近似。内外圆筒相对旋转，当磁场矢量反向时，内外磁场相互抵消，此时为最低场状态，如图 4-7a 所示；当磁场矢量同向时，为最高场状态，如图 4-7b 所示。

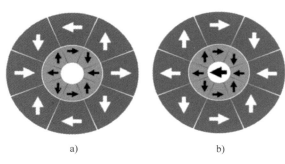

图 4-7 嵌套磁场结构与运行示意图
a）磁场矢量反向 b）磁场矢量同向

嵌套磁场这种特殊的结构与运行方式使得这类磁制冷机既有往复式样机结构简单、易于控制的长处，也有旋转式样机结构紧凑、高效制冷的优势。如图 4-6b 所示为典型嵌套磁场型旋转式磁制冷机，该类制冷机一般采用圆柱体 AMR 并静止安装在同心圆柱磁场的中心圆孔内，由于交变磁场由嵌套磁场提供，固定的 AMR 可以像往复式样机一样将工质床与流体管路紧密连接，也就没有旋转密封引起的一系列问题。样机基本结构更接近往复式样机，在 AMR 数量上可以像往复式样机一样既可以采用单 AMR 结构也可以采用双 AMR 实现连续制冷，因此也有人称这类样机为往复-旋转复合式室温磁制冷机。此外，嵌套磁场型磁制冷机简单的结构为样机改造提供了可能，研究人员在这类样机上进行了许多尝试，出现了许多耦合两个系统的新型磁制冷机。

耦合磁制冷机在原理上是可行的，例如 Stirling 蓄冷循环由压缩过程、放热过程、膨胀过程和吸热过程四个热力学过程组成，同样的，磁制冷循环也有类似的四个热力过程，其中励磁和退磁过程分别代替了压缩和膨胀过程。合理耦合磁制冷与其他制冷循环可以有效提升样机的制冷性能，实现 1+1 大于 2 的效果。公茂琼与沈俊团队结合磁制冷与其他制冷方式，搭建了耦合 Stirling 室温磁制冷机[65-68]和耦合 GM 气体制冷低温磁制冷机[69]，在 2013 年[65]、2013 年[67, 68]和 2016 年[66]先后研发了三代耦合制冷机，第三代样机在 5.5MPa 压力与 2.5Hz 运行频率下，运行 9min 后空负荷温度达 273.8K。典型嵌套磁场型旋转式磁制冷机见表 4-5。

表 4-5 典型嵌套磁场型旋转式磁制冷机

年份与作者	磁　　场	磁热材料	换热流体	效　　果
2007 年 Rowe 等[70]	0.1~1.47T 嵌套 Halbach 结构永磁场	碎片钆	水	13.2K 温跨
2009 年、2011 年 Rowe 等[71,72]	0.1~1.47T 嵌套 Halbach 结构永磁场	钆颗粒	乙醇水溶液	29K 温跨；50W 制冷功率
2011 年公茂琼与沈俊等[65]	1.5T 嵌套 Halbach 结构永磁场	钆屑	氦气	低温端最低 7.7℃、39.4K 最大温跨；50.5W 制冷功率
2014 年 Arnold 等[57]	1.54T 嵌套 Halbach 结构永磁场	钆颗粒	乙醇水溶液	33K 温跨；96W 制冷功率
2014 年黄焦宏等[73]	1.5T 嵌套 Halbach 结构永磁场	钆颗粒	水	18K 温跨
2016 年公茂琼与沈俊等[66]	1.4T 嵌套 Halbach 结构永磁场	钆片	氦气	0.8℃空负荷温度，15K 与 12K 温跨，40.3W 和 56.4W 制冷功率
2017 年、2019 年公茂琼与沈俊等[74,75]	0.06~1.4T 嵌套 Halbach 结构永磁场	钆片/钆颗粒	水	14.8K 温跨

本章参考文献

[1] 马建波，湛永钟，周卫平，等．磁热效应和室温稀土磁制冷材料研究现状 [J]．材料导报，2008（11）：34-37.

[2] 董海霞，董丽娟，杨成全．磁热效应与磁致冷材料 [J]．雁北师范学院学报，2006（2）：9-12.

[3] 张艳，高强，俞炳丰．磁制冷循环分析 [J]．制冷，2004（3）：32-36.

[4] KITANOVSKI A, TUSEK J, TOMC U, et al. Magnetocaloric energy conversion [M]. Switzerland：Springer，2016.

[5] SHULL R D, MCMICHAEL R D, RITTER J J. Magnetic nanocomposites for magnetic refrigeration [J]. Nanostructured materials, 1993, 2 (2): 205-211.

[6] MCMICHAEL R D, RITTER J J, SHULL R D. Enhanced magnetocaloric effect in $Gd_3Ga_{5-x}Fe_xO_{12}$ [J]. Journal of Applied Physics, 1993, 73 (10): 6946-6948.

[7] PECHARSKY V K, KARL A, Gschneidner J. Magnetocaloric effect and magnetic refrigeration [J]. Journal of Magnetism and Magnetic Materials, 1999, 200 (1-3): 44-56.

[8] INOUE T, SANKAR S G, CRAIG R S, et al. Low temperature heat capacities and thermal properties of $DyAl_2$, $ErAl_2$ and $LuAl_2$ [J]. Journal of Physics and Chemistry of Solids, 1977, 38 (5): 487-497.

[9] ZIMM C, JASTRAB A, STERNBERG A, et al. Description and performance of a near-room temperature magnetic refrigerator [M]. Boston, MA：Springer US, 1998.

[10] TISHIN A M, SPICHKIN Y I. The magnetocaloric effect and its application [J]. Materials Today, 2003, 6 (11): 51.

[11] BROWN G V. Magnetic heat pumping near room temperature [J]. Journal of Applied Physics, 1976, 47 (8): 3673-3680.

[12] DAN'KOV S Y, TISHIN A M, PECHARSKY V K, et al. Magnetic phase transitions and the magnetothermal properties of gadolinium [J]. Physical Review B, 1998, 57 (6): 3478.

[13] SMAILI A, CHAHINE R. Composite materials for Ericsson-like magnetic refrigeration cycle [J]. Journal of Applied Physics, 1997, 81 (2): 824-829.

[14] CAMPOS A D, ROCCO D L, CARVALHO A M G, et al. Ambient pressure colossal magnetocaloric effect tuned by composition in $Mn_{1-x}Fe_x$ [J]. Nature Materials, 2006, 5 (10): 802-804.

[15] WADA H, TANABE Y. Giant magnetocaloric effect of $MnAs_{1-x}Sb_x$ [J]. Applied Physics Letters, 2001, 79 (20): 3302-3304.

[16] TEGUS O, BRUCK E, BUSCHOW K H J, et al. Transition-metal-based magnetic refrigerants for room-temperature applications [J]. Nature, 2002, 415 (6868): 150-152.

[17] OU Z Q, WANG G F, LIN S, et al. Magnetic properties and magnetocaloric effects in $Mn_{1.2}Fe_{0.8}P_{1-x}Ge_x$ compounds [J]. Journal of Physics：Condensed Matter, 2006, 18 (50): 11577.

[18] BRUCK E, TEGUS O, LI X W, et al. Magnetic refrigeration-towards room-temperature applications [J]. Physica B：Condensed Matter, 2003, 327 (2-4): 431-437.

[19] PECHARSKY V K, KARL A, GSCHNEIDNER J. Giant magnetocaloric effect in Gd_5 (Si_2Ge_2) [J]. Physical review letters, 1997, 78 (23): 4494.

[20] GSCHNEIDNER J, KARL A, PECHARSKY V K, et al. Recent developments in magnetocaloric materials [J]. Reports on Progress in Physics, 2005, 68 (6): 1479-1539.

[21] PHAN M H Y S C. Inorganic chemistry review of the magnetocaloric effect in manganite materials [J]. Journal of Magnetism and Magnetic Materials, 2007, 308 (2): 325-340.

[22] ZHONG W, QU Z T, DU Y W. Review of magnetocaloric effect in perovskite-type oxides [J]. Chinese Physics B, 2013, 22 (5): 28-38.

[23] HU F, SHEN B, SUN J, et al. Influence of negative lattice expansion and metamagnetic transition on magnetic entropy change in the compound $LaFe_{11.4}Si_{1.6}$ [J]. Applied Physics Letters, 2001, 78 (23): 3675-3677.

[24] SHEN B G, SUN J R, HU F X, et al. Recent progress in exploring magnetocaloric materials [J]. Advanced Materials, 2009, 21 (45): 4545-4564.

［25］ ACET M, MOYA X, MANOSA L, et al. Inverse magnetocaloric effect in ferromagnetic Ni-Mn-Sn alloys ［J］. Nature Materials, 2005, 4 (6)：450-454.

［26］ BENFORD S M, BROWN G V. T-S diagram for gadolinium near the curie temperature ［J］. Journal of Applied Physics, 1981, 52 (3)：2110-2112.

［27］ 卢晓飞，刘永生，王玟苈，等. 磁制冷材料的研究进展 ［J］. 材料科学与工程学报, 2017, 35 (5)：848-853.

［28］ PECHARSKY V K, KARL A, GSCHNEIDNER J. Effect of alloying on the giant magnetocaloric effect of Gd_5 (Si_2Ge_2) ［J］. Journal of Magnetism and Magnetic Materials, 1997, 167 (3)：L179-L184.

［29］ 翟启杰，吴殿震，郑红星. 磁制冷材料研究进展 ［J］. 材料导报, 2011, 25 (15) 9-14.

［30］ 闵继雄. Gd-Mn-M 快淬合金和 Gd-Si-Ge-Ni 合金的结构、磁性及磁热效应 ［D］. 广州：华南理工大学, 2013.

［31］ JAYARAMAN T V, BOONE L, SHIELD J E. Magnetocaloric effect and refrigerant capacity in melt-spun Gd-Mn alloys ［J］. Journal of Magnetism and Magnetic Materials, 2013, 345：153-158.

［32］ 杨斌，刘宏萱，朱根松，等. 室温磁制冷工质研究现状 ［J］. 材料导报, 2015, 29 (17)：112-116.

［33］ 司晓东，刘永生，徐娟，等. 室温磁制冷材料研究进展 ［J］. 磁性材料及器件, 2015, 46 (4)：67-73.

［34］ OU Z Q, CARON L, DUNG N H, et al. Interstitial boron in MnFe (P, As) giant-magnetocaloric alloy ［J］. Results in Physics, 2012, 2：110-113.

［35］ WANG B S, LU W J, LIN S, et al. Magnetic/structural diagram, chemical composition-dependent magnetocaloric effect in self-doped antipervoskite compounds $Sn_{1-x}CMn_{3+x}$ ($0 \leqslant x \leqslant 0.40$) ［J］. Journal of Magnetism and Magnetic Materials, 2012, 324 (5)：773-781.

［36］ LIU J, MOORE J D, SKOKOV K P, et al. Exploring La(Fe, Si)$_{13}$ based magnetic refrigerants towards application ［J］. Scripta Materialia, 2012, 67 (6)：584-589.

［37］ 龙毅，付松. 磁制冷材料中一级磁相变的研究进展 ［J］. 中国材料进展, 2011, 30 (09)：21-25.

［38］ CHERECHUKIN A A, TAKAGI T, MATSUMOTO M, et al. Magnetocaloric effect in $Ni_{2+x}Mn_{1-x}Ga$ Heusler alloys ［J］. Physics Letters A, 2004, 326 (1-2)：146-151.

［39］ INGALE B, GOPALAN R, RAJA M M, et al. Magnetostructural transformation, microstructure, and magnetocaloric effect in Ni-Mn-Ga Heusler alloys ［J］. Journal of Applied Physics, 2007, 102 (1)：13906.

［40］ MEJIA C S, GOMES A M, OLIVEIRA L A S D. A less expensive NiMnGa based Heusler alloy for magnetic refrigeration ［J］. Journal of Applied Physics, 2012, 111 (7)：7A-923A.

［41］ KRENKE T, DUMAN E, ACET M, et al. Magnetic superelasticity and inverse magnetocaloric effect in Ni-Mn-In ［J］. Physical Review B, 2007, 75 (10)：104414.

［42］ GUO Z, PAN L, RAFIQUE M Y, et al. Metamagnetic phase transformation and magnetocaloric effect in quinary $Ni_{45}Co_5Mn_{40}In_xSn_{10-x}$ Heusler alloy ［J］. Journal of Alloys and Compounds, 2013, 577：174-178.

［43］ DU J, ZHENG Q, REN W J, et al. Magnetocaloric effect and magnetic-field-induced shape recovery effect at room temperature in ferromagnetic Heusler alloy Ni-Mn-Sb ［J］. Journal of Physics D: Applied Physics, 2007, 40 (18)：5523-5526.

［44］ BARCLAY J A, STEYERT W A. Active magnetic regenerator ［P］. 1982-6-1.

［45］ TAGLIAFICO L A, SCARPA F, TAGLIAFICO G, et al. Design and assembly of a linear reciprocating magnetic refrigerator ［C］. Des Moines, Iowa, USA：Proceeding of the 3rd International Conference on Magnetic Refrigeration at Room Temperature, 2009.

［46］ YU B, LIU M, EGOLF P W, et al. A review of magnetic refrigerator and heat pump prototypes built before the year 2010 ［J］. International Journal of Refrigeration, 2010, 33 (6)：1029-1060.

［47］ GRECO A, APREA C, MAIORINO A, et al. A review of the state of the art of solid-state caloric cooling processes at room-temperature before 2019 ［J］. International Journal of Refrigeration, 2019, 106：66-88.

［48］ 童潇，申利梅，李亮，等. 室温磁制冷机研究进展及分析 ［J］. 真空与低温, 2021, 27 (04)：316-331.

［49］ NAKAMURA K, KAWANAMI T, HIRANO S, et al. Improvement of room temperature magnetic refrigerator using air as heat transfer fluid ［C］// Second International Conference on Thermal Issues in Emerging Technologies, IEEE, 2008：381-390.

［50］ GREEN G, CHAFE J, STEVENS J, et al. A gadolinium-terbium active regenerator ［M］. Boston, MA：Springer US, 1990.

［51］ CLOT P, VIALLET D, ALLAB F, et al. A magnet-based device for active magnetic regenerative refrigeration ［J］. IEEE

73

Transactions on Magnetics, 2003, 39 (5): 3349-3351.

[52] KIM Y, JEONG S. Investigation on the room temperature active magnetic regenerative refrigerator with permanent magnet array [C] // AIP Conference Proceedings. American Institute of Physics, 2010, 1218 (1): 87-94.

[53] TUSEK J, KITANOVSKI A, ZUPAN S, et al. A comprehensive experimental analysis of gadolinium active magnetic regenerators [J]. Applied Thermal Engineering, 2013, 53 (1): 57-66.

[54] 卢定伟, 俞力, 金新. 使用永磁体的室温磁制冷样机研究 [J]. 低温工程, 2003 (4): 33-35.

[55] 黄焦宏. 新型室温磁制冷材料与室温磁制冷样机的研究 [D]. 北京: 北京工业大学, 2006.

[56] ZIMM C, BOEDER A, CHELL J, et al. Design and performance of a permanent-magnet rotary refrigerator [J]. International Journal of Refrigeration, 2006, 29 (8): 1302-1306.

[57] ARNOLD D S, TURA A, RUEBSAAT-TROTT A, et al. Design improvements of a permanent magnet active magnetic refrigerator [J]. International Journal of Refrigeration, 2014, 37: 99-105.

[58] OKAMURA T, YAMADA K, HIRANO N, et al. Performance of a room-temperature rotary magnetic refrigerator [J]. International Journal of Refrigeration, 2006, 29 (8): 1327-1331.

[59] ZIMM C, STERNBERG A, JASTRAB A G, et al. Rotating bed magnetic refrigeration apparatus [P]. 2003-3-4.

[60] OKAMURA T, YAMADA K, HIRANO N, et al. Improvement of 100W class room temperature magnetic refrigerator [C]. Portoz Slovenia Proceedings 2nd International Confer-enee on Magnetic Refrigeration at Room Temperature, 2007.

[61] ZIMM C, AURINGER J, BOEDER A, et al. Design and initial performance of a magnetic refrigerator with a rotating permanent magnet [C]. Protoroz, Slovenia: Proceedings of 2nd International Conference on Magnetic Refrigeration at Room temperature, 2007: 341-347.

[62] ENGELBRECHT K, ERIKSEN D, BAHL C R H, et al. Experimental results for a novel rotary active magnetic regenerator [J]. International Journal of Refrigeration, 2012, 35 (6): 1498-1505.

[63] JACOBS S, AURINGER J, BOEDER A, et al. The performance of a large-scale rotary magnetic refrigerator [J]. International Journal of Refrigeration, 2014, 37: 84-91.

[64] SHIR F, BENNETT L H, DELLA T E, et al. Transient response in magnetocaloric regeneration [J]. IEEE transactions on magnetics, 2005, 41 (6): 2129-2133.

[65] 张弘, 和晓楠, 沈俊, 等. 新型复合室温磁制冷机实验性能研究 [J]. 工程热物理学报, 2013, 34 (1): 5-8.

[66] GAO X Q, SHEN J, HE X N, et al. Improvements of a room-temperature magnetic refrigerator combined with stirling cycle refrigeration effect [J]. International Journal of Refrigeration, 2016, 67: 330-335.

[67] HE X N, GONG M Q, ZHANG H, et al. Design and performance of a room-temperature hybrid magnetic refrigerator combined with stirling gas refrigeration effect [J]. International Journal of Refrigeration, 2013, 36 (5): 1465-1471.

[68] 和晓楠, 公茂琼, 张弘, 等. 改进前后复合磁制冷机实验研究对比 [J]. 工程热物理学报, 2013, 34 (11): 1997-2000.

[69] SHEN J, GAO X, LI K, et al. Experimental research on a 4K hybrid refrigerator combining GM gas refrigeration effect with magnetic refrigeration effect [J]. Cryogenics, 2019, 99: 99-104.

[70] TURA A, ROWE A. Design and testing of a permanent magnet magnetic refrigerator [C]. Protoroz, Slovenia: Proceedings of the 2nd International Conference of Magnetic Refrigeration at Room Temperature, Portoroz, Slovenia, 2007.

[71] TURA A, ROWE A. Progress in the characterization and optimization of a permanent magnet magnetic refrigerator [C]. Des Moines, Iowa, USA: Proceedings of the 3rd International Conference on Magnetic Refrigeration at Room Temperature, 2009.

[72] TURA A, ROWE A. Permanent magnet magnetic refrigerator design and experimental characterization [J]. International Journal of Refrigeration, 2011, 34 (3): 628-639.

[73] 黄焦宏, 金培育, 杨占峰, 等. 筒式永磁室温磁制冷机的研制 [J]. 稀土, 2014, 35 (5): 21-24.

[74] 李振兴, 李珂, 沈俊, 等. 小型室温磁制冷系统的研制 [J]. 低温工程, 2017 (1): 13-16.

[75] LI Z, SHEN J, LI K, et al. Assessment of three different gadolinium-based regenerators in a rotary-type magnetic refrigerator [J]. Applied Thermal Engineering, 2019, 153: 159-167.

74

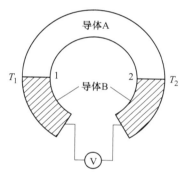

第 5 章
热电制冷技术

5.1 热电效应

热电能量转换涉及五种效应,即塞贝克效应、帕尔贴效应、汤姆孙效应、焦耳效应和傅里叶效应。其中,塞贝克效应、帕尔贴效应和汤姆孙效应的热能-电能的转换是可逆的,而焦耳效应和傅里叶效应则是热的不可逆效应[1]。

5.1.1 塞贝克效应

1821 年,德国科学家托马斯·约翰·塞贝克(Thomas Johann Seebeck)发现在两种不同金属构成的回路中,如果两个接头处的温度不相同,其周围就会出现磁场,通过进一步的实验,他发现了回路中有电动势的存在。后来经过研究发现,若将任意两种金属或半导体的一端结合在一起,另一端保持开路状态,当两端存在温差时,开路两端便会有电动势产生,如图5-1所示。这一现象被称为塞贝克效应或温差电效应,也称为热电第一效应[2]。这两种不同的金属或半导体材料分别称为 p 型材料和 n 型材料,其产生的电动势称为温差电动势。虽然金属材料和半导体材料产生的塞贝克效应的基本原理各不相同,但温差电动势 V 均可表示如下:

图 5-1 塞贝克效应示意图

$$V = \alpha \Delta T \tag{5-1}$$

式中 V——温差电动势(V);

α——两种材料的塞贝克系数(V/K);

ΔT——1、2 两处的温差(K)。

只要 1、2 两端的温差 ΔT 不是很大,温差电动势 V 与其的关系就是线性的,即 α 近似为常数,且由于 α 通常非常小,所以更常用的单位为 $\mu V/K$。此外,式(5-1)中的 V 可正可负,这取决于温度梯度的方向和构成回路的两种材料的特性,因而塞贝克系数也有正负。通常规定:若电流在接头 1(热接头)处由导体 A 流入导体 B,则其塞贝克系数 α_{AB} 就为正;反之,电流由 B 流入 A,则 α_{AB} 就为负。显然,塞贝克系数的数值及正负取决于所用材料的温差电特性,而与温度梯度的大小和方向无关。

5.1.2 帕尔贴效应

1834 年,法国物理学家帕尔贴(C. A. Peltier)发现,当直流电通过由两种不同的导电材料构成的回路时,两个接头处会形成温差,一端吸收热量变成冷端,另一端放出热量变成热端,如

图 5-2 所示。这一现象被称为帕尔贴效应，也称为热电第二效应[2]，帕尔贴效应就是塞贝克效应的逆效应。

1837 年，俄国物理学家愣次（Lenz）发现，电流流动方向决定了两导体接头处是吸热还是放热，吸（放）热量 q 与电流 I 的大小成正比，其比例系数即为帕尔贴系数。其表达式如下：

$$\pi = \frac{q}{I} \tag{5-2}$$

式中　π——帕尔贴系数（W/A）；
　　　q——吸（放）热量（W）；
　　　I——电流大小（A）。

显然，帕尔贴系数的物理意义是单位时间内单位电流在接头处所引起的吸（放）热量。此外，还规定当电流在接头 1 处从导体 A 流入导体 B 时，接头 1 从外界吸热（接头 2 向外界放热），则帕尔贴系数为正；反之，则为负。帕尔贴系数仅为与温度相关的函数，其大小取决于材料本身的特性，与其他因素无关。

5.1.3　汤姆孙效应

1856 年，英国科学家威廉·汤姆孙（William Thomsen）认为，当电流流过有温度梯度的导体时，在导体和周围环境之间将进行能量交换，即要吸收或放出一定的热量，如图 5-3 所示。后来该理论得到了证实，并把这一现象称为汤姆孙效应，也称为第三热电效应[2]，其吸收或产生的热称为汤姆孙热。通过实验还得出单位长度吸收或产生的热与电流大小和温度梯度的乘积成正比，可表示如下：

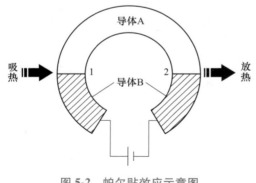

图 5-2　帕尔贴效应示意图

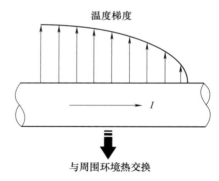

图 5-3　汤姆孙效应示意图

$$q = \beta I \Delta T \tag{5-3}$$

式中　β——汤姆孙系数（V/K）；
　　　ΔT——冷热端的温差（K）；
　　　I——电流大小（A）；
　　　q——吸（放）热量（W）。

当电流方向与温度梯度方向一致时，若导体吸热，则汤姆孙系数为正；反之，则为负。通常情况下，汤姆孙热很小，在进行粗略的热分析和计算时，可以忽略不计。

汤姆孙系数是汤姆孙在研究塞贝克系数和帕尔贴系数之间的相互关系时，从理论上发现的。他所导出的三个温差电系数之间的关系为

$$\alpha_{AB} = \frac{\pi_{AB}}{T} \tag{5-4}$$

$$\frac{d\alpha_{AB}}{dT} = \frac{\beta_A - \beta_B}{T} \tag{5-5}$$

式中　α_{AB}——B 材料相对于 A 材料的塞贝克系数（V/K）;

　　　π_{AB}——B 材料相对于 A 材料的帕尔贴系数（W/A）;

　　　β_A——材料 A 的汤姆孙系数（V/K）;

　　　β_B——材料 B 的汤姆孙系数（V/K）;

　　　T——热力学温度（K）。

　　上两式被称为开尔文关系。该关系式说明，在忽略焦耳热效应和傅里叶效应的前提下，第一热电效应、第二热电效应和第三热电效应之间在数值上是可以相互转化的。迄今为止对众多金属材料和半导体材料的实验研究也都证实了这两个关系的正确性。

5.1.4　焦耳效应

　　1841 年，英国科学家詹姆斯·普雷斯科特·焦耳（James Prescott Joule）发现，单位时间内由稳定电流产生的热量等于导体电阻 R 和电流二次方的乘积[1]，其产生的热量可表示如下：

$$q = I^2 R = I^2 \frac{\rho l}{S} \tag{5-6}$$

式中　ρ——导体的电阻率（$\Omega \cdot m$）;

　　　R——导体电阻（Ω）;

　　　I——电流大小（A）;

　　　l——导体的长度（m）;

　　　S——导体的横截面面积（m^2）。

5.1.5　傅里叶效应

　　1822 年，法国物理学家让·巴普蒂斯·约瑟夫·傅里叶（Baron Jean Baptiste Joseph Fourier）提出，单位时间内经过均匀介质沿某一方向传导的热量与垂直这个方向的面积和该方向温度梯度的乘积成正比[1]，其导热量可表示如下：

$$q = \frac{kS}{l}(T_h - T_c) = K\Delta T \tag{5-7}$$

式中　q——导热量（W）;

　　　k——导体的导热系数 [$W/(m \cdot K)$];

　　　S——导体的横截面面积（m^2）;

　　　l——导体的长度（m）;

　　　T_h——热端的热力学温度（K）;

　　　T_c——冷端的热力学温度（K）;

　　　K——导体的总热导（W/K）;

　　　ΔT——冷热端的温差（K）。

5.2　热电制冷原理

　　热电制冷过程主要是帕尔贴效应在制冷技术方面的应用。如图 5-4 所示，把一个 p 型半导体元件和一个 n 型半导体元件连接成 p-n 结, 接通直流电源后, 在接头处就会产生温差和热量的转移。在上面的接头处, 电流方向是从 n 型流向 p 型, 因此在此接头处会吸收热量, 使得温度下降, 也就是冷端。而在下面的接头处, 电流方向是从 p 型流向 n 型, 在此接头处会放出热量, 使得温度上升, 因此是热端。

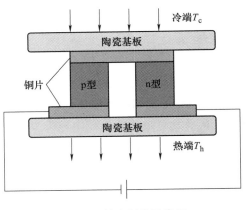

图 5-4　热电制冷示意图

把若干对半导体热电偶在电路上串联起来, 而在传热方面上并联起来, 这就构成了一个常见的制冷热电堆。按图 5-4 所示接上直流电源后, 这个热电堆的上面是冷端, 下面是热端。借助换热器等各种传热手段, 对热电堆的热端不断散热, 并且保持一定的温度, 把热电堆的冷端放到工作环境中去吸热降温, 这就是热电制冷器的工作原理。

热电制冷是一种不用制冷剂、没有运动部件的制冷方式。它的热电堆起着传统制冷压缩机的作用, 冷端及其换热器相当于传统制冷装置的蒸发器, 而热端及其换热器则相当于冷凝器。通电时, 自由电子和空穴在外电场的作用下, 离开热电堆的冷端向热端运动, 相当于制冷剂在制冷压缩机中的压缩过程。在热电堆的冷端, 通过换热器吸热, 同时产生电子-空穴对, 这相当于制冷剂在蒸发器中的吸热和蒸发。在热电堆的热端, 发生电子-空穴对的复合, 同时通过换热器散热, 相当于制冷剂在冷凝器的放热和凝结。

5.3　热电制冷材料的研究进展

5.3.1　热电材料的发展

在 19 世纪中叶, "塞贝克效应""帕尔贴效应"以及"汤姆孙效应"三大热电现象就已经被全部发现, 但由于当时热电材料性能的限制, 热电并没有引起广泛的关注。直到 20 世纪 60 年代, 随着 Bi_2Te_3、$PbTe$ 以及 Si-Ge 等性质优秀的热电材料的发现, 热电研究迎来了一波热潮[3-8]。在这波热潮后, 热电领域再次陷入停滞, 不仅没有发现性能更卓越的热电材料, 而且对于热电现象也没有更深的理论被提出。热电的研究低潮一直持续到 20 世纪 90 年代中叶, 随着社会发展的需求以及科学技术的发展, 热电研究再次掀起热潮[9]。

随着对热电传输现象理解的不断深入, 高效模拟算法的发展, 以及新型合成技术的发现, 热电被再次作为一种可行的替代能源技术。一旦热电材料有大的突破, 热电便可以产生重大影响。从 20 世纪 90 年代开始的热电研究热潮的势头一直没有减弱, 不断有新的高效热电材料被发现, 且经典的热电材料性能也得到了显著的改善。对于热电现象机制的研究也逐渐深入, 新的物理机理被发现与建立, 极大地促进了新型热电材料的发展。热电优值系数表征了热电材料的热电转换性能, 其由塞贝克系数、电导率以及导热系数三者共同决定, 具体定义式如下:

$$ZT = \frac{\alpha^2 \sigma T}{k} \tag{5-8}$$

式中　α——塞贝克系数 (V/K);

σ——电导率 (S/m);

k——导热系数 [W/(m·K)];

T——热力学温度（K）；

ZT——无量纲的热电优值。

材料的热电优值（ZT）越高，其热电性能越优秀，是评价材料热电性能的关键。从式（5-8）可以得出，好的热电材料要求其具有高的塞贝克系数、电导率以及较低的导热系数，故提高热电材料的热电优值的方法一般分两类：一类是提高功率因子（$S^2\sigma$）；另一类是降低导热系数。目前，热电材料的研究主要是从探索新的热电材料或从声子散射机制（合金化、掺杂来引入点缺陷或纳米化）出发来降低已有热电材料的晶格导热系数，典型的热电材料的热电优值的时间线如图 5-5 所示。

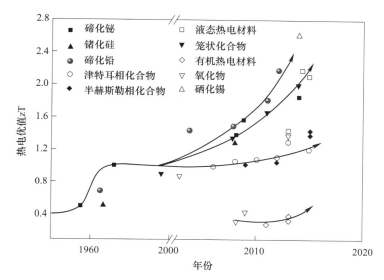

图 5-5　典型的热电材料的热电优值的时间线[9]

图 5-5 中的热电材料根据工作温度可以分为室温材料（300~500K）（如碲化铋基热电材料[10]、有机热电材料[9]）、中温材料（500~800K）（如方古矿基热电材料[11-12]、碲化铅基热电材料[13-15]、半赫斯勒[16]等），以及高温材料（1000~1200K）（如硅化铬）。热电制冷设备的工作温度不会过高，通常采用的是室温材料，商用最为成功的热电制冷材料为碲化铋基热电材料[17-20]。

5.3.2　碲化铋基热电材料

碲化铋（Bi_2Te_3）是一种窄禁带半导体，禁带宽度约为 0.15eV，其空间群为 R-3m，呈现出"Te（Ⅰ）-Bi-Te（Ⅱ）-Te（Ⅰ）"的层状结构。Te（Ⅱ）与 Bi 之间为离子键与共价键，而相邻的 Te（Ⅰ）之间为范德华力。Bi_2Te_3 的层状结构赋予了其各向异性的特性，故存在性能最优的晶体取向。Bi_2Te_3 单晶平面内晶格导热系数大约为 1.5W/（m·K），比跨平面的晶格导热系数要大 2.1 倍[21]。在温度为 300K 时，Bi_2Te_3 单晶跨平面的电阻率（$\rho_1 \approx 4.5\times10^{-5}$ Ω·m）约为平面内电阻率（$\rho_2 \approx 1.3\times10^{-5}$ Ω·m）的 3.48 倍[22]。Bi_2Te_3 的能带结构相当复杂，由于其本身的晶体对称性导致导带和价带均产生了六个各向异性谷（载流子囊），而这种多谷特性确保了 Bi_2Te_3 各方向优异的电传输性能[23]。

研究发现掺杂和合金化能有效地提升 Bi_2Te_3 基热电材料的热电性能。合金化过程中引入了大量的点状缺陷，这些缺陷与天然缺陷一起大大降低了晶格的导热系数，而掺杂不仅可以引入点缺陷而且还可以改善材料中载流子的浓度，从而提升材料的热电性能。在大部分的商用设备中，p 型热电臂通常采用 75% Sb_2Te_3+25% Bi_2Te_3 的合金，而 n 型热电臂则采用掺杂卤素的 Bi_2Te_3+5% Bi_2Se_3 的合金[24]。

商用的 Bi_2Te_3 基热电材料是通过定向凝固工艺合成的，如区域熔融法或定向凝固法[9]，但传统工艺制造 Bi_2Te_3 基热电材料的性能提升遇到了瓶颈。近年来，研究人员针对碲化铋基热电材料探索了不同的加工工艺，具体情况见表 5-1。研究发现由高速球磨制备出的传统块状 p 型 BiSbTe 合金材料经过热压形成纳米复合材料，并且该材料在室温范围内 ZT 值可以达到 1.4，而传统块状 BiSbTe 热电材料在室温范围内 ZT 峰值为 1.0[10]。而且，球磨+热压是成本最低且最适合量产的一种制备方式。此外，一种液相压实的方法也被用于制备 p 型 $Bi_{0.5}Sb_{1.5}Te_3$。由于原始材料中含有过量的 Te，当材料熔化和被施加压力时，Te 被挤出样品，留下密集的位序，这些位序非常有效地分散了中频声子，有效地降低了晶格导热系数[25]。

表 5-1 碲化铋基热电材料的制备工艺及热电优值

载流子类型	材料类型	加工工艺	热电优值 ZT
p 型	(Bi，Sb)$_2$Te$_3$	化学合成+热压	1.26（373K）[26]
		球磨+热压	1.40（300K）[10]
		熔融纺丝+放电等离子烧结	1.56（300K）[27]
		熔融纺丝+放电等离子烧结	1.35（300K）[28]
	Bi_2Te_3+Sb_2Te_3	化学合成+热压	1.47（440K）[29]
	$Bi_{0.5}Sb_{1.5}Te_3$	熔融纺丝+液相压实	1.86（320K）[25]
	BiSbTe	球磨+热压	1.40（373K）[10]
			1.20（298K）[10]
n 型	Bi_2Te_3	化学合成+烧结	1.10（300K）[30]
	Bi_2(Te，Se)$_3$	球磨+热压	1.04（398K）[31]

5.3.3 有机热电材料

有机热电材料的成本低、质量轻、机械性能好、不含有害元素且可以在较低的温度有较好的热电性能，如聚乙撑二氧噻吩（PEDOT）、聚苯胺（PANI）、聚己基噻吩（P3HT）等。有机热电材料的导热系数比传统热电材料的导热系数要小一个数量级，故提升有机热电材料的性能关键是提升材料的功率因子。在过去的十多年中，材料的掺杂以及有机、无机纳米复合材料的制备一直是提升有机热电材料性能的研究热点，图 5-6 所示为逐年来各类有机热电材料的最大功率因子 PF 与 ZT 值。

在研究发现的有机热电材料中，PEDOT 具有导电性高、稳定性好、易于掺杂和溶液处理等优点，是应用最广泛的、性能最为高效的有机热电材料。PEDOT 的氧化水平可以精确控制，在室温下达到 0.25[33]。除了掺杂与氧化处理以外，PEDOT 与无机材料的结合也是研究的热点。PEDOT 可以用来修饰 CNTS（碳纳米管）表面，从而优化连接，且 PEDOT：PSS 与 CNTS 结合形成的纳米复合材料的电导率与功率因子在室温下分别可以达到 1000S/cm 与 160μW/（m·K^2）[34,35]。PEDOT：PSS 与锑（Sb）纳米棒结合形成的纳米复合薄膜拥有良好的热电性能，因为 PEDOT 可以防止锑纳米棒氧化并优化粒子之间的电传输[36]。CNTS（碳纳米管）也被引用来改善 P3HT 与 PANI 的性能。PANI/CNTs 纳米复合膜由于表面具有高度有序的 PANI 层，在室温下

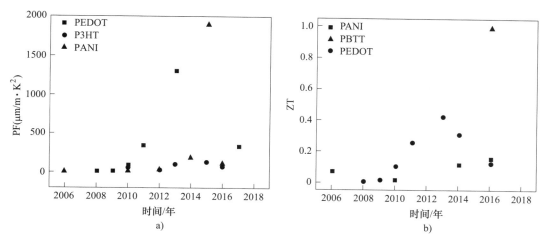

图 5-6　逐年来各类有机热电材料的最大功率因子 PF 与热电优值 ZT 的提升[9,32]

a）功率因子 PF　b）热电优值 ZT

具有更好的电子传输性能，ZT 为 0.12[37]。

在过去的十多年中，被发现的 n 型有机热电材料很少。不过近几年，一系列高性能 n 型聚合物（BDPPV、ClBDPPV 和 FBDPPV）被合成，并用于热电应用。FBDPPV 的性能最为优秀，其电导率与功率因子最大分别可以达到 14S/cm 与 28μW/(m·K²)[38]。

5.4　热电制冷器的研究热点

利用帕尔贴效应进行制冷的器件即为热电制冷器件。20 世纪 50 年代，苏联 IOFFE 院士整理出热电转换基本理论，建立连接热电材料和热电制冷应用的基础；20 世纪 50 年代到 20 世纪 80 年代，半导体材料良好的热电性能被发现，使热电发电和热电制冷进入工程实践；20 世纪 80 年代以后的研究工作主要以提高半导体热电制冷性能，进一步开发热电制冷应用领域为目的[39]。目前热电制冷器主要的研究热点有微型化热电制冷器和柔性化热电制冷器[40]。

5.4.1　微型化热电制冷器

微型热电器件的研究热潮开始于 20 世纪 90 年代，电力技术、计算机技术、微机电系统（MEMS）技术的快速发展，导致电力电子器件局部高热流密度问题突出，影响电子器件性能及使用寿命，对于小型轻质、高功率、高可靠性、高灵敏度的制冷装置提出了需求，而热电器件的微型化技术因其高可靠性、长使用寿命、可集成的优点得到了工业和学术界的重视。

微型化热电制冷器相较传统热电制冷器，特征尺寸（热电臂长度与横截面面积）更小，因此拥有更好的热电性能、更快的反应时间。微型薄膜半导体制冷器厚度可达 5~20μm，功率密度 100~200W/m²，响应时间达到毫秒级别[41]。图 5-7 所示为几种常见的微型热电器件结构，其中细箭头表示电流方向，粗箭头表示热流的方向，而深、浅色分别代表 p 型和 n 型热电材料[41]。

图 5-7a 中所示的器件结构为热电堆式结构，这也是最常见的热电器件结构。此类结构的微型热电器件就是常规热电器件的缩小版，即由柱状的 p 型和 n 型热电材料组成二维阵列，并在顶部和底部用金属电极串联起来。此类结构的热电器件一般能够提供较高的输出功率和能量转换

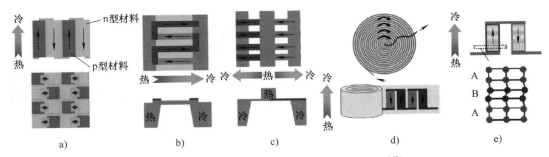

图 5-7　几种常见的微型热电器件结构和布局[42]

效率，但受限于热电臂机械加工和阵列排布时的工艺难度，其特征尺寸一般仅能达到毫米或亚毫米量级，通常适用于局部制冷和强制散热，也常用于热量回收。另一类结构是薄膜结构，有两种常见的布局，分别如图 5-7b、c 所示。微型薄膜器件通常利用微加工的工艺在硅衬底上制作：首先在衬底上沉积首尾相连的 p 型和 n 型热电薄膜，然后将薄膜底部的衬底刻蚀掉，形成悬空梁以便于产生温差。图 5-7b 所示的微型薄膜器件可以在由 p 型和 n 型热电薄膜阵列组成的悬空梁两侧产生较大制冷温差，或者在较大的温差下产生较高的输出功率，常适用于芯片内水平方向上的局部强制冷，或用于催化式燃料电池内部的温差发电模块。图 5-7c 所示的微型薄膜器件分别将由 p 型和 n 型热电薄膜单独组成的悬空梁置于热端或冷端的两侧。这种布局尽管从局部上看和图 5-7b 所示的布局没有本质的区别，但是如果将此结构单元在衬底上制作出大量重复单元形成阵列，就可以实现在芯片厚度方向上制冷或温差发电。这种布局产生的温差较小，但是有可以利用很大的传热面积，因此应用也很广泛，例如制作在柔性衬底上利用与环境间的较小温差来产生电能。图 5-7d 所示的结构是热电薄膜的另一种变形，被称为卷式结构。它是通过将沉积有热电薄膜阵列的柔性衬底卷起来，形成类似于图 5-7d 所示的热电堆结构，从而同时获得较高的温差和较大的传热面积。图 5-7e 所示为最近引起广泛关注的薄膜超晶格结构。超晶格是利用先进的薄膜沉积或纳米合成工艺在热电臂的热传导方向上制作出每层数纳米到数十纳米的多层结构，具有量子尺寸效应的原子层周期会大幅提升材料的热电性能[41]。

根据热能传递方向与热电材料（主要是膜）平面之间的相互关系，微型热电器件可分 Cross-plane 和 In-plane 两种主要工艺结构。Cross-plane 结构制冷器的特点是热流和电流方向与衬底表面垂直，因此称为 Cross-plane 结构。因为在这些器件中仅有几微米厚，所以要在单薄膜材料两侧建立大的温差面临较大的困难，美国密歇根大学的 G.S.Hwang 等对这种结构进行了改进，研制了 6 层 Cross-plane 结构的微型热电器件（图 5-8）。该器件宽度为 $1500 \sim 5500 \mu m$，长度为 $30 \mu m$，在消耗 68mW 情况下，最大能产生 51K 的温差，器件的热电性能具有很大程度的改观[43]。

针对薄膜两侧难以建立较大温差的问题，研究者提出了 In-plane 型结构，它的主要结构特点是薄膜热电制冷器件的热电偶"平躺"在与衬底平行的平面上，由此使器件内的电流和热流方向都平行于衬底平面[44]。图 5-9 所示为两类微型热电制冷器结构。

在热电晶体材料的制备上，目前比较可靠的方法有气相生长法（包括物理气相沉积、化学气相沉积、分子束外延法等）、电化学法。气相生长法适合制造薄膜材料，可控性强，适合大面积的组装与集成。电化学法不仅可以制造薄膜材料，而且可以制造纳米材料。相比较而言，电化学法操作简单、成本低，而且可以在微米级甚至纳米级的微区内生长温差电材料，被认为是一种很有前途的温差电薄膜材料以及纳米材料的制备技术。近年来，化学法合成的热电纳米晶体被认为是微型热电器件进一步小型化的途径之一。但是，化学法对微纳米晶体的控制程度相对不

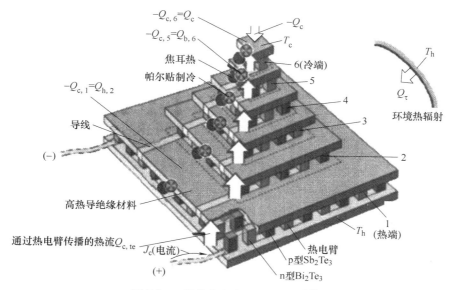

图 5-8　6 层热电制冷器件示意图[43]

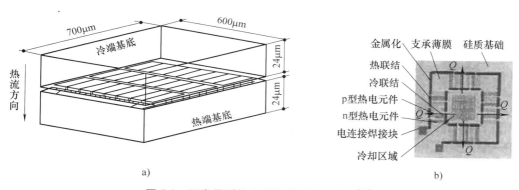

a)　　　　　　　　　　　　b)

图 5-9　两类微型热电制冷器结构示意图[44]

a）垂直型　b）面内型

高，在器件的组装上，对微纳米晶体的操纵尚有困难，因此用化学法制备的热电晶体材料的应用还需要一个过程[45]。

5.4.2　柔性化热电制冷器

热电制冷器在电子器件冷却领域具有极大潜力，但针对非平面的局部区域冷却问题，由烧结块体材料、铜电极和陶瓷基板组成的传统热电制冷器结构设计上没有柔性，无法与电子器件在尺寸上匹配到一起。基于热电薄膜的微型柔性化热电器件在解决这一瓶颈上有广阔的发展前景[46]。

柔性化热电制冷器主要有两种形式：一种是通过蒸镀或者磁控溅射工艺制备的薄膜热电制冷器件（厚度<10μm）；还有一种就是通过印刷（丝网印刷、点胶打印、喷墨打印、涂刷等）方法制备的厚膜热电制冷器件（厚度>10μm）。图 5-10 所示为 Sb_2Te_3/Bi_2Te_3 薄膜热电制冷器件示意图和成品图，该器件以 12μm 厚聚亚酰胺为基板（聚亚酰胺柔性好、导热系数低、和碲化物热膨胀率接近），采用共蒸镀法制备 10μm 厚的 Sb_2Te_3/Bi_2Te_3 热电薄膜，以获得性能优良的热电材料；在金属掩膜的辅助下通过蒸镀 Al/Ni 电极，将热电薄膜材料组装成热电制冷器。经测试，n 型薄膜和 p 型薄膜的塞贝克系数分别为 170μV/K 和 185μV/K；50℃（该温度为获得高分辨热成像所必需）真空环境下，工作电流为 4mA 时，冷热端温差为 4K，冷端温度 48.5℃（非真空状况下测得数据有微小差别）[47]。

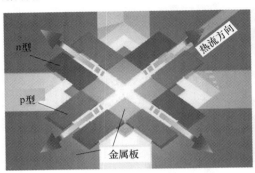

图 5-10　Sb_2Te_3/Bi_2Te_3 薄膜热电制冷器件示意图与成品[47]

图 5-11 所示为 $Bi_{0.5}Sb_{1.5}Te_3$/环氧树脂复合厚膜热电制冷原型器件，以柔性聚亚酰胺为基板，采用涂刷–热压固化方法，在最佳的制备工艺条件下制备环氧树脂厚膜材料，在掩膜板的辅助下通过真空蒸镀 Al/Cu/Ni 多层薄膜电极，将复合厚膜材料组装成热电制冷器件。经测试，该器件在弯曲疲劳寿命内，电阻值不随弯曲程度改变；工作电流为 0.06A 时，冷热端温差为 6.2K[48]。

图 5-11　$Bi_{0.5}Sb_{1.5}Te_3$/环氧树脂复合厚膜热电制冷原型器件[48]

5.5　热电制冷的创新应用

相较于传统的压缩式制冷，热电制冷系统中并不需要制冷剂，因此不会产生臭氧层空洞以及液体泄漏导致环境污染和腐蚀器件等的问题。另外，热电制冷设备一般尺寸小，质量轻，且由于整个系统中不存在机械部件，故无噪声，无振动。热电制冷器启动快，控制灵活，其制冷温度可通过工作电流的大小进行调节。目前，热电制冷在电子器件、医学、军事、建筑冷却、可穿戴设备等领域都有十分广泛的应用。

5.5.1　电子器件领域

如今，由于电子器件愈发向着体积小型化、集成化的方向发展，其内部产生的高热流密度会危及器件的可靠运行，这就对电子器件的冷却技术提出了更高的要求。传统的散装冷却系统太大且管路复杂，而热电冷却器因其体积小、可靠性高、无噪声的优点，在电子器件冷却上具有广阔的应用前景。如图 5-12 所示的大功率 LED 模块，应用热电制冷模块，可以大大降低器件的工作温度；将热电模块集成到图 5-13 所示的半导体激光器中可以达到精准控温的目的，确保器件稳定运行，延长使用寿命；图 5-14 所示的微尺度薄膜热电制冷器具有体积小，与电子元器件集成时不受体积限制等的特点，使其满足较大功率密度电子器件的散热和温控需求。不仅如此，通过降低热电材料的维数和有序纳米结构的可控性制备，薄膜热电器件使得热电效率大幅提高。

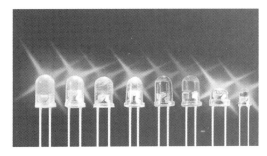

图 5-12　LED 灯管

图 5-13　半导体激光器

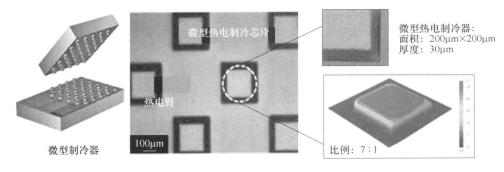

图 5-14　微尺度薄膜热电制冷器

5.5.2　医学领域

因热电制冷温度可调，制冷速率快，操作简单以及对药品及生物组织无污染，对身体无副作用等特点，热电制冷设备在医学上得到了广泛应用。例如图 5-15 所示，在外科手术中用麻醉冷冻机对患者的脓疮部位进行冷冻麻醉，然后就可以安全地切开患处进行排脓；采用半导体制冷技术制成的如图 5-16 所示冷冻切片机，其冷冻速度快、温度低，能够在很短时间内将生物组织的温

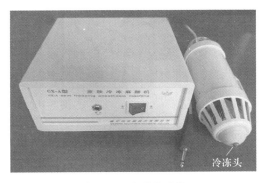

图 5-15　麻醉冷冻机

度降低到-60~-50℃，并且不会出现因为冷冻速度慢，导致切片时出现冰晶或组织细胞被破坏的现象，且切片速度快，质量高；图 5-17 所示的药用热电冷藏箱可以用来保存血液、血清、疫苗等药用品，保持其活性[49]。

图 5-16　冷冻切片机

图 5-17　药用热电冷藏箱

5.5.3　军事领域

热电制冷技术在雷达、潜艇、导弹等军事方面应用广泛，如热电制冷技术可用于红外探测器探头的冷却[41]，如图 5-18 所示。红外探测装置在低温环境下工作时，能够大大缩短响应时间，扩宽响应波长，提高灵敏度，降低噪声，工作更稳定可靠。

一般来说，红外探测器根据使用的热电制冷器可以分为两类，包括使用单级半导体制冷器的工作在室温附近的"非制冷型"焦平面探测器以及使用多级半导体制冷器的浅制冷型焦平面探测器。"非制冷型"焦平面探测器的典型产品有美国 Honeywell 公司的 320×240 氧化钒（VO$_x$）微测辐射热计、焦平面探测器和德州仪器公司 Texas Instruments 的钛酸锶钡（BST）非制冷焦平面探测器等，它们均含有单级半导体制冷器和精密控温系统。多级半导体制冷器可使制冷温度进一步降低，主要应用在浅制冷型焦平面探测器中，典型产品为法国 Sofradir 公司 320×256 MCT 红外探测器。

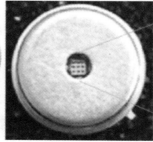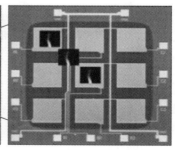

图 5-18　红外探测器结构图[41]

此外，热电制冷器还可运用于夜视机载跟踪系统、船跟踪器、夜间观察装置上所用的 HgCdTe 单元，可将其冷却到 190~270K 或更低的温度；在潜艇空调系统上还可作为低温冷源等[50]。

5.5.4　建筑冷却领域

由于热电制冷效率不高，现如今在建筑冷却领域使用的较为常见的仍然是蒸汽压缩式空调。Rifat 等人在比较热电和常规蒸汽压缩空调的性能后发现，蒸汽压缩式的 COP 值在 2.6~3 之间，然而热电空调的 COP 值大多为 0.38~0.45[51]。然而，与蒸汽压缩式空调相比，热电空调器具有若干优点。例如，它们可以被制成平面结构，易于在墙壁上安装，此外热电空调无噪声，能提供安静的使用环境。传统空调系统中的制冷设备使用的 CFCs、HCFCs 等制冷剂，是臭氧层空洞和温室效应的主要诱因，而热电制冷技术由于不使用制冷剂，被视作代替传统空调系统的绿色制冷方法。

基于热电制冷/热技术由直流电驱动的特点，学者们提出了太阳能驱动的热电空调系统，由太阳能电池直接供给所需的直流电，只需要改变输入电流的方向，便可实现冬夏两季制冷和供暖的不同效果。此外，热电空调还可以运用于古建筑等常规空调系统安装困难的环境。2013 年，申利梅等人提出了一种新型的热电辐射空调，其 COP 可与传统的集中中央空调系统相当，推动了热电制冷在建筑冷却领域的应用[52]；2016 年，该团队又提出了一种热电-零能耗建筑，研究了其在不同气候应用的可能性和效果，发现所设计的系统可使近零能耗建筑成为静零能耗建筑[53]。

5.5.5　可穿戴设备领域

热电制冷技术在可穿戴设备的应用上也有巨大潜力。研究人员设计了一款具有长期（>8h）和主动冷却效果大（>10℃）的柔性可穿戴热电装置[54]，如图 5-19 所示。该装置采用了一种新颖的设计方法，将刚性无机高优值系数 ZT 值的热电板夹在可拉伸弹性板体之间。这种创新的设计方案具有很好的冷却效果，在不使用任何散热器的情况下，能在皮肤上产生超过 10℃ 的温差。将 TED 集成到可穿戴服装上，能起到长期、节能地对人体皮肤的冷却/加热作用。试验数据表明：当环境温度在 22~36℃ 的范围内变化时，这种服装能将皮肤的温度一直保持在 32℃ 的热舒适温度下。这项技术的开发对人们在户外的舒适感有很大提升。

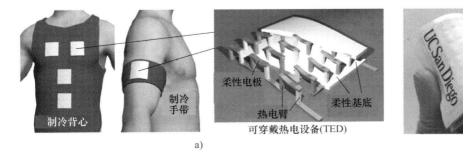

图 5-19　可穿戴热电设备[54]

近些年来，随着热电器件的热度愈发上升，以及对于各种热电材料的开发、器件结构的研究也逐渐完善，热电制冷已经在解决臭氧层空洞、精密仪器的冷却等方面提供了可行之道。为了适应电子器件小型化、以及对于可穿戴设备上的应用，热电器件的研究逐渐向微小型化器件、柔性化器件发展。相信在未来，更多高效率、环境友好的热电制冷器件应用会为我们带来不一样的未来。

本章参考文献

[1] 徐德胜. 半导体制冷与应用技术 [M]. 上海：上海交通大学出版社，1992.

[2] ROWE D M. Thermoelectrics handbook [M]. Boca Raton：CRC/Taylor & Francis, 2006.

[3] ZHANG Q, HUANG X, BAI S Q, et al. Thermoelectric Devices for Power Generation：Recent Progress and Future Challenges [J]. Advanced Engineering Materials, 2016（2）：194-213.

[4] SNYDER G J, TOBERER E S. Complex thermoelectric materials（review）[J]. Nature Materials, 2008（2）：105-114.

[5] YANG J, CAILLAT T. Thermoelectric materials for space and automotive power generation [J]. MRS Bulletin, 2007（3）：224-229.

[6] MAHAN G D. Good Thermoelectrics [J]. Solid State Physics, 1997, 51：81-157.

[7] GOLDSMID. Electronic refrigeration [M]. London：Pion, 1986.

[8] IOFFE. Semiconductor thermoelements and thermoelectric cooling [M]. London：Infosearch Ltd. , 1957.

[9] SHI X, CHEN L, UHER C. Recent advances in high-performance bulk thermoelectric materials [J]. International Materials Reviews, 2016（6）：379-415.

[10] POUDEL B, HAO Q, MA Y, et al. High-thermoelectric performance of nanostructured Bismuth Antimony Telluride bulk alloys [J]. Science, 2008（5876）：634-638.

[11] ALLENO E, LAMQUEMBE N, GIL R C, et al. A thermoelectric generator based on an n-type clathrate and a p-type skutterudite unicouple [J]. Physica Status Solidi（a）, 2014（6）：1293-1300.

[12] GUO J J F C, GENG H, OCHI T, et al. Development of skutterudite thermoelectric materials and modules [J]. Journal of Electronic Materials, 2012（6）：1036-1042.

[13] HU X, JOOD P, OHTA M, et al. Power generation from nanostructured PbTe-based thermoelectrics：comprehensive development from materials to modules [J]. Energy & Environmental Science, 2016（2）：517-529.

[14] WAND H, HWANG J, SNEDAKER M L, et al. High thermoelectric performance of a heterogeneous PbTe nanocomposite [J]. Chemistry of Materials, 2015（3）：944-949.

[15] SU S H, LIU T, WANG J Y, et al. Evaluation of temperature-dependent thermoelectric performances based on $PbTe1-yIy$ and $PbTe：Na/Ag_2Te$ materials [J]. Energy, 2014, 70：79-85.

[16] YAN X, JOSHI G, LIU W. Enhanced thermoelectric figure of merit of p-type half-heuslers [J]. Nano Letters, 2011（2）：556-560.

[17] KONOPKO L A, NIKOLAEVA A A, HUBER T E, et al. Thermoelectric properties of Bi_2Te_3 microwires [J]. Physica Status Solidi, 2014（7-8）：1377-1381.

[18] YELGEL O C, SRIVASTAVA G P. Thermoelectric properties of $Bi_2Se_3/Bi_2Te_3/Bi_2Se_3$ and $Sb_2Te_3/Bi_2Te_3/Sb_2Te_3$ quantum well systems [J]. Philadelphia Magazine, 2014（18）：2072-2099.

[19] PATTAMATTA A, MADNIA C K. Modeling heat transfer in Bi_2Te_3-Sb_2Te_3 nanostructures [J]. International Journal of Heat and Mass Transfer, 2009, 52（3）：860-869.

[20] WANG G, CAGIN T. Electronic structure of the thermoelectric materials Bi_2Te_3 and Sb_2Te_3 from first-principles calculations [J]. Physical Review B：Condensed Matter and Materials Physics, 2008（7）：75201.

[21] NOLAS, et al. Thermoelectrics [M]. Berlin：Springer, 2001.

[22] KAIBE H, TANAKA Y, SAKATA M, et al. Anisotropic galvanomagnetic and thermoelectric properties of n-type Bi_2Te_3 single crystal with the composition of a useful thermoelectric cooling material [J]. Journal of the Physics and Chemistry of Solids, 1989（9）：945-950.

[23] HUANG B L, KAVIANY M. Publisher's note：Ab initio and molecular dynamics predictions for electron and phonon transport in bismuth telluride [Phys. Rev. B 77, 125209（2008）] [J]. Physical Review B, 2008（12）：38-39.

[24] SOOTSMAN J, CHUNG D Y, KANATZIDIS M G, et al. New and old concepts in thermoelectric materials [J]. Angew. Chem. Int. Ed, 2009, 48（46）：8616-8639.

[25]　KIM S I, LEE K H, MUN H A, et al. Dense dislocation arrays embedded in grain boundaries for high-performance bulk ther-moelectrics [J]. Science, 2015 (6230): 109-114.

[26]　CHEN Z, LIN M Y, XU G D, et al. Hydrothermal synthesized nanostructure Bi-Sb-Te thermoelectric materials [J]. Journal of Alloys and Compounds, 2014, 588: 384-387.

[27]　XIE W, HE J, KANG H J, et al. Identifying the specific nanostructures responsible for the high thermoelectric performance of (Bi, Sb)$_2$Te$_3$ Nanocomposites [J]. Nano Letters, 2010 (9): 3283-3289.

[28]　TANG X, XIE W, LI H, et al. Preparation and thermoelectric transport properties of high-performance p-type Bi$_2$Te$_3$ with layered nanostructure [J]. Applied Physics Letters, 2007 (1): 12101-12102.

[29]　CAO Y Q, ZHAO X B, ZHU T J, et al. Syntheses and thermoelectric properties of Bi$_2$Te$_3$/Sb$_2$Te$_3$ bulk nanocomposites with laminated nanostructure [J]. Applied Physics Letters, 2008 (14): N. PAG.

[30]　MEHTA R J, ZHANG Y, KARTHIK C. A new class of doped nanobulk high-figure-of-merit thermoelectrics by scalable bot-tom-up assembly [J]. Nature Materials, 2012 (3): 233-240.

[31]　YAN X, POUDEL B, MA Y, et al. Experimental studies on anisotropic thermoelectric properties and structures of n-type Bi$_2$Te$_{2.7}$Se$_{0.3}$ [J]. Nano Letters, 2010 (9): 3373-3378.

[32]　王斌, 邹贺隆, 刘雨, 等. 有机热电材料研究进展 [J]. 南昌航空大学学报 (自然科学版), 2020, 34 (01): 31-42.

[33]　BUBNOVA O, KHAN Z U, MAKTI A, et al. Optimization of the thermoelectric figure of merit in the conducting polymer po-ly (3, 4-ethylenedioxythiophene) [J]. Nature Materials, 2011, 10 (6): 429-433.

[34]　LU X, MORELLI D T, XIA Y, et al. ChemInform abstract: increasing the thermoelectric figure of merit of tetrahedrites by co-doping with nickel and zinc [J]. ChemInform, 2015, 46 (13): 408-413.

[35]　YU C, CHOI K, YIN L, et al. Light-weight flexible carbon nanotube based organic a composites with large thermoelectric power factors (vol 5, pg 7885, 2011) [J]. ACS. Nano, 2013 (10): 9506.

[36]　KIM D, KIM Y, CHOI K, et al. Improved thermoelectric behavior of nanotube-filled polymer composites with poly (3, 4-ethylenedioxythiophene) poly (styrenesulfonate) [J]. ACS Nano, 2010 (1): 513-523.

[37]　SEE K C, FESER J P, CHEN C E, et al. Water-processable polymer-nanocrystal hybrids for thermoelectrics (article) [J]. Nano Letters, 2010 (11): 4664-4667.

[38]　SHI K, ZHANG F, DI C, et al. Toward high performance n-type thermoelectric materials by rational modification of BDPPV backbones [J]. Journal of the American Chemical Society, 2015 (22): 6979-6982.

[39]　王怀光, 吴定海, 陈彦龙, 等. 半导体制冷技术研究综述 [J]. 四川兵工学报, 2012, 33 (11): 132-134.

[40]　欧永振, 李浩亮, 李岳洪, 等. 热电器件的研究进展及其性能改进方法 [J]. 科技视界, 2018 (21): 86-87.

[41]　祝薇, 陈新, 祝志祥, 等. 基于热电效应的新型制冷器件研究 [J]. 智能电网, 2015, 3 (9): 823-828.

[42]　刘大为, 李亮亮, 李敬锋. 微型热电器件应用的最新研究进展 [J]. 中国科技论文在线, 2011, 6 (8): 574-579.

[43]　HWANG G S, GROSS A J, KIM H, et al. Micro thermoelectric cooler: planar multistage [J]. International Journal of Heat and Mass Transfer, 2009 (7-8): 1843-1852.

[44]　王小群, 徐俊. 微型热电制冷器制造技术及其性能 [J]. 制冷学报, 2007 (6): 41-46.

[45]　施文, 钟武, 余大斌. 微型热电器件的研究进展 [J]. 材料导报, 2010, 24 (7): 44-47.

[46]　HOU W, NIE X, ZHAO W, et al. Fabrication and excellent performances of Bi0. 5Sb1. 5Te3/epoxy flexible thermoelectric cooling devices (Article) [J]. Nano Energy, 2018: 766-776.

[47]　GONCALVES L M, COUTO C, CORREIA J H, et al. Flexible thin-film planar Peltier microcooler [J]. International Con-ference on Thermoelectrics, 2009 (Part 1): 327-331.

[48]　侯伟康. Bi$_{0.5}$Sb$_{1.5}$Te$_3$/环氧树脂柔性热电器件的制备与制冷性能的评价 [D]. 武汉: 武汉理工大学, 2018.

[49]　吕强, 胡建民, 信江波, 等. 半导体热电材料制冷原理及其在医学上的应用 [J]. 牡丹江医学院学报, 2004 (1): 58-60.

[50]　谈欣柏, 章毛连. 半导体制冷技术及其应用 [J]. 安徽农业技术师范学院学报, 1996 (4): 56-60.

[51]　RIFFAT S B, QIU G Q. Comparative investigation of thermoelectric air-conditioners versus vapour compression and absorption

89

air-conditioners ［J］. Applied Thermal Engineering, 2004（14-15）: 1979-1993.

［52］ SHEN L M, XIAO F, CHEN H X, et al. Investigation of a novel thermoelectric radiant air-conditioning system ［J］. Energy & Buildings, 2013, 59: 123-132.

［53］ SHEN L M, PU X W, SUN Y J, et al. A study on thermoelectric technology application in net zero energy buildings ［J］. Energy, 2016, 113: 9-24.

［54］ SAHNGKI H, YUE G, JOON K S, et al. Wearable thermoelectrics for personalized thermoregulation ［J］. Science Advances, 2019, 5（5）: w536.

第 6 章
多联机空调系统

6.1　多联机空调系统的简介

6.1.1　多联机空调系统的定义

多联机（Variable Refrigerant Volume）空调系统为变制冷剂流量多联系统（简称"多联机"），即控制制冷剂流量并且通过制冷剂的直接蒸发或直接冷凝来实现制冷或制热的空调系统。经过多年的技术改善和革新，多联机空调系统已发展成为一个独立的空调系统，其主要构成为室外机、室内机及制冷剂管道（图 6-1）[1]。

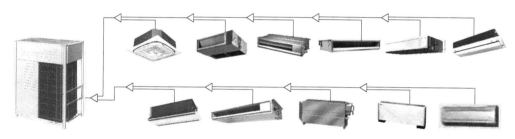

图 6-1　多联机空调系统的构成

6.1.2　多联机空调系统诞生的背景

日本是个能源缺乏的国家，20 世纪 70 年代初期爆发的第一次石油危机给当时经济高度发展的日本敲响了能源危机的警钟。多联机空调系统随之在 1982 年诞生于日本大金工业株式会社。其开发的理念必不可少的是以节能为基础。但也正是由于经济的高速发展，用户对于空调的舒适度、便利性等需求也趋于多样化。如何在节能的基础上，更好地满足用户的需求也是多联机空调系统需要解决的一个课题[2]。

6.1.3　多联机空调系统的特点（"四省"）

多联机具备四个节省，解决了常规集中式空调系统难以解决的应用问题。

第一个省是省能源，采用制冷剂输配冷热量，提升换热效率，同时多联机的用户可以自行按需调节，实现了室内机部分负荷运行和开关，提高了运行效率，实现了行为节能。清华大学针对 19 栋办公建筑的多联机年能耗强度分布表明，办公建筑中多联机系统的能耗强度在 20~50kW·h/(m² · a) 之间，折合标准煤为 6.5~16.4kg/(m² · a)；即使面积 2 万 m² 以上体量较大的建筑，也可通过分层设置室外机等方式应用，相比传统集中式空调系统仍具有良好的节能效果[3]。

第二个省是省空间，降低了建筑造价。在设计安装中，多联机的室外机组通常置于建筑物的屋顶、地面或中间层，不需要设置专门的机房；而且，室外机与室内机之间采用铜管连接，管径小，节省了安装空间，降低了建筑造价。

第三个省是省工时，减少了施工工作量，缩短了工期。多联机采用产品模块化和现场焊接铜管的安装方式，相比风机盘管+新风系统的施工安装，大大减少了施工工作量，缩短了工期；同时，采用在工厂研发完成的控制系统，使用时不需要专业管理人员，大幅度节省了运维管理成本。

第四个省是省设计，缩短了设计周期。多联机采用模块化结构，施工图设计较为简单，且自带机组和集中控制系统，能够对室外机和室内机进行自动控制，简化了工程设计，缩短了设计周期[4]。

6.1.4 多联机空调系统相关标准体系

目前我国已经形成比较完整的多联机产品与设计应用的标准体系，包括《多联式空调（热泵）机组》（GB/T 18837—2015）、《低环境温度空气源多联式热泵（空调）机组》（GB/T 25857—2010）、《多联式空调（热泵）机组能效限定值及能源等级》（GB 21454—2021）、《多联机空调系统工程技术规程》（JGJ 174—2010）、《多联式空调（热泵）机组应用设计与安装要求》（GB/T 27941—2011）等。这些标准体系为多联机的产品研发、系统设计和安装维护提供了重要的技术支撑，也为多联机在建筑中的节能运行和产业的良性发展提供了保障[5]。

6.2 多联机空调系统的原理及核心技术

6.2.1 多联机空调系统的工作原理

1. 多联机空调系统的基本工作原理

多联机空调系统与一般的空调系统一样，主要是由压缩机、冷凝器、节流装置以及蒸发器四大部件构成。其工作基本原理如图6-2和图6-3所示，分为压缩、冷凝、节流、蒸发循环过程。

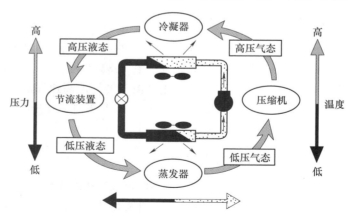

图6-2 多联机空调系统工作原理图1

（1）压缩过程（如图6-3中 A—B） 压缩机将经过蒸发器的低温低压气态制冷剂压缩为高温高压的气态制冷剂。

（2）冷凝过程（如图 6-3 中 B—C）

高温高压的气态制冷剂在冷凝器中和温度较低的空气（制冷时为室外空气，制热时为室内空气）进行热交换变为低温高压的液态制冷剂。

（3）节流过程（如图 6-3 中 C—D）

室外的节流装置将低温高压的液态制冷剂变为低温低压的液态制冷剂。

（4）蒸发过程（如图 6-3 中 D—A）

节流后低温低压的液态制冷剂通过制冷

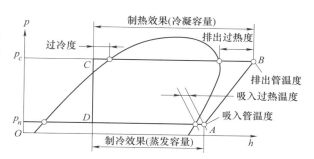

图 6-3　多联机空调系统工作原理图 2

剂管路根据各房间室内的需求送入蒸发器与热空气（制冷时为室内空气，制热时为室外空气）发生热交换，变为低温低压的气态制冷剂再次进入压缩机压缩。

2. 热泵型多联机空调系统的原理

热泵型多联机空调系统是兼具"制冷"和"制热"两种功能的多联机空调系统。但一般情况下制冷和制热两种效果不能在同一系统中同时实现。它与单冷多联机空调系统的区别在于多了一个元件——"四通换向阀"，该元件可以通过切换制冷剂的流向，切换室内外换热器的功能，热泵型多联机空调系统在制冷时室内侧为蒸发器，室外侧为冷凝器，而在制热时通过"四通换向阀"的切换室内侧为冷凝器，室外侧为蒸发器，如图 6-4 所示。

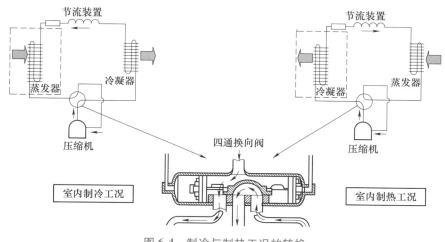

图 6-4　制冷与制热工况的转换

6.2.2　多联机空调系统的控制原理

在压焓图上，蒸发器出口与进口之间的焓差是单位质量制冷剂的制冷量。在压缩机工作状态不变的情况下，压缩机每转动一圈所制取的制冷量是恒定的。为了提供所有室内机所需要的制冷量，可以通过调节压缩机电动机的转速，来改变压缩机的总输气量。图 6-5 展示了压缩机变频技术的工作流程。多联机通过变频器调节电动机转速，改变压缩机在单位时间内的总输气量，从而实现随负荷波动输出相应的制冷能力。由于压缩机内部的压缩空间是一个常量，即旋转一圈的理论输气量是一个常量。通过改变电动机转速就可以把变流量控制问题转化为电动机的调速问题；利用成熟的电动机调速技术则可有效地解决多联机的容量调节难题。房间的冷负荷是随时变化的，它不仅受朝向、季节的影响，还会随室外温湿度、内部热源与人员的变化而变化。

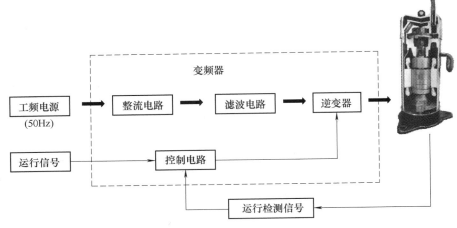

图 6-5　压缩机变频技术的工作流程

为了让多联机向室内机提供与室内负荷相等的制冷量，则需调节室内机电子膨胀阀开度，向室内提供适宜的制冷剂流量，以适应负荷变化的需求。然而，实现制冷剂流量控制的难点在于：如何准确地把握各个房间的实际负荷。房间的实际负荷是变化的，为了输出与室内负荷相等的制冷量，只根据房间温度的变化往往是难以迅速获得房间的实际负荷的。因此，为了让室外机输出各个室内机所需的总制冷量，则需探讨更为快速、反映室内负荷变化的制冷剂流量调节方法。在实际应用中，就利用了制冷剂饱和温度和饱和压力的对应关系。在设定好理想的蒸发温度后，通过检测压缩机的吸气压力来判断室内机的实际蒸发温度，并利用实际蒸发温度和理想蒸发温度的差值变化，通过一定的算法求出压缩机电动机需要提高转速还是降低转速，以控制需输出的制冷剂质量流量。然后，再调节室内机中电子膨胀阀的开度，按需分配到各个室内机中。这样就能快速、准确地在各个室内机末端中输出所需的制冷量，以提升室内的舒适性。图 6-6 展示了制冷工况下主机输出功率的变化过程[6]。

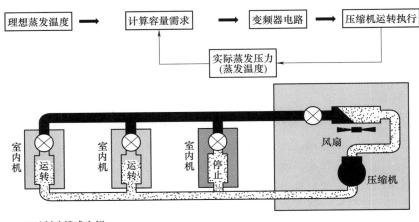

*以制冷模式为例

图 6-6　制冷工况下主机输出功率的变化过程

6.2.3　压缩机技术

压缩机是多联机空调的核心，下面以大金 VRV X7 系列多联机空调系统所使用的压缩机为例，进行多联机压缩机技术的介绍。

1. V 动力高低压腔涡旋式压缩机

V 动力高低压腔涡旋式压缩机采用业内独有的高强度超级金属，多项特殊的加工工艺，使压缩腔承压能力大幅提升，有效减小涡盘壁厚度 50%，更使涡盘壁高度提升约 20%，增加腔体容积 1.5 倍，大幅提升压缩机排气量，进而实现超大容量的压缩机构造，如图 6-7 所示。

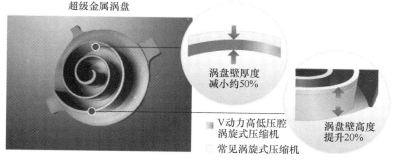

图 6-7　大金 VRV X7 系列多联机空调系统超级金属涡盘

V 动力高低压腔涡旋式压缩机同时融合诸多先进技术与工艺，如特殊树脂密封气环结构、高刚性机壳、新型排气缓冲结构、防过压缩机构、高机械性液压推进机构、压差油膜润滑技术和轴承平滑化设计等，有效提高了压缩机压缩效率和低温制热可靠性，并且降低了其运行噪声，节能的同时可提供良好舒适的空调环境。

2. 高效的压缩机电动机

（1）6 极式钕磁铁转子　压缩机转子采用全新的 6 极式钕磁铁转子设计，较 4 极式钕磁铁电动机，转子旋转更顺畅，进一步减小压缩机的振动，降低室外机运转噪声，如图 6-8 所示。

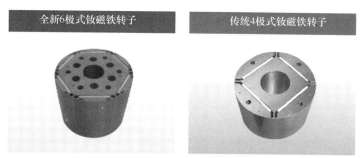

图 6-8　大金 VRV X7 系列多联机空调系统 6 极式钕磁铁转子

（2）集中式线圈定子　压缩机定子采用集中式线圈定子，有效提高系统部分负荷时的运转效率，同时 9 片式卷槽均独立排列，不但进一步提升电动机转矩，更避免了热量的无效传导，如图 6-9 所示。

3. V 动力高低压腔涡旋式压缩机优势分析

高压腔压缩机与普通低压腔压缩机相比，主要在于吸气口和排气口的位置不一样，从而制

图 6-9 大金 VRV X7 系列多联机空调系统 9 片式卷槽集中式线圈定子

冷剂在压缩机中的路径也不同。高压腔压缩机除进气口部分以外都处于高压状态，制冷剂从压缩机上部进气口直接进入压缩腔进行压缩，压缩后的高温高压气态制冷剂冷却电动机后从排气口排出，效率更高。大金的高低压腔压缩机是在高压腔压缩机的基础上，设置了高低压分区，避免引起无效热损失，效率更高，同时密封性更强。

因此，结合先进技术与高低压腔压缩机的特殊设计，大金 V 动力高低压腔涡旋式压缩机比普通压缩机的优势主要体现在：

1）相较于普通压缩机形式，大金 V 动力高低压腔涡旋式压缩机采用更为先进的超级金属材料工艺制作压缩机涡盘部件，实现了超大容量压缩机，同时性能更为稳定可靠。

2）相较于普通压缩机，大金采用磁力更强的稀有材料——钕磁铁制造压缩机电动机。钕磁铁磁性比普通磁铁磁性强 10 倍（图 6-10），大大提升直流电动机的运转效率，进而实现了更高的压缩机效率。

钕磁铁　　　　普通铁酸盐磁铁

图 6-10 高磁性的钕磁铁

3）相较于普通高压腔压缩机，大金 V 动力高低压腔涡旋式压缩机采用片式卷槽集中式线圈定子进一步提升电动机转矩，提升压缩机电动机能力。同时，9 片式卷槽均独立排列，避免能量的无效传导，提升压缩机效率。

4）相较普通高压腔压缩机，大金 V 动力高低压腔涡旋式压缩机设置了高低压分区，避免无效热损失，效率更高，同时密封性更强。

5）普通低压腔压缩机的制冷剂路径是从吸气口吸入后先冷却电动机，再进入压缩腔进行压缩的。低温低压的气态制冷剂在预冷电动机的同时，自身也被过热，从而导致进入压缩腔的实际制冷剂量减少。而高低压腔涡旋式压缩机避免气体的无效过热，提高了压缩机效率（图 6-11）。

6）普通低压腔压缩机需要配置油泵，将润滑油送入压缩机，能耗增加；大金 V 动力高低压腔涡旋式压缩机利用压差供油，润滑油输送无须增加其他的动力装置，故障点更少，能耗更低。

进气口

排气口

图 6-11 大金 V 动力高低压腔涡旋式压缩机

4. 平衡运转技术

通过对室外机模块及压缩机运转状态的自动调节，平衡各个压缩机间的输出能力（图 6-12），提升室外机换热器的利用效率，并充分利用变频压缩机部分负荷情况下运转效率更高的特性，大幅提升系统的节能性。

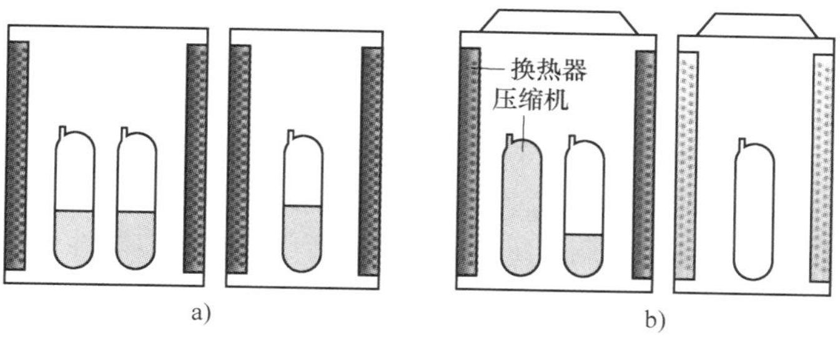

图 6-12　大金 VRV X7 系列多联机空调系统平衡运转技术

a）大金 VRV X7 系列多联机空调系统　b）传统空调系统

6.2.4　直流变频技术

1. 直流变频和交流变频

直流变频压缩机和交流变频压缩机都是通过改变电动机的频率来调节压缩机转速，从而达到变频的效果。两者最大的区别就在于所采用的电动机不同。直流变频压缩机采用的是直流电动机，而交流变频压缩机采用的是交流电动机。直流电动机相对于交流电动机节省了一个通电线圈的电能输入，故更加节能。

（1）交流电动机　转子和定子都是通电线圈，通过两个通电线圈互相作用，从而达到输出能力变化的目的，如图 6-13 所示。

（2）直流电动机　将交流电动机中的转子用永久磁铁替代，即定子为通电线圈，转子为永久磁铁，相互作用达到输出能力变化的目的，如图 6-14 所示。

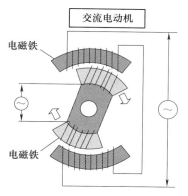

图 6-13　交流电动机结构示意图

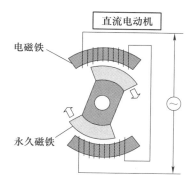

图 6-14　直流电动机结构示意图

2. 大金直流变频技术

（1）无级变频控制主板　大金 VRV X7 系列多联机空调系统室外机均采用变频控制主板，实现 8~66HP（1HP = 745.7W）全系列室外机高精度无级变频调速，变频范围达 0~420Hz，因此压缩机无论是低速运转还是高速运转，都能达到更好的稳定性和节能性，使整个系统运行始终处于高效节能的状态，且大幅度提高了空调的舒适性。

1）低速运转技术。变频压缩机能达到的稳定转速越低，则其节能性越高。

变频技术的优势之一在于节能，而变频技术能够实现节能的原因是其可以根据能力的需求调整输出。应用在空调系统中，即空调需要多少能力则压缩机可以根据需求提供多少能力。所以，当空调系统所要求的能力非常低的时候，压缩机是否能够精确地提供系统所需，是空调系统节能高低的一个衡量标准。压缩机输出的能力低，即要求电动机的转速低。但是，当电动机处于低速运转状态时，可能出现两种状态：一种是电动机转速过低无法克服摩擦阻力而导致电动机停转；另一种是电动机转速过快而无法精确对应系统所需，使得耗能过大。所以，压缩机往往在进行低速运转时，运转不够平滑和稳定，且振动较大。因而，为了能够进行稳定的低速运转，各个厂家不得不将压缩机的最低运行转速提高。

无级直流变频技术使其克服了低速运转技术的难题，将普通的低速运转 30～40r/s 降低到了 10～15r/s，使得空调系统在低负荷运转状态下的节能性更好地发挥。此外，通过对转矩的控制，即加大和减小电动机转矩（力），使制冷剂压缩时的压差变得均匀，从而降低振动，实现低转速区域的平滑控制，使压缩机低速运行时也能平稳顺畅，如图 6-15 所示。

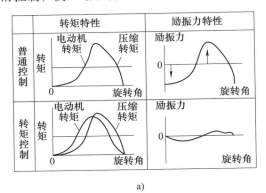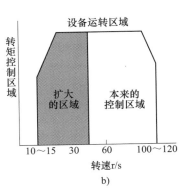

图 6-15 大金低速运转技术

a）转矩控制原理 b）通过转矩控制扩大运转区域

2）高速运转技术。与低速运转技术相反，压缩机能够达到的稳定转速越高，则代表其可提供的能力越多，舒适性能越高。

变频技术在空调系统中的应用优势，不仅体现在低速运转即低负荷情况下的按需对应，还表现在高负荷的情况下，压缩机的能力输出可以高出额定能力，使得空调效果更舒适。但是，电动机高速运转时会产生与驱动电动机相反的磁力，从而使电动机遇到高速运转时的瓶颈，如图 6-16 所示。一般的直流电动机当感应电压与转速成比例地升高时就形成了通过变频所能输出的最高电压，电动机也就不会以更高的转速旋转。为了使其高速运转，除非从电动机 A 向电动机 B 调换磁石，否则在物理上是不可能的。而大金采用控制感应电压的方法，使感应电压得到控制，即使不调换磁石也能高速运转。同时，加上大金的无级变频技术带来的宽广调速范围，将电动机的高速转速由 105r/s 提升到 140r/s。

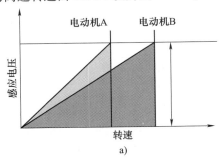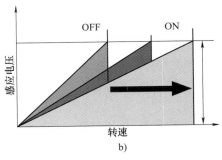

图 6-16 大金高速回转技术

a）一般直流电动机的转速界限 b）大金直流电动机的感应电压控制

3）SVPWM 控制技术。空间矢量脉宽调制（Space Vector Pulse Width Modulation，SVPWM）的输出波形更稳定，功率因数更高，因此可以达到更高的控制精度，且使变频范围更广，压缩机输出效率更高。

4）Sensorless 技术。Sensorless 技术可在不需要探头的情况下，感知电动机的转速，有效地避免了误输出、多输出的情况，保证系统更精确地运行，同时也提高了舒适性和节能性。

5）正弦波直流变频控制技术。正弦波直流变频控制技术能维持压缩机平滑的运转（图 6-17），同样有效地保证精确的输出，使得系统效率更高。

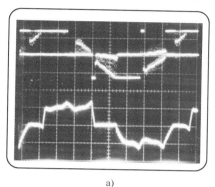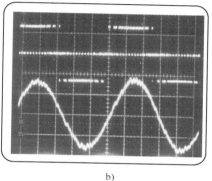

a)　　　　　　　　　　　　　　　　　　　　b)

图 6-17　直流电动机的变频波形实测比较图
a）一般直流电动机的变频波形（矩形波）　b）大金直流电动机的变频波形（正弦波）

（2）直流变频风扇电动机　大金 VRV X7 系列多联机空调系统的室外机及部分室内机风扇电动机同样采用了直流变频技术（图 6-18），实现最大 19 档风扇转速控制，大幅提升了电动机效率，也降低了室外机的消耗功率。同时，由无级变频主板进行精确控制，进一步降低了系统的能耗。

（3）抑制高次谐波及杂波干扰　为了保证空调系统更安全、稳定的运行，大金通过室外机中的扼流器以及电解电容来抑制高次谐波的产生。同时，室外机采用屏蔽外壳、无极双芯屏蔽护套传输线及铁氧磁环，可有效地抑制杂波的干扰（图 6-19）。

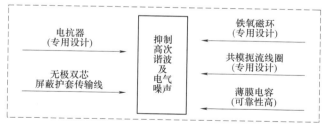

图 6-18　大金室外机直流变频风扇电动机　　　　图 6-19　高次谐波及杂波干扰的抑制

6.2.5　换热器技术

换热器是空调四大件中的主要部件，其换热能力的高低决定整个空调系统的运行效率。大金在换热器的设计上，无论是整体的构造，还是零部件（铜管/翅片）的构造，都精心研发以达到最好的换热效率。同时，配合先进的换热回路，大幅度提高了空调系统的运行效率。

1. 室外机换热器

（1）一体化四面换热器　大金 VRV X7 系列多联机空调系统的室外机换热器经过多年研发，实现了高技术难度的一体化四面换热器构造，与常见的分散式四面换热器相比，利用了室外机的转角空间以及底部空间，换热器的换热面积大大提升（图6-20）。同时，由于一体化的构造，使得换热器的焊点大量减少，在保证高效率换热提升系统效率的同时，也保证了系统的稳定运行。

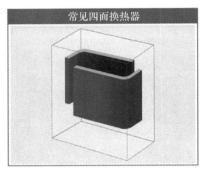

图 6-20　大金一体化四面换热器

（2）三层换热器翅片结构　大金采用高加工难度的三层换热器翅片结构，使得大金 VRV X7 系列多联机空调系统的室外机换热器有效换热面积高达 $235m^2$，进一步大幅提升与空气的接触面积，提高系统的换热效率。

（3）多列小管径制冷剂管设计　通过采用多列 $\phi7mm$ 小管径制冷剂管设计（图6-21），可在同样体积的换热器中分布更多的铜管，有效地增加了制冷剂与空气的换热接触面积，且由于管径的减小，增加有效接触面，进一步提高了系统的换热效率。

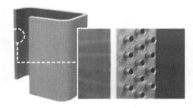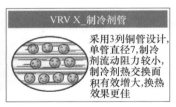

图 6-21　大金多列 $\phi7mm$ 小管径制冷剂管设计

2. 高效内螺纹铜管、高性能翅片

（1）高效的内螺纹铜管　内螺纹铜管的横截面上齿距的形状以及角度决定了内螺纹铜管的换热效率以及压力损失的高低。大金 VRVX7 系列多联机空调系统采用高效内螺纹铜管（图6-22），在增大铜管内壁的换热面积的同时，控制了制冷剂的流动损失，既保证了换热效率，又加速了热传导。

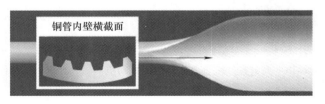

图 6-22　大金 VRVX7 系列多联机空调系统高效内螺纹铜管内壁示意图

（2）高性能翅片　除了对铜管的设计，还可根据不同容量、形式的机种，采用最适合的换热器翅片构造。

室内机换热器翅片的主要目的就是增大换热面积，同时降低气流噪声。大金室内机翅片通过开百叶的形式来增大换热效率（图6-23），同时根据室内机容量的大小，结合铜管管径的粗细进行合理的翅片形式设计。设计翅片形式的同时考虑气流通过翅片时的噪声、阻力以及冷凝水的顺利排放。

由于室外机的运行环境比较恶劣，换热器翅片的主要目的是在增大换热面积的同时还需保证室外机翅片在恶劣环境中的性能稳定，并保证快速排出化霜水。所以大金VRVX7系列多联机空调系统室外机翅片采用凹凸不平的结构形式来扩大换热面积（图6-24），而没有采用百叶形式（室外灰尘的累积堵塞百叶反而会造成换热效率的降低）。同时，大金室外机换热器翅片采用特殊的耐腐蚀处理，可有效地减缓大气污染对换热器的腐蚀（图6-25）。

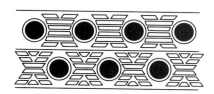

图6-23　室内机翅片构造

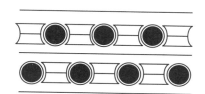

图6-24　室外机翅片构造

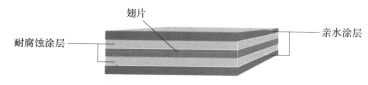

图6-25　室外机的双层涂层工艺

3. 二次过冷却技术

二级过冷却技术减少了系统中制冷剂的循环量和管长衰减率，大大提高了制冷剂的利用率，使多联机空调系统具有更高的灵活性及节能性。

（1）一级过冷却的实现——室外机高效e-Pass回路　普通的热交换结构，由于温差最大的两根管路临近会造成无效过冷的情况。大金e-Pass换热器的特殊结构将制冷剂进管与制冷剂出管间的距离拉开（图6-26），避免发生不良热交换，提高了换热器效率。

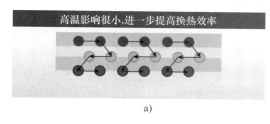
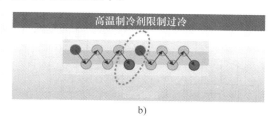

a)　　　　　　　　　　　　　　　　　　b)

图6-26　大金先进的e-Pass回路

a）多联机X7系列热交换结构　b）普通热交换结构

（2）二级过冷却的实现——室外机高性能过冷却回路　二级过冷的实现，是通过室外机高性能的过冷却回路实现的，如图6-27所示。过冷却回路的原理是将从室外机出来的气液混合态的制冷剂中的一部分进行节流，用这一部分节流后的制冷剂来预冷却室内机的制冷剂，从而达到将冷凝器盘管出口的制冷剂进一步冷却的效果。但是确定系统中有多少制冷剂是用于进行过冷却回路的也是一个难题。如果过冷却回路中的流量太大，则进入蒸发器的制冷剂流量可能不够而导致能力不足；如果过冷却回

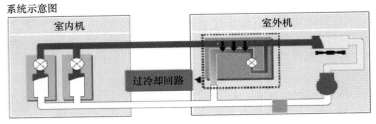

系统示意图

图6-27　大金过冷却回路技术

路中的流量太小，又有可能达不到过冷却的效果。大金解决了以上难题，结合以上提到的制冷剂控制技术，在保证系统最佳效率和可靠性的基础上，利用过冷却回路提高了制冷、制热效果，实现了高效的二次过冷却。

6.2.6　回油技术

润滑油对于压缩机的稳定运行起着非常重要的作用。当压缩机处于缺油状态时，很可能导致压缩机咬缸等重大故障，从而影响整个空调系统的稳定性，而油量过多又会影响整个系统的运行效率。所以，压缩机回油问题的解决，即如何保证压缩机的保有油量以及维持各台压缩机间的油平衡，对于整个系统来说是至关重要的。

通过智能油面控制技术，使得油量较多的压缩机内多余的油排到空调系统中，同时，缺油的压缩机尽量保存冷冻油，并且结合高效的油分离技术和压缩机交叉回油技术，使得系统中的冷冻油尽量回到缺油压缩机。通过以上不断的循环，多联机空调系统即使模块间无均油管也能达到系统的油量平衡，整体回油率高达99%，保证空调系统更稳定地运行。

1. 智能油面控制技术

通过采用含智能油面控制技术（图6-28）的压缩机，根据压缩机运行时的油量大小，合理确定压缩机冷冻油的保有量。当油面达到一定高度时，回到压缩机的润滑油会自动排出压缩机，避免压缩机的偏油、缺油，提高系统可靠性。

2. 高效油分离器及智能油平衡控制回路

采用大容量高效油分离器（图6-29），有效地保证极限运转工况，尤其是极限低温运转工况下的压缩机保有油量，确保机组运行的稳定性，能力得到有效输出。

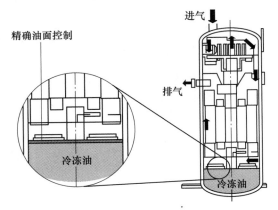

图6-28　大金智能油面控制技术

图6-29　大容量高效油分离器

同时，先进的智能油平衡控制回路，更好地保证极限运转工况下各个压缩机之间的油平衡，进一步确保机组能力有效输出。

3. 先进的交叉回油技术

如图 6-30 所示，大金经历一次又一次的技术改进，现采用先进的交叉回油专利技术，油量多余的压缩机通过智能油面控制技术将多余的油和制冷剂一同排出，然后由大容量高效油分离器将这些油量高效分离出来，通过交叉回油技术将这些油量送回到缺油的压缩机中，最终使各个压缩机达到均油状态，保证空调系统的稳定运行。

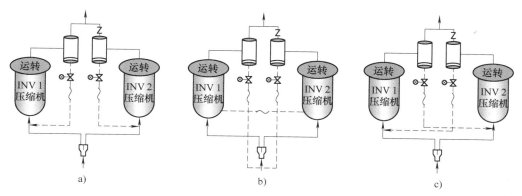

图 6-30 大金交叉回油技术
a) 独立回油技术 b) 平行回油技术 c) 交叉回油技术

6.2.7 强力制热技术

对于热泵系统来说，如何在冬季室外温度较低的情况下，依旧保证空调系统制热时室内的舒适度是一个难题，大金快速启动特性和智能除霜技术大大提高了空调系统冬季制热效果。

1. 快速启动特性

寒冷冬季，系统运转后是否能够进行快速启动达到最大能力输出，将会直接影响系统制热时室内的舒适度。大金 VRVX7 系列多联机空调系统室外机利用变频压缩机的大容量运转，以软启动的方式迅速启动，从第一台压缩机动作至压缩机全数启动仅需约 90s 时间，启动时间大幅缩短，如图 6-31 所示。

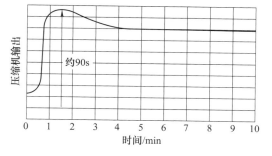

图 6-31 大金 VRVX7 系列多联机空调系统的
快速启动特性

2. 智能除霜技术

（1）精确选择除霜时机 大金通过感测室外环境状态、室内状态、机组自身的运行数据及上次除霜数据，精准判断除霜时机，保证室内温度的需求。与常见的除霜模式相比，制热性能提升 25% 以上，如图 6-32 所示。

同时，根据室外机不同的运转状态多联机空调系统的除霜运转启动条件不同，需精确选择除霜时机。

1）满负荷时需要考虑的除霜因素：冷凝温度、换热器温度、室外温度，如图 6-33 所示。

2）部分负荷时需要考虑的除霜因素：冷凝温度、换热器温度、室外温度、换热量、实际传

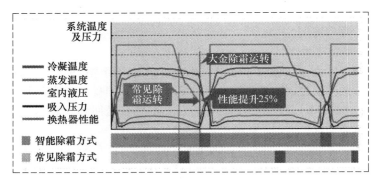

图 6-32　大金智能除霜高效制热

热系数、目标传热系数，如图 6-34 所示。

3）低温（室外温度低于−2℃）时需要考虑的除霜因素：冷凝温度、换热器温度、室外温度、换热量、实际传热系数、目标传热系数、除霜时间，如图 6-35 所示。

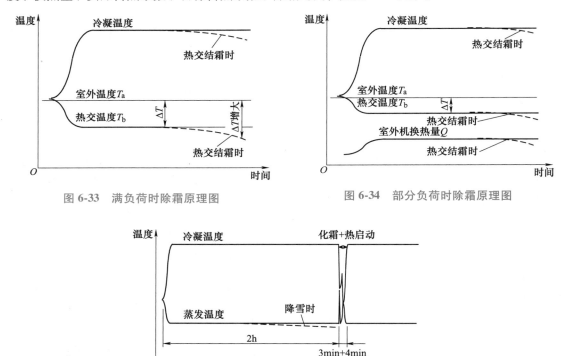

图 6-33　满负荷时除霜原理图

图 6-34　部分负荷时除霜原理图

图 6-35　低温负荷时除箱原理图

　　空调系统在满负荷情况下，简单通过冷凝温度、换热器温度、室外温度的温度变化即可判断除霜时机。

　　在部分负荷情况下，由于换热器温度、室外温度的差值并不大，换热器温度的变化就相对不明显，所以为了避免误操作，此时需要加入换热量来确认传热系数的变化，从而判断换热器是否需要除霜。

在低温状态下时，如室外机频繁除霜必将带来室内舒适度的降低，此时除考虑传热系数的变化以外，还需将除霜时间也考虑在内。在不影响机组正常工作的前提下，尽量减少除霜次数以保证空调效果。

另外，空调系统在高湿环境下，环境湿度越大，机组越容易结霜。大金多联机空调系统可通过每次除霜数据判断外界环境湿度情况，能更加准确精细除霜运转，避免无效除霜或结霜过多等情况出现。

根据机器的实际运转状况，从用户的角度出发，精确选择除霜时机。

（2）换热器的积灰、污染学习功能　为避免由于室外换热器翅片积灰、污染而导致的除霜误判断，多联机空调系统在进行除霜运转判断时会对比每次除霜前后的相关数据，如换热器的换热效率，以判断是否是由于积灰引起的换热变化，从而减少因换热器污染造成的无谓除霜运转，提高换热效率。

（3）探头温度补偿　当室内外温差较大时，机组根据室外温度实时对探头的探测温度进行修正，从而保证机组实际反馈数据的真实性。

6.2.8　静音技术

通过从空气动力学的原理出发深入研究噪声的产生，从根源解决噪声问题，因此将不同形式和构造的风扇应用于多联机空调系统中，不断地降低空调系统的运转噪声，为用户提供更为舒适的空调氛围。

1. 室外机风扇静音技术

通过利用 CFD、FEM 等先进的解析技术，优化室外机的风扇设计，增加风量，提高室外机的机外静压的同时，保证了低噪声运转，如图 6-36 所示。

图 6-36　室外机风扇静音技术

同时，为了保证用户夜间更好的睡眠环境，室外机还拥有夜间静音运转功能（图 6-37），可通过室外机控制主板自动记忆室外最高温度出现时间，在 8h 后启动静音运转模式，并在维持 9h 之后，恢复到正常模式。

2. 室内机风扇静音技术

室内机的静音效果是营造舒适空调环境的重要因素，大金采用低噪声运转的风扇电动机，并结合不同室内机形式的特点

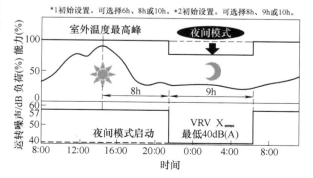

图 6-37　室外机夜间静音运转功能

采用最合理流畅的风道，以达到最佳的静音效果。

挂壁式室内机应用的是 Crossflow 风扇（图 6-38），其沿轴向的叶片是错位布置的，纵向叶片和叶片之间的距离也是不相等的，这样的错位设计有效地避免声音的叠加。

将气流产生的"涡"尽　使空气流动的轨迹沿　　　大型"涡"的发生，　　空气的流动轨迹同风
可能缩小分散　　　　风扇转动方向，气流　　　会发出刺耳的声音　　扇的转动方向垂直，
　　　　　　　　　　组织更平滑安静　　　　　　　　　　　　　　气流组织易产生噪声

a)　　　　　　　　　　　　　　　　　　　　　　　　b)

图 6-38　Crossflow 风扇静音原理

a）静音的风扇　b）噪声大的风扇

超薄小巧风管式室内机中应用的是 Sirocco 风扇，从外部的护套结构到连接电动机的轴承防振点，以及风扇本身的设计无不细致周到地考虑到了静音。

智能感知环绕气流嵌入式室内机应用的是大金专利的 Turbo 风扇（图 6-39），其采用了先进技术的三维螺旋风叶能减少机内阻力，从而实现低噪声运

扩散器

锯齿形设计　　三维螺旋风叶

图 6-39　大金 Turbo 风扇

转；并且采用了超声波熔接技术保证风叶与扩散器的良好融合，不采用黏合剂，高效安全且寿命长。

6.3　多联机空调系统设计方法

6.3.1　多联机空调系统类型的确定

1. 气候条件及大致的对应思路

多联机空调系统的系列形式多样，针对不同的需求有不同系列的产品。其中应用最为广泛的就是热泵型多联机空调系统。

热泵型多联机空调系统（大金 VRV X7 系列多联机空调系统）的连续运转范围为：制冷，−15~54℃（干球温度），制热，−25~15.5℃（湿球温度）。

热泵型多联机空调系统宽广的运转范围确保了其在我国绝大部分区域的适用性。但根据不同地区的气候特点，对多联机空调系统的用途也应进行不同的定位。同时也需根据初投资、运行经济性、使用效果等多方面因素进行综合考虑。

对于夏热冬暖的南方地区，多联机空调系统主要处理制冷负荷及满足冬季的少量制热需求，此时选型主要根据建筑的冷负荷来相应选择系统。

对于夏热冬冷的长江流域等区域，多联机空调系统需分别处理夏季冷负荷和冬季热负荷，此时需根据建筑物的相关状况及当地气象参数分别根据系统的冷热负荷最终选择适当容量的多联机空调系统，以满足实际建筑的冷暖需求。对于此类地区，冬季使用多联机空调系统相对锅炉等供暖设备，运行节能效率更高。

对于寒冷地区，建议在此类地区采用多联机二级压缩系列（寒冷地区高效制热空调系统）来对应空调所需的冷热负荷。热泵型多联机二级压缩系列能在低温状况下保持高制热能力的基础上，仍旧保证优异的节能性和优异的舒适性，其制热范围可达室外温度-25℃；并且，较之普通的燃烧取热方式，热泵型多联机二级压缩系列也更为节能和环保。

对于严寒地区，多联机空调系统可以用于集中供暖设备的补充，满足过渡季节的部分供暖需求。在此类地区运用时，多联机空调系统同样主要以满足冷负荷为主以及满足过渡季节的少量制热需求。

2. 特殊需求时的多联机空调系统对应

1）当同一系统须同时进行制冷制热运转，或有周边区和内区之分希望采用更为节能的空调系统时，可采用多联机自由冷暖系列。

2）在有可利用的冷/热源（如冷却塔、锅炉等）的场合，或能利用可再生能源，如土壤源、江河湖海水源、地下水源、污水废水等场合，可采用多联机水源热泵系列。

3）当一些项目的原空调系统老旧而需要进行改造时，可以采用多联机更新用 Q 系列。

4）在电力紧张，需要避开电力高峰，更为充分利用电能的场合，可采用多联机冰蓄冷系列。

5）当空调设备安装在海边等盐害区域时，可采用多联机耐盐害系列。

3. 多联机的能效等级确认

热泵型多联机空调系统在设计时，优先选择能效等级高的产品，多联机的能效评价标准从 IPLV（C）已经过渡到 APF。

1）IPLV（C），制冷综合部分负荷性能系数，用于综合描述部分负荷制冷效率的性能指标，其值用 W/W 表示。

2）APF，全年性能系数，在制冷季节及制热季节中，机组进行制冷（热）运行时从室内除去的热量及向室内送入的热量总和与同一期间内消耗的电量总和之比，其值用 W/W 表示[7]。

6.3.2　室内外机的容量及形式的确定

1. 简单的室内外机设计流程

大金 VRV X7 系列多联机空调系统室内外机设计流程如图 6-40 所示。

2. 设计条件确定和冷热负荷计算

负荷的定义：所谓负荷就是在某一时刻为保持房间恒定温度，需向房间供应的冷量或热量。单位：kW、kcal/h 等。

负荷的分类：在夏天，以制冷为目的，用于进行制冷时需要向房间提供的负荷即称为制冷负荷；反之，在冬天，以制热为目的，则称为制热负荷。

对空调房间进行负荷计算时，应根据下列项目进行计算条件的确定。

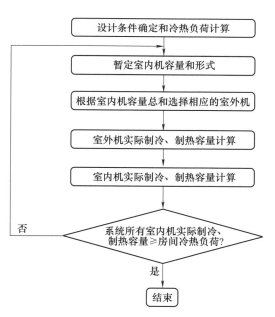

图 6-40　大金 VRV X7 系列多联机
空调系统室内外机设计流程

（1）室内外设计温度条件　因为项目的所在地不同以及用户对于室内环境的要求不同，其负荷也会随之不同。

（2）墙壁的构造　根据建筑构造的不同，由室外进入的热量（冷量）会有所不同。

（3）房间的方位　方位同日照的关系是非常重要的确认事项。面西和面南的墙温度容易升高，如果有窗，日光直接射入房间影响室温。

确认的项目包括外壁、内壁、间隔墙、朝外窗户等的朝向。

（4）外墙的面积　算出各个朝向的外墙面积。计算时需扣除窗户的面积。

（5）屋顶和顶棚的面积　当为中间层，上层有空调时顶棚这部分的传热可以不用计算，但还需要考虑是否同时使用的问题。

（6）玻璃窗的面积以及遮阳设施　算出外玻璃窗的面积并确定其方位和是否有遮阳设施，如果有遮阳设施，需了解其具体参数。

（7）地板面积　即表示为房间的实际空调面积，且当房间处于底楼和中间层时地板的传热系数也是不一样的。

（8）楼层　空调房间处于底楼或者顶楼时与在中间层时的负荷是不一样的，所以需要确定楼层。

（9）内墙　算出同外部不接触但作为内墙的面积，用于计算内墙传热。当相邻房间有空调的情况下无须计算内墙的传热，但如使用时间段空调不开启时，需要考虑内墙传热的负荷，即

1）所有房间的空调都同时运转时，计算有邻室的房间负荷可以按照无内墙计算，但若邻室虽有空调但平时基本不开启（例如会议室、更衣室、餐厅、盥洗室等）则需按有内墙计算。

2）非同时开时，直接按照有内墙计算。

上下楼层的情况与内墙的考虑方式相同。

（10）照明负荷　照明会产生热量，不可忽略由此而需增加的制冷负荷。需要特别注意商场等照明负荷较大的区域。

（11）外气的负荷　根据新风引入方式的不同可分为以下三种情况分别计算：

1）自然通风。

2）全热换热器。

3）换气扇强制换气。

（12）人体负荷　室内人员的数量以及所处状态会造成温度、湿度的变化。

（13）室内其他热源的负荷　室内其他热源包括设备、器具以及食物等的散热，如室内的计算机、复印机等办公设备。

根据以上各项进行负荷计算时，可采用相关的计算公式或利用负荷计算软件（如大金热力负荷估算软件[⊖]）进行逐时的热力负荷计算，从而确定室内所需冷热负荷的大小。

3. 暂定室内机容量和形式

（1）暂定室内机容量　根据相应室内机的额定制冷、制热容量（可参看厂家提供的样本或技术资料），选出最接近或大于房间冷热负荷的室内机。

（2）暂定室内机形式　一般根据空调房间的功能、建筑构造、装潢等条件并考虑良好的气流分布，从而选择合适的室内机形式。

在进行室内机形式初步确定后，后期还需要进行室内机的具体布置，在布置室内机的过程中可确认初期进行选型的室内机形式是否满足各种要求。如遇到气流分布不良或无法进行实际

⊖　大金热力负荷估算软件为大金自行开发的用于计算房间冷热负荷的软件。

安装等情况，应及时调整室内机形式。

4. 根据室内机容量总和选择相应的室外机

在选择室外机的时候，先要确定室外机所覆盖的范围多大。即这套系统所对应空间以及室内机的台数、容量大小。然后再根据室内机的容量总和、合理的室内外机连接率选择相应的室外机容量。

主要考虑以下几个原则：

1）进行合理的空调分区，以降低室外机容量。所谓空调分区是指将建筑内部划分为若干区域，对不同区域采用不同的空调系统。

分区空调适用于以下场合：

①负荷变化明显不同的场所（外区、内区、不同方位的区域）。

②房间的使用时间段和使用频率不同（会议室、管理员室、展示厅、机房等）。

③室内设计条件（如温度调节或者洁净度条件等）不同。

2）配管系统尽可能优化。如相近的房间尽量组合成为一个系统，配管的布置尽量简单。

3）室内外机的连接率必须在厂家限定的范围内（如大金 VRV X7 系列多联机空调系统需满足 50%~130%）。

若项目各房间的同开率较低（如别墅）则连接率可适当放大。

$$连接率 = \frac{室内机额定制冷能力之和}{室外机额定制冷能力}$$

4）要考虑室外机放置位置：因为系统配管越长，室外机能力修正也会相应增大，即系统实际的输出能力会相应下降。

5）一般来说，每层应配备一个室外机系统。但是，当每层的面积较小时，可以多层共用一台室外机。

6）室内机数量不能超过室外机所能允许连接的室内机数量。

5. 室外机实际制冷、制热容量计算

在多联机空调系统的设计中，还需要考虑到其他外界因素（温度、连接率、管长和融霜等）对系统制冷、制热能力的影响。所以需要对额定工况下室外机的制冷、制热容量进行修正，从而得到实际的制冷、制热容量。

根据室内外机的连接率不同，室外机实际制冷、制热容量的计算方法可分为以下两种。

（1）室内外机连接率低于 100% 时

室外机的实际制冷、制热容量 = 在设计温度下 100% 连接率时室外机的制冷、制热能力×管长修正系数×制热工况下的融霜修正系数

（2）室内外机连接率超过 100% 时

室外机的实际制冷、制热容量 = 在设计温度下实际连接率时室外机的制冷、制热能力×管长修正系数×制热工况下的融霜修正系数

1）在不同温度下不同连接率时的室外机制冷、制热能力值，一般在厂家所提供的容量表中可以直接查询。

2）管长修正系数可根据室内外机的最长等效管长以及室内外机的最大高低差在厂家提供的相应图表中查得。

3）制热工况下的融霜修正系数，可根据厂家提供的相应表格求出在某温度下的融霜修正值。在室外温度为 -7~7℃ 时需进行融霜修正。

6. 温度和连接率的修正

当室外温度条件或室内温度条件发生变化时，都会对室外机的实际输出能力产生影响。室内机容量总和超过室外机所提供的实际能力时，室内机的实际容量就会有所衰减，特别在连接率较大时必须考虑这个因素的影响。

7. 配管长度修正

以大金 VRV X7 系列多联机空调系统为例，虽然大金 VRV X7 系列多联机空调系统的最大管长可达 165m，等效管长 190m，但随着管长的增加，系统的能力也会产生衰减，所以在设计时需要考虑管长带来的影响。

管长修正系数可根据室内外机的最长等效管长以及室内外机的最大高低差来查询。根据室外机容量不同，其容量修正特性不一样。

（1）等效管长的计算方法（当等效管长≤90m 时）

等效管长=实际管长+$\sum$（不同管径下的弯管个数×弯管等效长度）+（分歧管个数×分歧管等效长度）

（2）等效管长的计算方法（当等效管长>90m 时）

当等效管长超过 90m 时，需增加主干管的直径（Size Up 技术）。此时的等效管长应按下式计算：

等效管长=主管的等效管长×修正系数+（第一分歧管后的配管等效长度）

当然，此时的管长修正系数也应按照 Size Up 后的等效管长进行查询。

8. 融霜修正

由于室外机在进行融霜时是不进行制热运转的，故在进行室外机实际制热容量计算时，还应考虑由于融霜所导致的制热损失。根据室外温度不同，融霜修正系数不同，具体见表6-1。

表 6-1　融霜修正系数（大金 VRV X7 系列多联机空调系统）

室外单元入口空气温度/℃（干球温度）	-7.0 (-7.6)	-5.0 (-5.6)	-3.0 (-3.7)	0.0 (-0.7)	3.0 (2.2)	5.0 (4.1)	7.0 (6.0)
融霜修正系数	0.95	0.93	0.88	0.84	0.85	0.9	1

注：1. 融霜修正系数是将一个循环（制热运转—除霜运转—制热运转）中的制热能力的积分值对应时间进行换算，并将这一值作为能力修正系数。

2. 括号内数值为湿球温度。

6.3.3　室内外机的布置

1. 室内机的布置

在室内机的形式基本选定后，需要考虑以下几个方面的因素进行室内机布置：

（1）气流分布

1）气流组织方式。在空调房间中，经过处理的空气由送风口进入房间，与室内空气进行混合并进行热交换后，再由回风口吸入。在空气流动过程中，由于流动的状态不同会导致空调效果的偏差，故不同的空间场合采用何种气流组织方式，对于室内的空调效果非常重要。

2）送风口的设计。送风口的设计对于气流分布的好坏至关重要。因此必须合理地进行空调送风口的设计，组织室内空气的流动以期达到良好的空气调节效果。

3）考虑出风要达到的距离。根据室内的形状、层高的不同，需要确认出风是否能够满足房间内的所有空间气流分布均匀，避免局部制冷制热不良而导致的空调效果不良，所以需要确认出风要达到的距离。出风要达到的距离分为水平方向和竖直方向。

4）考虑扩散半径的影响。每个室内机或者出风口都有一定的扩散半径，在布置时需要注意扩散半径不重叠的原则。当采用散流风口时，如扩散半径重叠时，重叠区域的人员会有直吹的不舒适感。

5）注意可能由于隔断或家具、设备等的阻挡而引起气流停滞。

（2）舒适度

1）避免室内人员感觉到被风直吹（会产生过度的冷与热的不舒适感）。

2）送风风速需在合适的范围之内。到达活动区域的风速大小与人体的舒适度也有很大的关系。送风口太大，风速太低，气流难以送达人员活动区，空调效果不好；送风口太小，风速太大，容易产生噪声，环境不舒适。

3）注意噪声影响。一般来说，送风口的结构越复杂，并且送风速度越大，则发生的噪声就越大。许可的最大送风速度主要取决于其噪声发生源和由房间用途决定的许可噪声级别。除了注意送回风口的合理风速设计以外，还需考虑当机器本身风量及静压较大时可能产生的噪声影响。

（3）热辐射

1）注意靠窗旁的局部范围，会产生热冷辐射。

2）如果室内有发热源的情况，需要考虑室内发热源的影响。

（4）回风口的布置

1）尽量配置在可以让室内空气容易循环的位置。

2）回风风速需在合适的范围之内。

3）注意送回风口之间的气流短路。

风口尺寸、位置选择不当，送回风速度过于接近，都容易出现气流短路的现象，从而影响空调效果，在设计时需要特别注意。

4）避免设置在有脏空气与臭气的地方。

（5）检修方便

1）需要开设检修口或预留足够检修空间

2）应考虑日后检修方便。如果室内机安装在层高较高的空间，其检修将会比较困难。

（6）美观性

1）需要与室内的装潢布置相协调。

2）注意与室内照明的协调。

2. 室外机的布置

多联机空调系统的室外机是提供冷热源的重要部件。为能达到良好的制冷、制热效果，营造舒适的空调环境，在室外机布置时需注意以下几点：

1）预留足够的安装、维修和保养空间。

2）保证良好的散热空间。

3）减少室外机对周边环境产生噪声影响。

6.3.4　制冷剂管道设计

多联机空调系统中，制冷剂管道的设计或施工的合理性，将影响大金 VRV X7 系列多联机空调系统性能的发挥。在进行制冷剂管道设计时，需要注意以下两个方面：

1）多联机空调系统的制冷剂管道设计须执行厂家的详细规格标准。

2）需要考虑合理的走向和布置，尽量减少管长，降低能耗。

一套制冷剂管道包括气管回路和液管回路，主要部件即气管、液管和制冷剂分支系统，如图6-41所示。制冷剂管道的设计流程如图6-42所示，主要包括：

1）室内外机之间的制冷剂管道设计。

2）室外机之间的制冷剂管道设计（当室外机为多模块组合时）。

3）制冷剂管管道井的设计（当室外机集中摆放或跨层摆放时）。

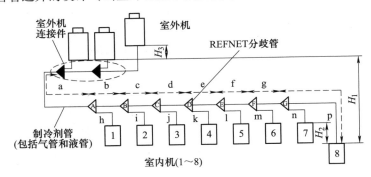

图 6-41　制冷剂管道系统的组成

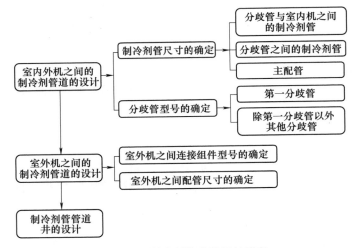

图 6-42　制冷剂管道的设计流程

1. 室内外机之间的制冷剂管道设计方法

室内外机之间的制冷剂管道设计应从最末端的室内机开始，需要确定的是制冷剂管（气管和液管）的尺寸以及分歧管的型号。

（1）制冷剂管尺寸的确定

1）分歧管与室内机之间的制冷剂管（如图6-41中的h段、i段、j段、k段、l段、m段、n段、p段）。该段制冷剂管的尺寸需与室内机上的连接配管尺寸一致，即根据室内机的容量大小选择对应的配管尺寸。

2）分歧管之间的制冷剂管（如图6-41中的b段、c段、d段、e段、f段、g段）。根据该分歧管下游连接的所有室内机的总容量指数，选择配管尺寸（连接配管的尺寸不得大于制冷剂主配管的尺寸）。

3）制冷剂管主配管管径（如图 6-41 中的 a 段）。制冷剂管主配管管径的大小应与该系统连接的室外机系统的连接配管尺寸相同，即根据室外机的容量选择对应的配管尺寸。当等效管长超过 90m 时，要对制冷剂主管进行 Size Up。

（2）REFNET 分歧管的选型

1）从室外机分支的第一个分歧管（如图 6-41 中的 A 分歧管）。根据室外机的容量选择第一个分歧管型号。

2）除第一分歧管以外，其他分歧管的选型（如图 6-41 中的 B 分歧管、C 分歧管、D 分歧管、E 分歧管、F 分歧管、G 分歧管）。除第一分歧管外的其他分歧管，需根据该分歧管下游连接的所有室内机的总容量指数进行选型。

2. 室外机之间的制冷剂管道设计方法

（1）室外机之间连接组件型号的确定。若室外机由多模块组成（容量在 22HP 以上）时（图 6-43），需根据该室外机的模块数，选择连接配管组件。

（2）室外机之间配管尺寸的确定

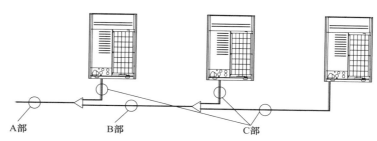

图 6-43　室外机之间制冷剂管道连接示意图

1）与室外机模块连接的配管尺寸（如图 6-43 中的 C 部）根据室外机模块的容量大小选择对应的配管尺寸。

2）分支、主干管尺寸（如图 6-43 中的 B 部）根据室外机连接组件上游的室外机模块的总容量来选择对应的配管尺寸。

6.3.5　凝结水系统设计

夏季制冷工况下，室内空气与室内机换热器中温度较低的制冷剂发生热交换的同时，将空气中的水蒸气凝结成水，即产生了冷凝水。在设计冷凝水管时，需要考虑以下几个方面：

1）冷凝水应遵循就近排放的原则。

2）为保证冷凝水能顺利排放，冷凝水管需要保证一定的坡度（一般建议 1% 以上）。

1. 冷凝水管尺寸的设计

（1）确定与室内机相连的冷凝水管管径　与室内机相连的冷凝水管管径和相对应的室内机排水管管径一致，即可以通过室内机的排水管管径确定与之相连的冷凝水管管径的尺寸。当机型不一样时，其排水管管径也会不同。一般在厂家的样本和技术资料的室内机规格表中都会标注。

（2）确定冷凝水集中排水管道的管径　冷凝水集中排水管道的管径，即冷凝水管汇流后的排水管管径需根据汇流管内的总排水量来确定，一般应大于汇流前的管径。排水量可按下游连接的室内机容量进行估算，名义制冷能力 1 匹每小时产生 2L 冷凝水。

2. 冷凝水管的合理布置

1）冷凝水管一般设置在卫生间、厨房等有地漏的地方，或直接排放到室外，并且，冷凝水排水管不应与建筑中的其他污水管、排水管（如雨水管）连接。

2）采用集中排水方式时，应遵循"就近原则"，同时尽量减少同一冷凝水管所连接的空调内机的数量，汇流时必须保证冷凝水自上而下地汇流入集中排水管，防止回流。

3）上排水方式。由于需要保证一定的排水坡度，如果仅采用自然排水的方式，当管路较长时就会影响到层高。自带提升水泵的室内机机型，则可通过提高排水水位的方式，达到更为理想的排水效果，同时保证吊顶的高度。

6.3.6　新风系统设计

现今，由于人们对于室内环境舒适度与健康性的要求越来越高，室内不仅需要适宜的温度和湿度，还必须有新鲜的空气，所以新风系统的设计也越来越被人们关注。新风引入方式有自然通风和机械通风两种。

大金目前在新风引入方面的设备有全热换热器和多联机全新风处理机两种，并且，全热换热器和多联机全新风处理机都能很好地和多联机空调系统进行联动和统一控制，将新风系统和空调系统完美地融合为一体，为用户提供更为舒适的空调环境。

1. 全热换热器

全热换热器是一种可以进行热回收的换气设备，能在换气的同时进行室内排气能力的回收，从而可以降低空调负荷，减少空调设备的容量、投资费用和运行费用。其原理是把室内空气和室外的新风通过热交换元件进行换热，也就是利用排风的余热对新

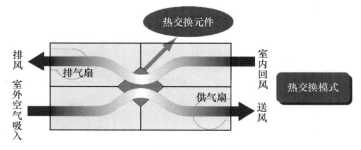

图6-44　全热换热器运转原理

风进行处理，有效地节约能源并能同时解决新风问题，提高舒适性，如图6-44所示。它是由热交换元件、风管接口、多叶片风扇、风扇电动机以及空气滤网组成。

2. 多联机全新风处理机

多联机全新风处理机是一种能完全处理新风负荷的新风机组，由室内外机组成。室内外机之间用制冷剂管连接，室内机可直接连接多联机空调系统的室外机。多联机全新风处理机本身通过先进的变频技术，在实现出色的制冷、制热的同时，使送入室内的新风温度接近室内温度。在重视舒适性的场合，多联机全新风处理机可以将新风冷却（加热）到接近室内温度的状态之后再吹出，从而最大限度地减少了新风对于室内温度波动的影响，如图6-45所示。

6.3.7　制冷剂管管道井尺寸计算

室外机在集中安放时，或者室内机之间穿层布置时，都需要设置管道井（图6-46），以利于制冷剂管道的走管。与传统中央空调相比，多联机空调系统中的制冷剂管管道井所需空间大大减少。制冷剂管管道井设置的目的是设立一个统一的地方将制冷剂管通过，并且预留一定的检修空间以利于日后的维修。制冷剂管管道井分为单组制冷剂管管道井和多组制冷剂管管道井，其计算方法如下。

1. 单组制冷剂管管道井计算

单组制冷剂管（气管和液管）的管径和所需要的管道井尺寸可以按下述公式计算。

1）单组管道的直径估算值ϕ（mm）：ϕ＝液管管径+液管保温厚度×2+气管管径+气管保温厚度×2+预留量，预留量一般为10~15mm，保温材料厚度可参见表6-2。

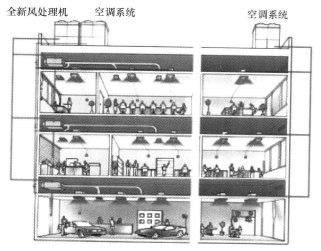

全新风处理机　空调系统　　　　　　　空调系统

图 6-45　多联机全新风处理机和多联机空调
系统综合应用示例图

图 6-46　管道井实例图

表 6-2　不同管径制冷剂管保温材料厚度要求（R410A 制冷剂）

管道外径	绝热材料（推荐）厚度
≤12.7mm	15mm 或以上
≥15.9mm	20mm 或以上

注：环境温度和相对湿度较大时，表内数值应相应增大，以避免保温材料过薄而发生表面结露的现象。

2）管道井的边长 $H = \phi + 2b$，如图 6-47 所示。b 为制冷剂管与管道井内壁之间的距离，$b \geqslant 25mm$。

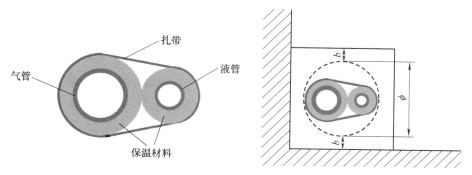

扎带

气管　　　　　　　液管

保温材料

图 6-47　单组制冷剂管及管道井示意图

2. 多组制冷剂管管道井计算

在计算多组制冷剂管管道井尺寸时，首先需要将制冷剂管进行有序的排列，制冷剂管与制冷剂管之间的距离 a 需为 50mm 以上，制冷剂管与管道井内壁之间的距离 b 需预留 25mm 以上，如图 6-48 所示。管道井的边长就根据制冷剂管的根数以及 a、b 共同确定。

有时，也会出现管道井需要多排管排列的情况，在设计时，需要进行交叉对应，以利于日后的检修，如图 6-49 所示。

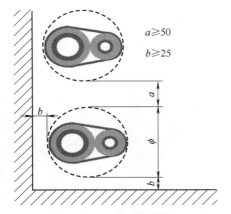

图 6-48 多组制冷剂管道及管道井示意图 1

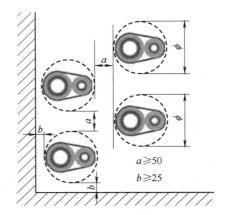

图 6-49 多组制冷剂管道及管道井示意图 2

6.3.8 制冷剂管的合理布置

制冷剂管在布置时需要注意以下几点：

1）管长及高低落差等参数需在厂家规定的范围内。这些参数中要特别注意的是第一分歧管后管长的概念。

2）选择合适的管道井位置，减少单根制冷剂管的长度，从而降低能力损耗。

3）优化管路的走向。从图 6-50 中可以看出，优化管路的走向可以有效减少制冷剂管的使用量，从而减少空调机组由于管长过长而消耗的能量。同时制冷剂管的使用量和制冷剂的使用量减少，起到了很好的节能效果。

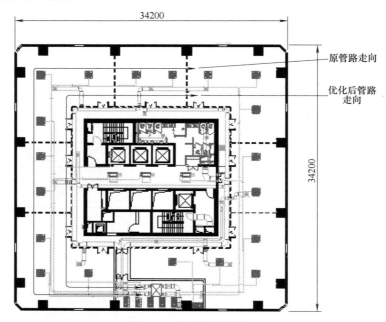

图 6-50 优化管路的走向

4）制冷剂管的弯曲角度（与水平方向）不得小于90°。如果设计小于90°的弯曲角度，实际施工时会由于壁厚不均而造成泄漏。

本章参考文献

［1］　大金（中国）投资有限公司．VRV 空调系统设计手册［Z］．2013．

［2］　藏浦毅．冷凍空調機器の変遷："冷凍学会創立 85 周年特集"［C］．东京：日本冷凍空調学会出版社，2010．

［3］　张国辉，徐秋生，刘万龙，等．我国办公建筑用多联机空调系统能耗调研分析［J］．暖通空调，2018，48（8）：17-21．

［4］　张朝晖，马国远，石文星，等．制冷空调技术创新与实践［M］．北京：中国纺织出版社有限公司，2019．

［5］　石文星，成建宏，赵伟，等．多联式空调技术及相关标准实施指南［M］．北京：中国标准出版社，2011．

［6］　石文星．建筑冷热源［Z］．2019．

［7］　中国机械工业联合会．多联式空调（热泵）机组：GB/T 18837—2015［S］．北京：中国标准出版社，2016．

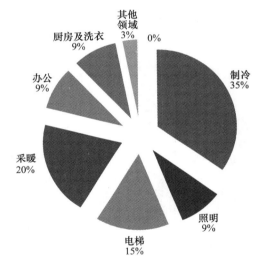

第 7 章
磁悬浮冷水机组

7.1 冷水机组的发展趋势

建筑能耗占国民经济总能耗的 30% 以上，能耗相当高。而酒店类建筑由于开启时间长，对舒适性要求更高，因而其能耗比常规建筑更高，而中央空调用电量占到了建筑能耗的 55%。典型酒店能耗比例如图 7-1 所示。

随着全球对节能减排的要求越来越高，大型中央空调也开始逐步采用先进的智能控制制造技术，包括各大厂家也在不断地集思广益开发先进行的冷水机组，其中磁悬浮就是最近几年作为空调产商纷纷投入研究的课题。

磁悬浮技术应用于民用最早是 2003 年，其中有两大应用，第一是磁悬浮中央空调，第二是磁悬浮列车，具有无油运转，机组实现 2%~100% 负荷连续智能调节，特别适合酒店夜间低谷负荷和过渡季节低负荷使用，比普通中央空调电费节省一半。同时，磁悬浮机组智能化管理、舒适、静音的特点，提高了酒店的

图 7-1　典型酒店能耗比例

服务质量和居住体验。此外，海尔磁悬浮中央空调免维护、长达 30 年的使用寿命，大大减少酒店后期的运营费用，引起了行业的技术革新。磁悬浮空调采用的是磁悬浮轴承高科技技术，由于其昂贵的价格，过去只被用于航天工程。2003 年，世界上第一台将磁悬浮技术应用于空调的磁悬浮空调于澳大利亚上市，并在 2003 年的美国 ASHRAE/AHR 制冷展览上获得了 Energy Innovation 奖。磁悬浮空调自上市就被誉为空调皇冠上的"明珠"。在国外，磁悬浮空调已被广泛用于美国、欧洲、澳大利亚的办公楼、酒店、医院等公用建筑中，实际运转结果表明，与常规产品相比，节能效果均超过 40%。年保有量已超过 2 万台。

大型冷水机组经历了活塞式、螺杆式、涡旋式、离心式等，同时这些产品，20 年技术未发生变化，由于人类过分追求发展所带来的满足和发展速度而忽视或淡薄了其所带来的负面影响，温室效应、臭氧的破坏、水污染等问题已经威胁到人类自身的生存。"低碳""节能""环保"已经成为这个行业发展的三个最重要的关键词。

目前磁悬浮中央空调在澳大利亚的应用比例占到 80% 以上，在欧洲占到 60% 以上，在美国

占到 30% 以上，可见磁悬浮中央空调的应用已经成为中央空调市场发展的趋势。

7.2 磁悬浮离心式冷水机组

磁悬浮离心式冷水机组（图 7-2）就是冷媒压缩机采用磁悬浮离心式压缩机的中央空调冷水机组。它所使用的磁悬浮离心式压缩机是一种完全不需要润滑油的制冷压缩机，是一个完全数字化的压缩机。磁悬浮离心式压缩机甚至可以被当作一种电器产品，这也是传统的压缩机结合现代微电子技术的发展方向。

磁悬浮压缩机利用由永久磁铁和电磁铁组成的径向轴承和轴向轴承组成数控磁轴承系

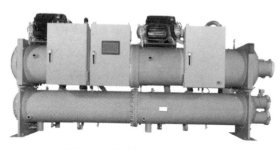

图 7-2 磁悬浮离心式冷水机组

统，实现压缩机的运动部件悬浮在磁衬上无摩擦地运动，磁轴承上的定位传感器为电动机转子提供超高速的实时重新定位，以确保精确定位。

磁悬浮压缩机所采用的是数字控制的磁悬浮轴承系统。其磁悬浮轴承（图 7-3）包括了两组径向轴承和一组轴向轴承，其中径向轴承使转轴和离心叶轮保持悬浮状态，而轴向轴承则用于平衡转轴和叶轮的轴向位移。磁轴承上的定位传感器则为电动机转子提供每分钟高达 600 万次的实时重新精确定位，确保在任何时候转轴和叶轮与周围的其他机械结构不会发生直接接触。

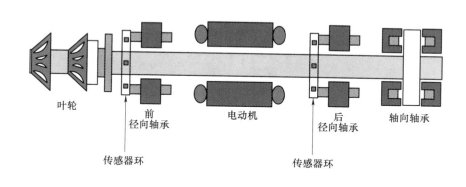

图 7-3 磁悬浮轴承示意图

磁悬浮变频离心式压缩机（图 7-4）主要组成部分包括铝合金精密铸造压缩机机体、两级压缩的离心叶轮、永磁体材料制成的一体化电动机转子、驱动轴、无刷直流电动机、电磁轴承、可调节的吸气导阀、AC/DC 电源转换系统、电磁轴承控制系统、软启动控制系统等。在压缩机上集成了用于为磁轴承提供脉冲电源的 PWM 模块，用于滤波和储存电能的电容器，用于压缩机控制的数字式控制器，用于将交流电源转换成为高压直流电源的逆变器，以及用于变频控制和软启动的 VFD/SCR 模块。所有这些数字化部件集成在压缩机中，就不再需要复杂的外部控制和保障系统。

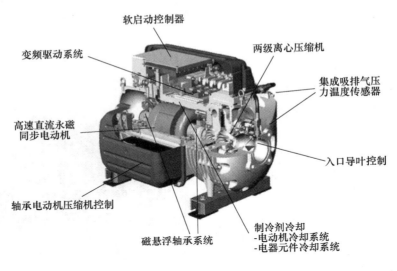

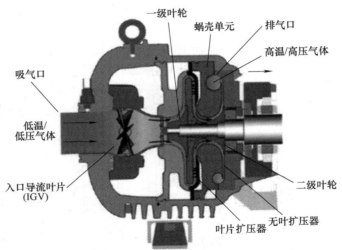

图 7-4   磁悬浮变频离心式压缩机结构

7.3   磁悬浮空调的发展现状

20 世纪 80 年代早期 Turbocor 品牌创始人 Ron Conry 产生自行生产小型离心机的想法[1]。

20 世纪 90 年代初《蒙特利尔议定书》的签订,空调产品制冷剂迎来变革时代,于是关于自行生产小型离心机的想法被提上日程,Ron Conry 第一次接触到磁悬浮轴承:用于阿拉斯加天然气管道泵的类似磁悬浮轴承的配件。

1993 年 Turbocor 磁悬浮压缩机的研发团队在澳大利亚成立,两年后,首台运用无油专利技术的原型机诞生,但当时压缩机所用技术并不稳定,造价也非常昂贵。

1996 年 Turbocor 在吸纳了新的技术专家后,磁悬浮压缩机进入自主研发的阶段,设计自己的无油轴承。

2001 年在 Turbocor 与 Daikin McQuay 的共同合作下,第一批磁悬浮压缩机冷水机组在美国加州州立大学斯坦尼斯劳斯分校被正式用于空调系统的更新换代项目。

2003 年麦克维尔（McQuay）在美国正式推出 WMC 磁悬浮水冷式冷水机组，这可谓是全球第一台由 OEM（代工）正式命名并装有 Turbocor 磁悬浮无油变频压缩机的机组。WMC 发布后，随即被购入我国武汉。

2005 年捷丰（Multistack）中国工厂生产出我国第一批安装有 Turbocor 压缩机的磁悬浮模块化冷水机组，并安装在新加坡的 Mount Alvernial 医院。

2006 年第一台在中国制造并安装在中国本土的磁悬浮中央空调，由海尔与丹佛斯 Turbocor 正式合作推出。

2011 年我国的磁悬浮中央空调市场再次迎来新成员，江森自控正式在中国市场推出 YMC2 磁悬浮变频离心式冷水机组，使用他们自己的磁轴承技术，标准冷量范围为 700~1400kW。

2012 年苏州必信首次展出其自主研发的使用 Danfoss 磁悬浮离心式压缩机的满液式磁悬浮离心冷水机组。

2013 年丹佛斯 Turbocor 与我国空调设备生产商格力正式签署成为合作伙伴，就"磁悬浮直流变频冷水机组"项目展开合作。

2014 年 3 月格力电器宣布推出其自主研发的磁悬浮变频离心式制冷压缩机及冷水机组。机组单机制冷量达 3516kW。

2019 年上海制冷展美国 Dunham-bush、韩国 LG 均推出其自有品牌磁悬浮离心冷媒压缩机。但美国 Dunham-bush 等厂家目前主流销售的磁悬浮离心式冷水机组还是使用的 Danfoss 磁悬浮离心式压缩机。

2019 年 10 月美的推出自主研发的磁悬浮离心式制冷压缩机以及磁悬浮离心式冷水机组。

以上表明市场对磁悬浮空调技术发展前景的乐观肯定。

7.4　磁悬浮离心式冷水机组的技术特点

7.4.1　采用永磁同步电动机

磁悬浮离心式压缩机采用稀土永磁同步电动机，永磁体无励磁损耗，电动机效率更高，变频器高效驱动永磁电动机，根据负荷和工况的变化情况自动匹配电动机转速和导叶开度，以达到理想的节能运行状态，保障高效的全负荷段运行效率。永磁同步电动机与普通交流异步电动机效率如图 7-5 所示。

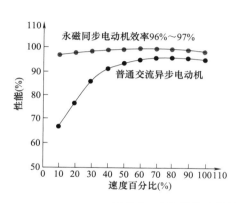

名称	材料	工作原理	特点
永磁同步电动机	转子采用永磁稀土材料	永磁体建立转子磁场，转子与定子磁场同步运行，无转速差，转子中无感应电流，不存在转子电流损耗，无励磁效应	电动机、效率高、功率因数高温升低、体积小、质量轻
普通交流异步电动机	传统铸铁和铜制材料	通过定子的旋转磁场在转子中产生感应电流及电磁转矩，转子和定子存在转速差，转子绕组要从电网吸收部分电能励磁	电动机效率较低、功率因数滞后，制造简单、价格便宜

图 7-5　永磁同步电动机与普通交流异步电动机效率

7.4.2 无油技术应用

磁悬浮无油离心式压缩机的应用，相比传统的冷水机组，带来的好处主要有：

1）由于没有油路系统，大大减少了机组日常维护内容，如润滑油的更换、油滤的更换、油路系统的清洗、轴承磨损的检测等，降低了用户日常的维护成本，见表7-1。

表 7-1　磁悬浮离心式压缩机与常规离心式压缩机组维护内容对比

维护类型	常规离心式压缩机 R-134a	磁悬浮离心式压缩机
● 清洗油冷却器，更换冷冻油	一年一次	不需要
● 换油和过滤器	一年一次	不需要
● 油泵压力，油泵延时	一季一次	不需要
● 油质检测（颜色，质量）	一周一次	不需要
● 油过滤器压降检测	一月一次	不需要
● 压缩机振动测试	一年一次	不需要
● 油泵绝缘监测	三年一次	不需要
● 油加热器检查	三年一次	不需要
● 电机绕阻检查	一年一次	不需要
● 接触器和过载设置检验	一年一次	不需要
● 制冷剂清洁检查	不需要	不需要
● 更换冷媒过滤器	不需要	不需要

2）传统的压缩机通常使用的是机械轴承，而机械轴承必须有润滑油的润滑系统，它所带来的负面效果是摩擦损失（相比只有其2%），并且润滑油被带到换热器中后，在换热器表面形成的油膜严重影响了换热器的传热效率。美国制冷空调工程师协会曾经做过一项研究，这项研究是分析润滑油对制冷系统工作效率的影响作用。图7-6是这项研究中对正在使用的一些冷水机组制冷剂中所包含的润滑油浓度的检验结果，从这个检验中可以看到，不同的机组中，润滑油在制冷剂中的含量最低的有2.1%，而最高的达22.9%。通过该项报告发现，即使是含量为4%，也会导致制冷效率降低9%左右。

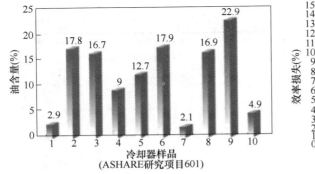
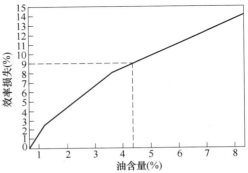

图 7-6　传统冷水机组含油量统计分析以及含油量对系统能效降低影响

3）去掉了传统的冷冻油路系统，彻底避免由于油路系统故障对机组造成的损坏，降低了维修风险；润滑系统本身需要冷却器、油加热器、油分离器以及油泵等，一旦润滑系统失效，其结果是压缩机烧毁。实际上，在烧毁的压缩机中有 90% 以上原因是缘于润滑的失效。

7.4.3　无摩擦运行

相比传统压缩机（图 7-7），磁悬浮离心式压缩机运动部件完全悬浮，零摩擦；压缩机采用电动机直接驱动，无增速齿轮、无机械摩擦、消除了机械摩擦损失，提高寿命，从源头上提高了机组的可靠性。

不需要油泵　　无油过滤器　　无油润滑轴承　　无齿轮传动

图 7-7　磁悬浮离心式压缩机的优势

7.4.4　直流变频技术

磁悬浮离心式冷水机组采用直流变频技术（图 7-8），压缩机转速随着负荷而变化，可以实现机组制冷能力在 10%~100% 内无级调节，优化机组的运行能耗；同时扩大了机组的能量调节范围，尤其是低负荷可以扩展到 10% 负荷运行，保持低负荷制冷需求的同时，水温控制更平稳。同时内置 IGBT（绝缘栅双极晶体管）为逆变器，可以将直流电压转换成可调的三相交流电压。电动机、轴承控制器的信号决定逆变器的输出频率、电压和相位，并借此调节电动机的转速。

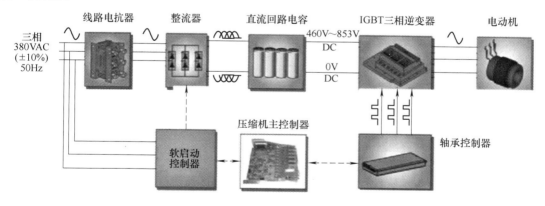

图 7-8　直流变频技术示意图

7.4.5　低电流启动

磁悬浮离心式压缩机单压缩机启动电流为 2A，对电网无冲击，客户侧配电可以按照机组的最大电流进行配线，不同启动方式启动电流如图 7-9 所示。

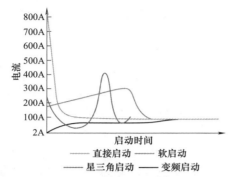

启动类型	启动电流 (% of FLA)
固态软启动	300%
分绕组启动	400%～500%
星-三角启动	200%～275%
全压启动	600%～800%

图7-9　与传统压缩机的1200～1400A相比，磁悬浮离心式压缩机单压缩机启动电流仅需2A

7.4.6　运行噪声低

磁悬浮离心式压缩机运行噪声低至70dB（A）。磁悬浮离心式压缩机与传统压缩机噪声对比如图7-10所示。

7.4.7　节能效益

磁悬浮轴承技术成就业内最高压缩机运行效率。卓越能效将运行成本进一步降低，帮助减少设备碳排放量，与传统压缩机比，每年可节能30%～50%。世界一流的效率，由于用电量小，还可降

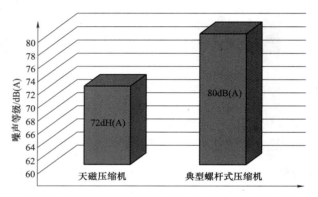

图7-10　磁悬浮离心式压缩机与传统压缩机噪声对比

低二氧化碳排放，与传统螺杆机相比，其综合部分负荷性能系数（IPLV）平均可提高31%。磁悬浮轴承技术的节能效益如图7-11所示。

项目	天磁	现有冷水机组	节省
冷水机组能力/冷吨(kW)	250(880)	250(880)	—
IPLV/(kW/t)	0.34	0.49	—
IPLV(COP)	10.35	5.42	—
年平均运行小时[1]/h	5820	5820	—
年平均运行小时[2]/h	296820	567450	270630
电价(美元/度)	0.10	0.10	—
年平均运行成本(美元)	29682	56745	27063，48%
2年累计省(美元)			54126
3年累计省(美元)			81189
项目	天磁	现有冷水机组	二氧化碳减排量
年平均二氧化碳排放量[3]/t	213.1	407.4	194.3，48%

图7-11　磁悬浮轴承技术的节能效益

注：1. 年平均运行小时包括办公楼、工艺冷却及数据中心等应用类型。
　　　2. 按60%的平均负荷计算。
　　　3. 计算时，二氧化碳排放系数取$7.18×10^{-4}$t。
　　换算公式：
　　1t = 2204.6lb

7.5　磁悬浮离心式冷水机组与传统冷水机组优劣势对比

磁悬浮离心式压缩机采用无油摩擦、变频智能控制等先进技术，机组部分负荷最高达到COP26，部分负荷综合能效比达 12 以上，比传统机组节能40%以上。同时，磁悬浮离心式压缩机实际运行噪声低于 70dB（A），结构振动接近 0，不需要昂贵的减振配件。此外，国家近年来不断强调节能减排，"十三五"规划更是对此提出了明确要求，工信部颁布的《工业节能管理办法》为磁悬浮离心式压缩机这种节能型的产品提供了广阔的市场空间。

磁悬浮离心式冷水机组与传统冷水机组对比见表 7-2，与传统螺杆式冷水机组对比见表 7-3。

表 7-2　磁悬浮离心式冷水机组与传统冷水机组对比

比较项目		磁悬浮离心式冷水机组	定频、变频离心式冷水机组（传统冷水机组）（需润滑油）
机组能力范围		100～4200USRt	300～3000USRt
压缩机	结构形式	半封闭	半封闭、开启
	级数	2	1～3
	轴承类型及数量	磁悬浮轴承，3 个	机械轴承，5～8 个
	能量调节方式	前置导叶+直流变频调速	导叶+热气旁通（定频）/外置变频器（变频）
	启动电流	2A	900～3500A
	能量调节范围	10%～100%（单压缩机）	20%～100%
	增速系统	无	增速齿轮
	润滑系统	无	强制润滑油泵系统

评价：

1. 磁悬浮无润滑油，机组 COP 较需润滑油机组提高 8%以上。润滑油对机组的传热和可靠性影响均是负面的，市场上烧毁的压缩机 90%以上的原因是润滑不良

2. 磁悬浮数字控制磁轴承系统能耗仅为传统机械轴承摩擦损失能耗的 2%

3. 磁悬浮压缩机自带控制系统，随时监测压缩机运行状态，使其远离喘振线，确保压缩机不发生喘振；而常规离心式压缩机当工况与名义工况相差较大时（特别是过渡季节）容易发生喘振，或者无法开机。另外，当换热器结垢时，常规离心式压缩机容易进入喘振区

4. 增速齿轮给机组带来振动、噪声和能耗损失。而且，随着增速齿轮的磨损，机组性能逐渐下降

制冷剂	HFC-134a	HFC-134a/HCFC-123

评价：

1. HFC-134a 不含氯原子，ODP 为 0，不破坏臭氧层，极低毒性（A1）；HFC-134a 为正压冷媒，杜绝外界空气与湿气进入系统

2. HCFC-123 离心式压缩机若维护不当，空气与湿气进入制冷系统，与制冷剂产生化学反应，生成铬酸，烧电动机，并使得运行期造成约 10%性能衰减

3. HCFC-123 制冷剂 2010 年减产 65%，2020 年必须减产 99.5%，且新设备禁用。现在购买的 HCFC-123 机组，在其寿命周期内，将有很长的时间面临制冷剂供应和技术维护的风险

（续）

经济器（节能器）	有	无

评价：节能器提升运行效率4%

节流装置	液位计+电子膨胀阀	浮球阀+孔板

评价：

1. 液位计+电子膨胀阀可以精确保持冷凝器与蒸发器内最佳的制冷剂液位，可靠性高，在保证压缩机稳定运行前提下，换热器传热温差最小

2. 浮球阀需定期加以调整式检修，若检修不当，则调节性能差，功耗增加，同时浮球阀易损坏，可靠性低。通过冷凝器中液位的变化进行供液调节，不能直接反映系统冷量的需求情况，导致机组的调节性能及可靠性均较差

3. 孔板节流（含多级）制冷剂流量调节范围窄，而且调节精度较低，当负荷波动较大较快时不能完全满足负荷变化的需要

性能指标	COP	5.9~6.5	5.0~6.1
	IPLV	11.98~13.18	6.7~7.4

评价：IPLV决定了机组的运行费用，磁悬浮较之节省运行费用40%左右

	噪声	≈70dB（A）	>80dB（A）
	振动	不需要减振	需要减振
	机组使用寿命	>25年（15万h）	15年（6~8万h）
	可靠性	无油，正压设计，可靠性高；无增速齿轮，可靠性高	油泵强制润滑，需要增速齿轮，需定期维护保养
维保项目	制冷系统	无	1. 定期更换润滑油、过滤器滤芯等 2.8~10年需更换变速齿轮一次
	水系统	清洗换热器	清洗换热器

表7-3　磁悬浮离心式冷水机组与传统螺杆式冷水机组对比

比较项目		磁悬浮离心式冷水机组	螺杆式冷水机组
压缩机	类型	速度型，双级离心	容积式，喷油双螺杆
	结构形式	半封闭	半封闭
	压缩机转速	变化	固定
	内压缩比	可变	固定
	轴承类型及数量	磁悬浮轴承，3个	机械轴承，8个
	能量调节方式	前置导叶+直流变频调速	滑阀
	启动电流	2A	≈200~1500A
	能量调节范围	2%~100%	25%~100%

评价：磁悬浮压缩机的直流变频可变速运行的特点，转速变化，意味着压缩机比发生变化，因此，它实际上是一种可变压缩比的压缩机。相对于常规只能定速运行的离心式压缩机，磁悬浮压缩机可以在不改变压缩机结构的情况下，以更高的效率适用于冷却条件变化范围较大，特别是全年制冷使用场合

常规冷水机组在实际使用过程中，当冷却条件发生变化时，压缩机的压缩比与实际工况条件下的冷凝压力与蒸发压力之比会存在偏差，压缩机的排气压力与冷凝压力会不相同。压缩机压缩过程结束时的压力可能会大于或者小于冷凝压力，这样对机组的能效都是不利的。无论是过压缩还是欠压缩，都存在做功损失

（续）

润滑油	不需要	需要
润滑方式	不需要	压差润滑

评价：传统的压缩机通常使用的是机械轴承，而机械轴承必须有润滑油的润滑系统，它所带来的负面效果是摩擦损失，并且润滑油被带到换热器中后，在换热器表面形成的油膜严重影响了换热器的传热效率。美国制冷空调工程师协会曾经做过一项研究，这项研究是分析润滑油对制冷系统工作效率的影响作用

吸排气压差值	无要求	排气压力较吸气压力高 3.5bar（1bar＝0.1MPa）以上，否则润滑不良

评价：常规冷水机组除了压缩机排气压力不能随冷凝压力自动变化外，对于这些所使用压缩机需要润滑油来润滑的冷水机组而言，为了保证机组能正常运行，需要将冷凝压力与蒸发压力的差值维持在一定值以上。当环境温度较低时，需人为增加冷凝压力（如减小冷却水流量、调低冷凝器风机转速等措施）或者降低蒸发温度（如减小蒸发器水流量），是以牺牲机组效率为代价的

控制系统	控制器	PLC	单片机为主
	操作显示界面	触摸屏	液晶为主
节流装置		电子膨胀阀	电子膨胀阀、孔板
最高 COP		26	7.5
部分负荷 COP	100%	5.8~6.6	5.5~6.1
	75%	9.2	5.2~6.0
	50%	14.2	5.4~6.4
	25%	13.8	4.6~5.2
综合能效 IPLV		11.98	5.5~6.5

评价：磁悬浮离心式冷水机组与螺杆式冷水机组不同，负荷率越低，效率越高。磁悬浮离心式冷水机组能效最低点是满载运行时，而螺杆式冷水机组 50% 以上负荷效率较高

易损件	无	润滑油、过滤器滤芯、过滤网、轴承、滑阀等
机组使用寿命	>25 年（15 万 h）	15 年（6~8 万 h）
噪声	≈70dB（A）	>78dB（A）
振动	不需要减振	需要减振
维保项目	制冷系统	无	1. 更换润滑油、过滤器滤芯等 2. 8~10 年需更换轴承、滑阀一次 3. 转子更换周期视使用情况
	水系统	清洗换热器	清洗换热器

127

本章参考文献

［1］　吴煜文．磁悬浮空调技术综述［J］．暖通空调．专辑，2014.

第 8 章

热泵技术与室内环境控制

高效节能地利用低品位热能是热泵的重要特性。热泵有效地利用逆卡诺循环原理将低温热量转化为高温热量。热泵可分为蒸汽压缩式热泵、吸收式热泵、化学热泵等，其中蒸汽压缩式热泵应用最为广泛。此外，随着用户体验元素的深入，室内环境控制与热泵交互设计也成为重要课题，技术手段包含热水控温技术、新风节能技术、人工智能技术等。本章内容包含热泵定义和定位分析、热泵系统的设计和现场安装、热泵节能技术、空气品质与用户体验以及人工智能在热泵系统中的应用。

8.1 热泵技术的发展现状

8.1.1 热泵定义及定位分析

热泵以逆循环方式迫使热量从低温物体流向高温物体，是一种充分利用低品位热能的机械装置，可以有效地利用低品位热能达到节能目的。热泵可分为空气源热泵、水源热泵和地源热泵等，但热泵空调涉及全空气系统、全水系统、空气-水系统和制冷剂系统等，导致热泵尚无统一的分类方法。目前学者认为可分类的角度包含运行原理、加热方式、热源种类、储热方式、使用场所、热泵结构、使用目的等。最为节能且应用广泛的热泵系统为制冷剂热泵系统，分为家用分体式热泵空调、热泵单元机和热泵多联机等多种形式，此外冷媒系统可与新风系统耦合使用，改善室内空气质量。通常制冷运行环境温度为−5~43℃，制热运行环境温度为−15~20℃，为适应更加严酷的室外环境，各个公司研发适应低环温（即低环境温度）的热泵机组，其中，青岛海信日立空调系统有限公司开发的蓝焰系列超低温空气源热泵（HFR-160WH/D1FZBh）实现−30℃制热运行。综上，本章主要介绍冷媒式热泵系统的技术问题。

8.1.2 热泵空调发展概述

热泵技术作为空调的一种特例，起源于 19 世纪的英国，于 20 世纪在美国和日本得到快速发展。我国热泵技术的发展较晚，是通过引进国外的技术后逐步发展起来的。国内外热泵空调发展简史见表 8-1 和表 8-2。其中，国外热泵空调发展通过几个典型国家进行阐述。

表 8-1 国外热泵空调发展简史

热泵发展阶段	时间	贡献人或单位	进 展
一、热泵萌芽期（1824 年—20 世纪 20 年代）	1824 年	卡诺	提出卡诺循环，奠定热泵技术研究的基础
	1852 年	英国汤姆孙	提出一个正式的热泵系统雏形——热量倍增器
	1928 年	英国霍尔丹	首次实现热泵供暖，用于其个人的办公、住宅

（续）

热泵发展阶段	时间	贡献人或单位	进　展
二、热泵初步进入商用（20 世纪 30 年代）	1937 年	美国	某公司办公大楼配备热泵
	1937 年	日本	某大型建筑配备热泵空调系统
	1938 年	瑞士	苏黎世市政厅安装供热热泵
	1940 年	美国威斯汀豪斯公司	研发出第一台可供暖和供冷的便携式机组
三、热泵早期发展阶段（20 世纪 40 年代—20 世纪 50 年代）	20 世纪 40 年代	欧洲瑞士、英国等	地表水热泵系统应用广泛
	20 世纪 50 年代	美国	小型空气源热泵研究工作有了很大进展，家用热泵和工业用热泵大批投放市场
	1950 年左右	美国	研发出土壤耦合热泵
四、小型家用热泵开始进入用户家庭（20 世纪 50 年代—20 世纪 60 年代）	1963 年	美国	家用空气/空气热泵发货量达到 76000 套/年
	20 世纪 60 年代	日本、欧洲国家	小型家用热泵逐步普及
五、热泵技术研究工作得到重视（20 世纪 70 年代）	20 世纪 70 年代	欧洲各国、美国	大力发展地源热泵技术，包括设计方法、安装技术、模拟计算方案
	20 世纪 80 年代	日本	变频空调技术在日本开始运用
六、热泵发展新时期（20 世纪 80 年代）	20 世纪 80 年代	美国	以空气为热源的单元式热泵空调机组得到广泛应用，1985 年销售量约 100 万台
	20 世纪 80 年代	日本	整体热泵式房间空调器得到广泛应用，1984 年销售量约 175 万台
	20 世纪 80 年代	欧洲各国	大力发展、应用地表水源、地下水源热泵机组
	20 世纪 80 年代中后期	美国	土壤耦合热泵系统在商业、民用建筑中应用
七、快速成长期（20 世纪 90 年代）	20 世纪 90 年代	全球	因节能优势，热泵被广泛推广；全世界热泵安装总数 9000 万套；地源热泵研究工作活跃，集中在地下埋管换热器的换热机理、强化换热等方面
八、21 世纪新时期（2000 年至今）	—	全球	因温室效应、臭氧层破坏等环境问题，热泵技术不断发展，主要集中在：①提升能效：多级压缩、改善压缩机性能、喷射系统、新冷媒；②混合系统：混合干燥剂热泵系统、太阳能热泵技术等

129

表 8-2　国内热泵空调发展简史

热泵发展阶段	时间	贡献人或单位	进　展
一、早期（1949—1966 年）	1965 年	上海冰箱厂	研制成功我国第一台三相电源的窗式空调器
	1965 年	天津大学、天津冷气机厂	研制成功我国第一台水源热泵空调机组
	1966 年	哈尔滨建筑工程学院、哈尔滨空调机厂	研制成功我国第一台新型立柜式恒温恒湿热泵式空调机

（续）

热泵发展阶段	时间	贡献人或单位	进 展
二、断 裂 期（1966—1977 年）	1966—1969 年	哈尔滨建筑工程学院	LHR20 热泵机组研制收尾工作
三、全 面 复 苏期（1978—1988 年）	1985 年	海尔	研制成功我国第一台分体式热泵空调器
	20 世纪80 年代末	厦门国本空调冷冻工艺有限公司	研制成功用全封压缩机、半封压缩机、双螺杆式压缩机的空气源热泵冷热水机组产品
四、兴 旺 期（1989—1999 年）	1997 年	海信	研制成功我国第一台变频空调器
	20 世纪90 年代	—	窗式热泵空调器、分体式热泵空调器、水环热泵空调机组、空气源热泵冷热水机组得到广泛应用
	20 世纪90 年代中期	—	开发出井水源热泵冷热水机组
	20 世纪90 年代末期	—	开发出污水源热泵系统
五、21 世纪新局面（2000 至今）	2000 年至今	—	热泵技术研究主要集中在：蒸汽压缩喷射循环系统、太阳能热泵技术、废热回收热泵技术、热泵干燥系统等

　　不可再生能源的可开采年限十分有限（煤炭约 200 年、石油约 30 年、天然气约 170 年），且为满足人类活动消耗带来的环境问题日益严重，导致热泵技术的推广和应用成为一项政治任务。为此党的十九大报告强调"要着力解决突出环境问题，坚持全民共治、源头防治，持续实施大气污染防治行动，打赢蓝天保卫战"，并制定了"宜电则电、宜气则气、宜煤则煤、宜热则热"因地制宜的发展策略，近年来政策简介如下：2013 年 6 月国家制定了大气污染防治十条措施（"大气十条"）；2013 年 9 月国务院发布《大气污染防治行动计划》；2016 年 10 月环保部发布《民用煤燃烧污染综合治理技术指南（使用）》和《民用煤大气污染物排放清单编制技术指南（使用）》；2016 年 12 月中央财经领导小组第十四次会议提出了"企业为主、政府推动、居民可承受"的治理雾霾的方针；2017 年 2 月多省联合发布了《京津冀及周边地区 2017 年大气污染防治工作方案》；2017 年 6 月中央发布了《关于对 2017 年北方地区冬季清洁取暖试点城市名单进行公示的通知》；2018 年 7 月国务院发布《打赢蓝天保卫战三年行动计划》；2018 年 9 月生态环境部印发《京津冀及周边地区 2018—2019 年秋冬季大气污染综合治理攻坚行动方案》。从上述介绍可知经济发展、环保要求、行业法规以及政策动向对热泵发展起到了重要的调控和推动作用。

8.2　热泵系统设计与市场分析

8.2.1　热泵多联机系统及"煤改电"产品设计

　　空气源热泵有以下特点：①空气源热泵系统冷热源合一，不需要辅助设备，机组不占用建筑有效面积，施工安装简便；②空气源热泵系统无冷却水系统，无冷却水消耗，无冷却水系统动力消耗；③空气源热泵系统不需要锅炉，且不需要锅炉燃料供应系统、除尘系统和烟气排放系统，系统安全可靠、环境友好。值得注意的是，空气源热泵的制热量随着环境温度的下降而显著减少，与用户需要供热量增大相矛盾。

　　室外换热器吸热量与压缩机做功之和构成室内制热量，室内制热量衰减可从冷媒循环量、单位制冷量和单位压缩机做功量三个方面进行分析和改进。如图 8-1 所示，提升室内制热量方法包含增大压缩机频率、提高吸气压力、增大单位吸热量和补充压缩机流量。

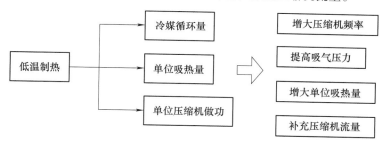

图 8-1 提升制热量的方法

补气增焓热泵系统的系统循环如图 8-2 所示，以制热循环为例，冷媒主流向为：压缩机-四通阀-室内机-过冷器-电子膨胀阀-室外换热器-压缩机。补气辅助流向为：压缩机-四通阀-室内机-过冷器-电子膨胀阀-压缩机，此外辅路经过节流成为中压，与主路换热后进入压缩机补气口。EVB、EVO 分别为过冷回路膨胀阀、主回路膨胀阀，T_s、T_d 分别为压缩机回气、排气温度，T_e、T_a、T_{wo}、T_{wi} 分别是节流温度、环境温度、板换出口温度、板换进口温度。

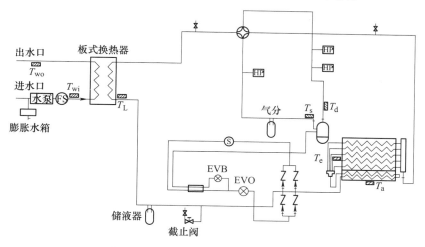

图 8-2 补气增焓热泵系统的系统循环

当制热量接近最大时，若中间压力再继续升高，制热量增加十分缓慢，制热量随中间压力变化规律给补气增焓热泵系统设计提供了数据指导。在机组运行时，如图 8-3 所示，在室外 −13℃，室内 20℃ 的工况下，发现当 EVB（500pls）由 0 开大至 60pls 后，系统的制热量持续升高，制热能力提升了 4.3%，COP 由 2.24 提升至 2.33。EVB 再开大后，会导致制热量锐减。

常规热泵系统制热量随着环境温度的降低均逐渐衰减严重，但补气增焓热泵系统制热量衰减相对缓慢，如图 8-4 所示。

8.2.2 热泵多联机现场安装与南方供暖市场

在过去，南方供暖市场依赖于常规化工能源，涉及天然气、液化气和石油等传统能源，高昂的运行成本（气荒、限气和自建房等）与我国发展战略不符。此外，随用户生活水平提高，对

131

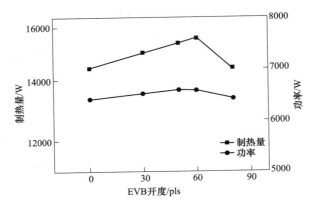

图 8-3　EVB 开度对制热量和功率的影响

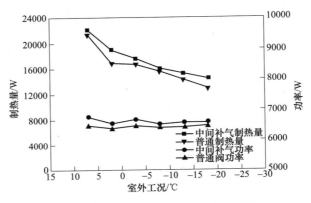

图 8-4　中间补气量对制热量和功率的影响

住宅的舒适性提出更高要求，特别是对能源消耗大的供暖需求，成为用户新需求，导致南方供暖市场的兴起。热泵在供暖市场有诸多优点，使其在南方供暖市场发展势态良好。

8.2.1 小节阐述了热泵整机设计方面的知识，本小节从现场安装角度进行技术阐述，让读者更全面地了解热泵在供暖现场的设计方法。热泵供暖系统由空气源热泵和搭载的末端组成，其中供暖系统搭载的末端主要有四种：散热器（暖气片）、风机盘管、地暖管和热风机。根据搭载的末端热泵供暖系统对应分成散热器末端式空气源热泵、风机盘管末端式空气源热泵、地面辐射末端式空气源热泵和直接冷凝式末端空气源热泵共四大类，对比分析见表 8-3。

表 8-3　空气源热泵分类

	供水/℃	初投资	节能性	舒适性	温升速率	维护性	故障率	环保性	冷热公用性	噪声
锅炉式供热系统	80	★★★	★★	★★★★	★★★★★	★★★★★	★★★	★★★	★	★★★★★
散热器末端式空气源热泵	55	★★★★★	★★★	★★★	★★★	★★★★	★★★★	★★★★	★	★★★★
风机盘管末端式空气源热泵	45	★★★★	★★★★	★★★★	★★★★	★★★★	★★★★★	★★★★★	★★★★★	★★★
地面辐射末端式空气源热泵	35	★★★★★	★★★★★	★★★★★	★★★★	★★★	★★★★	★★★★	★	★★★★
直接冷凝式末端空气源热泵	—	★★★★★	★★★★★	★★★★	★★★★★	★★★★	★★★★	★★★★★	★★★	★★★

一种典型的现场系统，空气源热泵系统应用实例如图 8-5 所示。该系统由室外机、室内机〔室内机包含换热器（制冷剂与水换热）〕、球阀、水泵、电动三通阀、分水器、集水器、旁通阀、风机盘管（FCU1、FCU2、FCU3）、地板供暖回路（FHL1、FHL2、FHL3）构成。相对热风系统而言，热泵系统中的特殊设计包含水流量控制、低环温能效优化、机组防冻和缓冲水箱等，本文不一一阐述。

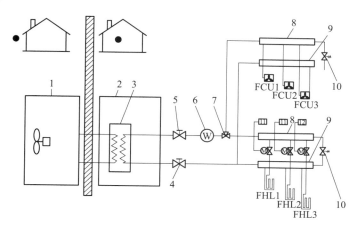

图 8-5　空气源热泵系统应用实例

1—室外机　2—室内机　3—换热器　4、5—球阀　6—水泵　7—电动三通阀
8—分水器　9—集水器　10—旁通阀

8.2.3　模块化多联地暖机研究与市场分析

如 8.2.1 小节和 8.2.2 小节所述，以及国家能源战略的部署，热泵、多联机市场蓬勃发展。传统多联地暖机的新模式是在普通多联机系统中增加"水-氟换热模块"（简称水模块），来制取热水满足地暖需求。其常见的系统形式如图 8-6 所示，该系统包括 4 个部分：室外机、室内机、水模块和地暖管路部分，自扩展应用是将室内机并入该系统，夏季室内机（上侧）供应冷风，冬季启用地暖，简称"天氟地水"系统。

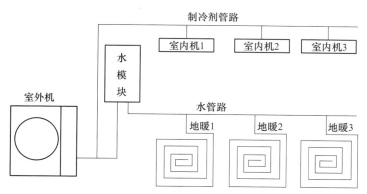

图 8-6　分体式多联地暖机示意图

在寸土寸金的时代，节省室内空间会大大提高用户购买意愿，取消独立水模块具有很高的市场价值。一种模块化设计思想是将水模块和室外机结合在一起，避免室内安装造成的空间浪

费。由于蒸发器和冷凝器均设计在室外机中,有利于热回收的实现。如图 8-7 所示,该系统分为室外机、室内机和地暖管路三大部分。多联机模块化后可同时满足用户的制冷、地暖和热水的多项需求,也可实现"天氟地水"系统的所有功能,并且该系统可与蓄热水箱联动,满足用户生活热水需求。例如室内机在制冷时,利用热回收技术制取生活热水,实现节能目的。

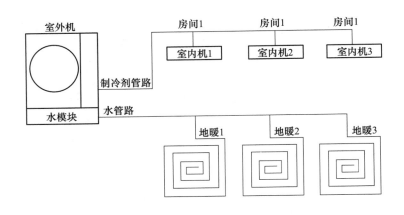

图 8-7　模块化多联地暖机示意图

由于模块化多联地暖机水氟换热设备安装在室外侧,即室外机管道和换热器中有循环水,热泵系统的设计安装需要考虑以下防冻问题:①避免使用水侧流道狭小的板式换热器;②利用循环水泵转移地暖管路中的热量防冻;③利用热泵直接加热循环流路防冻;④机械式自动排水阀进行防冻处理。

8.2.4　热回收地源热泵产品

本小节介绍一种热回收地源热泵多联系统,该系统涉及三管热回收、水源应用、多联控制和直流变频等多项先进技术,其中三管热回收包含室内侧冷热需求均衡、室外侧冷热负荷动态匹配和高低温冷媒均衡等;水源应用技术包含水-制冷剂高效换热、高低温水源自适应控制和水系统多重防冻控制等。通过上述技术的组合优化完成热回收地源热泵多联系统设计。

一种典型的热回收地源热泵多联系统如图 8-8 所示。该系统由室外机、室内机和室内冷媒切换装置组成。其中:①室外机包含压缩机及回油回路、双四通阀切换回路(四通阀 1 实现室内侧高低温冷媒切换、四通阀 2 实现室外侧换热器工况切换)、高效水-制冷剂换热器及控制电子膨胀阀、过冷回路和气液分离器等;②室内机为普通多联机室内机;③室内侧制冷剂流路切换装置由高压选通阀和低压选通阀组成,高压选通阀实现室内侧制热运行,低压选通阀实现室内侧制冷运行,此外,高压选通阀和低压选通阀通过开关维持室内机冷热切换时压力平衡,避免切换时制冷剂冲击噪声。

一种典型的热回收地源热泵多联系统现场应用如图 8-9 所示。该系统由室外机、地源水系统、模块化的制冷剂流路切换装置和冷热同时运行的室内机构成。

由于热回收地源热泵多联系统存在较高技术含量,现统计关键技术如下:①传统热泵地暖机采用常规 PID 控制即可,而热回收机型需要添加突发响应控制和模糊 PID 控制;②室内冷热负荷和室外冷热负荷变化,需要调整室外机蒸发器和冷凝器负荷配置,保持系统处于高效运行状态。

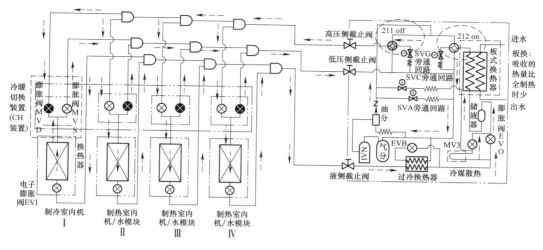

图 8-8 热回收地源热泵多联系统原理图

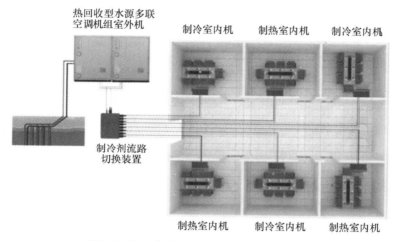

图 8-9 热回收地源热泵多联系统现场应用

8.3 热泵系统中的新风设计

8.3.1 新风机

　　新风机的作用包含将室内污浊空气排出到室外，并将室外新鲜空气引入到室内，可附带杀菌、消毒、PM$_{2.5}$等功能，是热泵技术应用过程中的重要设备，可与地暖、暖气片、热风机等环境加热设备联动。

　　新风机的定义为一种采用直接蒸发制冷或者热泵制热的方法处理全新风，并且通过风管向密闭空间、房间或区域直接提供集中处理全新风空气的设备。一种典型的新风机如图 8-10 所示。该系统由换热器系统、送风系统和电控系统构成，其中：①换热器系统包含蒸发器部件和电子膨胀阀；②送风系统包含风扇部件和电动机部件；③电控系统包含基板部件、配线及端子排部件。

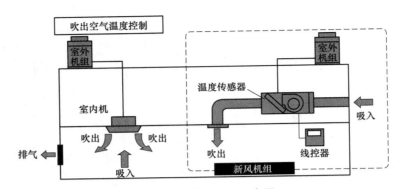

图 8-10 新风机结构示意图

新风机的温度控制方式分为室内温度控制和出风温度控制，室内温度控制一般为设备出厂的默认控温方式，可手动设定为出风温度控制模式。以上两种控温方式的控制特点见表 8-4。

表 8-4 新风机控制策略表

编号	名称	室内温度控制	出风温度控制
1	控制内容	对标准室内机的空调负荷起到辅助作用，换气情况受室内温度影响	不受室内温度环境的影响，进行持续的换气运转
2	室内温度检测	与标准室内机联动	无
3	制冷温度范围	19~30℃	13~30℃
4	制热温度范围	17~30℃	19~30℃

由于新风处理机是用来处理新风负荷的，并不能使室内温度保持不变，室内空调负荷由标准空调设备完成。在线控器设定温度与室外温度的温差过大或过小的时候，与线控器设定温度不相近的情况也可能出现。关于出风温度控制的设定，在室外机连接多台新风机的情况下，将线控器的设定温度统一设定成相同的温度。因在同一系统下，线控器设定温度不同，会造成出风温度的不稳定。

8.3.2 全热换热器

在使用热泵空调系统的场合，由于空间相对密闭，室内空气品质较差，为提升空气品质，需要一款能够引入新风的换气设备。然而，直接引入新风会增大室内负荷，如能利用热回收技术对新风进行预热或者预冷处理，就可以达到节能减排的目的。全热换热器解决了提高室内空气品质与空调节能之间的矛盾，在热泵节能领域中具有不可替代的作用。全热换热器分为轮转类和板翅式，其中板翅式全热换热器较为广泛。

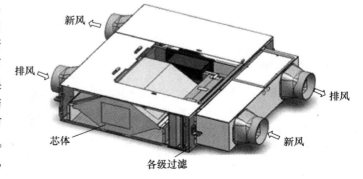

图 8-11 全热换热器本体示意图

一种典型的全热换热器如图 8-11 所示。该全热换热器由两个电控盒、两个风机、换热芯体、框体和四个通风口组成。当全热换热器工作时，室内污风和室外新风交叉进入全热换热器芯体，两者通过芯体材料进行全热交换（包括热传导和膜渗透等），热交换后室外新风进入室内、室内污气排到室外，实现新风引入和热回收的目的。

《空气-空气能量回收装置》（GB/T 21087—2007）中给出了全热交换效率的计算方法，如下：

$$\eta_h = \frac{h_1 - h_2}{h_1 - h_3} \times 100\% \tag{8-1}$$

式中　η_h——全热交换效率（%）；

　　　h_1——新风进风空气焓值（kJ/kg）；

　　　h_2——新风送风空气焓值（kJ/kg）；

　　　h_3——排风进风空气焓值（kJ/kg）。

全热换热器的关键技术包含高效换热流道芯体、单片芯材一次充注成型工艺、多重高效净化滤网、旁通引新风功能和内循环功能等设计技术。如图 8-12 所示，内循环功能介绍如下：当室内无新风需求但有净化需求时，若采用普通换气模式无疑会降低净化效果且增加能耗，但全热换热器配置内循环箱结构，室内污风经滤网过滤净化后，循环至室内，空气在室内侧形成封闭循环，实现了全热换热器到空气净化机的切换。

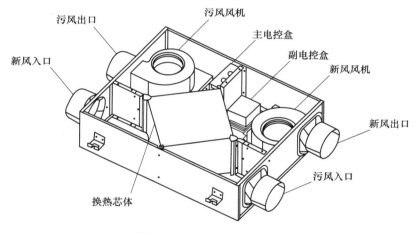

图 8-12　内循环模式示意图

全热换热器的发展方向主要有以下几点：①高效换热（新材料芯体的应用、高效换热流道和混合结构换热芯体）；②低漏风率（芯体的材质、结构漏风率和安装回风短路改善）；③宽运行范围（增加温度传感器、辅热型全热换热器和热源型全热换热器）。

8.3.3　空气处理机组

空气处理机组（Air Handling Unit，AHU）是由各种空气处理功能段组装而成的不带冷热源的一种空气处理设备。机组空气处理功能段由空气混合、均流、过滤、冷却、一次和二次加热、去湿、加湿、送风机、回风机、喷水、消声和热回收等单元体组成。它具有处理风量大、空气品质高、节能等优点，尤其适合商场、展览馆、机场等大空间、大人流量应用场景，AHU 工程实现示意如图 8-13 所示。空气处理机组根据控制方法可分为以下几类：

1）完全采用外置集控控制：① AHU 提供简单的控制端口，例如风机、电加热、排水泵、风阀、排风机、警报和运行指示等设备接口；②开关机、温控开停机、能力输出控制完全采用集控盒+线控器；③温控开停机与能力输出控制可采用回风温度控制和出风温度控制。

2）自身控制与外置集控盒的容量控制：①AHU 自身控制提供风机、加热、加湿、水阀、风阀、轮转电动机热回收和压差报警等，同时输出信号到集控盒进行远程操作和监控；②集控盒接收开关机和模式信号后进行温控开停机和能力输出控制，并输出报警、运行、除霜信号等到AHU；③温控开停机与能力输出控制可采用回风温度控制和出风温度控制方式。

3）完全自身控制：①AHU 自身控制提供风机、加热、加湿、水阀、风阀、轮转电动机热回收和压差报警，仅输出监控信息和接收外部简单控制指令；②集控盒接收开关机和模式信号后进行温控开停机和能力输出控制到 AHU。

一种典型的 AHU 如图 8-13 所示。该机组由热源系统、送风系统和电控系统构成，其中：①热源系统包含室外机组；②送风系统包含空气处理箱、风机和蒸发器；③电控系统包含主控基板和接线端子排。

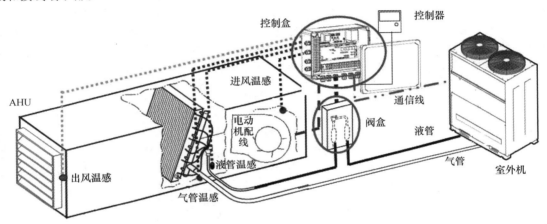

图 8-13　AHU 工程实现示意图

8.4　热泵系统中的节能技术

8.4.1　高效直流变频压缩机

直流变频压缩机的控制是家用中央空调控制的核心部分，压缩机控制的目的是调节压缩机的能力与负荷相平衡。滚动转子压缩机、涡旋式压缩机等容积式蒸汽压缩机是指在单位时间内吸入、排出一定气体的部件，一般把内容积称为行程容积 $V_{st}(cm^3)$，单位时间的排气量为理论排气量 $V_p(m^3/h)$，计算方法如下：

$$V_p = V_{st} N_{comp} \times 3600 \times \frac{1}{10^6} \tag{8-2}$$

式中　V_{st}——行程容积（cm^3）；

$\quad\quad N_{comp}$——压缩机每秒转数（$s^{-1}=Hz$）；

$\quad\quad V_p$——理论排气量（m^3/h）。

冷媒循环量和理论排气量成正比，与吸入冷媒气体比容成反比，与容积效率成正比。其中，可控制的变量是压缩机的驱动频率 f_z，准确地说是压缩机的转数。对直流电动机驱动的压缩机而言，频率等于转数；而对于感应电动机驱动的压缩机而言，磁场频率 f_z 与转子转数 N_{comp} 之间存在转差率 s，计算方法如下：

$$N_{comp} = (1 - s) \times f_z \tag{8-3}$$

压缩机控制的目的是调节压缩机的能力与负荷相平衡，而一般控制中制冷负荷采用检测蒸发器的回风温度 T_i 表示，具体控制思路如下：①设蒸发器回风温度的目标值为 T_i，即用蒸发器的回风温度代表负荷大小；②读取蒸发器的回风温度 T_i，计算控温偏差 ΔT；③依据偏差 ΔT 推算压缩机频率变化量 Δf_z；④变频器输出频率变化量 Δf_z 后，制冷系统需要一定的时间，才能重新达到稳定的蒸发温度 T_e，把这个过程称为制冷系统的动态特性。

变频压缩机控制根据室内机组的运转容量（马力）设定目标频率。控制方法采用 PID 控制，计算方法如下：

$$U_k = K_P \left(e + \frac{1}{T_I} \int e \, dt + T_D \frac{de}{dt} \right) \tag{8-4}$$

$$\Delta U_k = K_P(e_k - e_{k-1}) + K_I e_k + K_D(e_k - 2e_{k-1} + e_{k-2}) \tag{8-5}$$

$$U_k = U_{k-1} + \Delta U_k \tag{8-6}$$

式中　　U_k——系统变频压缩机的频率（Hz）；

e_k——系统的温度偏差或压力偏差值；

K_P、K_I、K_D——PID 控制的比例因子、积分因子和微分因子。

一般冷、热能量都具有较大的时滞性，因此空调系统具有延迟性强、非线性的特点；而热泵空调因不同室内机（地暖、暖气片、空调室内机等多种形式）负荷不同，更具有多输入、多输出的非线性变量控制特点，其调节困难。系统稳定性取决于 K_P、K_I、K_D 设定，而 K_P、K_I、K_D 是根据大量试验统计归纳而来。

8.4.2　变频驱动技术

采用变频调速运行时，变频驱动器会根据负荷转矩和目标转速，改变输出电流的频率和幅值，并配合调节输出电压值，使电动机处于稳定的运行状态。由于变频驱动器的输出是根据负荷及转速要求实时调节的，故任意时刻整个电动机驱动系统需保持 80% 以上运行效率。不同转速下电动机效率实测值如图 8-14 所示。

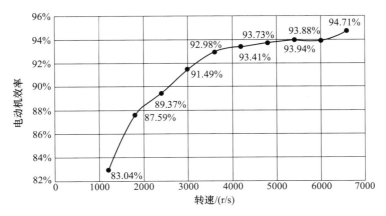

图 8-14　不同转速下电动机效率实测值（青岛海信日立空调系统有限公司提供）

常采用无传感器 FOC（Field-Oriented Control）进行压缩机控制，FOC 即磁场定向控制，也称为矢量控制，是目前无刷直流电动机（BLDC）和永磁同步电动机（PMSM）的最佳选择。FOC控制具有电动机输出转矩稳定、噪声小和效率高等特点，并具有高速动态响应的能力。在热泵产品中使用无传感器FOC驱动器时，观测转子位置隶属于核心问题，常用方法包含直接计算法、旋转高频电压注入法和扩展反电动势法，详见表8-5。

表8-5　转子位置观测方法对比分析

名　　称	优　　点	缺　　点
直接计算法	计算简单，动态响应快	该方法为开环计算方法，当存在一定测量误差或噪声干扰时，观测精度及稳定性均难以保证
旋转高频电压注入法	不受电动机参数的影响，应用于低速范围内估计转速	高频信号会产生额外的电磁转矩，高频电流采集要求较高的信噪比，硬件要求高
扩展反电动势法	动态响应快，对电动机的自适应能力好	扩展反电动势中包含转子同步坐标系的电流分量 i_d，i_q，在电动机动态过程中这两个电流值是变化的，因而在观测转子速度和位置时会引入较大的误差

8.4.3　强化传热技术

强化传热技术是家用中央空调节能技术的重要组成部分，强化传热技术的主要研究方向有小管径技术的应用、新型高效翅片的开发应用和全铝微通道换热器等。

目前家用中央空调系统的换热器依然以翅片铜管换热器为主。随着铜等原材料的价格上涨，整机厂家的成本压力日益增大，因此厂家在小管径技术的应用方面做了较多的研究，目前已有相关产品的应用。目前大部分有实力的整机厂家已将9.52mm管径的换热器切换成7mm换热器，青岛海信日立空调系统有限公司已经将更小管径的5mm换热器成功批量应用于室内机上，在提升性能的同时降低了换热器成本。研究表明，相同性能下5mm比9.52mm节约铜管材料41.8%，铝箔材料50%；比7mm节约铜管材料29.5%，铝箔材料9%，成本优势明显。小管径技术意味着制冷剂充注量的大幅度降低，制冷剂充注量的降低节省了制冷剂原材料成本，并且对环境保护、R32和R290等易燃易爆环保型冷媒的应用具有一定的推动意义。研究表明，5mm换热器相比于9.52mm换热器的制冷剂充注量可降低39.8%左右。小管径换热器的优点为增强换热，小管径换热器能够增强管内的换热效率从而提升换热器的换热效率，但是由于小管径换热器的管内阻力增大，需要达到较好的效果需对换热器的流路进行重新设计，理论上管径越小的换热器流路数应越多，设计经验表明5mm蒸发器的流路设计数需要比目前常用的7mm换热器的流路数平均增加35%~40%。对于超长管的换热器，小管径换热器由于阻力较大且无法通过设置多流路的方式降低其阻力，因此小管径换热器并不适用，在换热器设计时需要根据具体情况选择换热管管径。

微通道换热器是一种特殊形式的小管径换热器，其多为全铝制，制冷剂通道通常在1mm以下。目前的微通道换热器的形式主要有：竖直扁管式、水平扁管式、水平扁管插片式等，由于微通道的扁管迎风面积小，微通道换热器的风侧阻力相比于翅片管换热器小，但是较宽的扁管易造成存水现象导致微通道排水能力较弱，从而导致其非稳态能力较差等问题。因此目前微通道换热器仅在单冷型冷凝器上得到了较好的应用，在热泵型产品上仅有部分厂家推出了批量产品，绝大部分厂家还处于技术研究阶段。另外还有部分厂家正在开发椭圆管全铝微通道换热器，通过改良扁管的形状改进换热器的排水除霜性能，椭圆管结构形式如图8-15所示。

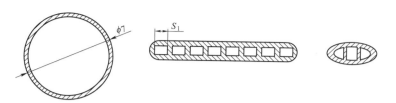

图 8-15　7mm 圆管与微通道扁管、椭圆管对比图

8.4.4　风扇风道技术

空调系统的送风和回风均须经过风扇和风道，而送回风量是否能达到设计要求，完全取决于风扇风道系统设计是否合理。风扇风道设计直接影响房间内的气流组织和用户体验，同时也直接影响空调系统的经济性。

设计一款性能良好的风扇，需要将理论设计与试验验证相结合进行，其中 CFD 与 DOE 为风机设计过程中的两个有力工具，前者代替大量工程试验，降低试验花费，后者能科学地安排试验，减少试验次数。以多翼离心风扇为例对风扇的设计流程简介如下：设计要求（流量、压力、转速）→叶轮设计（内外径、叶片宽度）→叶片设计（叶片数、安装角）→蜗壳、集流器设计→风机几何建模→仿真计算→内流场及数据分析→DOE 优化设计→试验验证分析→确定风机方案。

风扇设计不能独立于热泵整机，必须与整机进行耦合设计。例如某公司使用相同风扇形式，在换热器冷媒流量不同或出风角度不同时，风场会产生明显差异，进一步导致整机能力差异较大，如图 8-16 所示。具体见表 8-6。

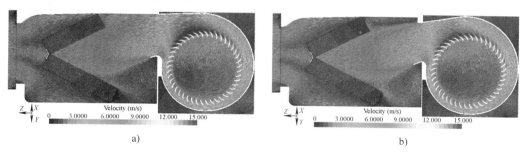

图 8-16　不同蜗壳出口朝向对风场分布影响

a）原型机蜗壳　b）上吹蜗壳

表 8-6　几种不同蜗壳方案的整机能力统计表

方　案	送风风量/m³/h	制热能力/W	制冷能力/W	风扇方案
1	630	4713.9	4299.6	原型机方案
2	630	4984.5	4437	蜗壳下吹方案
3	630	4983.9	4570.6	蜗壳上吹方案

在满足风量设计要求的前提下，风道系统要尽可能降低气流的流动损失，从而节省能量。风道的设计有以下要点：①风道的布置应力求顺直，避免复杂的局部管件，以减少阻力和噪声；②材料的选择上有薄钢板、塑料板等，需要经常移动的风管，则大多采用柔性材料制成软管；

③风管截面形状有圆形和矩形，圆形截面的风管阻力小、耗材少；矩形截面的风管易加工、好布置，能充分利用建筑空间。

8.5 空气品质与用户体验

8.5.1 用户体验评价体系

以用户为中心的产品设计过程离不开用户体验。用户体验五要素是一个非常经典的框架体系，包括表现层、框架层、结构层、范围层和战略层。用户体验领域有多种可用的研究方法，根据项目目标设计不同的研究目的和问题。常用的用户体验研究方法有如下几种：可用性实验室研究（Usability-lab Studies）、人种学现场研究（Ethnographic Field Studies）、参与式设计（Participatory Design）、焦点小组（Focus Groups）、访谈（Interviews）、日志/摄像研究（Diary/Camera Studies）和用户反馈（Customer Feedback）等方式。

本小节以空气品质需求对用户体验进行阐述如下：①通过焦点小组访谈的方式进行定性研究分析，深度探索用户需求；②通过用户反馈问卷的方式进行定量研究分析，量化验证用户需求；③用户体验使用的调研信息包含研究区域：北京、上海、深圳、成都、郑州。样本分布：①定性研究，每组 6~8 人，北京、上海各 2 组；②定量研究，每个城市 100 份调研问卷，共 500 份；③用户对影响空气品质的温度、湿度、$PM_{2.5}$、异味、甲醛、二氧化碳等因素的关注数量及关注程度进行研究及分析。根据数据统计结果显示，超过一半的用户关注 $PM_{2.5}$、湿度、异味和甲醛，如图 8-17 所示。

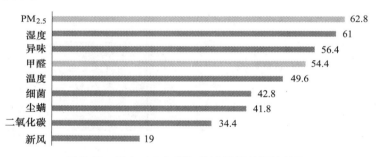

图 8-17　用户对空气指标关注数量数据统计图
（数据来源于青岛海信日立空调系统有限公司内部调研）

8.5.2 温湿度独立控制技术

目前除湿技术主要分为吸收除湿技术和冷凝除湿技术。吸收除湿是利用液体或者固体作为干燥剂，将空气中的水分吸收到干燥剂中，干燥剂表面的水蒸气分压低于湿空气中的水蒸气分压，在压力梯度的作用下不断地将湿空气的水蒸气吸收到干燥剂中，达到除湿的目的；冷凝除湿是通过冷源冷却，将空气温度降低到露点以下，使得空气中的水分凝结出来。冷源的获取方式较多，一般采用相变制冷、膨胀制冷、热电制冷等制冷技术来实现，其中采用相变制冷获取冷源是家庭除湿最为常用的方式。

上述冷凝除湿机和吸收除湿机两种传统的除湿设备均不能灵活控制潜热和显热量，不能对温湿度进行灵活控制。吸收除湿机要么固体干燥剂重生需要较高的温度和能耗，要么液态干燥剂具有一定的腐蚀性和污染。常用冷冻除湿机蒸发器和冷凝器为一体结构，不能对室内温度进行调节，单独使用时均难以满足舒适性需求。目前三管制温湿度独立控制多联式热泵空调除湿技术，在有效除湿的基础上，对湿空气的显热和潜热量进行优化控制，能够对环境空气的温度和湿度进行独立控制，运行的循环原理示意图如图 8-18 所示。该系统由室外机（100）、室内机（200）和室内外机连接管路组成，其中：①室外机部分包含压缩机（W1）、四通阀（W2）、冷凝器（W3）、电子膨胀阀（W4）、电磁阀（W5）和电磁阀（W6）；②室内机部分由多台室内机（N1、N2、…）构成，1 号室内机包含第一膨胀阀（N11）、第二膨胀阀（N12）、第一蒸发器（N13）、第二蒸发器（N14）等；③室外机和室内机之间连接管路包含管路（G1）、管路（G2）、管路（G3）。

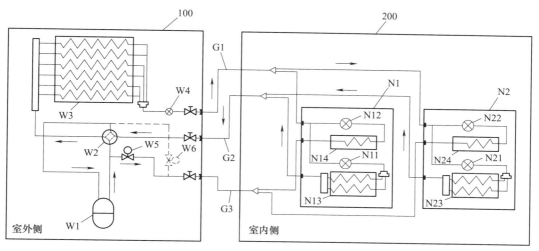

图 8-18　三管制温湿度独立控制多联式热泵空调循环原理示意图

温湿度独立控制技术由三管制空调系统完成，其室外机具有能够灵活切换的第三根配管，室内机具有前换热器和后换热器两个换热器，可划分为 8 种运转状态：①前后换热器均加热；②前后换热器均制冷；③前换热器制热，后换热器制冷；④前换热器制冷，后换热器制热；⑤前换热器单独加热；⑥前换热器单独制冷；⑦后换热器单独加热；⑧后换热器单独制冷。该系统控制灵活，温湿度控制目标精确，温度精度控制在 0.5℃，湿度精度控制 1%，在显著提升用户的使用舒适性的同时，有效提升了除湿效果，与常用单冷型空调相比，在室内 12～18℃时除湿量可以增加 10.5%～40.4%。

8.5.3　人感控制技术

近年来随着人感传感器造价降低，人感传感器技术逐渐应用到热泵行业，加速热泵中央空调的智能化进度，提高用户体验。常用人感传感器大概可以分为三个种类：热释电型、热电堆型、微波型。目前，热释电传感器常见应用为区域监控、地下车库自动灯等，价格最为低廉；微波传感器常见应用为自动门和自动冲水便斗等；热电堆传感器常见应用为非接触式体温计和工业非接触式温控设备等，价格最高。在热泵行业中，热电堆传感器应用较多，且检测精度高，用户体验较好。热电堆传感器的工作原理如图 8-19 所示。

人感传感器多被用于控制导风板的对人吹风或避人吹风功能，属于人感传感器的相对简单的应用场景，而随着人感技术的发展，人感传感器还可准确判断人的位置、房间人数及地面辐射温度，可在舒适性、节能性等方面进一步优化。改进优化模式包含风吹人、风避人、房间无人运

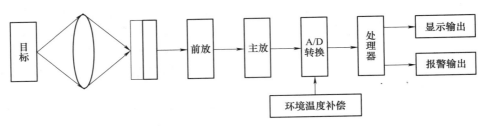

图 8-19　热电堆传感器的工作原理

行、地面辐射温度控制和负荷变动预测控制等。

　　用户所处位置判定是人感的核心，结合某厂家的热泵产品 RCIS-28FSKDNQ 对热电堆传感器技术进行阐述。该产品根据传感器检测范围将检测区域分为 $m \times n$ 个子区域，每个区域的温度值为该区域的检测平均值，作为一个控制点进行反馈控制，如图 8-20 所示。

　　现阶段人感传感器是否启用仍需人为设定，且传感器精度有待改进。随技术的更新迭代，人感传感器的采集精度、计算误差和价格都会逐步优化，人感传感器在热泵行业应用会更加广泛。

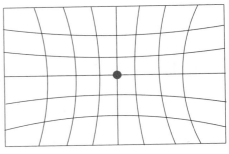

图 8-20　人感投影示意图

8.5.4　净化与空气品质

　　几种提升空气品质的部件实物图如图 8-21 所示，简述如下：①负离子杀菌技术，杀菌效果明显，但除尘、除甲醛效果稍弱；②IFD（静电集尘）技术，除尘效果明显，但杀菌、除甲醛效果稍弱；③HACD（活性炭）技术，除甲醛效果明显，杀菌、除尘效果稍弱。其中：①负离子与 IFD 结合使用时，杀菌及除尘效果更加显著，可达到 1+1>2 的效果；②HACD 除甲醛模块可单独配整机使用。

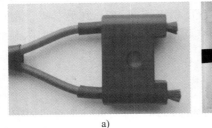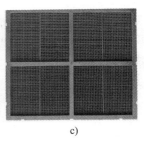

a)　　　　　　　　　　　b)　　　　　　　　　　　c)

图 8-21　几种提升空气品质的部件实物图
a) 负离子　b) IFD　c) HACD

　　在室温条件下 HACD 技术可将空气中的甲醛分子分解成 CO_2 和 H_2O，催化方程如下：

$$HCHO \xrightarrow{\text{HACD 触煤}, O_2} CO_2 + H_2O \tag{8-7}$$

　　下面结合某热泵产品（HVR-25KF/E2FZBp/PNH）对空气净化技术进行阐述，该样机的出风口安装负离子设备，回风口分别安装 IFD 和 HACD 对比测试，并且空气品质传感器用于监控室内

的 $PM_{2.5}$、O_3 浓度、甲醛和除菌率等参数。除甲醛的基本流程为：①室内机出风口负离子与灰尘和细菌接触，使灰尘带电荷杀死细菌；②带电灰尘被回风口处的 IFD 滤网吸附完成除尘。该技术方案在标准实验室和现场环境均进行测试，其中标准实验室测试由中国建筑科学研究院有限公司建筑能源与环境检测中心完成，测量结果见表 8-7。

表 8-7　空气净化测试数据

回风口配置	检测项目	测试条件	检测结果
IFD 方案	$PM_{2.5}$净化率	1h、30m³ 环境测试舱	>99.9%
	$PM_{2.5}$洁净空气量	20min、30m³ 环境测试舱	367m³/h
	除菌率	2h、30m³ 环境测试舱、白色葡萄球菌	99.7%
	O_3浓度增加量	24h、30m³ 环境测试舱	3.5×10^{-6}%
HACD 方案	甲醛净化率	3h、30m³ 环境测试舱	95.7%

现场环境测试为青岛海信日立空调系统有限公司的黄岛工厂，在会议室内安装了 5 台拥有 IFD 方案的室内机，进行室内空气净化，室内机开启净化时检测室内 $PM_{2.5}$ 浓度可降至 $23\mu g/m^3$（国标要求低于 $75\mu g/m^3$），该技术有实际应用效果，可进行推广应用。负离子、IFD、HACD 在室内机中的安装方式如图 8-22 所示，其中负离子安装在出风口，而 IFD、HACD 安装在回风口。

图 8-22　负离子、IFD、HACD 的整机安装位置

8.5.5　静音技术

随着生活品质的提升，用户对空调系统的声品质要求越来越高，噪声控制已成为空调设计中重点难题之一。空调的噪声问题涵盖振动、声学、流体力学、流体机械、电机学、电路设计、力学等多个学科内容，不同学科对应相应的激励源与设计方法，知识面广泛且专业性高。本小节将系统地讲解空调中的噪声问题与设计方法。

振动与噪声问题通常采用"激励源+传递路径"的分析模式，基于分析结果，有针对性地解决空调系统中的噪声问题。

1. 空调系统中噪声源

（1）压缩机噪声　压缩机噪声主要包含机械噪声、电动机噪声、流体噪声。压缩机转子旋转一周完成吸排气周期循环，故压缩机的振动与噪声具有非常明显的频率特征：压缩机横坐标为压缩机基频的倍数；纵坐标为不同频率下的峰值。压缩机为旋转机械，其基频计算如下：

$$f_{基} = \frac{p}{60} \tag{8-8}$$

式中　p——压缩机的转速（r/min）。

1）压缩机吸排气噪声频率。空调系统中电磁扭矩做功完成冷媒压缩，整个过程吸排气产生的振动冲击最大。压缩机根据种类不同，吸排气的噪声频率特征差异明显：$f_{gas} = f_{基}n$（涡旋压缩机：$n=1$；单转子压缩机：$n=1$；双转子压缩机：$n=2$）。

2）压缩机电动机噪声频率。压缩机电动机通常采用同步电动机设计，电动机绕组主要分为四极电动机绕组与六极电动机绕组，电动机设计缺陷会导致异常噪声峰值，峰值频率为

$$f_{电动机} = f_{基}n（四极电动机绕组：n=4；六极电动机绕组：n=6）$$

3）其他噪声频率。压缩机运转过程中任何异常机构类缺陷，将会产生周期性异常振动与噪声。以轴承为例，轴承外圈存在划伤凹槽，将会产生基频的 n 倍噪声峰值，n 为轴承内滚动体的数量；压缩机运转过程中也会产生非基频倍数的异常噪声，主要为冷媒流体噪声，此类噪声频率较高，通常在 1000~5000Hz 范围内。

（2）送风系统噪声　送风系统包含风扇、风扇电动机、风场导流等零部件，其中以风扇与风扇电动机的噪声问题尤为突出。

风扇旋转过程中产生气动噪声，主要包括宽频噪声与离散噪声。宽频噪声主要是由于气流流经叶片时，产生紊流附面层及旋涡与旋涡分裂脱体，引起叶片上压力脉动；其频率特征为频带宽，尖峰值不明显。离散噪声主要是因为叶轮旋转过程中，叶片打击周围的气体介质，叶片邻近的某固定位置上的空气收到叶片及其压力场的周期性激励。离散噪声具有明显的频率特征：

$$f = \frac{np}{60}$$

式中　n——风扇叶片数量；

　　　p——风扇转速（r/min）；

（3）冷媒噪声　空调系统制冷与制热功能是通过循环系统中冷媒的气液两相的转化实现的。冷媒在流动过程中，由于气液两相转化、压缩机压缩做功、狭小空间或锐角折弯部产生的湍流等均会产生明显冷媒噪声，冷媒噪声在系统管路中反射叠加，声能衰减与耗散低，极易引起室内机噪声。其中压缩机做功具有明显的低频频率特征：

$$f = \frac{np}{60}$$

式中　n——压缩机转子旋转一周排气次数；

　　　p——风扇转速（r/min）。

2. 空调系统中传递路径及改善措施

空调振动与噪声传递路径是空调结构设计的难点，也是空调厂家减振降噪的研究重点。

（1）空气媒介　压缩机本体外壳、送风系统直接辐射噪声至空气媒介，声波通过空气传递至人耳。对于压缩机本体噪声一般采用"多孔吸声材料+隔声材料"的设计方案，有效地降低压缩机整体噪声值，尤其是 2000Hz 以上的高频噪声。

（2）配管设计　压缩机振动传递至排气管路、吸气管路、补气管路，导致管路系统振动剧烈，辐射低频噪声。以双转子压缩机二倍频（压缩机频率的两倍）为例，双转子压缩机通常自带气分，吸气管距离压缩机中心距离 D 最远，故压缩机扭振引起吸气管振动最大，极易产生明显的"嗡嗡"噪声。对于此类噪声需借助 CAE 仿真技术，对比分析配管振动幅值，设计低噪声配管系统。

（3）减振橡胶设计　压缩机与电动机的振动通过安装底脚传递至周围钣金，钣金直接辐射"嗡嗡"的低频噪声，压缩机、电动机底脚与支撑钣金之间增加橡胶减振垫，通过高分子材料内摩擦耗能，减小振动传递。

（4）消声器设计　冷媒噪声最优解决方案是定位噪声源，彻底消除噪声源，然而冷媒噪声

在冷媒流路中双向传播且衰减小，很长一段冷媒循环管路内均有同响度的冷媒噪声，故很难准确定位，故在冷媒流动管路中设计消声器成为消除冷媒噪声的主要方法。其中扩张腔式的抗性消声器（图 8-23）成为空调系统抑中制冷媒噪声的主要方式之一，计算公式如下：

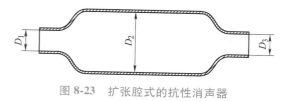

图 8-23　扩张腔式的抗性消声器

$$TL = 10\lg\left\{\left[\frac{\dfrac{S_3}{S_2}+\dfrac{S_1}{S_3}}{2}\cos(kl)\right]^2 + \left[\frac{\dfrac{S_2}{S_1}+\dfrac{S_3}{S_2}}{2}\sin(kl)\right]^2\right\} \tag{8-9}$$

噪声测量、捕捉、评价是行业内重点关注技术点，在空调行业越来越多的厂家应用前沿测试技术，用于声源定位与噪声问题分析，其中常用噪声测试分析技术有瀑布图、声强与声全息定声源、模态测试定共振、TPA 判路径等。空调作为整机系统，具有成熟的噪声评价模型与体系，测试并评价空调噪声水平的方法主要分为两种：声压级或者声功率级、声品质。声品质评价分为主观评价与客观评价，主观评价结果与客观评价结果进行相关性分析，最终建立声品质评价的数学模型。主观评价是通过人的听觉感受进行声品质的评价，主要包括语义细分法、排序法、成对比较法、等级评分法、幅值估计法等；客观评价则通过一组心理声学参数量客观量化人对声音品质的听品感受，通过计算声音的响度、尖锐度、粗糙度、抖动度等量化指标。

8.6　智能化技术在热泵系统中的应用

8.6.1　热泵产品智能化研究背景

近几年来，热泵技术在行业飞速发展，产品能力指标逐步攀升，导致用户对热泵智能化需求随之增长，如远程控制、智能调温、消息推送、空调合理化使用建议、节能控制等，更倾向于带给用户更为舒适、便捷的用户体验。对于厂家而言，热泵机组的智能化水平直接反映厂家整体技术水平，而厂家可利用智能化技术更好回馈用户，拉近与用户之间的距离，提升服务质量。对热泵行业来说，智能化的发展为热泵行业发展起到极大的促进作用。

8.6.2　热泵产品的智能化应用

热泵产品的智能化应用方向可分为远程控制应用技术、热泵智能温度控制技术和智能云平台技术等。

1）远程控制应用技术。热泵远程控制方案分为标配和选配两种形式。标配方案是通过在热泵整机加装 NB-IoT 模块来实现设备入云；选配方案是通过协议转换器用 WiFi 方式使设备入云，已经出售的热泵机组可通过选配协议转换器来实现机组的远程控制。

2）热泵智能温度控制技术。可提高热泵产品自身的智能化水平，给用户带来更舒适的使用体验。如水箱温度自保持控制，可达到水箱防冻结功能。

3）智能云平台技术。云平台作为所有数据的汇总地，通过获取设备端的运行数据和用户操作数据，并使用大数据解耦方式为用户推送节能建议、故障预测信息，为研发提供设计参数指导。

<h1 align="center">本章参考文献</h1>

［1］ 黄汉江. 建筑经济大辞典［M］. 上海：上海社会科学院出版社，1990.

［2］ EUGENE S. Heat pumps［M］. America：Cengage Learning，2015.

［3］ ARORA R C. Refrigeration and air conditioning［M］. England：Butterworth Heinemann. 2008.

［4］ 刘敏. 基于数值模拟及实验的贯流风扇气动噪声特性研究［D］. 武汉：华中科技大学，2009.

［5］ 马最良，姚杨，姜益强，等. 暖通空调热泵技术［M］. 北京：中国建筑工业出版社，2008.

［6］ CHUA K J，CHOU S K，YANG W M. Advances in heat pump systems：a review［J］. Applied Energy，2010，87（12）：3611-3624.

［7］ 薛金水，莫晏光. 浅述我国变频空调技术的现状和发展趋势［J］. 科技信息（科学教研），2008（4）：230-231；249.

［8］ CHEN W，LI X，SHANG S，et al. Simulation of the performance of a gas-fired hot water system with compression-enhanced ejector heat pump using R152a［J］. Applied Thermal Engineering，2019，162：114159.

［9］ NARANJO-MENDOZA C，OYINLOLA M A，WRIGHT A J，et al. Experimental study of a domestic solar-assisted ground source heat pump with seasonal underground thermal energy storage through shallow boreholes［J］. Applied Thermal Engineering，2019，162：114218.

［10］ KONG X Q. Control strategy and experimental analysis of a direct-expansion solar-assisted heat pump water heater with R134a［J］. Energy，2018，145（18）：17-24.

［11］ LU D，CHEN G，GONG M，et al. Thermodynamic and economic analysis of a gas-fired absorption heat pump for district heating with cascade recovery of flue gas waste heat［J］. Energy Conversion and Management，2019，185：87-100.

［12］ LIU M，WANG S，LIU R，et al. Energy，exergy and economic analyses on heat pump drying of lignite［J］. Drying Technology，2019，37（13）：1688-1703.

［13］ 李德英. 供热工程［M］. 北京：中国建筑工业出版社，2004.

［14］ 苏梅，单永明，刘光华，等. 补气增焓系统中补气量控制方式的应用分析［J］. 制冷与空调，2015，15（4）：50-53.

［15］ 马国远，彦启森. 涡旋压缩机经济器系统的性能分析［J］. 制冷学报，2003，24（3）：20-24.

［16］ 董重成，李立，刘元芳. 空气源热泵供暖技术［J］. 供热制冷，2016（12）：60-64.

［17］ 陈薇，黄虎，张忠斌，等. 直接蒸发式全新风机组在VRV新风系统中的应用［J］. 建筑节能，2009（8）：12-15.

［18］ 王贺. 新风行业发展现状与未来趋势［J］. 中国建筑金属结构，2019（8）：34-35.

［19］ 牛轶霞. 浅谈空调装置的节能问题［J］. 山东工业技术，2019（9）：15；10.

［20］ 姚培，潘文群. 全热交换器⊖在暖通空调领域的应用及研究现状［J］. 制冷与空调，2008（6）：130-133.

［21］ 秦留臣. 全热交换器在暖通空调系统中的应用现状与前景［J］. 能源研究与信息，1987（2）：1-9.

［22］ 杜永，王天鸿，卢广宇. 一种全热交换器、控制装置、控制方法及空调系统［P］. 2016.

［23］ 童克南，冯静，朱亦丹. 全热交换器换热效果的影响因素分析［J］. 舰船电子对抗，2017，40（1）：115-118.

［24］ 李伟乾，李振海，李姗. 全热交换器芯体材料性能评价方法探究［J］. 建筑热能通风空调，2017，36（12）：93-96.

［25］ 林喜云. 空调系统热回收影响因素及评价方法［D］. 武汉：华中科技大学，2006.

［26］ 任华林. 高层建筑新风系统探究［J］. 江西建材，2017（17）：44.

［27］ 李森生. 低温送风、冰蓄冷、地源热泵空调系统若干问题的研究［D］. 武汉：武汉科技大学，2008.

［28］ 松岡文雄. 冷凍サイクルの動特性と制御［M］. 日本：日本冷凍空調学会，2009.

［29］ 黄雷，赵光宙，年珩. 基于扩展反电势估算的内插式永磁同步电动机无传感器控制［J］. 中国电机工程学报，2007，27（9）：59-63.

［30］ KIM H，SON J，LEE J. A high-speed sliding-mode observer for the sensorless speed control of a PMSM［J］. IEEE Transactions on Industrial Electronics，2011，58（9）：4069-4077.

［31］ 吴扬，李长生，邓斌. 采用小管径铜管空冷换热器的性能成本分析研究［J］. 制冷技术，2010，30（2）：19-21；25

___

⊖ 全热交换器同文中的全热换热器是一个意思。

［32］　冼志健，王开发．小管径铜管换热器的性能及成本分析［J］．制冷与空调，2013，13（5）：65-66.

［33］　吴照国，任滔，丁国良，等．房间空调器缩小换热器管径的表面反应设计方法［J］．制冷学报，2011，32（5）：47-52.

［34］　吴照国，丁国良，任滔，等．5mm 管房间空调器流路的优化设计［J］．制冷技术，2010，30（2）：10-14.

［35］　刘建，魏文建，丁国良，等．翅片管式换热器换热与压降特性的实验研究进展：实验研究［J］．制冷学报，2003（3）：25-30.

［36］　田奇勇，朱晓农，吴俊峰．浅述国内制冷空调用轴流通风机的现状与发展［J］．风机技术，2009（6）：63-65.

［37］　FUNG P H，AMITAY M. Control of a miniducted-fan unmanned aerial vehicle using active flow control［J］. Journal of Aircraft，2015，39（4）：561-571.

［38］　G J J. 用户体验要素：以用户为中心的产品设计［M］．范晓燕，译．北京：机械工业出版社，2019.

［39］　Q W，B K. 用户体验设计：讲故事的艺术［M］．周隽，译．北京：清华大学出版社，2014.

［40］　G E，K M，M A. 洞察用户体验：方法与实践［M］．刘吉昆，译．北京：清华大学出版社，2015.

［41］　张立志．除湿技术［M］．北京：化学工业出版社，2005.

［42］　刘晓华，李震，张涛，溶液除湿［M］．北京：中国建筑工业出版社，2014.

［43］　赵伟杰，张立志，裴丽霞．新型除湿技术的研究进展［J］．化工进展，2008，27（11）：1710-1718.

［44］　刘敏，王远鹏，石靖峰，等．变频多联式空调系统再热除湿性能的实验研究［J］．制冷学报，2016，37（2）：101-106.

［45］　尤晋闽，陈天宁，和丽梅．空调压缩机噪声声品质主客观评价及其相关性研究［J］．流体机械，2007（11）：1-4.

［46］　姜吉光．车内噪声品质分析与选择性消声控制方法研究［D］．长春：吉林大学，2012.

［47］　李剑波．空调风扇及其导风罩匹配的数值模拟与实验研究［D］．武汉：华中科技大学，2005.

第9章
空气净化技术

9.1 背景

　　自1958年世界上第一块硅集成电路诞生以来，在过去的60多年里，微电子工业在日益庞大而复杂的数据处理与存储市场需求的驱动下，基本是按照摩尔定律进行发展，半导体线宽从20世纪60年代70μm发展到20世纪90年代不足1μm[1]；之后随着线宽的光刻工艺由0.35~0.5μm缩小至0.1~0.25μm，以及193nm浸入式光刻工艺的发明及后续发展，又将线宽缩小至32nm；当前因极紫外光刻（Extreme Ultra-violet，EUV）技术工艺研究的新进展，线宽已缩小至7nm[2,3]。有研究指出，如果没有对空气化学污染物（Airborne Molecular Contamination，AMC）的彻底控制，特征尺寸小于0.1μm的光刻工艺将无法进行[4]。

　　AMC能损害原材料、工艺、制成品、生产设备和机械设备等，如AMC中的酸类物质会造成晶体及光学的微粒及雾状浑浊；光学改变导致光刻率的变化；AMC中的碱类物质会造成深紫外线（Deep Ultra-violet，DUV）光阻剂缺陷—T型覆盖等[5]。

　　AMC中的NH_3会造成T-top现象，在0.15~0.2μm制程，暴露在1.0ppb及0.1ppb（1ppb=10^{-9}）浓度NH_3污染环境中30min的结果，如图9-1所示[6]。此外NH_3与SO_4^{2-}化学反应后会在光罩表面产生$(NH_4)_2SO_4$结晶污染物，如图9-2所示，此外因镜片雾化产生二次反射造成异常

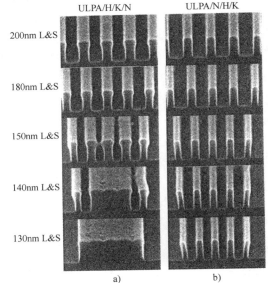

图9-1　1.0ppb（左）及0.1ppb（右）NH_3中暴露

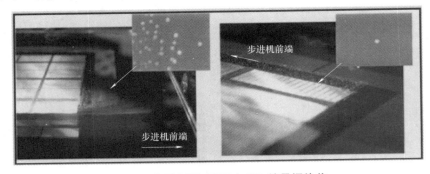

图9-2　光罩表面$(NH_4)_2SO_4$结晶污染物

（图 9-3），引起产品良率降低，甚至导致晶片报废如图 9-4 所示[7]。

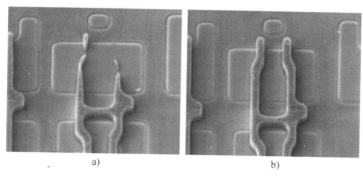

图 9-3　镜片雾化产生二次反射造成异常
a）不正常　b）正常

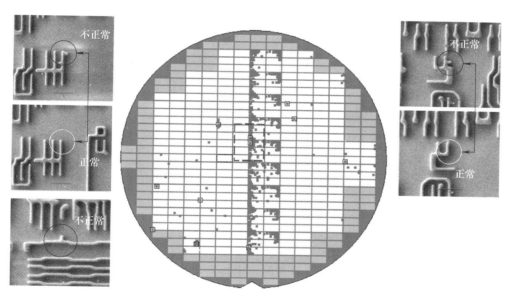

图 9-4　晶片 Haze 现象损坏

9.2　空气化学污染标准

9.2.1　SEMI F21-1016

国际半导体设备和材料协会在表 9-1 中，给出了 AMC 的分类体系。SEMI F21-1016 适用于半导体业的洁净环境，包括工艺设备。该标准范畴：酸（MA），碱（MB），凝聚物（MC），掺杂物（MD）。该标准采用的是 FS209E 的术语 1、10、100，该术语的单位不是单位体积的粒子数量，而是 pptM 表示的浓度。pptM 单位是摩尔质量的缩写，表示万亿分之一。摩尔质量是物质 6.022×10^{23} 个分子的化学质量。

表 9-1　AMC 的分类

酸性物质（MA）		碱性物质（MB）

酸性物质（MA）

 HF 氢氟酸

 HCl 盐酸

 H_3PO_4 磷酸

 H_2SO_4 硫酸

 HNO_3 硝酸

 HBr 氢溴酸

碱性物质（MB）

 AMINE 胺（含氮有机化合物）

 NH_3 氨

 NMP N-甲基吡咯烷酮（溶剂）

 HMDS 六甲基二硅氨烷（偶联剂）

H_2O_2 双氧水、O_3 臭氧　IPA 异丙醇（溶剂）、Cl_2 氯气

凝聚物质（MC）

 DOP 邻苯二甲酸二辛脂（通用增塑剂）

 DBP 二丁脂（PVC 增塑剂，合成橡胶等软化剂）

 DEP 邻苯二甲酸二乙脂（增塑剂）

 siloxanes 硅氧烷（有机硅）

掺杂物质（MD）

 B_2H_6 乙硼烷（掺杂气体）

 BF_3 三氟化硼（掺杂气体）

 A_sH_3 砷烷（掺杂气体）

 TCEP 磷酸三氯乙酯（阻燃增塑剂）

 TEP 磷酸三乙酯（溶剂）

 TPP 磷酸三苯脂（使塑料抗静电、增韧、阻燃）

对 AMC 浓度最普遍采用的参照值见国际半导体技术指南（ITRS），见表 9-2 及表 9-3。

表 9-2　ITRS AMC（pptM）

年代技术 结点 DRAM	1995 250nm	2001 130nm	2002 115nm	2003 100nm	2004 90nm	2005 80nm	2006 70nm	2007 65nm	2010 45nm	2013 32nm	2016 22nm
光刻碱 NH_3	1000	750	750	750	750	<750	<750	<750	<750	<750	<750
栅极-金属 Cu，$E = 2\times10^5$		0.2	0.2	0.15	0.1	0.1	0.07	<0.07	<0.07	<0.07	<0.07
栅极-有机物 子重≥250，$E = 1\times10^{-3}$	1000	100	90	80	70	60	60	50	40	30	20
有机物 （-CH₂）		1800	1620	1440	1260	1100	900	<900	<900	<900	<900
硅层触点-酸 （ClE = 2×10^{-5}）	180/50	10	10	10	10	10	<10	<10	<10	<10	<10
硅层触点-碱 NH_3，$E = 2\times10^{-6}$	13000	20	16	12	10	8	4	<4	<4	<4	<4
杂质 （P 或 B）		<10	<10	<10	<10	<10	<10	<10	<10	<10	<10

表 9-3　2017 国际电子工业设备和系统技术发展路线图（IRDS）芯片环境污染控制技术要求

产品的年份	2017	2018	2019	2020	2021	备　注	需要采取的行动
工艺逻辑"节点范围"标记/nm	10	10	7	7	5		
MPU/SoC Metalx 1/2 Pitch/nm	18.0	18	14.0	14	12.0	基于后摩尔定律制表	
芯片环境控制诸如：洁净室，SMIF POD（标准机械接口芯片盒）FOUP 等							
颗粒物数/m³	ISO 1 级	ISO 1 级	ISO 1 级	ISO 1 级	ISO 1 级		
气相中 AMC（pptv/t）							
光刻：POI（Wafer Stage & Reticle Library）							
总无机酸	5000	5000	5000	5000	5000	考虑镜头、标线、掩模的暴露是在使用具有效率为 99% 的化学过滤系统的条件下	
总有机酸	2000	2000	待定	待定	待定		
总碱	20000	20000	50000	50000	50000	考虑镜头、标线、掩模的暴露是在使用具有效率为 99% 的化学过滤系统的条件下	
挥发性有机化合物（W/GCMS 滞留时间 ≥苯，用十六烷校准）	26000	26000	26000	26000	26000	考虑镜头、标线、掩模的暴露是在使用具有效率为 99% 的化学过滤系统的条件下	
难溶化合物（含 S, P, Si 的有机化合物）	2000	2000	2000	2000	2000	考虑到进口处化学过滤系统的效率较低	
光刻 POI（检测工具台）						考虑进口处化学过滤系统效率在 90%	
总无机酸	2000	2000	2000	2000	2000		考虑表面污染覆盖在片盒上与洁净室达到平衡在 10～20h，并考虑片盒区域内停留时间在 1～2h
总有机酸	2000	2000	2000	2000	2000		
总碱	2000	2000	2000	2000	2000		
可凝聚有机物（定义，沸点 150℃）	1000	1000	1000	1000	1000		
难溶化合物（含 S, P, Si 的有机化合物）	待定	待定	待定	待定	待定	仅指检测工具	
掩模储存（包括：储料器，片盒，暴露工具库，检测工具的内部）							XCDA 到 BRS 可能需要更严格的污染限制

（续）

产品的年份	2017	2018	2019	2020	2021	备　注	需要采取的行动
无机酸总量（HCL，HF，HNO$_3$）	<200	<200	<200	<200	<200		来自表面沉积的污染物，呈雾状、颗粒物状
总有机酸	<200	<200	<200	<200	<200		
总碱	<200	<200	<200	<200	<200		
可凝聚有机物（定义，沸点150℃）	<100	<100	<100	<100	<100		来自表面沉积的污染物，呈碳颗粒状
难溶化合物（含S，P，Si的有机化合物）	待定	待定	待定	待定	待定	仅指检测工具	
栅极/炉区晶片环境（FOUP内部）							
总金属（E+10atoms/cm^2/day）	0.5	0.5	0.5	0.5	0.5		
掺杂物（E+10仅指线前端）	0.5	0.5	0.5	0.5	0.5		电阻率
挥发性有机化合物（W/GCMS滞留时间≥苯，用十六烷校准）	2000	2000	2000	2000	2000	由于缺乏数据，所以假定与FOUP环境相同的值	
晶片上表面分子可凝聚（SMC）有机物ng/cm^2/day	待定	待定	待定	待定	待定		
晶片上总表面金属（Surface Metals）E+10atoms/cm^2/day	0.5	0.5	0.5	0.5	0.5		

9.2.2　ISO 14644-8：2013

ISO 14644-8：2013标准的范围比SEMI F21-1016标准更宽，它不仅仅限于半导体生产，其目标是涵盖所有对产品或工艺有危险的AMC的洁净室生产。这也包括药品生产，因其电子工艺控制设备对AMC敏感。ISO 14644-8：2013标准的污染物范畴目的与SEMI F21-1016标准相同，都规定了AMC的最大总量。ISO 14644-8：2013规定的AMC最大总量，见表9-4和图9-5。

表9-4　ISO-AMC等级（ISO 14644-8：2013）

ISO-AMC等级	浓度/(g/m^3)	浓度/(μg/m^3)	浓度/(ng/m^3)
0	10^0	10^6（1000000）	10^9（1000000000）
-1	10^{-1}	10^5（100000）	10^8（100000000）
-2	10^{-2}	10^4（10000）	10^7（10000000）
-3	10^{-3}	10^3（1000）	10^6（1000000）
-4	10^{-4}	10^2（100）	10^5（100000）
-5	10^{-5}	10^1（10）	10^4（10000）
-6	10^{-6}	10^0（1）	10^3（1000）
-7	10^{-7}	10^{-1}（0.1）	10^2（100）

（续）

ISO-AMC 等级	浓度/（g/m³）	浓度/（μg/m³）	浓度/（ng/m³）
−8	10^{-8}	10^{-2}（0.01）	10^{1}（10）
−9	10^{-9}	10^{-3}（0.001）	10^{0}（1）
−10	10^{-10}	10^{-4}（0.0001）	10^{-1}（0.1）
−11	10^{-11}	10^{-5}（0.00001）	10^{-2}（0.01）
−12	10^{-12}	10^{-6}（0.000001）	10^{-3}（0.001）

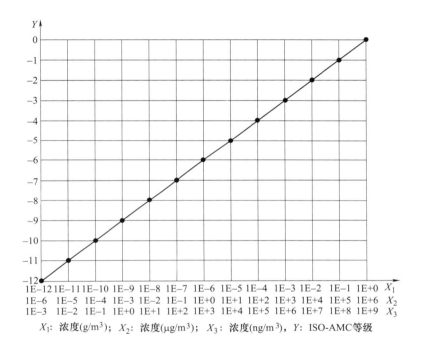

X_1: 浓度(g/m³)；　X_2: 浓度(μg/m³)；　X_3: 浓度(ng/m³)，Y: ISO-AMC 等级

图 9-5　浓度与 ISO-ACC 等级关系

9.3　空气化学过滤技术

市场上可供选择的空气化学过滤器种类繁多，化学过滤采用不同的技术，使得选择最经济、最合适的过滤器成为一件比较难的事。每种过滤器都有其优点及缺点，分别如下。

1. 粒状活性炭

活性炭的吸附面积大，1g 活性炭的吸附面积高达 1000m^2，吸附量为自重的 1/6～1/5（每升活性炭重 485g 左右）。吸附原理如图 9-6 所示。

（1）优点

1）知名度高，广泛使用于空气过滤。

2）对氯和许多有机物去除能力强。

3）光谱，良好的"预过滤器"。

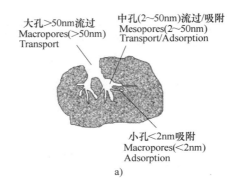

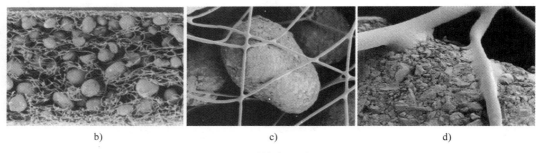

图 9-6　活性炭吸附原理

a）活性炭吸附　b）滤网结构放大 10 倍　c）滤网结构放大 100 倍　d）滤网结构放大 500 倍

4）费用低。

（2）缺点

1）会发生优先吸附与解吸。

2）对甲醛，对许多分子质量低的有机物（MW<60～80）无效。

3）高湿条件下性能降低。

4）无法可靠地测试出剩余寿命。

5）易滋生细菌和真菌。

6）可燃。

2. 浸渍活性炭

（1）优点

1）浸渍状态使去除单项或成组污染物的能力提高。

2）气体与介质的结合不可逆。

3）粒状介质产品的剩余寿命可测。

（2）缺点

1）就广泛用途而言其定向太过具体。

2）浸渍方法与浸渍程度对实际性能可能有不利影响。

3）搬运、存储要求高。

4）材料不具兼容性。

5）成本较高。

6）可燃。

3. 高锰酸钾浸渍氧化铝

（1）优点

1）$KMnO_4$可与很多污染物产生反应，是良好的"打磨过滤器"。

2）气体与介质的结合不可逆。

3）粒状介质产品的剩余寿命可测。

4）有些为 UL1 级。

5）无毒、无害。

6）细菌/真菌不易滋生。

（2）缺点

1）对有机物、氯的效果偏低。

2）可能有粒子产生。

4. 浸渍碳+氧化铝

（1）优点

1）去除特定气体的能力强。

2）气体与介质的结合不可逆。

3）用介质寿命分析方可算出剩余寿命。

4）有些为 UL1 级或 2 级。

5）无毒。

（2）缺点

1）因浸渍程度，减少了表面积。

2）对 VOC 效果偏低。

3）可能有粒子产生。

5. 混合吸附介质

（1）优点

1）可在一个过滤器中放入两种以上介质，提高过滤能力。

2）在许多场合，比单一介质系统的效果更好。

（2）缺点　在薄床层系统中，污染物接触合适介质的机会降低，但通过再循环可提高效率。

6. 载有吸附介质的无纺材料

（1）优点

1）其效率可与大宗介质床层相媲美。

2）为提高性能，可将吸附介质混合。

3）可以将有些类型的介质褶皱，用于标准的过滤器。

4）可作为 AMC 与粒子的联合过滤器使用。

（2）缺点

1）比大宗介质产品的介质含量低。

2）去除能力较弱，所以更换较频繁。

3）不同类型间性能差异很大。

7. 粘合介质板

（1）优点

1）碳含在一个自支撑板中，厚度为 25~50mm。

2）其平板形状使其可用在很多种类的过滤器及相关配置中。

3）没有粒状活性炭的尘埃释放问题。

（2）缺点

1）粘合工艺使吸附力大大降低。

2）压降相当高。

3）初始效率与平均效率低。

4）产品（物理特性）随使用降级。

8. 球状活性炭

球状活性炭如图 9-7 所示。

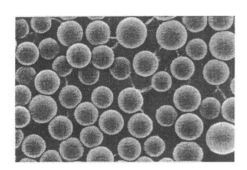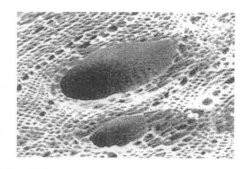

图 9-7　球状活性炭

（1）优点

1）对特定污染物去除效率很高。

2）其平状可用于很多种过滤器及相关配置中。

（2）缺点

1）对广泛用途而言，定向太过具体。

2）比大宗介质的去除效率低。

3）成本高，是粒状活性炭的 5~20 倍。

9. 离子交换器

（1）优点

1）对特定污染物有非常高的效能。

2）可用在很多种过滤器及相关配置上。

（2）缺点

1）对广泛用途而言，定向太过具体。

2）价格昂贵，成本为粒状过滤器的 5~20 倍。

9.4　空气处理系统

在洁净室 HVAC 系统中安装化学过滤器系统，可以有效地降低 AMC 浓度，使之达到或低于所用监测技术能达到的探测程度。分别叙述如下。

1. 新风处理系统

在这一部分中主要处理对象是室外空气，新风系统通常必须被设计成能控制 SO_x、NO_x、臭氧、挥发性有机物，以及一些该地区特定的污染物或如氯、有机磷、氨等。

2. 再循环风系统

处理对象是新风+再循环风或单一再循环风，在再循环风系统中的化学过滤器必须被设计成具有能除去大量的酸、碱、碳氢化合物和其他挥发性有机化合物的能力，因为这些在生产制造过程排放的污染物数量较大。再循环风系统要求选择空气化学过滤器基于功能区域污染物的种类以及工艺过程的要求来选择对 AMC 相应的控制。

3. 微环境通风系统

所谓微环境，是一个通过分隔设计，使每个局部环境都能单独控制气相污染。分隔设计使生产操作区与工作人员及洁净室的其他区域环境能有效地隔开，尤其在一个生产设施中的某些局部区域存在一些特殊的污染物，或某一生产过程对产品对污染物特别敏感场景下。为此，要求在大通间的洁净室（Ballroom）通过分隔设计形成局部的微环境。

在微环境中可以采用一些专用的化学过滤器或专用定制的过滤介质。这样可在一个较小的环境中达到某些特殊严格的要求，比起在整个大通间这种形式的净化，不但能满足高标准的技术需要，还大大降低了能源消耗，同时也降低了生产成本。对于微环境洁净度的要求，可达到更先进的净化标准，即从 ISO 2 级提升到 ISO 1 级；另外，对整个洁净室的洁净度可以轻松地从目前的 ISO 6 级到 2012 年以后下降到 ISO 7 级，到 2019 年以后可下降至 ISO 8 级，这几乎已接近一般的居室环境。根据 ITRS 要求摘录相关标准在表 9-5 中。

表 9-5　ITRS 洁净室整体和微环境洁净度与化学污染要求

年　份	2005	2007	2010	2013	2015	2019
动态随机储存器半节距/nm	80	65	45	28	24	17
临界颗粒物尺寸/nm	40	33	23	20	15.9	10
洁净室整体洁净度	—	ISO 6 级	ISO 6 级	—	ISO 7 级	ISO 8 级
微环境局部洁净度	—	ISO 2 级	ISO 1 级	—	ISO 1 级	ISO 1 级
微环境化学污染控制						
（在气相中）	—	1000pptM	500pptM	—	500pptM	—
总酸（包含有机酸）		5000pptM	2500pptM		2500pptM	
总碱		3000pptM	2500pptM		2500pptM	
可凝聚有机物						
微环境化学污染控制						
（晶片表面沉积极限）	—	2ng/cm²	0.5ng/cm²	—	0.5ng/cm²	—
可凝聚有机物（一天暴露的表面）						

4. 最终废气排放处理系统

对于最终废气排放处理系统，不仅能够去除化学污染物，也必须具有除尘的功能。因此，该系统应包括气体净化器和颗粒污染物收集器等，并要求达到所谓的环境、健康和安全的解决方案（EHS Solutions）。

5. ITRS 洁净室化学污染控制综合解决方案

ITRS 洁净室化学污染控制综合解决方案如图 9-8 所示。

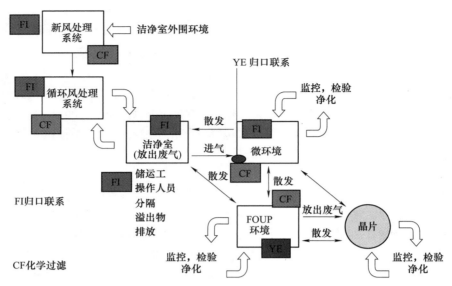

图 9-8　ITRS 洁净室化学污染控制综合解决方案

9.5　工程应用情况

洁净室供热通风与空气调节系统中有关化学污染控制的部分包括新风系统、循环风系统、微环境控制系统和带净化装置的前端开启式晶圆传送盒（Front Opening Unified Pod，FOUP）以及深层过滤器系统等，全面配合实施控制。

新风系统的控制，要求去除户外空气中化学污染物，重点是低浓度的 SO_2、NO_x、NH_3、O_3 及 VOCs 等。

循环风处理系统，控制洁净室排出的气体，使空气化学污染物降到一定浓度后，再合并入新风系统。该系统主要去除空气中的低、中浓度的化学污染物。

深层过滤器系统用于某些局部的高浓度气相化学污染气体的去除，因其他系统无法经济地提供所需要的净化处理时，采用深层过滤器系统，以此来达到要求的空气质量标准。

9.5.1　微电子行业洁净室空气化学污染控制

在洁净室的 HVAC（Heating Ventilation Air-conditioning）暖通空调系统（图 9-9）中[8]，包括新风机组 MAU（Make-up Air Unit）和循环风机组 RHU（Recirculation Air Handling Unit）应配置合适的空气化学过滤器，在风机过滤单元 FFU（Filter Fan Unit）中配置化学过滤网以及专用化学过滤装置，以满足大环境、微环境中维持合格的空气质量。此外，为了各生产工序设备维修的需要，必须设置可移动的深层空气化学过滤器，专用去除局部高浓度的污染气体，否则高浓度的污染气体进入主回风系统将会带来污染控制系统失调，经济上也很不合理。

9.5.2　控制空气化学污染新风机组全功能段

新风→进风段→粗效段→中效段→一级加热段→一级表冷段→淋水段→二级表冷段→二级加热段→加湿段→风机段→缓冲段→化学过滤段→中效过滤段→高效过滤段→出风段→送新风，

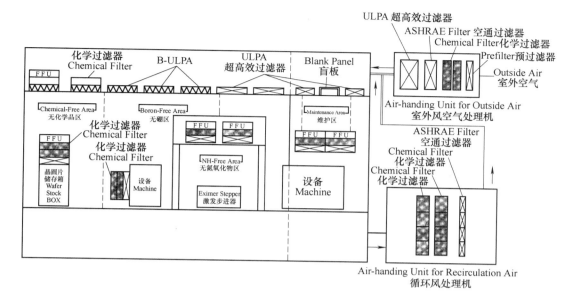

图 9-9 微电子生产洁净室 AMC 控制示意图

注：图中室外风空气处理机和循环风处理机均省略其他功能段。

共 15 个功能段，如图 9-10 所示。

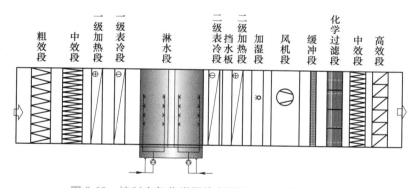

图 9-10 控制空气化学污染新风机组全功能段示意图

9.5.3 微电子洁净室用风机过滤器机组（FFU）

微环境控制系统，主要为一些局部环境的特殊需要而设计，FFU 配化学滤网如图 9-11 所示。

9.5.4 空气化学污染控制系统的工程化应用

1. 总体思路

室外空气经由 16~20 个功能段有机组合成的新风机组的四级过滤，处理新风中的悬浮

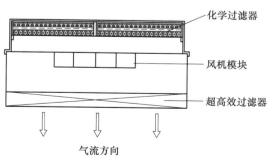

图 9-11 FFU 配化学滤网

161

粒子和空气化学污染物，达到 ISO5 级洁净度送入回风夹层，再由超高效净化风机过滤单元处理到 ISO1 级，实现核心区 ISO1 级洁净度，并将空气化学污染浓度值受控为 $10^{-12} \sim 10^{-9}$，如图 9-12 和图 9-13 所示。

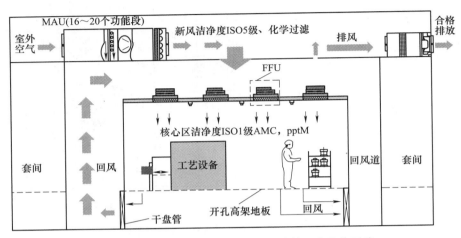

图 9-12　控制空气化学污染实施系统的平台总体思路

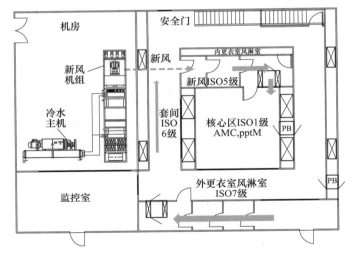

图 9-13　平台平面布局

2. 新风机组的设计与制造

新风机组是该实施系统的首要关键设备。新风机组箱体结构的设计，在面板铝合金型材上插装隔热型材成为一体化铝塑型材，铝合金型材边带有凹凸槽，凹凸槽相互衔接时形成榫头，再通过螺栓紧固形成严密的迷宫式密封，如图 9-14 所示。新风机组整机的制造，如图 9-15 所示。

3. 系统的工程化建设

系统的工程化建设如图 9-16～图 9-19 所示。

4. 工程化应用的验证

（1）试验方法

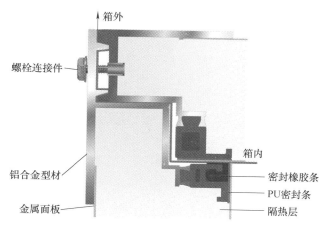

图 9-14　新风机组的箱体结构设计

图 9-15　新风机组的制造，100000m³/h，全静压 2500Pa

图 9-16　实施系统的外部及内部图

核心区洁净度检测按国际标准 ISO14644-1：2015 两台 PMS 粒子计数器（采样量 28.3L/min）同时检测（进行数据比对），每个点采样 3 次，每次采样 90min，每个点测 4.5h，连续检测 20h。六个通道（0.1μm，0.2μm，0.3μm，0.5μm，1.0μm，5.0μm）全部达标（采样时间 1.5h，采

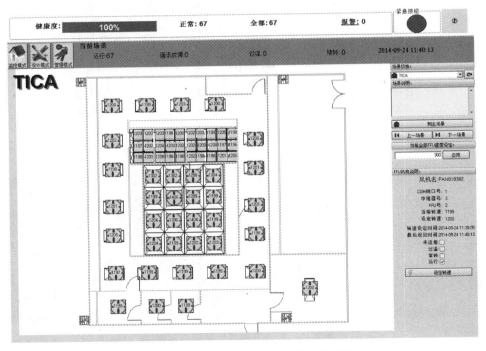

图 9-17　实施系统的空调自动监控软件

图 9-18　实施系统的 FFU 群控监测软件

样量 2m³，折算：≥0.1μm，限值 20 颗/m³；≥0.2μm，限值 4 颗/m³）。ISO 14644-1：2015 空气洁净度等级，见表 9-6。

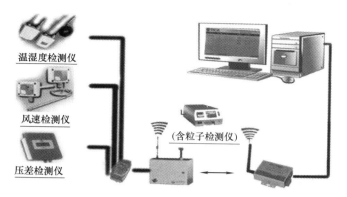

图 9-19　实施系统的在线粒子监测系统

表 9-6　ISO 14644-1：2015 空气洁净度分级标准

ISO 等级（N）	大于或等于关注粒径的粒子最大浓度限值（个/m³）					
	0.1μm	0.2μm	0.3μm	0.5μm	1μm	5μm
ISO 1 级	10	2				
ISO 2 级	100	24	10	4		
ISO 3 级	1000	237	102	35	8	
ISO 4 级	10000	2370	1020	352	83	
ISO 5 级	100000	23700	10200	3520	832	29
ISO 6 级	1000000	237000	102000	35200	8320	293
ISO 7 级				352000	83200	2930
ISO 8 级				3520000	832000	29300
ISO 9 级				35200000	8320000	293000

（2）试验仪器　试验仪器如图 9-20 所示。

风量罩 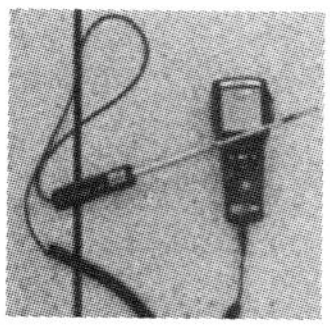　　　　风速仪(包括压力、温　　温度场测试仪 　　　照度计 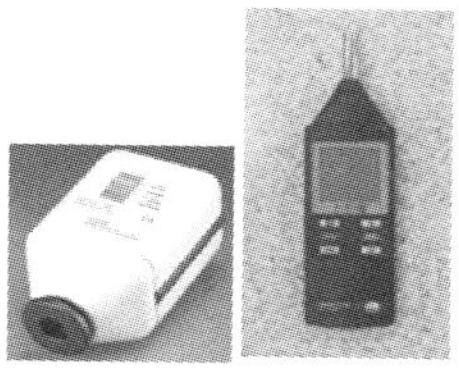　　　　　噪声计
　　　　　　　　湿度、风速探头)

气流流形检测仪　便携式粒子计数器(2.83升/分)　粒子计数器　　lasair II 110(28.3升/分)
HY-AG-10G　　HANDHELD 3016 IAQ　CLJ-350型 50升/分　PMS　Partide Measuring Systems
　　　　　　　(Lighthouse莱特浩斯)　　　　　　　　　　粒子测量系统公司

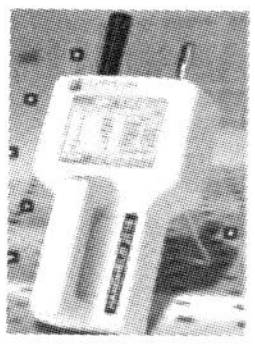

图 9-20　试验仪器

450 i H₂S分析仪（脉冲荧光法）　　17i 型NH₃分析仪（化学发光法）　　146i 型多种气体校准仪　　111型零气发生器

图 9-20　试验仪器（续）

5. 验证结果

试验照片如图 9-21 所示。

（1）洁净度　核心区的空气洁净度测试结果如图 9-22 所示，达到 ISO 14644-1：2015 空气洁净度分级标准的最高等级 ISO 1 级。

（2）空气化学污染物　核心区的空气化学污染物的测试结果如图 9-23 所示。

图 9-21　试验照片

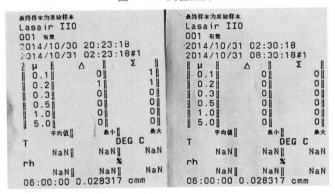

图 9-22　实施系统平台核心区的洁净度测试结果

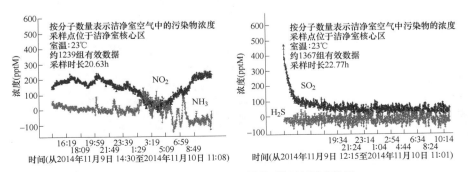

图 9-23　核心区酸性和碱性化学污染测试结果

9.6 发展展望

洁净室空气净化技术行业在我国属于快速发展的新兴行业，洁净室工程所涵盖的技术水平和科技含量较高。行业内企业除需具备洁净室工程领域专业知识以外，还需掌握材料学、机械结构、化工、工程学等相关领域的知识，并熟悉洁净室在不同行业中的应用。因此，洁净室工程的相关技术具有全面性、综合性、实践性的特点，尤其面向中高端市场需求的洁净室工程，在生产环境、工艺设计、设备选取、产能规模、生产装备和检测能力等方面均有着较高的要求。

IC 半导体、光电行业等对洁净室工程要求严苛，业内仅有少数企业具有规划和建造 IC 半导体、光电行业所需高等级洁净室的技术，而此类技术的取得需要长时间的研发和洁净室系统集成的经验积累。

随着下游企业自身技术的发展以及生产工艺特殊性的逐渐显现，其用户的需求呈现个性化、多样化、复杂化的趋势，对洁净室工程服务企业和洁净设备制造厂家提出了更高的技术创新能力和研发能力要求。

未来的洁净技术走势：

1）洁净技术标准国际化，对照 ISO 14644 系列标准，建立我国的技术标准体系。

2）超大面积、大跨度、大空间、高洁净度洁净厂房的发展；合肥京东方 10.5 代 TFT-LCD 面板生产线核心区 268m×318m，单体 8 万 m²，两层（16 万 m²）；上技术夹层 3.9m，工艺层 9m，下技术夹层 6.5m，建筑层高 40m。

3）设备"工艺化"，工程"产品化"，产品"模块化"。

4）节能途径，如精确的热工计算，避免"过度设计"；HVAC 系统，避免"冷热抵消"；空调功能与净化功能分离，除湿、降温、净化分开实施；风机采用变频电动机、FFU 采用无刷直流电动机；研发新型滤材降低过滤器阻力；研发节能高效主机；余热回收或冷凝热回收等。

本章参考文献

[1] TONTI A. Perspectives in environmental control for future integrated nano-electronics：devices, surfaces, development of clean processes [C]. Bonn：ICCCS, 2004.

[2] 王龙兴 . 全球集成电路的技术新进展和主要产品分析 [J]. 集成电路应用, 2019, 36（2）：1-7.

[3] 周婧博 . 基于专利分析的极紫外光刻现状研究 [J]. 科技和产业, 2017, 17（11）：62-66.

[4] Klaus K. Airborne contamination control in clean room [C]. Bonn：ICCCS, 2004.

[5] 赵庆，苏伟胜 . 洁净室内化学气体污染物的分类及控制 [J]. 制冷与空调, 2009, 23（43）：91-96.

[6] 刘兴学，郭志伟，蔡春进，等 . 应用化学滤网去除某晶圆厂黄光区洁净室的氨气 [J]. 工业安全卫生, 2008（3）：8-27.

[7] 全国洁净室及相关受控环境标准化技术委员会 . 洁净室及相关受控环境空气化学污染控制指南：GB/T 36306—2018 [S]. 北京：中国标准出版社, 2018.

第 10 章
超高效中央空调机房系统

建设资源节约型社会是我国的战略决策。建设资源节约型社会已经成为全社会的共识，从"全社会用能"的组成部分看，建筑的运行能耗占比达到 30%，是节能潜力最大的用能领域。

为指导和促进"十三五"时期建筑业持续健康发展，国家《建筑节能与绿色建筑发展"十三五"规划》提出了明确的目标：建筑能源消费总量控制在全社会能源消费总量控制目标允许范围内；到 2020 年，城镇新建建筑能效水平比 2015 年提升 20%；完成面积 5 亿 m^2 以上的既有居住建筑节能改造，完成 1 亿 m^2 的公共建筑节能改造[1]。不断增长的建筑面积带来大量的建筑运行能耗需求，更多的建筑意味着要更多能源来满足其供暖、通风、空调、照明、炊事、生活热水以及其他各项服务功能[2]。在 2016 年颁布的国家标准《民用建筑能耗标准》（GB/T 51161—2016）将新建公共建筑节能与否，从考核"省了多少能"转变为考核"用了多少能"，引导建筑节能工作从"过程节能"到"结果节能"的转变，真正形成公共建筑节能的全过程管理。

建筑能耗与工业能耗、交通能耗并列，是三大能耗大户。仅仅是建筑物在建造和使用过程中消耗的能源比例，就已经超过全社会能耗的 30%。在现代大型商业建筑中，空调耗电量占比最大，高达 50%左右。针对大型公共建筑，空调系统的节能性对建筑节能意义重大。

2019 年 6 月 13 日，国家发展改革委、工业和信息化部等七大部委局联合发布的《绿色高效制冷行动方案》的提出，到 2022 年，家用空调、多联机等制冷产品的市场能效水平提升 30%以上，绿色高效制冷产品市场占有率提高 20%，实现年节电约 1000 亿 kW·h。

建筑设备自控系统的运行能够使建筑物节省大量的能源消耗，延长机电设备的使用寿命，提高建筑物的运行管理水平，提高建筑物室内环境的舒适程度。据统计，装有 BMS 楼宇自控系统后，建筑运行能耗可节省约 30%；而建筑物内的暖通空调系统能耗占整栋大楼的耗能在 50%以上。所以，建筑设备自控系统的应用将促进公共建筑节能的目标实现。

10.1 中央空调系统自动化概述——楼宇自控产业概念介绍

"智能建筑"早期主要是指楼宇自控系统。在建筑物内，通常将建筑设备自动化系统（BAS）、火灾自动报警与消防联动系统（FAS）、安全防范系统（SAS）等三部分组成建筑设备管理系统（BMS）。BMS 具体组成如图 10-1 所示[3]。

楼宇自控系统（BAS）指综合运用计算机网络技术、传感器技术和自动控制等多种技术对建筑中的机电设备如空调、通风、照明、供配电、给水排水以及电梯等设备进行有效的自动化控制；在营造一个舒适的工作环境中，有效降低机电设备运行能耗，提高建筑的智能化水平。BMS 楼宇自控系统是智能建筑的智能和节能降耗的核心技术，能够显著降低楼宇运行过程中的能源消耗达 25%以上，节省人力约 50%，市场前景广阔。

以 BMS 楼宇自控为核心和基础的智能建筑在我国发展的时间并不是太早。20 世纪 90 年代，我国相继建成了地王大厦（深圳）、火车西客站（北京）等一批具备智能功能的大厦；到 2018

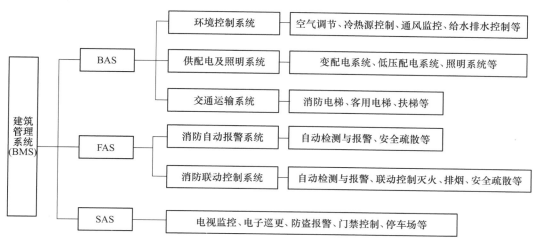

图 10-1　BMS 组成

年，全国已有近 3000 多栋带有智能色彩的建筑物。随着人们更加重视楼宇环保和节能，BMS 楼宇自控作为降低楼宇能源消耗的重要手段，也被越来越多的人认识和接受，迎来了快速发展。国家"十二五"末使用 BMS 楼宇自控系统的建筑占新建建筑比例约为 20%。"十三五"期间我国大力发展绿色建筑和智慧城市，智能建筑比例有很大提高。

目前 BMS 楼宇自控主要应用于大型商业建筑，民用建筑中 BAS 的应用较少。"十二五"之后，全国各省市对绿色建筑政策扶持加大，BAS 市场保持了较高的增长，2016 年全国 BMS 楼宇自控市场规模为 65.9 亿元，同比增长 14.5%，其中产品市场 29.9 亿元，系统集成市场 36 亿元。伴随着我国 BMS 楼宇自控产业市场规模在不断扩大，增长速度也呈现加速增长的态势，2012—2018 年我国楼宇自控产业市场规模如图 10-2 所示[4]。

图 10-2　2012—2018 年我国楼宇自控产业市场规模（单位：亿元）

10.2　国内外高效中央空调机房标准现状

我国幅员辽阔，不同地区的气候、环境和建筑类型各异，建筑节能的工作重点也大不相同。中央空调系统在提供舒适的同时，也成为建筑中的能耗大户。以空调使用需求较多的广东地区为例，对于广东地区采用集中空调系统的公共建筑中，集中空调系统的能耗占建筑总能耗的 30%～60%。中央空调系统的冷源部分（主机+冷冻水泵+冷却水泵+冷却塔）能耗占集中空调系统能耗的 60%～90%。在商业建筑中，冷源部分的能耗占建筑总能耗的 18%～54%[5]。冷站主要设备的运行耦合度高、控制调节复杂，蕴含很大的节能潜力，是华南地区公共建筑节能工作重点。

对广东省部分公共建筑冷站的调研结果表明，其全年平均运行能效仅为 2.0～3.0。如果通过技术和管理手段，将这些项目的冷站能效提高 1 倍（如从 2.5 提升到 5.0），可降低冷站 50% 的电耗，折合每年为整个建筑物节约 10.5%～17.5% 的电耗，节能收益可观。

从全球视角来看，在已经实施的标准体系方面，以美国为例，根据美国供暖、制冷与空调工程师学会（ASHRAE）提出的标准[6]，空调机房的整体能耗水平指标如下：从图 10-3 可以看出，空调机房全年综合能效在 0.85kW/RT（1RT＝3.517kW）以下（即机房整体 COP>4.14）的机房统称为高能效机房（新建项目一般会要求到 0.7kW/RT 以下，即机房整体 COP>5.0）。经过能源审计，如果制冷机房综合能效在 1.0kW/RT 以上，即制冷机房系统 COP<3.5，则为急需整改的机房。对于新建建筑，机房 COP>5.0 方认定为高效机房。据第三方统计，我国 90% 既有建筑空调机房 COP 在 3.5 以下，属于急需整改机房范畴。

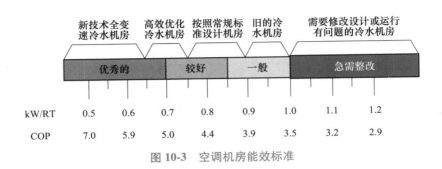

图 10-3　空调机房能效标准

新加坡 BCA《空调系统设计运行规范》（SS553：2016），针对新加坡非居住建筑的制冷机房系统能效提出 Green Mark 等级，规定最高的白金级能效 COP 需达到 5.0，如图 10-4 所示。新加坡目前建筑面积大于 5000m² 的新建建筑必须是绿色建筑；故目前新建建筑制冷机房能效均不小于 4.4。

在我国，广东省走在了全国前列，国内首部聚焦冷站能效的标准《集中空调制冷机房系统能效监测及评价标准》（DBJ/T 15-129—2017）已正式颁布，并已于 2018 年 4 月 1 日起在广东省内实施。

标准中规定了冷站能效达到 3.5、4.1 和 5.0，分别对应三级、二级和一级能效，明确规定总装机大于 500RT，一级能效 COP 需达到 5.0，如图 10-5 所示。同时，标准也对能效监测、计量和评价等过程做出了明确指导。编制组希望这部标准能成为高效冷站在国内全面推广的基石，催生更多、更好的高效冷站项目，为实现"十三五"的建筑节能目标贡献力量。

Green Mark等级	峰值建筑冷负荷/RT	
	<500	≥500
	COP	
认证级	4.1	4.7
金级	4.4	5.0
超金级	4.7	5.2
白金级	5.0	5.4

图 10-4　新加坡绿色建筑评定标准规定

能效等级	峰值建筑冷负荷/RT	
	<500	≥500
	COP	
三级	3.2	3.5
二级	3.8	4.1
一级	4.6	5.0

图 10-5　《集中空调制冷机房系统
能效监测及评价标准》

所以目前行业内一般将机房能效 COP>5.0 的空调机房称为高效空调机房。现有设计的空调机房制冷能效 COP 大多不超过 3，经高能效优化改造为高效机房后，机房能效 COP 从 3.0 提升到 5.0，机房能效提高 66.6%，建筑能耗降低可高达 22%。因此提升集中空调制冷机房系统的能源利用效率对提高建筑的能效水平，实现建筑节能有显著的作用。

10.3 超高效中央空调机房系统的工作原理

实现整个空调机房高效持续运行，实际上是个精细化设计及智能化运维的系统工作，包含节能产品的选择、机房系统优化、节能运维等三个关键部分。

在正确的机房负荷下，通过系统优化设计进行设备优选和相应的运行策略确认。通过系统动态模型，提取出系统模型运行的数据，然后进行研究和分析，设置系统运行耗能量最小的状态，即最佳运行状态。与此同时，通过设计优化制冷机组设备及优化输配系统设备，精准核算和优化循环水网管长、流量、管径、水流速、沿程阻力和局部阻力等输配系统水泵设备参数。

在系统中，机房中的设备配置和控制策略要与其设计、负荷特性和设备运行结合起来。一套集成控制系统是获得整套系统的最佳可靠性和效率的核心。空调系统是一个动态变化的系统，各设备之间相互关联，传统的仅依靠人工操作，即使这个人是非常有经验的专家，也无法让冷冻机房的所有设备协调高效地工作，必须依靠智能控制系统，根据负荷的需求，主动实时地调节冷冻站的所有设备，让整个冷冻站实现高效运行。

高能效机房系统不是简单的设备供货，它的价值更多地体现在设备优化选型、系统优化设计、暖通空调设备与机房控制系统整合、设备安装与工程管理、全系统整体调试的综合实力。为此，机房要实现高能效须以相应标准的高质量设备为基础：

第一，高能效机房要求设备本身的能效水平较高，主机、水泵以及冷却塔最好采用品牌比较好的系列中的高效型（主机采用变频机组，水泵的电动机一般要求选用高效电动机）。

第二，系统的控制非常重要，传感器最好选用精度较高，能够满足安装环境的仪器，控制策略要能够保证整个系统长期处于高效率区运行。

第三，尽量减少系统的阻力（包括局部阻力和沿程阻力），不同温度要求的管路分开等。减少局部阻力的方法一般是尽量减少阀门的使用（改用变频满足冷量变化等），减少弯头等；减少沿程阻力的方法一般是尽量减少管路的长度，保证从主机到水泵等的管路最短。

第四，通过智能控制技术可实现无人值守自动运行，同时操控简单，后期维护方便，并大幅降低系统运行费用和维护难度。

10.4 智慧楼宇系统解决方案

10.4.1 M-BMS 系统概述

美的作为一个暖通行业的专家，对空调暖通设备有其独特的理念，推出了一款服务智慧楼宇的综合性楼宇自动化管理平台 M-BMS。它采用先进的技术、全新的软件架构、新的专利功能为客户提供最优越的性能，实现智慧楼宇的舒适、高效、节能和环保理念。

美的 M-BMS 将各独立子系统整合成一个有机体，以计算机网络为基础、软件为核心，通过信息交换和共享，实现系统的信息共享，降低系统的运行费用，提高系统维护和管理的自动化水平。M-BMS 系统架构如图 10-6 所示。

其中，针对冷源系统及空调末端设备的运行规律及管理模式制定相应的控制和管理方案，在保障环境舒适性的前提下，充分有效地发挥设备的功能和潜力，提高设备利用率，根据使用需求优化设备的运行状态和时间，延长设备的服役寿命，降低能源消耗，全面提高空调系统在末端设备、冷冻水输送及冷源生产的能效比，实现高效节能的要求。它的整体功能可以概括为以下几个方面：

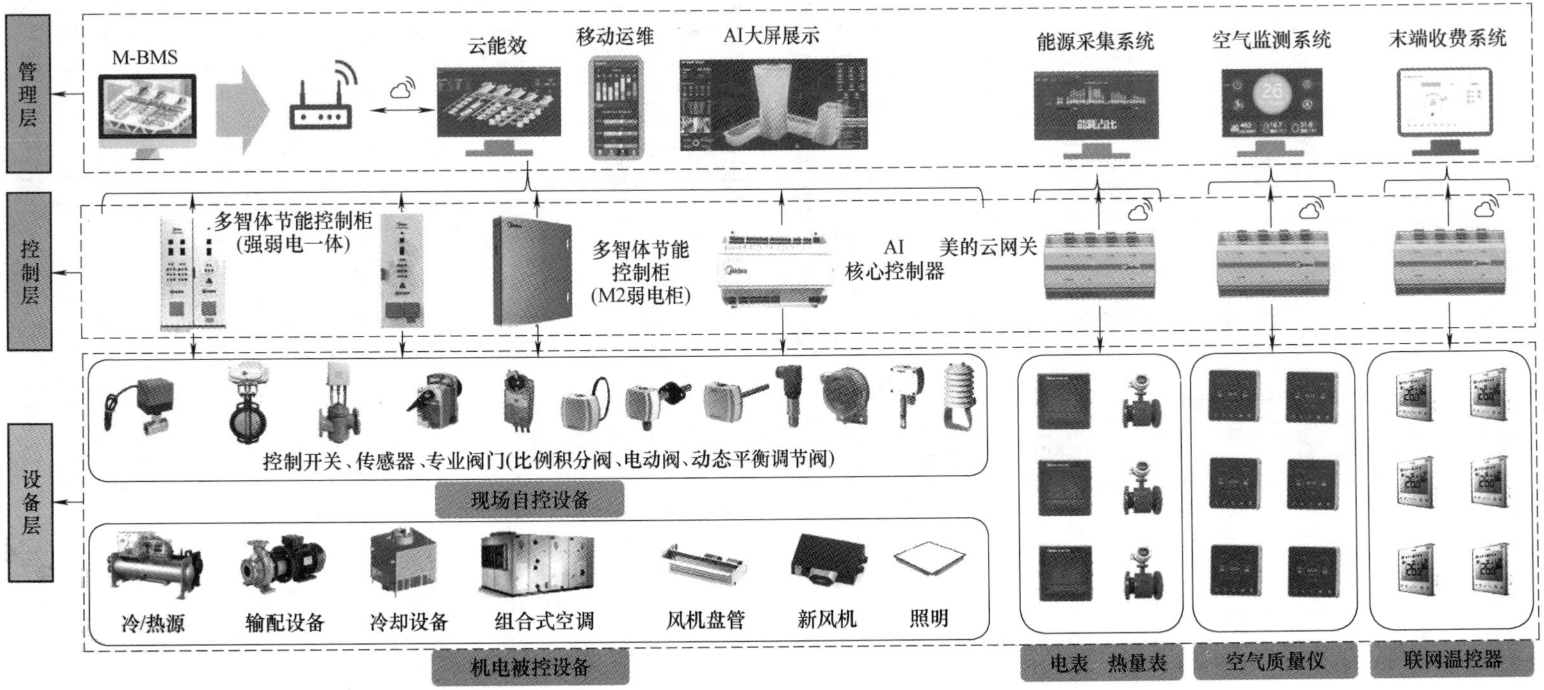

图 10-6 美的综合性楼宇自动化管理平台 M-BMS

对建筑物内的建筑设备采用现代计算机技术进行全面有效的监控和管理，以确保建筑物内舒适和安全的办公环境，同时实现高效节能的要求。

保证建筑物内环境的舒适性，实现对冷源、空调系统的最佳控制，温度的自动调节，以及给水排水系统设备等的合理监控。

提供最佳的能源供应方案，实现合理的能源管理。

提供监控设备的管理功能、显示功能、设备操作功能、实时监控功能、维护保养提示功能、统计分析功能及故障诊断功能，并使这些功能自动化，从而实现管理现代化，降低人工成本。

全局化的信息分析和全局决策。对所采集的信息自动分析，提供各类图表，供操作人员分析建筑物的运行情况、设备状况、能源消耗状况、报警状况等，并根据各系统运行的分析资料、统计资料、报表、数据等进行汇总，在此基础上为管理人员的决策提供必要的信息。在建筑设备监控系统中可以完成对建筑物内监控设备的集中控制和管理，将运行情况归纳、分析，以文本、图形、表格的形式上报至主控室，同时能够执行主控室下发的控制指令。

中央工作站通过界面可以浏览所有受控设备的参数、状态、故障等，并可以进行在线控制，以保证该建筑内设备的正常运行。

与传统的楼宇管理系统相比，美的 M-BMS 系统具有以下几个方面的特点和优势：

（1）可靠性　美的 M-BMS 系统在设计上充分体现了分散控制、集中管理的特点，保证每个子系统都能独立控制，同时在中央工作站上又能做到集中管理，使得整个系统的结构完善、性能可靠。

美的 M-BMS 系统当中的各级别设备都可独立完成操作，即在同一时刻组成不同级别的集散系统（或不同级别的结构组织形式），使用界面非常亲切，其全套楼宇自控产品、统一的生产管理体系保证了系统的配套性，同时使系统可靠性大为增加。

（2）开放性　美的 M-BMS 在网络扩展方面提供了强大的功能，可与其他厂家的系统或产品（包括各种形式 PLC，消防系统等）连接。具有优越的远程通信功能，能够使不同楼宇、厂房间的控制系统联系起来组成一个群集系统。

美的 M-BMS 网络结构的开放性和兼容性，确保了它和先进通信技术结合的能力，并且保证系统结构在产品更新换代时的延续性。所支持的开放性标准有：管理网络，OPC、TCP/IP 协议；楼层网络，BACnet 标准、TCP/IP；网络接入，Modbus、LonWorks、BACnet 标准、厂商专有协议等。

（3）先进性　美的 M-BMS 系统采用先进的技术、全新的软件构架、创新的专利功能，核心搭载自主研发的 AI E+E（能效+环境）优化算法，拥有智能控温、智能启停、智能控载、智能寻优及智能联动五大功能，通过"风水联动"+"主动寻优"实现各系统间的解耦控制，实现对建筑综合能源效率的优化。美的 M-BMS 系统将人工智能、大数据技术应用到不同的建筑场景中，充分挖掘楼宇的节能潜力，确保系统无人值守全自动最优化运行。

根据 M-BMS 系统实际工程应用案例及第三方能效检测报告，已证明采用 M-BMS 系统可实现建筑舒适度提升 20% 以上，用电量减少 30% 以上，设备管理人员减少 50% 以上，有效降低建筑能耗及运营成本，做到能效与环境的智能融合。

（4）经济性　美的 M-BMS 采用模块化结构，控制方式极其灵活，控制层的维护和扩展极为方便。使得楼宇管理系统可以很方便地扩展，节省初期投资，系统各部分可分别随调试完成投入使用。

美的 M-BMS 系统能够满足在管理上节省费用的要求，投入有效的能量使用，能保证环境的高标准和舒适性。

美的 M-BMS 系统可以满足大多数楼宇自动化和系统集成要求。

（5）管理多元性

1）从管理网络上的任何工作站对系统控制器进行监视、操控和编程。

2）记录操作员发出的指令、超权限操作和系统更改。

3）使用系统特征检测图和动态绘图仪应用程序，快速找到并排除故障。

4）使用调度程序迅速制订日程计划并修改设施用途。

5）使用全站点软件许可解决方案经济高效地添加多个工作站。

6）向每个用户分配基于用户名和密码的系统访问权限。

（6）灵活适应性　美的 M-BMS 系统的设计理念就是随着新的需要和技术要求的变化不断演进。通过 M-BMS 系统，可以像搭积木一样，构建楼宇的管理功能，即仅在必要之处添加所需要的设备。借助 M-BMS 系统每一个组件所独具的灵活性特点，以及不断扩展的第三方系统、协议和设备兼容范围，几乎可以不受限制地满足客户的楼宇自动化要求。

10.4.2　M-BMS 界面介绍

M-BMS 是一个灵活的控制平台，它面向用户工作流程设计的界面简化了楼宇的任务和操作。它提供了一种更快速的、更安全的、更舒适的方法完成对整个楼宇的控制管理。M-BMS 多智能体自适应节能控制系统群控界面如图 10-7 所示。

主面板、操作面板、相关面板窗口分别显示设备的动态图形、命令和控制、相关的高级功能（如趋势、联动、事件、远程通知等），并自动链接到信息的各个层面。同时，也能自动链接到系统的分层树型结构，让客户可以快速地概览系统，并可以集中精力在关键信息上面。扁平化的用户界面设计保证控制对象能够在一个屏幕中显示，从根本上避免了窗口的重叠和误操作。

M-BMS 系统包含以下几大功能模块，如图 10-8 所示。

M-BMS 的主要参数设置功能详述如下：

（1）日程设置（图 10-9）　按照星期运行规律设置每天的启停时间，同时可以设置节假日特殊启停时间。

（2）设备启停控制　设置设备的使能及启停，包括主机、水泵、风机及蝶阀等。

（3）运行参数（图 10-10）　可以按照需求设置运行参数，包括冷冻出水温度、供回水压差等。

（4）运行能效参数（图 10-11）　显示主机、冷源以及机房的瞬时能效、累计能效及统计能效。

（5）运行参数曲线（图 10-12）　记录温度、压力值，生成曲线和报表，支持查询、打印。

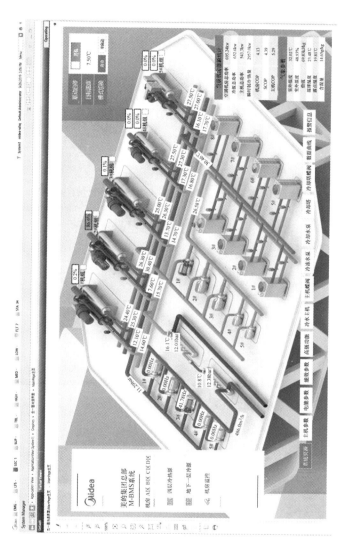

图 10-7　M-BMS 多智能体自适应节能控制系统群控界面

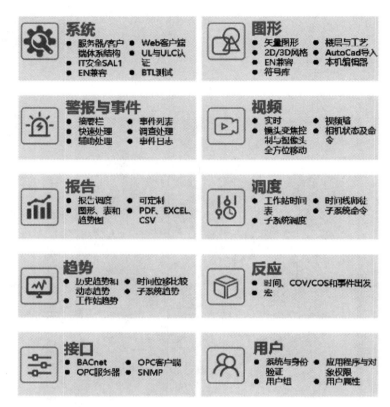

图 10-8　M-BMS 系统的功能模块

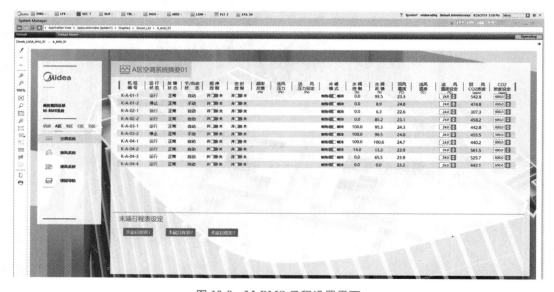

图 10-9　M-BMS 日程设置界面

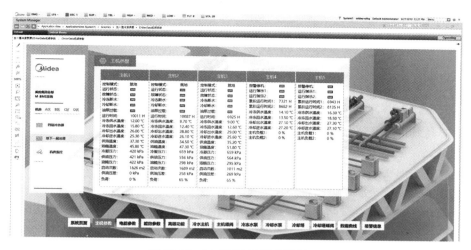

图 10-10 M-BMS 运行参数界面

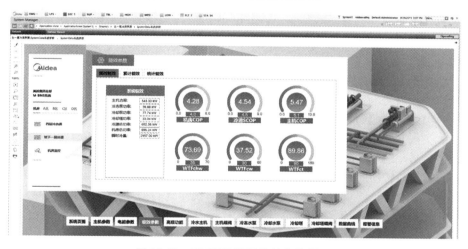

图 10-11 M-BMS 运行能效参数界面

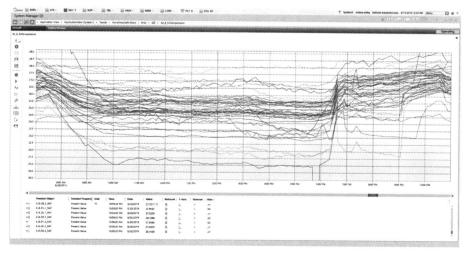

图 10-12 M-BMS 运行参数曲线界面

10.5 超高效中央空调机房系统解决方案

美的 M-BMS 中央空调超高效机房解决方案（图 10-13），是基于美的 M-BMS 智慧楼宇的综合性楼宇自动化管理平台基础上，针对高效机房系统而深度研发的解决方案系统，是美的暖通集成自身在暖通空调和行业内楼宇自控上多年创新经验的基础上，经过不断整合与深入挖掘而开发出的针对客户改善制冷站整体性能和降低运行费用需求的一种有效工具。

解决方案是对经过能源审计的制冷机房进行节能升级或者改造并担保改造后机房效率的一种服务。高能效机房将中央空调的机房设备，包括冷水机组、冷冻水泵、冷却水泵、冷却塔、管道阀门、控制系统等设备进行系统性、智能性、集成性的深入优化设计，使资源达到充分共享，实现集中、高效、便利的

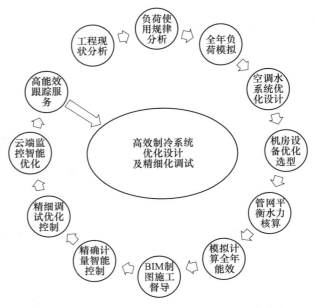

图 10-13 M-BMS 中央空调超高效机房解决方案

管理，确保整个制冷站运行起来后整体效率始终达到最高区间。

在了解建筑负荷特性的基础上，通过合理选用暖通设备、优化水系统设计，并在自控系统的控制下，以满足室内设计要求为前提，实现较高的系统年运行效率满足超高效中央空调系统全年平均机房能效 COP>5.0 的效果。

超高效中央空调系统需要一站式解决方案和服务，其高能效结果的达成需要从设计、施工、运维全程进行精细化把关和服务。以下将对超高效中央空调系统集成解决方案的四个步骤进行详细探讨：①超高效中央空调系统的精细化设计；②BIM 精细化制图及施工督导；③M-BMS 多智能体自适应节能控制系统的精细化监控；④对暖通及自控系统的精细化运行调试及优化。

10.5.1 超高效中央空调系统的精细化设计

1. 全年负荷模拟

目前能耗高的公共建筑空调系统中，相当一部分是由于设计方案的"先天不足"所造成的，如冷热源方式选择不当、冷冻机和水泵等容量选型偏大，从而在设计方案中留下一系列的隐患，导致空调系统在实际运行中能效较低，能耗增大。并且这些问题很难在建成使用后通过调节或简单改造就能解决，由此给空调系统节能运行和实现高能效带来极大的困难。因此，在设计方案阶段必须进行严格审查，并要求采用全工况、全过程的模拟分析辅助方法对建筑冷负荷进行计算分析，减少和避免由于设计不当导致建筑高能耗。

根据建筑数据及暖通规范要求，通过运用空调系统模拟软件对建筑物负荷逐时、逐日、逐月的计算可获取全年 8760 个小时的准确制冷总负荷、最小制冷负荷，获得详细的建筑物日负荷变化规律和年负荷变化规律[7]。剔除设计选型余量、实现精细化设计、设备精细化选型、精确控制

并针对整个空调系统及系统中各个部件提出改善及优化策略。

2. 空调水系统优化设计

（1）空调设备优化选型　通过对全年逐时能耗进行详细计算、分析，结合不同负荷下的设备运行策略，选出最佳的设备选型，空调设备优化选型主要包括冷水机组、水泵、冷却塔及大温差末端组合式空调器。

1）冷水机组优化选型。根据设计院提供的设计负荷及业主提供的设备使用规律数据，预测全年逐时冷负荷，结合空调系统群控设备运行策略，选取综合能效最佳主机形式及组合。通常会选用大温差、三流程蒸发器的双一级能效变频直驱主机，冷凝器选用两流程并自带胶球清洗端盖，保证常年自清洁达到全周期能效保持的效果，如图 10-14 所示。

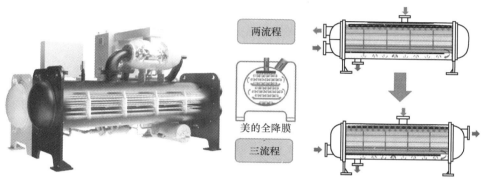

图 10-14　美的高能效变频直驱离心机组

2）水泵优化选型。空调水系统输送动力能耗占整个空调系统能耗的 20% 左右，应尽量减少空调系统输送动力能耗。水泵优化可采取以下主要措施：

①优化水泵扬程选型：空调水系统最不利环路阻力加上机房各设备阻力之和作为确定水泵扬程的依据，故通过在设计上减小最不利环路的长度、选择低阻力阀门阀件或增大管径，可以降低水泵扬程。

②降低冷却塔塔体扬程：冷却塔顶部进水管与集水盘液面高度之差即塔体扬程的大小，直接影响到水泵的扬程，因此尽量选用塔体扬程小的产品。

3）冷却塔优化选型。研究表明，冷凝温度每增加 1℃，单位制冷量的耗功率增加 2%~3%。因此降低冷却系统供回水温度，能显著提高冷水机组 COP 值[8]。为达到此目的，需采取以下措施：提高冷凝器冷却水侧的放热系数，提高放热系数的有效途径是减小水侧的污垢热阻，对冷却水补水进行有效的处理；增大冷却塔的型号，考虑一定量的富余系数，根据项目当地最不利环路阻力适当增大冷却塔型号，力争将冷却塔设计工况逼近度（冷却水出水温度与室外湿球温度之差）降低至 3℃ 以下。

4）大温差末端组合式空调器优化选型。目前常规空调冷冻水系统采用 5℃ 温差设计，高能效机房一般采用 ≥7℃ 的大温差设计，可降低水泵运行费用。为适应大温差工况，需要末端组合式空调器选型加大，能够适应更宽的输出能力要求，在负荷变高甚至超过设计最大负荷的情况下也可以轻松适应该负荷，同时因为应对大小负荷都游刃有余，真正可以通过提高出水温度和降低风机风量来进行节能。

（2）空调管网优化选型　首先需要将具有相同使用时间和相同负荷规律的末端用同一组管网进行连接，尽量减少不同管道之间的相互影响。在此基础上，由于水泵功率与扬程成正比关系，因此降低水系统阻力是降低水输送动力的有效途径，主要采取以下主要措施：

1）选择低阻力阀件。

①过滤器：市场上供应的 Y 型水过滤器过滤面积小，阻力较大，一般为 1~3m。应优先选用水阻小于 0.3m 的篮式过滤器。还可以选择直角式过滤器，安装在水泵入口，可以连接水平管和竖向管道，节省一个弯头及其阻力损失。

②止回阀：目前市场常用的蝶式止回阀，阻力较大，一般为 1~2m，应优先选用水阻小于 0.3m 的静音式止回阀。

2）管网低阻力优化。通过将水泵进出水口高度与主机进出口置平，可以减少管路弯头，将主机与水泵水平对接，直进直出，可以减少弯头。如将水泵入口处弯头改为直角式过滤器，或者取消设计落地式分集水器则还可以减少弯头。机房内水管路设置弯头时应尽量设置顺水弯头，阻力可以降低 50%。

3. 空调水系统仿真建模

暖通空调系统一般都是由许多的管路、设备等器件通过各种不同的连接方式组合在一起，形成一个网络。在整个网络中，各部分之间既相互独立又相互影响，它们各自的物理参数不能够单独求解得到，需要对整个网路中的所有物理量进行联立求解。通过管网建模仿真软件，对于较复杂的系统能够快速有效地建立精确的系统模型，并进行完备的分析。通过管道参数、阻力元件设定，主机、末端设备动态水阻曲线设定，在给定设计流量下，模拟该流量下的系统总压降，为水泵选型提供依据。在变流量工况下分别计算 10%~100% 工况下的水泵扬程，并输出系统所有设备的模拟参数，包括流量、流速、压降等。某机房的空调水系统仿真建模如图 10-15 所示。

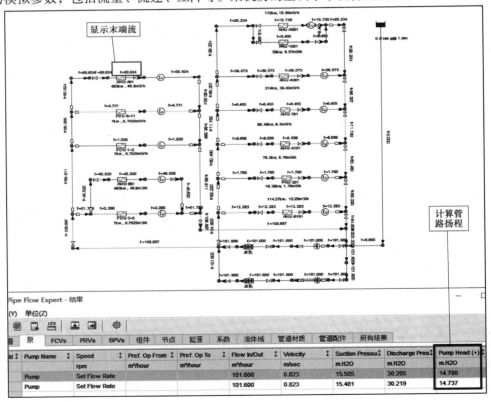

图 10-15　某机房的空调水系统仿真建模

4. 全年变负荷工况能效计算

前述已对冷水机组主机、各水泵、冷却塔、末端、管网等进行了优化，目的即为实现制冷机房全年综合能效比≥5.0，中央空调系统是一个庞大而又复杂的系统工程，各系统设备之间是相互联系、相互影响的。建筑环境由室外气象条件、室内外的通风状况、室内各种热源的发热状况等因素所决定。建筑环境控制系统的运行也必须随着建筑环境的变化而不断地进行响应调节，以实现既满足室内舒适性又满足其他要求的建筑环境。由于建筑环境的变化是由多种因素所决定的一个复杂过程，因此只有通过计算机的模拟计算的方法才能有效地对建筑全年能效进行计算。模拟计算按设计工况冷冻出水温度 9℃/16℃（末端需要按此大温差进行选型）、设计工况冷却水温度 30℃/35℃（广州设计工况）及变冷却水工况，对不同负荷率下制冷机房能效进行计算，从而得到全年平均能效预测值，待机房建成运行后验证目标值。

10.5.2　BIM 精细化制图及施工督导

超高效冷源系统机房管道往往比较复杂，BIM 技术在超高效中央空调系统深化设计中的应用，可发现大量隐藏在设计中的问题，使设计思路能详尽地表达给建设项目相关的各个单位，提高沟通效率，为机房的管线设计和施工带来了极大的便利。其优势主要体现在以下几个方面：

（1）三维可视化及精确定位　对于传统机房而言，管道横平竖直，利用 CAD 软件可以表达出管道的走位。而超高效机房系统，管道往往是带有倾斜角度的，利用二维软件无法清晰表达，BIM 模型可以展现出二维施工图上看不到的问题。利用软件的碰撞检测功能，将管线之间及管线结构之间碰撞问题尽早地反馈出来，大幅度提高施工的生产效率，避免了由施工协调和返工造成的成本增加与工期延误。

（2）设备参数复核计算　在超高效中央空调系统安装过程中，由于对管线进行了深化设计以及路线调整，在此过程会增加或减少部分管线长度和弯头数量，对原有系统阻力参数产生一定的影响。采用 BIM 技术后，软件根据 BIM 模型及设备与管道的参数可以对能耗及流量等进行智能模拟，模拟结果与 BIM 模型实时关联，为设备参数的选择提供一定的参考。

（3）传感器的定位　在超高效中央空调系统中需要安装的传感器数量较多，包括管道水流温度、压力、流量等传感器。若按照常规做法，在管道施工完之后自控工程师再到现场定位，经常出现在不到十米长的管道上同时安装多种传感器，导致传感器安装空间、位置不满足规范要求，在后续运行中采集的数据有较大误差。采用 BIM 技术可以在图样上精确定位传感器，提前判断安装空间及位置能否满足要求，若不满足及时调整管路系统，保证自控传感器的顺利安装，为后续精确的数据采集提供保障。

10.5.3　M-BMS 多智能体自适应节能控制系统节能控制原理

为了充分发挥暖通空调系统在不同部分负荷时的最优能效，将采用 M-BMS 多智能体自适应节能控制系统。该系统将传统中央空调集中式控制系统中各类设备进行控制，逻辑解耦并分散为多个独立的控制模块。各模块内部通过自适应算法按效率最高进行控制，各个模块互不干涉，独立控制，形成整体的高能效解决方案。

多智能体自适应节能控制系统的多智能体是一定数量的自主个体通过相互合作和自组织，在集体层面上呈现出有序的协同运动和行为。在这一系统中所有的单元（子系统）都是独立平等的，它们之间不存在任何隶属关系。各个单元都能独立完成各自的任务而不受其他单元的干预。同时各个单元之间也能协调工作来实现整个系统的运行。

M-BMS 多智能体自适应节能控制系统，由主机综合节能控制系统、水泵智能节能控制系统、冷却塔智能节能控制系统、末端智能节能控制系统等模块以多智能体形式自协调形成一个统一的整体，如图 10-16 所示。硬件形式可以按模块组合类型和数量不同，适用于不同形式的机房系统，同时也适用于强弱电一体解决方案和"弱电+强电"解决方案。并且可以与云端进行实时交互，在云端获得可以使整体运行效果发挥更好的参数优化设定及能效检测和分析。如果有某一个设备有故障，也可以通过智能识别禁止开启有故障的设备，而用其他设备代替运行。

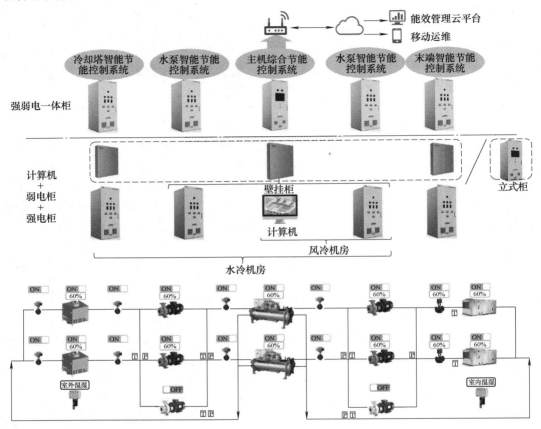

图 10-16　M-BMS 多智能体自适应节能控制系统架构图

M-BMS 多智能体自适应节能控制系统，在现场用通信线缆与冷冻水泵控制柜、冷却水泵控制柜、冷却塔控制柜、末端控制柜连接。通过系统监控数据对空调系统负荷、冷却系统负荷情况进行智能评估，并根据空调水供回水温度、冷却水供回水温度及系统压力等参数控制空调水泵和冷却水泵、风机及相应阀门的节能运行。

主机综合节能控制系统模块将根据建筑环境参数的实时变化，采用大数据方法预测建筑下一时段的负荷，使空调主机自动调整台数组合及输出负荷从而控制空调水系统冷热量[9]，从而使空调主机在高能效状态运行，同时确保冷冻水泵、冷却水泵处于低能耗状态，确保系统性能系数最高（即系统整体能耗最低）。M-BMS 系统内置先进的粒子群优化算法，可以对冷冻水系统的多元控制参数进行实时寻优[10]。图 10-17 所示为空调主机传统群控与 M-BMS 优化群控的性能对比。从图中可以看出，当采用 M-BMS 优化群控后，主机在不同负荷下的整体运行能耗降低，COP 得到显著提高，有效避免主机在加、减载过程中运行效率的下降，实现主机在任意工况下自适应高效运行。

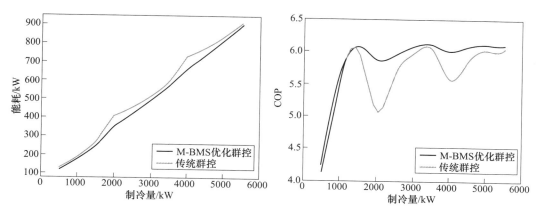

图 10-17　空调主机传统群控与 M-BMS 优化群控的性能对比

水泵智能节能控制系统模块通过变频器柔性启动水泵，水泵启动后，按控制器输出的控制参数值，实现最优效率加减载，并调节各水泵变频器的输出频率，控制水泵的转速。冷冻水泵节能控制使系统在保证末端空调用户的舒适度的同时，可实现系统最大限度的节能，并使得水泵的输送系数达到最优值。

冷却塔智能节能控制系统模块通过依据所采集的实时气象数据及系统的历史运行数据计算出最佳冷却水温度，并与检测到的实际参数做比较，根据其偏差值控制冷却风机的启停和变速运行，从而改变冷却塔的散热量，使冷却水系统的回水温度趋于最优值。

末端智能节能控制系统，通过室内温湿度可以调节模块内部的送风温度、水阀开度及风机频率，在保证末端舒适度的前提下，使供冷量与需求相匹配，最大限度地降低风机能耗。

该系统对机房内空调系统的设备实行实时、全天候的自动监测和控制，并同时收集、记录、保存及分析管理系统运行的重要信息和数据，通过对系统负荷的准确预测，实现对中央空调冷水机组、冷冻水泵、冷却水泵、冷却塔等设备自律协调一体化的同步控制，从而实现中央空调系统智能、节能运行，在提高能源效率、满足室内环境需求的同时，节省能源，节省人力，延长设备使用寿命，最大限度降低设备寿命周期的费用。

10.5.4　暖通及自控系统的精细化运行调试及优化

1. 空调设备精细化调试

根据高效机房深化设计的效率目标及运行要求，实施精细化调试、诊断、分析报告工作。

2. 主机的精细化调试

冷水主机完成主机运行调试工作，提供调试报告，最佳部分负荷率电子表格或曲线，最大及最小冷冻水、冷却水流量工况，最高及最低的冷却水进水温度、冷冻水出水温度工况下的主机能效状态，确定每台主机的最佳效率运行负荷段，并出具冷水主机的诊断、分析报告。

3. 冷冻、冷却水泵的精细化调试

根据优化后的机房平面布局和管网设计图、采购设备的技术参数，进行精确计算比较，测试确定全部水泵的最佳运行技术参数，并出具水泵的诊断、分析报告。

4. 冷却塔的精细化调试

根据冷水主机的最佳部分负荷率电子表格或曲线，测试出不同负荷段的冷却塔运行台数及冷却效果，并出具冷却塔的诊断、分析报告。

5. 冷源机房系统的精细化调试

在机房系统内的所有设备完成单设备精细化调试工作后，冷源机房系统全部启动，测试每台设备在各个负荷段的协同运行性能参数在最优效率点，并出具冷源机房系统的诊断、分析报告。

6. 末端系统诊断、分析

当机房冷源系统精细化调试完成后，冷冻水供水温度达到设计值±0.5℃条件下，末端系统满负荷及部分负荷运行的条件下，冷冻水主管供回水温差不小于设计温差-0.5℃，确定末端系统在不同的负荷段运行，冷冻水供回水温差均可以达到不小于设计温差-0.5℃，并出具末端系统诊断、分析报告。

7. 节能控制系统调试

在完成机房暖通系统的精细化调试工作后，进行节能控制系统的半自动、全自动运行模式调试工作。

8. 传感器校正

根据传感器技术要求数据，对系统内的温度、流量等传感器进行校正，以达到技术文件要求为目标。

9. 半自动模式调试

单机组自动运行模式，一键启动机组，机组内的冷却水泵、冷冻水泵、电动阀门、冷却塔自动联锁运行，自控系统自动调节冷冻、冷却水泵流量，实现单机组高效运行。

10. 全自动模式调试

（1）主机的优化控制 根据最佳部分负荷率电子表格或曲线，对应冷却水的进水温度及冷冻水出水温度设定值确定机组的最佳负荷值。根据末端负荷实测需求，计算需要投入的机组规格和台数，实现最优台数控制。

（2）冷冻水泵的变频控制 根据实测末端冷冻水流量需求、最不利环路的压差变化和冷冻水进出水温差变化，精确控制流量分配和水泵的运行频率，确保冷冻水的供回水温差大于或等于设计值，杜绝大流量小温差的不节能现象的发生。

（3）冷却水泵的变频控制 根据实测水流量需求和冷却水进出水温差变化精确控制冷水主机并联回路的动态压力平衡和水泵运行频率，确保冷却水的供回水温差大于或等于设计值，杜绝大流量小温差的不节能现象的发生，并能保证冷水主机在最高效率区间运行。

（4）冷却塔自控系统调试 根据实测冷却水流量自动控制投入运行的冷却塔台数；根据出水温度与室外湿球温度的差值变化控制风机的运行频率，确保逼近度在合理水平。

10.5.5 小结

超高效中央空调系统高能效结果的达成需要从设计、施工、运维全程进行精细化把关和服务，做到超高效中央空调系统的精细化设计，BIM 精细化制图及施工督导，M-BMS 多智能体自适应节能控制系统的精细化监控，暖通及自控系统的精细化运行调试及优化。传统的商业模式在建设机房的时候涉及多个设备供应商、设计院、机电安装公司、调试公司及监理等多个对接方。项目的达成需要多个不同分散责任主体的配合，往往设计深化不到位，系统选型配置方案不够完善，设计和现场施工上通常会脱节，没有从整体去管理和把控，所以最终得不到很好的效果。

而作为提供空调系统核心的主机厂家可以从冷量的生产源头出发对系统进行全面的优化，

提供深化优化后的系统级解决方案，将 M-BMS 多智能体自适应节能控制系统融合在经过精细化设计及调试后的高效暖通空调系统中，使暖通+自控无缝集成，智能化节能运行，保障项目的实施效果。

10.6　应用案例及其实施效果

美的 M-BMS 系列解决方案目前已经成功地在轨道交通、五星级酒店、高端 5A 级写字楼、工业厂房、体育场馆、商业大厦中采用全球领先的高效机房解决方案，运用先进可靠的系统设计和高精高难施工工艺，革新机房使用理念，谱写了高效机房建设的新篇章。大量实际项目的运行效果均达到并超过预期的机房整体能效水平，体现出美的在高能效机房领域的领先者地位。

10.6.1　万豪酒店中央空调系统节能改造

目前，我国酒店餐饮等服务行业已成为高能耗行业的代名词，其中中央空调的能耗在部分酒店已占到 50%，尤其在夏季甚至占到总能耗的 70%。由于天气、客房使用率及经营活动等的变化，酒店的能耗也在不断变化，这导致酒店实际能耗与设计能耗之间存在着较大的差异。大量研究结果表明，现有的大多数酒店中央空调都存在着不同程度的能源浪费现象，而很大一部分原因都是控制管理不当造成的，所以，在机房群控这方面存在着较大的节能空间。

1. 项目概况

佛山顺德美的万豪酒店（图 10-18）位于佛山顺德大良南国东路 388 号，酒店拥有 258 间精致豪华客房及套房，1740m² 的会议及宴会空间，包括 1400m² 的无柱宴会厅及 4 个多功能会议厅，酒店配备顶尖设施，可充分满足商务和休闲旅客以及各类会议活动的需求。

图 10-18　佛山顺德美的万豪酒店

该工程总建筑面积为 90115m²，一共分为两个独立的空调系统：酒店中央空调系统空调面积为 24299m²；商业、办公中央空调系统空调面积为 25159m²。酒店和商业各有一套中央空调系统。

1）酒店中央空调系统区域包括：地下一层后勤区，首层酒店大堂区，二层餐饮区，三层大堂、会议、餐饮区，四层办公、健身区，十五层至二十九层客房区域。

2）商业、办公中央空调系统区域包括：首层办公大堂、零售区，二层零售区，三层餐饮区，五层至十三层办公区。

该次群控智能化改造只针对酒店中央空调系统，机房设备参数见表 10-1。

表 10-1　万豪酒店机房设备参数

项目	型号	制冷量 /kW	变频与否	流量 /(m³/h)	扬程/m	额定功率 /kW	台数	总制冷量 /kW	总功率 /kW
离心式冷水机组	800USRT	2950	否	484	—	472	2	5626	944
离心式冷水机组	CCWE300EV	1055	是	181	—	162.2	1	1055	162.2
冷冻水泵	1CHWP-1~3	—	是	528	38	90	3	—	270
冷冻水泵	1CHWP-4~5	—	是	198	38	37	2	—	74
冷却水泵	1CWP-1~3	—	否	634	32	90	3	—	270
冷却水泵	1CWP-4~5	—	否	238	32	37	2	—	74
冷却塔	1CT-1~2	—	否	680	—	30	2	—	60
冷却塔	1CT-3	—	否	255	—	11	1	—	11

酒店公共区域和后勤区域采用全空气系统，负一楼至四楼区域共采用了 13 台组合式空调，其中有 6 台为变风量空调处理机组。十五层至二十九层客房区域全部采用风机盘管+新风系统。

2. 项目分析

通过前期对酒店空调系统实际运行情况的诊断和分析发现，酒店空调系统存在较多的问题，节能潜力较大。下面列举实际运行中发现的问题。

1）主机的启停时间和设定温度全部由酒店的工程管理人员手动进行操作，而人工管理很难做到根据酒店实时冷负荷的变化及时地进行冷冻主机运行台数的加减载，同时也无法根据室外天气智能调整主机出水温度设定值，主机优化控制的节能潜力较大。

2）冷冻水系统采用一次泵变流量系统，其中，客房区域由负一楼冷冻水供至十四层板式换热器机房，经板式换热器与十五层至二十九层客房区域循环的冷冻水换热。虽然冷冻水泵为变频水泵，但是平时只是人为设定一个固定的频率值，并没有根据末端冷负荷的变化实时地调节冷冻水流量，从而造成冷冻水系统经常出现"大流量小温差"的现象。

3）冷却水水泵采用的是定频水泵，运行台数与主机一一对应，无法根据主机负荷和室外天气变化调节冷却水流量。

4）冷却塔选择 3 台横流方形冷却塔并联使用，冷却塔风机采用的是双速风机，一般与主机一一对应使用，没有充分利用并联冷却塔的最大填料面积，所以，冷却塔的使用控制上也存在一定的优化空间。

5）空调机房全年大部分时间需要 24h 运行，所以，需要耗费大量的人工来管理和控制空调，这样不仅控制效果差，同时还需要耗费大量的人力成本。

3. 节能改造方案

针对该项目在控制和管理上存在的种种问题，酒店决定对机房进行智能化改造，采用美的 M-BMS 多智能体自适应节能控制系统，将制冷主机、冷冻水泵、冷却水泵、冷却塔等设备进行联锁控制，实现系统的整体节能。

采用节能智能化系统，利用现代的计算机技术、控制技术和网络技术，便可实现对机房所有空调设备的集中管理和自动监测，确保机房内所有空调设备的安全运行，长期保持设备的低成本运行。设备出现异常时，系统能够准确、及时地提供声、光及图文报警信息，提高维护、维修的时效。

该系统对机房内空调系统的设备实行实时、全天候的自动监测和控制，并同时收集、记录、保存及分析管理系统运行的重要信息和数据，优化系统控制方案，在提高能源效率、满足室内环境需求的同时，还能节约能源，节省人力，延长设备使用寿命，最大限度地降低设备寿命周期的费用。

中央空调节能控制中心通过对系统负荷的准确预测，实现对中央空调设备、空调水泵、冷却水泵、冷却风机一体化的同步控制，采集系统及环境运行数据，智能分析系统需求负荷，控制主机开启台数及出水温度，并根据建筑负荷、主机及末端最小流量需求、散热负荷等参数智能调节冷冻水泵、冷却水泵、冷却风机的运行，通过各设备间的匹配、耦合运行实现中央空调系统整体运行能耗最低、节能运行。

为了便于系统的日常管理和维护，中央空调节能控制中心提供了人性化的远程监控平台。远程监控平台通过标准的通信协议及现场控制单元和设备进行通信，实现对空调系统运行的集中监测、控制和管理。

4. 改造后节能评价

改造完毕后，为了验证 M-BMS 多智能体自适应节能控制系统的节能效果，业主特意请来了第三方检测机构——中国建筑科学研究院有限公司建筑能源与环境检测中心，对该次群控系统的节能效果进行测试评估。第三方检测机构通过相似日测试法，测试得出在相同运行时间（08：00~22：00）段内，M-BMS 多智能体自适应节能控制系统开启工况相对于关闭工况冷源系统节能率为 31%。分析结果见表 10-2 和图 10-19。

表 10-2　万豪酒店 M-BMS 开启和关闭工况冷源系统运行能耗对比

项目	M-BMS 节能控制系统关闭		M-BMS 节能控制系统开启		节能率
	耗电量/kW·h	占比	耗电量/kW·h	占比	
冷机	3952	62%	2813	64%	29%
冷冻水泵	1103	17%	389	9%	65%
冷却水泵	1 006	16%	1021	23%	−2%
冷却塔	303	5%	160	4%	47%
冷源系统	6363		4383		31%

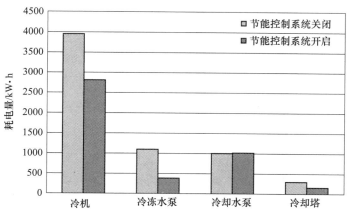

图 10-19　两种工况设备能耗对比

10.6.2 广州地铁高效机房设计及节能优化控制

近年来，国内城市轨道交通发展迅速，轨道交通能耗巨大，其中空调系统的能耗就占到车站总能耗30%以上，不考虑列车牵引能耗的情况下更是达到车站常规能耗的50%以上。而在中央空调能耗中，60%~80%能耗消耗在制冷机房系统内，节能潜力很大。美的中央空调与广州地铁联手打造轨道交通地下车站高效制冷系统，对新开通地铁线路的中央制冷机房与地铁公司共同进行节能优化示范，有效提高中央空调系统的效率，对节约轨道交通能耗，降低运营费用意义重大。

1. 项目概况

广州地铁苏元地铁站（图10-20）位于科丰路与开创大道交汇处，该站为21号线与地铁6号线的换乘站。21号线苏元站设置站厅站台共3层，为明挖地下3层岛式车站，车站总长度315.4m，标准段宽23.8m，东端最宽处为33.8m，西端最宽处为28.5m，车站两端为设备区，中间为公共区，站厅层公共区面积2003m²，站台层公共区面积1594m²。21号线苏元站中央空调冷源系统设置在6号线地下一层站厅西侧制冷机房内，并与6号线冷源系统相互独立。

广州地铁天河公园站（图10-20）是广州地铁11号线、广州地铁13号线和广州地铁21号线的换乘车站，2019年年底启用。车站总建筑面积达8万m²，相当于2.3个公园前站、3.3个杨箕站，设计客流量18万人/h，是广州地铁已建或在建车站中目前为止规模最大的地铁站，也是亚洲最大的地铁站。天河公园站采用三线共享冷源系统，冷水机房设置在21号线冷水机房内。集中冷源系统中设置了4台高效冷水机组及其配套的变频冷冻水泵、冷却水泵和冷却塔，负责21号线、11号线、13号线二期供冷。21号线与11号线共享大系统设备，小系统设备、隧道通风系统设备均分设。

图10-20　广州地铁苏元站、天河公园站

2. 高效机房设备组成

苏元站空调冷源系统配置了2台美的高效变频直驱降膜离心式冷水机组、3台冷冻水泵、3台冷却水泵和2台冷却塔；末端服务区域主要采用全空气空调系统，配置了2台组合式空调机组、5台柜式空调器和2台新风处理机。苏元站高效机房设备外观如图10-21所示。

天河公园站冷源系统配置了4台美的高效变频直驱降膜离心式冷水机组、4台冷冻水泵、4台冷却水泵和4台冷却塔；末端服务区域主要采用全空气空调系统，配置了2台组合式空调机组、5台柜式空调器。天河公园站高效机房设备外观如图10-22所示。

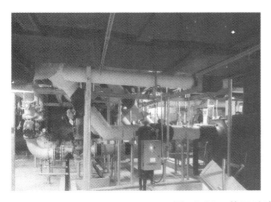

图 10-21　苏元站高效机房外观照片

图 10-22　天河公园站高效机房外观照片

中央空调系统从冷源到末端进行了整体系统优化，采取的主要节能措施有：在冷量生产端，采用美的高效变频直驱降膜离心式冷水机组，整机在全负荷段高能效变频供冷，达到更高的冷源生产效率；蒸发器采用三流程设计更适用于大温差小流量工况；冷凝器加装端盖在线清洗，保证冷凝器的长期高效换热。美的高效变频直驱降膜离心式冷水机组如图 10-23 所示。优化设计高效冷却塔，充分发挥并联冷却塔的散热面积的优势；采用逼近温度控制达到极限出水温度，降噪节能。

图 10-23　美的高效变频直驱降膜
离心式冷水机组

对于常规离心式冷水机组，在小冷量段（≤600RT，RT 为冷吨）机组 COP 很难达到国家一级能效；美的在现有标准机的基础上，通过优化换热器选型达到适应于 8℃大温差的三流程低阻力设计。通过超高效压缩机技术研究、高效换热器技术研究、电气控制优化技术研究，研制出一系列国际领先技术，研制出目前全球最高效最环保的离心式制冷机。超高效压缩机技术研究的九大创新点：①水平对置压缩技术；②预旋导叶优化技术；③超高效气动压缩技术；④双级补气增焓技术；⑤双重隔音降噪技术；⑥串列叶栅消旋器技术；⑦高效交流变频高压电动机技术；⑧电动机环形冷却技术；⑨结构可靠性分析技术。

高效换热器技术研究的三大创新点：①全降膜蒸发技术；②蒸发器大温差三流程设计；③冷凝液膜减薄技术。

电气控制优化技术研究的两大创新点：①前瞻性控制技术；②双重防喘振技术。

在冷量输送链端，通过 BIM 精细化制图及施工督导，优化机房内接管，通过加粗接管及采用低流阻管道和阀件获得更低的管路水阻，如图 10-24 所示。传感器精准定位，大温差中温出水的冷冻水变频供冷和冷却水随负荷变化变频输送，降低输送能耗。

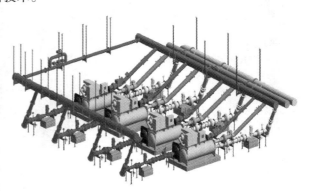

图 10-24　苏元站机房 BIM 设计

采用低阻力阀件、管件，并减少三通、弯头数量，将直角弯头改为缓弯等，如图 10-25 所示。

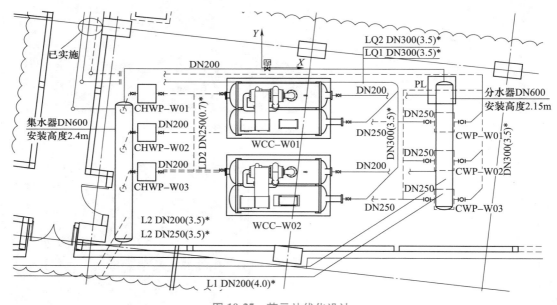

图 10-25　苏元站优化设计

主要优化措施：

1）选用和开发低阻力设备，冷水机组两器（蒸发器、冷凝器）阻力不大于 4m，末端组空（组合式空调器）阻力不大于 3m，过滤器阻力不大于 0.5m，消声止回阀阻力不大于 0.5m，末端比例调节阀阻力不大于 2.5m。

2）冷却水系统由于采用多台变频的运行方式，为了避免旁通，保留电动隔离阀。

3）将冷冻、冷却水泵由卧式泵改为立式泵，水泵直接连接主机进出水管，减少系统弯头。同时冷水机组和水泵蝶阀共用，减少蝶阀数量。

4）将直角弯头改为缓弯，减少弯头数量，同时弯向水流方向。

优化后冷冻水泵扬程计算见表 10-3。

表 10-3　冷冻水泵扬程计算　（单位：m）

管路沿程阻力	管路局部阻力	空调末端阻力	比例调节阀	过滤器	分集水器	止回阀	冷水机组	总阻力	水泵扬程
3.1	1.9	3.0	2.5	0.5	2.0	0.5	3.3	16.8	18.5

由于机房外冷却水管已经施工，该项目不做优化。现将机房内冷却水管由 DN200 改为 DN250，将 DN250 改为 DN300，冷却水管比摩阻控制在 75Pa/m 以下，同时优化局部阻力，优化后冷却水管网阻力计算如下：

冷却水泵扬程计算见表 10-4。

表 10-4　冷却水泵扬程计算　（单位：m）

管路沿程阻力	管路局部阻力	冷却塔	过滤器	消声止回阀	冷凝在线	冷水机组	总阻力	水泵扬程
3.35	4.29	4.70	0.50	0.50	0.5	4.00	17.84	19.63

优化后水泵选型见表 10-5。

表 10-5　冷冻水泵、冷却水泵选型

设备名称	设备编号	型号	额定流量/(m³/h)	额定差压/MPa	额定效率/（%）	电动机功率/kW	基本设计压力/MPa	数量/（台）	备注
优化后冷冻水泵	IL80/140-7.5/2	立式	95	0.22	81	7.5	1.6	3	变频，轴功：6.39kW
优化后冷却水泵	IL100/150-15/2	立式	174	0.20	81	15	1.6	3	变频，轴功：13.28kW

冷却塔优化措施如下：

1）采用一级能效变频电动机，有效降低能耗，在低频率运行时风机转速降低从而达到降噪效果。

2）采用新型变流量型布水盘，适应于冷却水变频产生的水流量变化，确保布水盘水位保持一定高度，使水均匀分散在填料上，达到更好的冷却效果。

3）冷却塔框架采用全重镀锌材质（Z700），取代传统热镀锌加工工艺，有效解决环保问题，极厚的镀锌材料保证了极高的耐蚀性。

4）在基础方案的基础上，增加了大转速方案和大扇叶方案，通过对比从风量的提升效果来看，大转速方案占优势但是由于电动机功率较高（11kW 风机，而基准为 7.5kW），在部分负荷下对系统的能效有较大影响。所以通过加大风机扇叶的尺寸（直径由原来的 3000mm 增大到 3200mm），以及增加风机扇叶的叶片数量（由原来的 6 叶增加至 8 叶），通过风机扇叶机械结构的优化达到使用更小的电动机，就可以有相对于使用大电动机同等散热能力的效果。与基础方案进行对比，水压增加了 0.5m，高度增加了 450mm，填料增加了 5m³，冷却水处理量提升了 40m³/h，额定容量提高了 20%。

因冷却侧大温差会造成冷水机组冷凝器换热效率下降、冷凝压力增加、压缩机耗功增加，增加功率甚至会大于冷却塔风机额定功率，所以冷却水系统采用常规5℃温差或者更低温差。

在地铁外侧设置2台集水型超低噪声冷却塔，冷却塔的供回水温度为36℃/31℃。空调冷却水系统最大工作压力1MPa。车站冷水机组系统运行能效受外界条件影响，包括室内负荷、室外环境参数、冷冻水温度、冷却水温度等。因此冷水系统的控制和节能必须结合暖通空调系统来实现。对冷却塔控制的温湿度传感器也要布置在冷却塔周围，以采集到冷却塔换热的最真实的环境状态。

在冷量消费端，采用美的大温差低阻力组空、空调箱及风机盘管末端，充分利用换热面积被动节能。基于负荷预测的末端变频控制，可以防止冷量过度供应或迟滞供应，如图10-26所示。

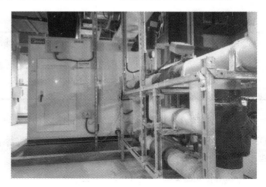

图 10-26　美的大温差低阻力组空

3. 节能控制方案

中央空调控制系统采用美的M-BMS多智能体自适应节能控制系统，该系统搭载AI E+E（能效+环境）优化算法实现系统全自动优化运行。同时，该项目设置了云能效管理平台，通过云端大数据接入，实时上传运行数据，使用大数据挖掘算法实现能效评估、系统诊断等功能。美的M-BMS系统上位机界面及云能效管理平台界面如图10-27所示。

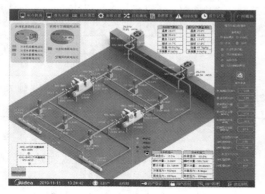

图 10-27　美的 M-BMS 系统上位机界面及云能效管理平台界面

M-BMS系统对高效机房内冷水机组、冷冻水泵、冷却水泵、冷却塔、电动阀门、末端等进行能耗数据、运维数据的采集，并通过AI主动寻优算法实现整个空调系统的集中节能控制。针对地铁空调长期运行在部分负荷的特点，M-BMS系统采用"风水联动"节能控制技术，根据大系统、小系统空调末端的运行情况预测冷水机组负荷的变化趋势，实时优化冷水机组的输出冷量及启停数量，确保冷量的供需匹配，让冷水机组一直运行在最优效率区间。冷冻水泵采用温压双控的控制策略，M-BMS系统根据冷冻水供回水压差和温差，在满足最不利端的供水需求的前提下通过智能控制优化冷冻水泵的运行频率，确保冷冻水系统在节能高效的区间运行。冷却水泵采用变频控制+台数控制策略，M-BMS系统根据冷水机组冷却水的进出水温差实现对冷却水泵的运行台数和频率的自动调节。M-BMS系统通过主动寻优法，自动调整冷却塔的逼近度设定值，使冷却水回水温度尽量接近室外湿球温度，在达到冷却塔降温效果最佳的同时，提高冷水机组的运行效率。对于末端系统，M-BMS 系统根据室外焓值和末端负荷预测模型动态调整回风温度设定值，确保末端输出冷量与末端需求相匹配，同时自动匹配适宜的优先级对风机频率和动态平衡电动调节阀开度实时解耦控制，以达到风系统和水系统运行能耗最低的目的。

2019 年 10 月 22 日—10 月 25 日，邀请第三方检测机构对苏元站空调系统能效系数进行测试，测试结果表明：在测试期间，空调冷源系统能效系数为 7.14，空调全系统（包含冷源设备和末端设备）能效系数为 3.65。基于监测系统 9 月 24 日—11 月 12 日的运行数据，计算空调冷源系统全年能效系数为 6.48。

通过将美的 M-BMS 多智能体自适应节能控制系统、BAS、智能低压融合为一个风水电集成的智能环控设备监控系统，智能预测负荷需求，深入控制冷水机组实时负荷，保证整个系统均处在高效运行工况点，做到供给侧与需求侧实时匹配，使苏元站空调冷源系统全年高效运行。

10.7　本章小结

目前，美的 M-BMS 多智能体自适应节能控制系统已在全球各地的高效机房建设、节能改造项目中稳步推进，在全国各地和各行业建立了大量的样板工程。例如在国家重点发展的轨道交通领域，美的 M-BMS 成功为合肥地铁 5 号线，重庆地铁 4 号线、10 号线，济南地铁 2 号线，南宁地铁 2 号线、郑州地铁 2 号线，广州地铁 21 号线提供了智慧管理系统；在机场领域，为北京大兴机场、广州白云机场、土耳其机场等定制智慧高效建筑解决方案；在商业广场领域，海骏达广场、万联广场、甘肃兰石广场、重庆华润置地弹子石万象汇、北滘财富广场都应用良好；在大型工业领域，为库卡机器人工厂、合肥洗衣机工厂、无锡小天鹅工厂等多个标志性建筑中提供完整的解决方案；在艺术场馆领域，顺德和美术馆、羊绒艺术馆、北京尤伦斯当代艺术中心也同样选择美的 M-BMS 多智能体自适应节能控制系统作为其高效节能的解决方案；另外，万豪酒店、上海大厦等项目也都成功应用美的 M-BMS 多智能体自适应节能控制系统，取得了良好的节能效果。2019 年，美的 M-BMS 多智能体自适应节能控制系统获得中国节能协会的认证，被授予"节能减排科技进步奖"，充分体现了美的中央空调在楼宇自控领域高效节能的先进技术。

未来，M-BMS 多智能体自适应节能控制系统将不断被应用在全球各地区的机场航站楼、交通枢纽、商业综合体、星级宾馆、高端写字楼等场所，更深入推进全国的战略布局，让 M-BMS 成为每个高效机房、智慧绿色建筑的标配解决方案。

193

本章参考文献

[1]　住房和城乡建设部 . 建筑节能与绿色建筑发展"十三五"规划 [R/OL]. (2017-03-01) [2021-08-30]. http://www. mohurd. gov. cn/wjfb/201703/t20170314_230978. html.

[2]　清华大学建筑节能研究中心 . 中国建筑节能年度发展研究报告 2018 [M]. 北京：中国建筑工业出版社，2018.

[3]　江萍 . 建筑设备自动化 [M]. 北京：中国建材工业出版，2016.

[4]　产业在线 . 2018 中国 BMS 楼宇自控产业年度研究报告 . [R/OL]. (2018-07-10) [2021-08-30] . https://www. ChinaIOL. com.

[5]　杨晓庆 . 中央空调主机能耗分析及其水系统节能控制研究 [D]. 重庆：重庆大学，2011.

[6]　American Society of Heating, Refrigerating and Air-Conditioning Engineers. ASHRAE handbook 2015：HVAC applications [M]. Atlanta：ASHRAE, 2015.

[7]　广东省住房和城乡建设厅 . 集中空调制冷机房系统能效监测及评价标准：DBJ/T 15-129—2017 [S]. 北京：中国城

市出版社，2017.

［8］　汪训昌，林海燕，杨书渊，等．空调全年逐时动态负荷计算能提供什么信息和回答什么问题？［J］．暖通空调，2005，35（10）：44-53；103.

［9］　LU Y，CHEN J. Using cooling load forecast as the optimal operation scheme for a large multi-chiller system［J］. International Journal of Refrigeration，2011（32）：2050-2062.

［10］　BEGHI A，CECCHINATO L，COSI G，et al. A PSO-based algorithm for optimal multiple chiller systems operation［J］. Applied Thermal Engineering，2012（32）：31-40.

第 11 章
地源热泵系统设计与工程应用

11.1 地源热泵系统及其形式

11.1.1 地源热泵系统

地源热泵系统是一种利用高位能使热量从低位热源流向高位热源的节能系统，即把不能直接利用的低位浅层地热能（岩土体、地下水、地表水中储存的热能）转换为可以利用的高位热能，从而达到节约部分高位能（如煤、燃气、油、电能等）的目的，如图 11-1 所示。地源热泵系统遵循了能级提升的原则，用大量的低品位浅层地热能代替了常规空调系统中的高位能，实现了一套热泵设备冬季供暖、夏季供冷，因而比常规空调系统更具有节能效果和经济效益。由于浅层地热能储量大、无污染、可再生，地源热泵系统被称为 21 世纪最具发展前途的供暖空调系统之一。

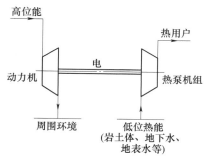

图 11-1 地埋管地源热泵系统原理图

11.1.2 地源热泵系统形式

依据浅层地热能自然资源的种类不同，地源热泵系统可以分为地埋管地源热泵系统、地下水地源热泵系统和地表水地源热泵系统，如图 11-2 所示。

地埋管地源热泵系统是利用置入岩土体中的地埋管换热器与岩土体的热量交换，通过热泵技术，将储存在岩土体中的低品位浅层地热能进行提升，对建筑物进行供冷、供热和供生活热水。岩土体中的浅层地热能利用受水文地质条件影响极小，适用于周围有一定场地面积的建筑物供冷供热需求。

地下水地源热泵系统是通过热源井抽取地下水作为热泵系统的热源或热汇，在供暖季从地下水中取热，在制冷季排出余热到地下水中，并通过回灌井自然或加压排入到地下水层，利用建筑物室内末端系统进行供冷供热的空调系统形式。在多数地质条件下，很多工程实际上并未达到 100% 回灌。井水的回灌往往不畅，易造成地下水资源的浪费，虽然抽水后有回灌井将抽出的水回灌，但这并不是一个完全可逆的过程，回灌后含水层中的水质和水量并不能与抽水前完全一致，大量地下水的抽取和回灌必然造成地下水位的不平衡，影响当地的地质构造，有可能危害地上的建筑物。

地表水地源热泵系统是通过抽取湖、库、塘、江、河等地表水体或置于其间的盘管进行取热或排热，在供暖季从地表水中取热，在制冷季排出余热到地表水中的一种地源热泵系统形式。地表水温度受气候的影响较大，与空气源热泵类似，在利用深层河水、湖水、海水进行吸热与放热

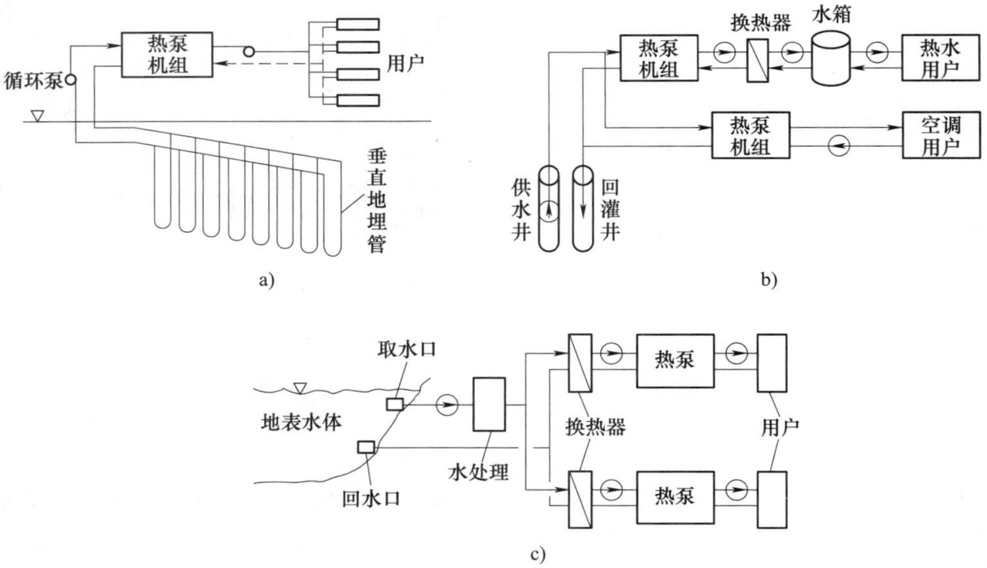

图 11-2　地源热泵系统形式
a）地埋管地源热泵系统　b）地下水地源热泵系统　c）地表水地源热泵系统

的地表水地源热泵系统时，水体要有一定深度，深度达不到 3m 的河流、湖泊、海域取排热效果较差。

　　由于地下水和地表水资源受限于地域水文地质条件，并且水质不一定满足要求，故适用范围受到限制。此外，抽灌地下水可能引起地质结构的破坏和水质的污染，不具有可持续性发展的优势。地表水的温度随外界气温发生季节性变化，使用效率很低。因此，一般研究和应用较多的是适用性较强的地埋管地源热泵系统，这也是本章的重点介绍内容。

11.1.3　地埋管地源热泵系统

　　地埋管地源热泵系统依据制冷剂管路与岩土体换热方式的不同有间接式和直接式两种类型。前者是制冷剂管路利用地埋管换热器的循环介质与岩土体进行热量间接交换，后者不需中间传热介质，而是制冷剂管路直接与岩土体进行热交换。目前地源热泵工程中常用的是间接式系统。根据地埋管换热器布置形式，地埋管地源热泵系统相应地具有不同的形式与结构，可分为水平地埋管换热器与垂直地埋管换热器两大类，分别对应于水平地埋管地源热泵系统和垂直地埋管地源热泵系统。

　　水平地埋管的优点是敷设在浅层软土地区造价较低，但传热性能受到外界季节气候一定程度的影响，而且占地面积较大。当可利用地表面积较大，地表层不是坚硬的岩石时，宜采用水平地埋管换热器。按照埋设方式可分为单层埋管和多层埋管两种类型；按照管形的不同可分为直管和螺旋管两种。图 11-3 所示为常见的水平地埋管换热器形式，图 11-4 所示为几种新开发的水平地埋管换热器形式。

　　垂直地埋管换热器具有占地少、工作性能稳定等优点，已成为工程应用中的主导形式。在没有合适的室外用地时，垂直地埋管换热器还可以利用建筑物的混凝土基桩埋设，即将 U 形管捆扎在基桩的钢筋网架上，然后浇灌混凝土，使 U 形管固定在基桩内。

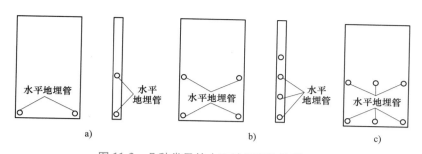

图 11-3　几种常见的水平地埋管换热器形式

a）单环路或双环路　b）双环路或四环路　c）三环路或六环路

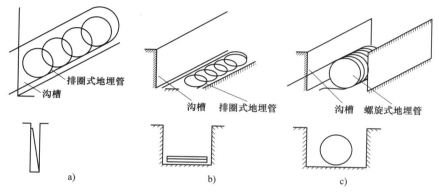

图 11-4　几种新开发的水平地埋管换热器形式

a）垂直排圈式　b）水平排圈式　c）水平螺旋式

　　垂直地埋管换热器的结构有多种，根据在垂直钻孔中布置的埋管形式的不同，垂直地埋管换热器可分为垂直 U 形地埋管换热器与垂直套管式地埋管换热器，如图 11-5 所示。垂直套管式地埋管换热器在造价和施工难度方面都有一些弱点，在实际工程中较少采用。垂直 U 形地埋管换热器采用在钻孔中插入 U 形管的方法，一个钻孔中可设置一组或两组 U 形管。然后用回填材料把钻孔填实，以尽量减小钻孔中的热阻，同时防止地下水受到污染。钻孔的深度一般为 30~120m，对于一个独立的民居，可能钻一个孔就足够承担供热制冷负荷了，但对于住宅楼和公共建筑，则需要有若干个钻孔组成的一群地埋管。钻孔之间的配置应考虑可利用的土地面积，两个钻孔之间的距离可在 4~6m 之间，管间

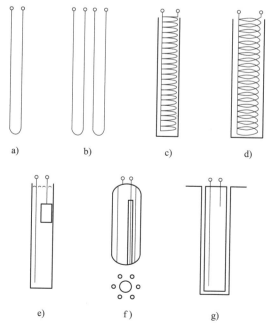

图 11-5　垂直地埋管换热器形式

a）单 U 形管　b）双 U 形管　c）小直径螺旋盘管

d）大直径螺旋盘管　e）立柱状　f）蜘蛛状　g）套管

距离过小会因各管间的热干扰而影响地埋管换热的效能。考虑到城市中心区人多地少的实际情况，在大多数情况下垂直埋管方式是唯一的选择。

11.2 地埋管换热器的传热分析

11.2.1 地埋管换热器传热过程

常用的垂直 U 形地埋管换热器是在钻孔中置入 U 形管，再用回填材料封井，与周围岩土体构成一个整体，如图 11-6 所示。地埋管换热器系统运行时，按照流体流动的方向，U 形管分为上升支管和下降支管，两支管的上升管沿程和下降管沿程构成 U 形管的环路。载热流体从 U 形管的下降支管沿程流到钻孔底部，再从上升支管沿程流回，从而实现管中流体与其周围岩土体的热量交换。由于垂直 U 形地埋管换热器左右两管内流体温度不同，且间距很小，两管间传热相互影响，产生热短路现象，因此，地埋管与岩土体的换热是一边界条件不对称的通过多层介质的传热问题，是受到自身几何结构和制作材料影响的传热过程。

一般来说，地埋管与周围岩土体（包含原始岩土体和回填材料）中的热量传递过程具体由 6 个换热过程组成：地埋管内对流换热过程、地埋管管壁的导热过程、地埋管外壁面与回填材料之间的传热过程、回填材料内部的导热过程、回填材料与井壁的传热过程、岩土体的导热过程。岩土体热源热泵系统无论冬季工况运行还是夏季工况运行，是以岩土体作为热源或热汇，冬季通过热泵把从地下提取的热量升高温度后对建筑供热，同时地下埋管周围的温度降低；夏季通过热泵把建筑物中的热量排出给大地，对建筑物降温，同时地下埋管周围的温度升高。地埋管换热器在岩土体中的吸热或放热过程都将改变岩土体的初始温度场。地埋管周围岩土体温度不仅随岩土体空间延伸而变化，而且随时间的延续而变化，因此，地埋管换热器在岩土体中的传热过程是典型的非稳态传热过程。

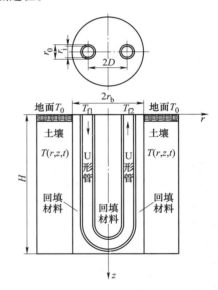

图 11-6　垂直 U 形地埋管换热器示意图

在地埋管换热器既定的设计情况下，地埋管与周围岩土体之间的换热效果极大地影响着整个空调系统

的性能，因而地埋管换热器在岩土体中的传热过程一直是地源热泵技术研究的核心和应用的基础。

11.2.2 地埋管传热分析模型

关于地埋管换热器的传热问题分析与求解，迄今为止国际上还没有普遍公认的方法。常用的传热模型大体上可分为两大类：第一类是以热阻概念为基础的半经验性计算模型；第二类是以离散化数值计算为基础的数值模型，可计算比较接近现实的传热过程。

第一类通常都是以钻孔壁为界将地埋管换热器传热区域分为两个区域的传热模型。在钻孔外部，地埋管的埋设深度远远大于钻孔的直径，可将地埋管看成是一个线热源或线热汇，或近似为一个无限长的圆柱，把钻孔外的岩土体也近似为无限大的传热介质进行传热分析。而在钻孔内部的回填材料、管壁和管内传热介质，由于其几何尺度和热容量要小得多，温度变化较快，因此在运行数小时后，可以按稳态传热过程来计算其热阻。这类半经验方法概念简单明了，容易为工程技术人员接受，因此在工程中得到广泛应用。其缺点是各热阻项的计算做了大量简化假定，模型过于简单，能够考虑的因素有限，特别是难以考虑换热负荷动态变化和不平衡等较复杂的因素。

第二类以离散化数值计算为基础的传热模型，多采用有限元、有限差分法或有限体积法进行传热分析。随着计算机技术的进步，数值计算方法以其适应性强的特点已成为传热分析的基本手段，也成为地埋管换热器理论研究的重要工具。垂直 U 形地埋管换热器数值模型包括两部分：一部分是 U 形管壁、回填材料及土壤的导热传热模型；另一部分是 U 形管内的流体流动与对流传热模型，其导热传热方程、对流传热的连续性方程、动量方程、能量方程、湍流动能方程以及湍流动能耗散率方程的通用方程式为

$$\frac{\partial(\rho\varphi)}{\partial t} + \mathrm{div}(\rho\,\vec{v}\varphi) = \mathrm{div}(\Gamma_\varphi\mathrm{grad}\varphi) + S_\varphi \tag{11-1}$$

式中　φ——通用变量，如温度 T，速度 u、v、w，湍流动能 K，湍流动能耗散率 ε 等；

ρ——介质密度；

$\vec{v}$——速度矢量；

Γ_φ——通用方程扩散系数；

S_φ——通用方程的源项。

但是由于地埋管换热器传热问题涉及的空间范围大、几何配置复杂，同时负荷随时间变化，时间跨度长达十年以上，因此若用这种分析方法按三维非稳态问题求解实际工程问题将耗费大量的计算机时间，这种方法在目前还只适合于在一定的简化条件下进行的研究工作。

11.2.3　影响传热的主要因素

地埋管换热器是地源热泵系统用于在岩土体中取热或排热的媒介，其传热过程主要受到岩土体热物性能、地埋管换热器结构和布局、建筑供冷供热负荷的影响。

1. 岩土体热物性对地埋管传热的影响

地埋管地源热泵系统利用地埋管换热器与岩土体进行热交换，其传热机制很大程度上受到岩土体热物性，诸如导热系数、热扩散系数等的影响。

由于岩土体属于含湿多孔介质，热物性受到诸多因素如孔隙率、含水率的影响。较低的孔隙率使岩土体颗粒间形成较大的接触面积，具有更大的导热系数，而高孔隙率介质通常具有高的水力渗透系数。对于饱和的多孔介质，增加孔隙率，也就增加了热容量，从而减弱了热扩散能力。在含湿岩土体中的高温区，其含水率较低，而在低温区，含水率较高。地埋管冬季取热时，埋管周围的温度降低，故水分向该区域迁移，有助于改善岩土体的传热性能，提升地埋管与岩土体之间的传热效果；地埋管夏季排热时，水分背向埋管迁移，对地下换热器传热影响不利。反过来，温度梯度的存在会引起岩土体中水分的迁移，进而改变岩土体的热物性参数，这一切都将改变地埋管传热过程和机制。但当岩土体含水率在一定范围内时，热物性参数基本稳定，地埋管换热器的换热模型可以不考虑水分迁移对传热的影响，可简化为利用导热型传热机制来研究地埋管的传热。

实际工程中，垂直地埋管的深度通常达 40~200m。在这么深的地层内，或多或少地都存在着地下水的渗流。尤其是在沿海地区或地下水丰富的地区，甚至有地下水的流动，这种地下渗流的存在有利于地埋管换热器的传热，能够较快地减弱或消除地埋管换热器取热、放热不平衡的

现象。地埋管传热研究也应考虑到渗流有利于地埋管与土壤间的传热，有利于减弱或消除地埋管取热、放热的不平衡，从而降低地埋管换热器设计大小。

2. 地埋管换热器结构和布局对地埋管传热的影响

地埋管换热器常用的结构形式有单 U 形、双 U 形（并联、串联）等，根据工程实际采用相应的结构形式。一般来说，双 U 形地埋管比单 U 形地埋管仅可提高 15% ~ 20% 的换热能力，这是因为钻井内热阻仅是地埋管传热总热阻的一部分，而钻井外的岩土体热阻，对两者而言，几乎是一样的。双 U 形地埋管管材用量大，安装较复杂，运行中水泵的功耗也相应增加，因此一般地质条件下，连续运行时间较长的地源热泵系统多采用单 U 形地埋管。但对于较坚硬的岩石层，选用双 U 形地埋管比较合适，钻井外岩石层的导热能力较强，埋设双 U 形地埋管，可有效地减少钻井内热阻，使单位长度 U 形地埋管的热交换能力明显提高，从经济技术上分析都是合理可行的。当地埋管可敷设场地面积不足时，采用双 U 形地埋管也是解决的方法之一。

在大规模建筑或建筑群中，地埋管地源热泵系统需要采用多个一定深度的钻孔，形成群埋管阵列。为了增加地埋管与土壤之间的换热能力，减少地埋管之间的热干扰，从整体的角度来对地埋管换热系统进行布局。只有通过建立和充分认识群管传热特性关系，解决诸如地埋管结构和布局、换热负荷以及传热机制对地埋管换热的影响，才能使地域空间和岩土体蓄热能力特性得到充分的利用。如果地埋管地源热泵系统的地下群管布置适当，既可以有效避免单一运行季节钻井之间相互的热影响，又可以有效利用上一运行季在其周围土壤中所储存的热量或冷量。

3. 建筑冷热负荷对地埋管传热的影响

设置地源热泵系统是为调节建筑室内温湿度服务的，因此地埋管传热不可避免地受到室内负荷情形的影响。如果室内负荷发生变化，热泵机组运行相应随之变化，以适应负荷变化，即热泵机组在岩土体中需要的取热量或排热量也随之变化，地埋管换热器的换热负荷也随之动态变化，这种动态变化表明地埋管的换热性能与其承担的换热负荷有极大的关联。考虑到作为地源热泵机组换热的中间媒介，地埋管换热器的换热性能极大地影响整个空调系统的运行性能，这种关联不仅仅表现在地埋管换热器系统的设计上，更重要的是地埋管换热器是否能长期正常运行，保障在不同的空调负荷特征下地埋管地源热泵系统能够高效、节能运行。因此，建筑冷热负荷的特征分析是地埋管地源热泵系统地埋管设计以及性能分析的前提，事关实际工程中地埋管地源热泵方案的可行性，从这点来说，建筑负荷特征的分析比传统空调设计中更为重要。

如果建筑负荷的变化使得地埋管换热器在一年中冬季从地下抽取的热量与夏季向地下排入的热量不平衡，多余的热量（或冷量）就会在地下积累，引起岩土体年平均温度的变化。这种岩土体温度持续上升或下降就是冷热不平衡导致的现象，地埋管换热效能也会随之降低。相关研究结果表明：在 10 年的运行周期内，在没有地下水渗流的情况下，冷热负荷比为 2∶1 时的地埋管换热器设计容量是冷热负荷比为 1∶1 时的 1.5 倍。如果没有考虑换热负荷特性优化处理的设计方式，会使得地埋管设计容量加大，初投资也随之上升，从而阻碍地源热泵技术的应用和推广。

11.3　地埋管换热系统设计

11.3.1　场地资源勘察与评价

为充分了解工程项目的水文地质条件、岩土体热物性参数、地层结构、可钻性等参数，要进行有针对性的地埋管地源热泵工程地质勘查工作，为地源热泵系统的可行性论证和设计提供依据。勘察目的是查明工程场地浅层地热能条件，进行场地浅层地热能评价、浅层地热能开发利用评价，为拟建工程项目提供设计依据。

地埋管换热系统勘察应包括下列内容：①通过测试孔钻探，查明岩土层结构、地下水位、地下水温、地下水质、地下水径流速度方向等；②通过现场热响应试验，获取岩土体热物性参数，包括岩土体初始平均温度、岩土体导热系数、岩土体比热容；③埋管场区浅层地热能评价及编写勘察报告。

勘察、评价工作在搜集、整理、分析已有资料的基础上，以现场勘探、测试为主，辅以一定的工程地质、水文地质调查，勘察测试技术路线如图 11-7 所示，具体步骤如下：

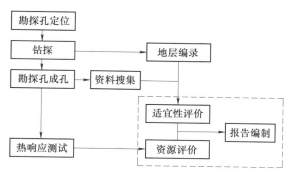

图 11-7　勘察测试技术路线

（1）确定勘探孔位和孔数　根据场地水文地质条件、地源热泵系统服务建筑面积和业主要求确定，勘探孔位一般是选择靠近在空调机房区域。

每个工程地质单元应至少有 1 个勘探孔；埋管区域面积小于或等于 2500m² 时，勘探孔数量不少于 1 个；埋管区域面积大于 2500m²、小于或等于 10000m² 时，勘探孔数量不少于 2 个；埋管区域面积大于 10000m² 时，每增加 10000m² 应增加 1 个勘探孔。勘探孔应根据埋管区域平面形态和场地状况合理布置。

（2）钻探成孔　依据确定的勘探孔位和数量，选取合适的钻进设备和工艺流程进行施工，钻凿过程中对地层岩性进行编录，编制地岩土柱状图。如果选取勘探孔作为热响应试验测试孔，测试孔的埋管方式、深度、回填方式等应与实际钻孔一致，还应包括材料的选择、下管和回填施工过程。

建筑面积不大于 3000m² 时，宜进行岩土热响应试验；应用建筑面积大于 3000m² 时，应进行岩土热响应试验；应用建筑面积大于 10000m² 时，应进行不少于两个测试孔的岩土热响应试验。

（3）现场热响应测试　在勘探孔成孔后，由于回填的水泥砂浆在凝固过程中放热，根据相关规范规定需进行一段时间的岩土体温度恢复期（至少 48h），待岩土体温度完全恢复后方可开始进行现场热响应测试。测试内容包括对勘探孔进行岩土初始温度测试，地埋管换热器进出口水温、流量和施加的加热功率，综合导热系数测试，综合比热容测试等。

根据工程实际需求，对两个及以上测试孔的热物性测试，或进行夏季排热、冬季取热两种工况的热物性测试，测试结果应取算术平均值。

（4）浅层地热能评价与编写勘察报告　通过现场热物性测试结果，计算可埋管的场区面积浅层地热能静态储量，计算夏季工况及冬季工况埋管场区可开采的资源量，判断此处地下资源是否可为建筑提供夏季制冷和冬季供暖的需求，并编写勘察报告。

勘察报告应包含以下内容：①项目概况；②勘察工作概况；③工程场地状况；④岩土体特征及分布；⑤场地水文地质特征；⑥岩土体热物性特征；⑦岩土体硬度等级、可钻性；⑧环境影响分析；⑨结论与建议。

11.3.2　热物性测试及其不确定性

由于岩土体的复杂性，使得在获取准确的岩土体热物性时存在一定困难。岩土体热物性参

201

数发生偏差时，会造成地下埋管长度设计的偏差，埋管长度的偏差将导致钻孔总长度的变化，进而造成空调效果达不到要求或增加不必要的初投资。Kavanaugh 的研究表明，岩土体的导热系数发生 10% 的偏差，设计的地埋管换热器长度偏差为 4.5%~5.8%。因此地源热泵设计前需要进行现场岩土体热物性测试，以获取比较准确的设计参数。

1. 岩土体热物性测试模型

岩土体热物性测试普遍采用恒流热响应试验法，结合双参数估计法，通过传热模型进行推算得到岩土体热物性参数，是一个传热反问题研究范畴，有解析和数值的方式。目前传热模型主要采用线热源和圆柱热源模型，为便于工程使用都进行了一些假设，简化了模型，如钻孔内稳态传热、恒定热流、试验连续不间断进行等。

（1）线热源法　线热源模型将地埋管换热器的传热看作岩土体初始温度 T_{ff}，岩土体中有一恒定线热源的一维非稳态导热问题，其温度解析式可表示为

$$T(r,\tau) - T_{ff} = \frac{Q}{4\pi\lambda L}\int_{r^2/4\alpha\tau}^{\infty} \frac{e^{-s}}{s}ds \tag{11-2}$$

式中　$T(r,\tau)$ ——τ 时刻半径 r 处的岩土体温度（℃）；

$\quad\quad Q$ ——地埋管换热量，即施加的加热功率（kW）；

$\quad\quad \alpha$ ——岩土体热扩散率（m^2/s）；

$\quad\quad L$ ——钻井深度（m）；

$\quad\quad \lambda$ ——岩土体导热系数 $[W/(m\cdot℃)]$。

当 $\alpha\tau/r^2 \geqslant 5$ 时，式（11-2）可简化为

$$T(r,\tau) - T_{ff} = \frac{Q}{4\pi\lambda L}\left[\ln(\tau) + \ln\left(\frac{4\alpha}{r^2}\right) - \gamma\right] \tag{11-3}$$

式中　γ ——欧拉常数，$\gamma = 0.5772$。

假设地埋管换热器内流体与钻井壁间单位深度热阻为 R_0，则进出口流体平均温度 T_f 和钻井壁温度 T_w 的关系式为

$$T_f - T_w = \frac{Q}{L}R_0 \tag{11-4}$$

令 $r = r_b$（钻井半径），则地埋管换热器内流体平均温度 T_f 可表示为

$$T_f = \frac{Q}{4\pi\lambda L}\ln(\tau) + \frac{Q}{L}\left\{\frac{1}{4\pi\lambda}\left[\ln\left(\frac{4\alpha}{r_b^2}\right) - \gamma\right] + R_0\right\} + T_{ff} \tag{11-5}$$

通过测试加热功率 Q 及不同时刻埋管流体平均温度 T_f 值，在温度-时间对数坐标轴上利用最小二乘法拟合出式（11-5），从而可得直线的斜率 $k = Q/4\pi\lambda L$，进而能计算出岩土体导热系数 λ 值。

利用指数积分函数，土壤换热器内流体平均温度 T_f 也可表示为

$$T_f = T_{ff} + \frac{Q}{L}\left[R_0 + \frac{1}{4\pi\lambda}Ei\left(\frac{r_b^2\rho_s c_s}{4\lambda\tau}\right)\right] \tag{11-6}$$

式中　$Ei(x)$ ——指数积分函数，$Ei(x) = \int_x^{\infty}\frac{e^{-s}}{s}ds$；

$\quad\quad \rho_s c_s$ ——岩土体体积比热容 $[J/(m^3\cdot K)]$。

式（11-6）中包含 3 个未知参数：钻孔内热阻 R_0、岩土体导热系数 λ 和体积比热容 $\rho_s c_s$，结合测试数据和参数估计法可求得上述 3 个未知参数。通过不断调整传热模型中周围岩土体的导热

系数、体积比热容和钻孔内热阻的数值，寻找到由模型计算出的进出口流体平均温度与计算得到的流体平均温度值之间的误差最小值，此时对应的各热物性参数值即为最终的岩土体热物性参数优化值，其优化目标函数为

$$f = \sum_{i=1}^{N} (T_{cal,i} - T_{exp,i})^2 \qquad (11-7)$$

式中　$T_{cal,i}$——第 i 时刻由选定的传热模型计算出的地埋管流体平均温度（℃）；

$T_{exp,i}$——第 i 时刻现场测试得到的地埋管中流体平均温度（℃）；

N——试验测试的数据组数。

（2）圆柱热源法　圆柱热源模型把地埋管换热器看作一个具有一定半径的理想圆柱体，以恒定的热流量向周围无限大、常物性的岩土体排放热量，其传热过程的解析模型为

$$T(p,\tau) - T_{ff} = \frac{Q}{\lambda L} G(Fo,p) \qquad (11-8)$$

式中　Fo——傅里叶数，$Fo = \alpha\tau/r_b^2$；

$G(Fo,p)$——理论积分解 G 函数；

p——计算温度处的半径与钻井半径之比。

令 $p=1$，结合式（11-4），地埋管换热器内流体的平均温度可表示为

$$T_f = T_{ff} + \frac{Q}{L}\left[\frac{G(Fo,1)}{\lambda} + R_0\right] \qquad (11-9)$$

$$G(Fo,1) = 10^{\left[0.89129 + 0.36081 \times \lg(Fo) + 0.05508 \times \lg^2(Fo) + 3.59617 \times 10^3 \times \lg^3(Fo)\right]} \qquad (11-10)$$

式（11-9）中同样包含钻孔内热阻 R_0、岩土体导热系数 λ 和体积比热容 $\rho_s c_s$ 等 3 个未知参数，利用热响应试验测试数据结合式（11-7）进行参数估计可求得上述 3 个未知参数。

2. 岩土体热物性响应试验

岩土体热物性响应试验法是在工程现场钻取地埋管换热器测试孔，通过 U 形管对测试孔施加恒定的热流，测量加热功率、U 形管内循环流体进出口温度、循环流体流量等参数。试验过程中，通过数据采集系统，以一定的时间间隔记录 U 形管进出口流体温度、流量和加热功率等试验数据，如图 11-8 所示。

岩土体热物性热响应试验的测试过程应遵循下列步骤：

1）制作测试孔，布置温度传感器，间隔不宜大于 10m。测试孔完成后应至少经过 48h，待岩土体温度恢复后，方可进行热响应试验。

2）平整测试孔周边场地，提供水电接驳点，电压应保持恒定。

3）测试岩土体初始温度，多点测试时取各测点实测温度的算术平均值。

4）测试仪器与测试孔的管道连接，连接应减少弯头、变径，连接管外露部分应保温。

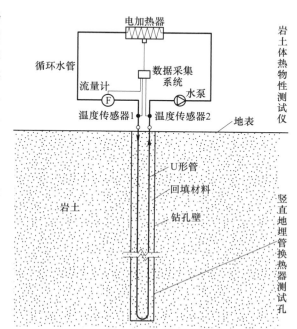

图 11-8　岩土体热物性测试

5）水电等外部设备连接完毕后，应对测试设备本身以及外部设备的连接再次进行检查。

6）测试过程中，地埋管换热器内保持紊流，出水温度高于岩土体初始温度5℃且维持时间不少于12h，加热功率保持恒定。

7）启动电加热器、水泵等试验设备，待设备运转稳定后开始读取记录试验数据，间隔时间不应大于10min。

8）岩土体热响应试验过程中，应做好对试验设备的保护工作。

9）提取试验数据，借助传热模型分析反演计算出岩土体综合热物性参数。

10）热响应试验完成后，对测试空调应做好防护工作。

3. 热物性测试不确定性分析

利用双参数通过线热源法和圆柱热源法可以计算确定岩土体导热系数和体积比热容。然而实际工程测试中连续不间断试验、恒定热流的条件一般很难实现，经常不可避免地出现加热功率波动大、停电等情况，再加上地下温度场的变化、测量技术和方法的限制、外界偶然扰动因素和传感器的偶然偏差而导致的各参数（如温度、功率、流量等）本身的随机不定性，测量到的也只能是参数的一个随机量，如图11-9~图11-11所示。

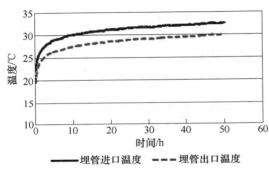

图11-9 热响应试验地埋管进出口水温变化

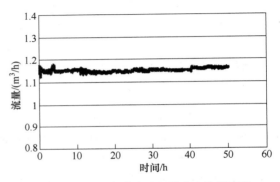

图11-10 热响应试验地埋管内水流量变化

热响应试验的测量结果具有不确定性，它只是一个随机样本值的实现，因此从不确定性的角度来分析计算试验结果更为恰当。由于岩土体热响应试验的设备及环境的不确定性使得流量和功率都是在一定值附近波动的随机变量，其概率分布可采用正态分布描述。依据正态分布的均值μ和标准差σ定义，采用"λ_s、$\rho_s c_s$双参数估计法"计算出多组岩土体导热系数和体积比热容值，相应的岩土体导热系数和体积比热容的平均值和标准差，如图11-12~图11-15所示。

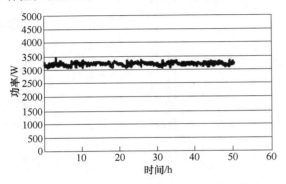

图11-11 热响应试验施加的加热功率变化

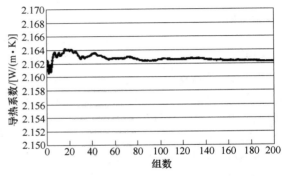

图11-12 不同组数导热系数平均值

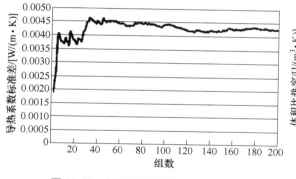

图 11-13　不同组数导热系数标准差

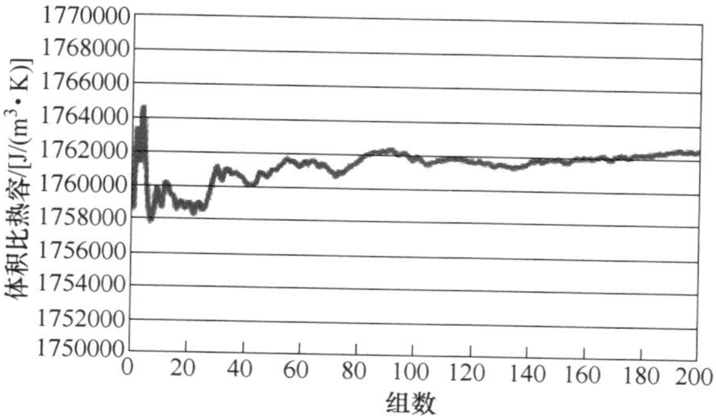

图 11-14　不同组数体积比热容平均值

由图 11-12～图 11-15 可以看出，为了保证岩土体热物性参数的可靠性，产生岩土体热响应试验模拟数据的组数不能太少，应适当增加组数，但当产生的随机组数达到一定数量后（该实例约为 100 组），导热系数和体积比热容的平均值和标准差变化均很小，组数对结果影响可忽略不计。

针对岩土体热物性测试的随机不确定性，应考虑多种影响热物性测试的不确定性参数，选取合理的不确定性分析方法，确定岩土体热物性参数，为地埋管换热器的设计提供更可靠的数据。

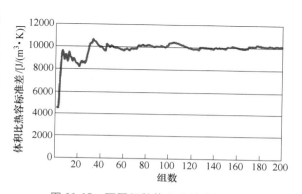

图 11-15　不同组数体积比热容标准差

11.3.3　地埋管系统设计

1. 地埋管系统设计步骤

与传统的空调系统设计相比，地埋管地源热泵系统的地埋管系统是其设计所特有的内容，其主要设计步骤如下：

1）确定建筑物的供热、制冷和热水供应（如果选用的话）的负荷，并根据所选择的建筑空调系统的特点确定热泵机组的类型和容量。

2）确定地埋管换热器的布置形式。根据可利用的土地、可钻性和地埋管换热负荷特性，选取单 U 形管或双 U 形管。管内流速不应过大，在管中产生紊流以利于传热为主。如果设计工况中热泵机组蒸发器出口的流体温度低于 0℃，应选用适当的防冻液作为循环介质。

3）合理设计分水器、集水器。分水器、集水器是从热泵到并联环路的地埋管换热器的流体供应和回流的管路。为使各支管间的水力平衡，应采用同程对称布置。为有利于系统排出空气，在水平供水干管、回水干管各设置一个自动排气阀。

4）根据所选择的地埋管换热器的类型及布置形式，设计计算土壤换热器的管长。

2. 地埋管换热负荷计算

在制冷工况，地埋管换热负荷即实际最大排热量发生在与建筑最大冷负荷相对应的时刻，包括各空调分区内水源热泵机组排放到循环水中的热量（空调负荷和机组压缩机功耗）、循环水在输送过程中得到的热量、水泵排放到循环水中的热量，即

$$最大排热量 = \sum [空调分区冷负荷 \times (1 + 1/EER)] + \sum 输送过程得热量 + \sum 水泵排热量$$

在制热工况，地埋管换热负荷即实际最大吸热量发生在与建筑最大热负荷相对应的时刻，包括各空调分区内热泵机组从循环水中的取热量（空调热负荷，并扣除机组压缩机功耗）、循环水在输送过程失去的热量并扣除水泵释放到循环水中的热量，即

$$最大取热量 = \sum [空调分区热负荷 \times (1 - 1/COP)] + \sum 输送过程失热量 - \sum 水泵排热量$$

最大排热量和最大取热量相差不大的工程，应分别计算供热与供冷工况下地埋管换热器的长度，取其大者，确定地埋管换热器容量。当两者相差较大时，宜通过技术经济比较，采用辅助散热（增加冷却塔）或辅助供热的方式来解决，经济性较好，同时，也可避免因吸热与排热不平衡引起岩土体温度的降低或升高。全年冷、热负荷平衡失调，将导致地埋管敷设区域岩土体温度持续升高或降低，从而影响地埋管的换热性能，降低地源热泵系统的运行效率。

3. 地埋管换热器设计

地埋管换热器设计的基本任务：一是在给定地埋管换热器和热泵机组的参数以及运行条件的情况下，确定地埋管换热器循环介质的进出口温度，以保证系统能在合理工况下工作；二是根据用户确定的循环介质工作温度的上下限确定地埋管换热器的长度。

首先，应确定地埋管换热器容量计算所需的设计参数：

1）确定钻井参数，包括钻井的几何分布形式、钻井半径、模拟计算所需的钻井深度、钻井间距及回填材料的导热系数等。

2）确定 U 形管参数，如管道材料、公称外径、壁厚及两支管的间距。

3）确定岩土体的热物性和初始平均温度。

4）确定循环介质的类型，如纯水或选定的某一防冻液。

5）热泵参数，如热泵主机循环介质的不同入口温度值所对应的不同的制热量（或制冷量）及压缩机的功率。

然后，根据已知的设计参数按如下步骤计算地埋管换热器的长度：

1）初步设计地埋管换热器，设计地埋管换热器的几何尺寸及布置方案。

2）根据初步设计的地埋管换热器几何参数、热物性参数等计算钻井内热阻。

3）计算运行周期内孔壁的平均温度和极值温度。

4）计算循环介质的进出口温度、极值温度或平均温度。

5）调整地埋管换热器设计参数，使循环介质进出口温度满足设计要求。

地埋管水力计算可参考专著《地源热泵工程技术指南》。

11.4 复合式地埋管地源热泵系统

11.4.1 地埋管换热能效及评价指标

随着节能环保优势的显现和国家相关政策的支持，地埋管地源热泵系统用于建筑物供冷供热越来越广泛，工程规模也逐步增大。在大规模建筑或建筑群中，地源热泵系统利用多个一定深度的 U 形埋管阵列在岩土体中取热或排热，其换热过程的基本规律和特征特性与单井有明显区别。地埋管换热不仅受到自身与周围岩土体之间热量传递的影响，而且受到阵列群管之间热量传递的影响，形成复杂的相互干扰的多热源群管换热过程，很大程度上影响了每个地埋管换热能效的提升。只有充分认识多热源的群管之间的传热特性关系，解决诸如埋管布局、换热负荷

以及传热机制对地埋管换热的不利影响，才能够解决大规模群管换热的能效提升，这也是地源热泵工程设计需要解决的关键问题之一。

1. 群管能效系数

对于敷设多个地埋管的群管而言，不同位置的地埋管与岩土体的换热条件各不相同，各地埋管循环流体的出口温度也不尽相同。针对地埋管群管阵列的多样性，采用综合换热能效系数 E_z 进行评析，其定义为地埋管换热器实际换热量 Q 的平均值与最大理论换热量 Q' 的比值，即

$$E_z = \frac{\frac{1}{n}\sum_{i=1}^{n} Q_i}{Q'} = \frac{\frac{1}{n}\sum_{i=1}^{n} \rho_f c_f V_f (T_{in} - T_{out,i})}{\rho_f c_f V_f (T_{in} - T_0)} = \frac{\frac{1}{n}\sum_{i=1}^{n} (T_{in} - T_{out,i})}{T_{in} - T_0} \tag{11-11}$$

式中 E_z——群管综合能效系数；

T_{in}——各地埋管流体进口温度（℃）；

$T_{out,i}$——各地埋管流体出口温度（℃）；

T_0——岩土体初始温度（℃）；

n——地埋管数目。

地埋管综合能效系数是一个无量纲的瞬时变化量，其取值范围为 0~1。在给定的地埋管流量、进口温度和岩土体初始温度条件下，综合能效系数与群管阵列各地埋管出口温度密切相关，表征了群管与岩土体热交换后管中流体平均出口温度能够达到的最低（夏季工况）或最高（冬季工况）的能力，以及流体平均进出口温差达到的最大值，除了与岩土体热物性以及地埋管自身参数有关外，还与群管阵列布局有密切关系。

由于群管阵列存在着大量的地埋管聚集在同一区域进行换热，相互之间的热干扰作用影响着单个地埋管的换热效果，形成热堆积效应。为量化群管换热堆积的强度，定义地埋群管的热堆积系数 σ 为群管的综合换热能效系数 E_z 与单个地埋管换热能效系数 E 的比值，即

$$\sigma = \frac{E_z}{E} = \frac{\frac{1}{n}\sum_{i=1}^{n} (T_{in} - T_{out,i})/(T_{in} - T_0)}{(T_{in} - T_{out,s})/(T_{in} - T_0)} = \frac{\frac{1}{n}\sum_{i=1}^{n} (T_{in} - T_{out,i})}{T_{in} - T_{out,s}} \tag{11-12}$$

式中 $T_{out,s}$——单个地埋管流体出口温度（℃）。

热堆积系数也是一个无量纲的瞬时变化量，其取值范围为 0~1。在单个地埋管换热条件下，热堆积系数与群管阵列的布局密切相关，表征了优化群管布局条件下能够达到的最大换热能力。

2. 岩土体温度偏离度

地埋管传热过程中，周围土壤的温度场受到地埋管的布置以及地埋管换热负荷大小等因素影响，但同时变化了的温度场又反过来影响地埋管换热器能力，从而影响到整个地源热泵系统的运行性能。因此地埋管换热器与周围岩土体的换热是一个相互耦合的过程，地埋管周围介质温度的变化从侧面反映了地埋管换热能力的变化。

在地埋管与岩土体的换热过程中，岩土体热扩散能力有限，导致地埋管周围岩土体热量堆积，温度发生不同程度的变化，这同时又影响着地埋管的实际换热能力。鉴于岩土体温度偏离初始温度的变化规律从一定程度上反映了地埋管的换热变化过程，定义岩土体温度偏离度为地埋管换热过程中岩土体实际温度增量与初始温度比值 D，即

$$D = \frac{T - T_0}{T_0} \times 100\% \tag{11-13}$$

式中 T——岩土体实际温度（℃）；

T_0——岩土体初始温度（℃）。

11.4.2 地埋管布局和换热优化

1. 基于群管的换热能效的布局优化

地埋管在岩土体中的敷设受到使用面积的影响，布局限定在一定形状范围内，其换热过程的能效也随之变化，地埋管的取热量、排热量能力影响到地源热泵系统的设计布置，以图11-16所示的16个地埋群管阵列形式换热工况为例，利用式（11-1）计算动态分析群管能效变化情况。大规模的地埋管阵列敷设受制于建筑物周边条件，群管布局的形状可多种多样，通常有正方形、L形和长方形，群管阵列规模和地埋管孔间距也可以根据需要设置。

图11-17 显示了地埋管阵列布局对地埋管综合能效系数［见式（11-11）］和热堆积系数［见式（11-12）］的影响。

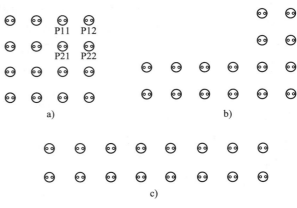

图 11-16 地埋管阵列布局
a）4×4 的正方形阵列 b）7+9 的 L 形阵列
c）2×8 的长方形阵列

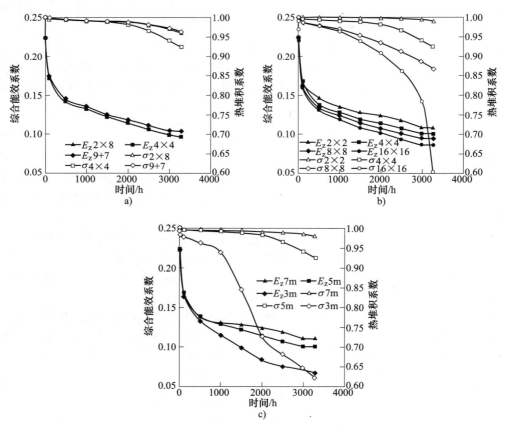

图 11-17 地埋管阵列布局对地埋管综合能效系数和热堆积系数的影响
a）群管阵列敷设形状 b）群管阵列分块规模 c）群管阵列孔间距

从图 11-17 可以看出，地埋管在岩土体中的换热过程是典型的瞬态过程，地埋群管的换热能力受各因素影响一直处于变化中。其中图 11-17a 说明正方形的地埋管阵列不利于热量的扩散，造成热量长时间内散发不出去，换热条件趋于恶劣，应尽可能地根据可利用埋管条件避免类似于正方形的形式集中设置，多以 L 形、长方形阵列布置以增强换热效果。图 11-17b 说明埋管规模在群管设置中应充分重视，应利用已有的埋管条件，尽可能地减小地埋管聚集在一起的规模，分散设置。在设有岩土体热平衡控制措施的情况下，一般不超过 16×16 的阵列规模，否则应减小地埋管分块规模以增强和保证持续换热效果。图 11-17c 说明地埋管间距在群管设置中对地埋管换热影响很大，多年连续性运行工况下，为保证地源热泵系统的运行能效就需要加大地埋管间距，从而需要更多的埋管面积。在工程应用中，应在考虑运行时间的基础上，充分利用已有的地埋管条件，尽可能地加大群管间距，减小地埋管聚集规模，采用分散设置的阵列形式，可以增强换热效果，提高地源热泵系统的运行效率。

2. 基于岩土体温度场的热平衡控制

地埋管传热过程中，地埋管换热能效与周围岩土体温度场变化是相互作用的耦合过程，实现温度场热平衡也有利于地埋管换热能效的提升。以 30×40 地埋群管阵列布置，钻井间距为 5.0m 的埋管布局为例，分析多热源地埋群管的换热特性关系，提出合理的运行模式和控制方法，实现地域空间的浅层地能高效利用，其 1/4 的平面布置图如图 11-18 所示，冷热负荷变化如

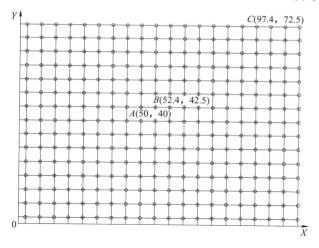

图 11-18　30×40 地埋群管阵列 1/4 的平面布置

图 11-19 所示，图 11-20 和图 11-21 所示分别为岩土体多年点温度和平均温度偏离度［见式（11-13）］变化。

当地埋群管周围岩土体温度经历着"升温→降温→升温"的周期性变化过程时，不同位置的温度偏离度差异主要反映在振幅变化以及变化滞后，距离井壁较近点温度偏离度随着换热负荷变化而呈现上下波动变化规律，距离井壁较远点温度偏离度则呈现平缓上升或下降规律。在排热和取热负荷不平衡条件下，群管周围岩土体温度偏离度在运行

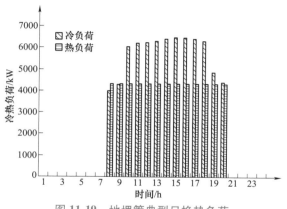

图 11-19　地埋管典型日换热负荷

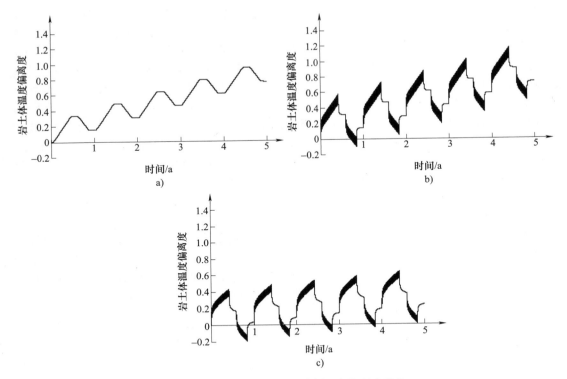

图 11-20　年运行工况监测点温度偏离度变化

a）*A* 监测点温度变化　b）*B* 监测点温度变化　c）*C* 监测点温度变化

多年之后均有不同程度的上升，如累计负荷不平衡率为 45.80%，5 年后岩土体温度偏离度将上升为 55%；累计负荷不平衡率为 10% 时，5 年后岩土体温度偏离度只上升 5%。负荷不平衡率越小，岩土体温度年温升偏离幅度越小，有利于地埋管夏季排热，地埋管在设计工况下持续换热的时间就越长，能够充分保证地埋管地源热泵系统长期高效运行。

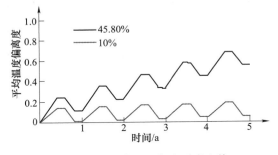

图 11-21　负荷不平衡率对岩土体平均温度偏离度的影响

　　根据建筑物冷热负荷特征和岩土体热物性条件，辅以其他散热设备（诸如冷却塔、地表水、地下水）设计复合式地埋管地源热泵系统，可以降低地埋管换热负荷，也可以减少地埋管持续换热时间，有效提升地埋管换热器的换热能效。

11.4.3　地埋管换热能效控制技术

1. 地埋管换热能效提升控制技术

（1）适当增大地埋管间距　在地埋管面积足够的前提下，应适当增大地埋管间距。地埋管间距越大，互相的热影响就越小，因此，合理的地埋管间距是提高地源热泵系统工作效率的有效途径。为了避免地埋管管群的热堆积效应，群管还应尽量采用长方形布置或分散布置，有利于地埋管系统的散热。

（2）辅助散（加）热设备　不同地域的气候条件导致空调冷热负荷存在较大的差异，存在冷热累积负荷的极大不平衡，可采用复合式土壤源热泵系统，如冷却塔+地埋管地源热泵系统、太阳能+地埋管地源热泵系统，在运行中切换运行模式，完全可以将岩土体热平衡率降到零。这样也可促使地埋管换热表现出间歇传热机制，使地埋管周围的岩土体具备一定时间的恢复期，部分换热器停止运行，对地埋管换热有利。

（3）生活热水供应　热泵机组配置热回收功能，可以为室内提供常年的高温低成本生活热水。热水系统调节岩土体热平衡的原理是：在夏季可以将本来需要释放到土壤中的热量用于加热自来水，为室内提供"免费"的生活热水，减少排放到土壤中的热量；而在过渡季节和冬季则相当于增加从土壤中需要提取的热量，用于加热自来水，为室内提供"低成本"的生活热水。

（4）地埋管换热器分组运行　在地埋管地源热泵系统实际运行中发现，地埋管的分组对于岩土体的恢复能力也有很大的促进作用，即地埋管管群分成若干区块，每几个区块成为一组，分别对应一台热泵机组。在部分建筑空调负荷情况下，轮换运行和使用不同的地埋管换热器分组，降低运行能耗，同时提高岩土体的恢复能力，降低岩土体热不平衡的风险。

（5）设置实时监测系统　在地埋管地源热泵系统中设置多重实时监测系统，多方位保障系统稳定高效运行，实时运行数据监测通过自控系统实现，依据建筑负荷需求变化控制地埋管换热系统高效运行，热平衡的运行策略根据监测系统数值统计每年调整一次，有效提升地埋管换热能效，保障地埋管地源热泵系统运行效果。

（6）后期运行管理　地源热泵系统施工调试完毕交付使用后，应配备有经验的空调系统维修管理人员，并进行严格的技术培训，在地埋管地源热泵系统的后期运行中，用合理的运行管理和运行策略，保证地源热泵系统的长期高效和稳定运行。

2. 复合式地源热泵系统

全年冷热负荷平衡失调，将导致地埋管区域岩土体温度持续升高或降低，从而影响地埋管换热器的换热性能，降低地埋管换热系统的运行效率。因此，地埋管换热系统设计应考虑全年冷热负荷的影响。当两者相差较大时，宜通过技术经济比较，采用辅助散热（如增加冷却塔）或辅助供热的方式来解决，经济性较好，同时，也可避免因取排热不平衡引起岩土体温度的降低或升高。设置辅助热源或冷却源的地源热泵系统，通常称为复合式地源热泵系统，如图 11-22 所示。

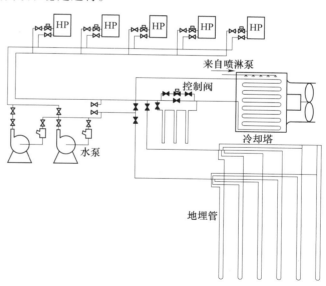

图 11-22　带冷却塔的复合式地埋管地源热泵系统

在确定冷却塔的冷却容量时，应掌握两个原则：一是以能够满足地埋管换热器全年的冷热负荷基本平衡为前提，用冷却塔负担多余的冷却负荷，即冷却塔的散热容量（能力）应能满足多余冷却负荷的需要；二是将冷却负荷分为两部分，一部分为变化缓慢的空调房间围护结构的基本负荷，另一部分为空调房间人体、照明及辐射等变化较大的内外热源的峰值负荷。由地埋管换热器承担前者，辅助冷却塔承担后者。因为变化缓慢、基本恒定的冷热负荷更适合地埋管的换热特点。

对于辅助加热热源容量的确定，应经过较为详细的计算与分析后确定。因为使用地源热泵系统的建筑，大多是为了解决供热热源的问题。在此情况下，增设的辅助热源，常常是初投资较大或者是运行费用较高的类型。因此，对辅助加热热源的容量及运行模式应根据具体情况，分析比较后确定。

当单独一种冷热源方式不能满足供冷供热需要时，串联运行就成为复合式地源热泵系统的主要运行方式。串联运行决定了辅助冷却源或热源的加热或冷却方式只能是间接式的，如采用闭式冷却塔作为辅助冷却源；或采用开式冷却塔时，冷却塔的水系统应通过换热器与地埋管换热器水系统分隔。当每种冷、热源单独使用能够满足某一时段空调系统的需要时，便可采用并联交替运行模式。间歇运行对地埋管换热能力的恢复很有好处，同时也提高了系统的可靠性。

11.4.4 地源热泵系统高效运行策略

对于地埋管地源热泵系统来说，浅层地热能利用子系统是将岩土体作为性能良好的无热源蓄热体，夏蓄热冬用、冬蓄冷夏用，形成冷热量再生循环利用的结构运行机制，为地埋管换热提供一个稳定的、良好的、高效的工作运行环境。地埋管在岩土体中的换热是一个典型的瞬态过程，是建筑物冷热需求量、机组和岩土蓄热体相互作用的耦合过程，也是地埋管换热性能不断衰减的过程。最为有效的解决方法就是设置复合式地埋管地源热泵系统，即把地埋管地源热泵与其他形式的散热设备或热回收装置结合使用，弥补在某些地区单独使用地源热泵时的缺陷，平衡了岩土体的热量得失。但正因为增加了一个关键的、复杂的浅层地热能利用子系统，地埋管地源热泵系统的运行控制就更加复杂。

1. 辅助散热设备运行策略

地埋管地源热泵系统采用辅助散热设备时，地埋管换热系统和辅助散热系统既可以串联也可以并联，对散热设备的水质有一定的要求。采用热回收型的机组时，根据机组的热回收能力确定夏季的辅助散热量；采用冷却塔进行散热时，应以冷却塔的实际控制需求进行设置。

以图 11-22 所示的冷却塔作为辅助散热装置的复合式地源热泵系统为例，冷却塔的运行控制方案主要有以下三类：

（1）预设温度控制　这是以地埋管运行为主的模式。根据当地的具体气象参数及建筑物负荷的具体需要，事先设定好热泵主机进（出）口流体的最高温度，当在运行过程中达到或超过此设定极限温度值时，启动冷却塔及其循环水泵进行辅助散热。地埋管的运行则根据岩土体温度监控系统的设定数据进行，既要保证地源热泵系统运行的高效，也要控制系统转换过于频繁。

（2）温差控制　这是以冷却塔运行为主的模式。对热泵进（出）口流体温度与周围环境空气湿球温度之差进行控制，当其差值超过设定值时，启动冷却塔及其循环水泵进行辅助散热，主要有以下两种控制条件：第一种，当热泵进口流体温度与周围环境空气湿球温度差值$>\Delta T_1$时，启动冷却塔及冷却水循环水泵，直到其差值$<\Delta T_2$时关闭；第二种，当热泵出口流体温度与周围环境空气湿球温度差值$>\Delta T_1$时，启动冷却塔及冷却水循环水泵，直到其差值$<\Delta T_2$时关闭。

（3）控制开启时间　这是适合于夜间需要开启的工况。考虑到夜间室外湿球温度比较低，冷却塔的散热效果明显好于白天，通过在夜间开启冷却塔运行数个小时的方式将多余的热量散发至空气中。为了避免水环路温度过高，采用设定热泵主机最高进（出）口流体温度的方法作为补充。

由于地埋管敷设是依据可利用的地表面积和场地形状进行的，多采用二级集分水器管路系统，从而形成地埋管换热器的分区。当建筑物负荷处在部分工况下，所需要的地埋管取热量或排热量仅是某一分区或数个分区就可以满足，为使得各分区的地埋管换热效果均衡，需要对整体埋管区域进行分区运行控制，主要有以下两种方式：

（1）累计运行时间控制　根据地埋管运行时间的累计值，基于负荷预测选取运行累计时间最少而且取排热能力满足要求的分区或数个分区运行。

（2）岩土体温度控制　在地埋管周围岩土体设置温度传感器，一般在分区最不利位置安装，基于预测负荷选取监测温度最低而且取排热能力满足要求的分区或数个分区运行。

2. 辅助取热设备运行策略

地埋管地源热泵系统采用辅助加热设备时，考虑到辅助热源常常是初投资较大或者是运行费用较高的类型，常采用地源热泵与太阳能相结合的方式。由于太阳能与岩土体热源具有很好的互补与匹配性，因此太阳能-地源热泵复合式系统具有单一太阳能与地源热泵无可比拟的优点，如图 11-23 所示。

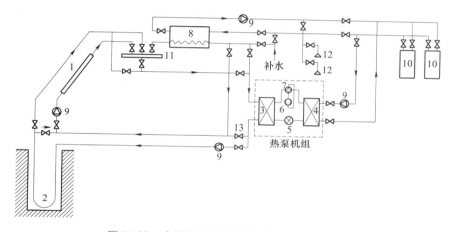

图 11-23　太阳能-地源热泵复合式系统原理图

1—太阳能集热器　2—U 形地埋管换热器　3—蒸发器（冬季），冷凝器（夏季）
4—冷凝器（冬季），蒸发器（夏季）　5—节流阀　6—压缩机　7—四通电磁阀
8—蓄热水箱　9—循环水泵　10—风机盘管　11—联箱　12—淋浴器　13—阀门

与常规热泵不同，该热泵系统的低位热源由太阳能集热系统和地下埋管换热系统共同或交替来提供。根据日照条件和热负荷变化情况，系统可采用不同运行流程，从而可实现多种运行工况，如太阳能直接供热、太阳能热泵供热、地源热泵供热（冬季）或空调（夏季）、太阳能-地源热泵联合（串联或并联）供热、太阳能-地源热泵昼夜交替供热及太阳能集热器集热、土壤埋管或水箱蓄热等，每一流程中太阳能集热器和地埋管换热器运行工况分配与组合不同，流程的切换可通过阀门的开与关来实现。

以太阳能集热器与 U 形地埋管联合作为热泵热源的太阳能-地源热泵联合供热运行工况为例，其工作原理为：冬季日间热泵蒸发器同时从集热器与地埋管中吸收低位热能，经提升后从冷凝器侧输出高品位热能，以给建筑供热与提供生活用热水；夜间，则主要利用地埋管从岩土体中取热作为热泵热源，在负荷较大时，也可将蓄热水箱中蓄存的日间富余太阳能加入，以进一步提高热泵进口温度。夏季，系统采用地源热泵制冷运行工况，而太阳能系统主要用于提供生活用热水。热源组合方式不同，则各热源提取装置的运行特性不一样，因此，最终各自所承担的热源分配比例也不同。对于同一运行模式，其所处的气候条件不同，运行效果也各异。因此，必须针对不同的气候地区来探讨各种组合方式对系统供热运行性能的影响，并进行比较与分析，以找出较好的组合方式。

11.5 地埋管地源热泵系统监测

地埋管地源热泵系统监测内容应包含地质环境变化监测、地源热泵系统运行状态与参数监测、室内外环境监测、用户使用情况监测等。依据地源热泵应用服务建筑面积和建筑物功能，监测内容见表 11-1。

表 11-1 地埋管地源热泵系统监测内容设置

项目规模	热泵系统运行状态					地质环境				室内外环境		末端系统	
	地埋管侧供回水温度、流量、压力	用户侧供回水温度、流量、压力	热泵机组及水泵耗电量	分集水器温度及流量	机组、阀门、水泵等设备的启停状态	换热孔内地温	换热孔间地温	地温背景值	地下水监测	室内温湿度	室外温湿度	用能时间	用能量
小型项目	●	●	●							☆			
中型项目	●	●	●	☆	●	●	●	●	☆	☆	☆	☆	☆
大型项目	●	●	●	☆	●	●	●	●	●	●	●	☆	☆
特殊及重要项目	●	●	●	☆	●	●	●	●	●	●	●	☆	●

注：1. ● 为应监测项，☆ 为宜监测项。

　　2. 小型项目是指应用面积小于 2 万 m² 的居住建筑（设施），中型项目是指应用面积在 2 万～5 万 m² 的居住建筑（设施），大型项目是指浅层地热能应用面积超过 5 万 m² 的居住建筑（设施），特殊及重要项目是指公共建筑、位于软土区建筑、对沉降敏感的建筑等。

11.5.1 地埋管换热系统监测

地埋管换热系统应监测岩土体地温背景值、地温变化情况，应满足以下要求：

1）应布置地温背景值监测孔、换热孔间地温变化监测孔和换热孔内地温监测孔，平面上宜形成控制全域的监测网。当埋管换热区域较大或跨越不同地层地貌单元时，应加大布设密度，在每个不同区块分别布置地温监测孔。

2）地温背景监测孔的孔位宜距离换热管群最外围不小于 10m。换热孔内岩土层地温监测孔孔位应选择在换热密集区中心和典型区域。换热孔区间岩土层地温变化监测孔应布置在换热孔内岩土层地温监测孔与相邻换热孔的中间部位，重要和特殊项目可以布设多个和多组监测孔。

3）垂直方向上，自地表以下，宜每间隔 10m 设置至少 1 个岩土层地温监测点，覆盖主要换热岩土层、透水层。

4）当埋管换热区处于地下水径流丰富区域时，应根据地下水径流方向调整地温监测孔设置，地温背景监测孔应设置在埋管区域地下水径流上游部位，地温变化监测孔应沿地下水径流方向设置。

5）当埋管换热区地下水径流丰富且位于战略水源地或有多个含水层并存在潜在互相干扰（污染）可能时，应布置地下水变化监测井，对目的含水层水位、水质、水温变化等进行监测。

　　监测孔的设置如图 11-24 和图 11-25 所示。

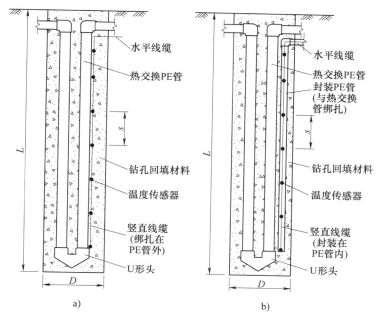

图 11-24　钻孔内地温监测孔结构图

a）热交换 PE 管外直接绑扎式　b）专用 PE 管封装式

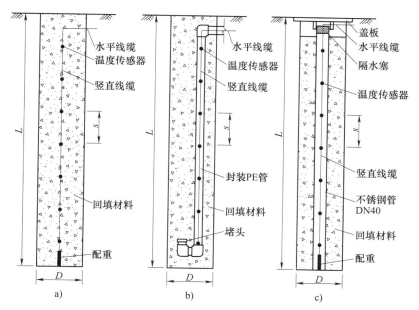

图 11-25　钻孔间地温及地温背景值监测孔结构图

a）直接填埋式　b）PE 管封装式　c）不锈钢管内下放式

11.5.2　热泵机房监测

热泵机房应监测地源侧和用户侧的供回水温度、流量、压力，热泵机组、水泵耗电量，热泵机组、水阀、水泵等设备的启停状态情况，应满足以下要求：

1）热泵系统运行状态参数监测点的布置应具有代表性，监测数据和结果应能全面反映系统运行状态。

2）热泵系统地源侧供回水温度、流量监测应在热泵系统地源侧供水总管及回水总管内各布置一个温度监测点，选择供水总管布置流量监测点。

3）热泵系统用户侧供回水温度、流量监测应在热泵系统用户侧供水总管及回水总管内各布置一个温度监测点，选择供水总管布置流量监测点。

4）热泵机组流量监测应在热泵机组进水总管或出水总管内布置流量监测点，当热泵机组数量多于1台时，宜分别对多台热泵机组流量进行监测。

5）宜在地源侧和用户侧供回水支管上布置温度、流量监测点，监测地源侧和用户侧各支路温度、流量。

6）热泵机组、水泵耗电量监测点应设置在动力配电柜（箱）处，热泵机组耗电量与循环水泵耗电量应分别监测，分开记录；不同类别水泵应单独安装电量表。

7）应监测机房设备进出口水压力，当进出口水压差超限时应报警。

11.5.3　末端系统监测

末端系统监测内容主要通过人工或计量计费系统，对用户空调的使用时间、用能情况进行监测，应满足以下要求：

1）末端系统监测应对用户的用能量和使用时间进行检测、采集、存储、统计。监测设备应按一户一表配置，宜在楼层和楼栋设置监测仪表。

2）监测仪表应能准确识别空调末端设备的运行状态，具备防盗、计量失效报警。

3）监测数据应按月汇总，数据保存不低于1年。

11.6　工程应用与发展

11.6.1　地源热泵工程应用发展

1. 工程应用发展方向

地源热泵系统是利用浅层地能的可再生能源利用技术，在不同季节以其作为冷热源进行能量转换，提供冷热量改善办公居住环境，实现供热、制冷目的。全面推广地源热泵制热供冷方式是建筑节能减排最经济有效的途径，当前多用在公共建筑和高档住宅建筑的供冷供热中。

随着北方集中燃煤锅炉房及燃煤热电厂供热模式的弊端逐步突显，不仅基础设施投资大，供热输送能耗高，系统调节不灵活，不能适应在时空上复杂多变的供热需求，而且城市雾霾十分严重。推进清洁供暖是减少化石能源消耗和减少污染物排放量的重要举措，且应重点突出一个"宜"字，宜电则电、宜气则气、宜煤则煤、宜热则热，因地制宜、科学有序地开发浅层地热能和中深层无干扰供暖将成为解决北方清洁供暖重要的途径之一。

近几年，南方冬季供暖的心愿和呼声持续加强，但人民日益增长的对供暖的需求和城市供暖规划缺位、供暖设施无法满足之间存在着巨大矛盾。在当前国家大力推进生态文明建设的旗帜下，夏热冬冷地区应该通过机制创新和技术创新，尝试有别于集中供暖"北方模式"的南方经验，应从利用可再生能源、新能源和清洁能源着手，紧密结合当地的需求、资源禀赋和能源供应状况，集中与分散并举，供暖与供冷共襄，建立一套适应现代社会发展需要和科学技术水平的以能源高效综合利用和以新能源、分布式、智能化为主要特征的供暖新模式。地热能作为一种绿色低碳、可循环利用的可再生能源，具有储量大、分布广、清洁环保、稳定可靠等特点，其地源热泵系统是一种现实可行且具有竞争力的清洁能源技术，是将来南方规模化实施供暖供冷的必然选择。

作为建筑物供冷供热重要的节能环保的技术路径之一，地源热泵系统对北方和南方清洁供暖的广泛推进有至关重要的作用。随着生态文明建设的持续，人民生活质量需求的提高，地源热泵系统如何结合建筑物需求、地域资源禀赋条件更经济、更安全、更高效地为建筑物展开供冷供热服务将是今后一段时间内很重要的研究课题。

2. 工程技术问题

相对于传统的集中空调系统而言，地埋管地源热泵系统的最大不同之处在于利用的浅层地能资源作为冷热源。这并没有解决集中空调系统集成理念的问题，反而增加了一个关键的、更加难以琢磨的浅层地热能利用子系统，进一步加大了系统集成的难度。因而，地源热泵系统的高效运行成为整个建设使用周期当中极为重要的技术问题，通过运行控制技术将设计、施工、运行中赋予系统优良性能展现出来，达到"花最小的代价，实时跟踪空调冷热负荷的变化，实现室内舒适性"。

浅层地热供冷供热项目呈现规模化、大型化的特点，因地制宜地采用多种能源耦合和协同优化显得越来越重要，如地热、风能、太阳能、传统化石能源等之间的协同，在供能端将不同类型的能源进行有机整合，提高能源利用的可供性、稳定性以及经济性，提供安全可靠的能源，促进各种能源利用效能最大化。但当前对基于地热能利用的多能源互补系统技术工程应用，各部分能源往往都是单独规划、单独设计、独立运行，彼此间缺乏协调，由此造成了能源利用率低、供能系统整体安全性和自愈能力不强等问题，相互独立的运行模式无法适应多能互补能源系统。因此，应从整体性、系统性和耦合性角度来研究基于地热能利用的多能互补供冷供热系统的协同利用。

11.6.2　工程应用案例

1. 工程概况

华中智谷园区位于武汉经济技术开发区，是以数字出版产业为主体，集企业总部办公、孵化、研发、交易、展示、生活服务等多功能为一体的数字文化产业园区，是国家新闻出版总署授牌的"华中国家数字出版基地"。一期工程共 15 栋建筑物，分别为 B3 号楼、B4 号楼、C3 号楼、C4 号楼、C5 号楼、C6 号楼、C7 号楼、C8 号楼、C9 号楼、D3 号楼、D4 号楼、D5 号楼、E4 号楼、E5 号楼、F10 号楼，总建筑面积 112644m²，地上 3～16 层，建筑物高度 12.6～63.6m 不等，主要为管理及研发办公用房（图 11-26）。15 栋建筑物下面有 A、B 两个相连的地下室，作为设备用房及车库。经多方案技术经济比较，结合工程现场的具体情况，空调冷热源由三种形式组合而成，垂直地埋管地源热泵系统+热源塔热泵系统+冷却塔+离心式冷水机组系统。

各栋建筑物的空调冷热负荷如图 11-27 所示。总冷负荷为 10320.9kW（单位面积平均冷负荷指标 92W/m²），总热负荷 6746kW（单位面积平均热负荷指标 60W/m²）。

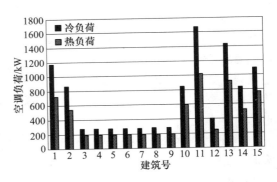

图 11-26　华中智谷园区（一期）建筑物鸟瞰图

图 11-27　各建筑物空调冷热负荷分布

2. 地埋管换热系统配置

地埋管换热器仅能在地下室挡土墙以外、用地红线范围以内的绿化带或道路下进行敷设钻孔，如图 11-28 所示。现场测试的双 U 形垂直地埋管传热数据是，夏季排热能力 60W/m，冬季取热能力 45W/m。地埋管换热器总吸热量为 2635kW，总放热量为 3515kW。设计总钻孔数为 556 孔，分为 10 个埋管区域，其中 262 口钻井设计有效深度为 100m，294 口钻井设计有效深度为 110m。钻孔间距不小于 4.5m，钻孔直径为 150mm。埋管材料采用高密度聚乙烯管（HDPE100）DN25，双 U 形管底部采用定制沉箱连接。为确保地下换热器的可靠性，每个垂直钻孔的供回水管均直接接至二级分集水器，共设有 15 个二级分集水器。各二级分集水器供回水管上均设有调节阀、温度计及压力表，分集水器供回水管汇总后接入热泵机房。

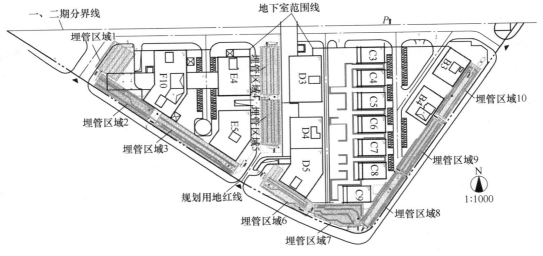

图 11-28　地埋管总平面布置

考虑到地埋管在岩土体中取热与排热，会造成岩土体冷热失衡及温度波动，在地埋管部分典型区域选择 4 个钻孔中埋设 20 个铂电阻温度探测器，配温度巡检记录仪一套，实时监测岩土体温度变化，以便采取必要措施保证岩土体总体热平衡。

3. 复合式地源热泵系统工程设计

由于地源热泵系统的容量受限，需另外配置其他形式的热泵系统进行补充。该项目采用热源塔热泵系统对地源热泵系统进行补充，两套系统的总装机容量由冬季总供热量确定，两套系统制冷量不足部分再由离心式冷水机组提供。

机房设置在北面地下室的左下角处，有 2 台螺杆式地源热泵机组（对应地埋管）、3 台热源塔热泵机组（对应热源塔）、2 台变频离心式冷水机组（对应冷却塔）。机组各项性能参数见表 11-2。

表 11-2　机组性能参数

设备名称	工　况	制冷制热量 /kW	蒸发器水 温度/℃	冷凝器水 温度/℃	输入功率 /kW	COP 值
螺杆式地源 热泵机组	制冷	1367.7	6/12	32/37	262.4	5.20
	制热	1631.9	11/7	40/45	321.0	5.08
热源塔 热泵机组	制冷	1600	6/12	32/37	321	5.00
	制热	1015	-8/-12	40/45	378	2.69
变频离心式 冷水机组	制冷	1758.4	6/12	32/37	327	5.35

空调水采用一次泵变流量系统，共分为 3 个环路，分别接至 15 栋建筑物内，每栋楼入户接管上设能量表、过滤器、温度计、压力表、调节阀等。空调水循环系统和地埋管换热系统均采用落地式定压罐定压及软化水补水。空调末端部分采用风机盘管+新风系统方式，办公室可根据室内空调负荷和人员变化调节运行，满足室内舒适性要求。

热源塔热泵系统用来补充地埋管地源热泵系统的供热量不足，如图 11-29 所示。热源塔是通过向水中添加一定浓度的抗冻剂，来降低水溶液的冰点温度，使得热泵系统冬季制热能从冷空气中吸收热量来实现的。热源塔中循环水溶液除了与空气进行显热交换外，还通过凝结空气中的水分获取大量的冷凝潜热。因此对于冬季空气中湿度较大的地区，利用热源塔供热是十分有利的。武汉地区冬季空气湿度大，采用热源塔热泵系统进行冬季供热尤为可行。相较于风冷热泵机组而言，热源塔热泵机组冬季的蒸发温度升高使得效率提高许多且不存在除霜问题。

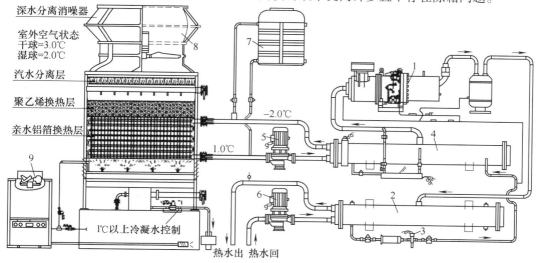

图 11-29　热源塔热泵系统

1—压缩机　2—冷凝器　3—膨胀阀　4—蒸发器　5—热源泵　6—负荷泵
7—膨胀罐　8—闭式热源塔　9—间歇防霜浓缩装置

保持热源塔循环水溶液所需的浓度是冬季热泵机组正常工作的关键所在。为此，在室外热源塔回水总管上安装一套具有自动保护功能的溶液浓度监测装置，当溶液浓度低于设定的安全范围时对系统进行停机维护，并且配套有加药设备、加药泵、溶液浓缩装置以及稀溶液池、浓溶液池等。考虑到添加防冻剂的水溶液对管道和设备会造成一定的腐蚀侵害，热源塔主体采用玻璃钢制作，对应热泵机组的换热器采用铜镍合金制作，管道采用二次镀锌防腐钢管，紧固件、阀门采用防腐材质。

冷却塔冷水机组系统用来补充夏季地源热泵系统和热源塔热泵系统供冷量的不足。离心式冷水机组配置的冷却塔（5 台处理水量 200m³/h 的方形横流超低噪冷却塔）与热源塔热泵机组配置的热源塔（6 台标准工况夏季喷淋水量 260m³/h，冬季喷淋水量 180m³/h 的开式热源塔）均设置在 D3 号楼的屋面上（图 11-30）。

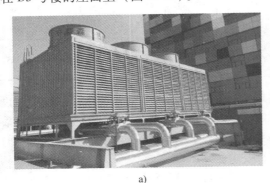 

a)   b)

图 11-30　热源塔和冷却塔安装实景图
a）热源塔　b）冷却塔

机房设备由集成能源管理系统进行控制。根据空调冷冻水系统供回水温度、温差和流量的变化，通过系统自带的模糊优化算法确定冷冻水系统的优化运行参数，可以节省冷冻水的输运能耗。根据所采集的实时数据和自适应知识库，计算出系统最佳转换效率对应的冷却水流量，动态调节冷却水的流量来逼近最佳冷却水流量值，保证冷热源系统随时处于最佳效率状态下运行。利用基于热泵机组效率特性的机组群控技术，选择一种最佳的主机运行台数组合，以达到冷热源系统的最高效率。

4. 地源热泵系统运行评价

该项目集中冷热源系统已投入使用 4 年，地源热泵系统与热源塔热泵系统联合运行，空调实际效果和能效达到预期，业主对系统运行情况表示满意，系统和机组夏季（2018 年 8 月份）和冬季（2018 年 1 月份）运行能效 COP 如图 11-31~图 11-33 所示。但应该特别引起重视的是，由于该项目主机类别较多，当系统运行多个供冷季和供热季后，应根据负荷变化规律适度调整各类主机的运行模式，以达到更好的节能效果。

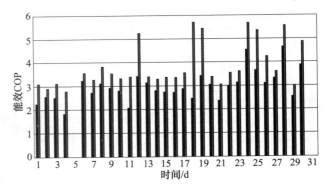

图 11-31　夏季典型月地源热泵系统和机组运行能效

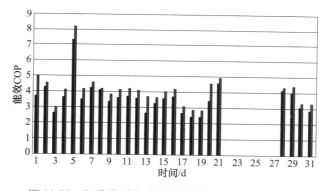

图 11-32　冬季典型月地源热泵系统和机组运行能效

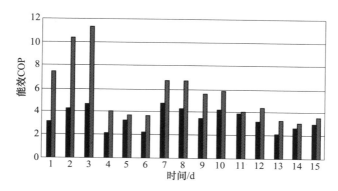

图 11-33　冬季典型月热源塔热泵系统和机组运行能效

本章参考文献

[1]　INGERSOLL L R，PLASS H J. Theory of the ground pipe heat source for the heat pump [J]. Heating Piping and Air Conditioning，1948，20（7）：119-122.

[2]　INGERSOLL L R，ZOBEL O J. INGERSOLL A C. Heat conduction with engineering, geological and other applications [M]. New York：McGraHr-HIill Co, 1954.

[3]　ESKILSON P. Thermal analysis of heat extraction boreholes [D]. Lund：University of Lund Doctoral Thesis, 1987.

[4]　CARSLAW H S，JAEGER J C. Conduction of heat in solids [M]. Oxford：Claremore Press, 1947.

[5]　CARSLAW H S，JAEGER J C. Conduction of heat in solids [M]. 2nd ed. Oxford：Oxford University Press, 1959.

[6]　陶文铨. 数值传热学 [M]. 2 版. 西安：西安交通大学出版社，2001.

[7]　王福军. 计算流体动力学分析：CFD 软件原理与应用 [M]. 北京：清华大学出版社，2004.

[8]　马最良，吕悦. 地源热泵系统设计与应用 [M]. 北京：机械工业出版社，2007.

[9]　美国制冷空调工程师协会. 地源热泵工程技术指南 [M]. 徐伟，等译. 北京：中国建筑工业出版社，2001.

[10]　ZHANG Q，MURPHY W E. Measurement of thermal conductivity for three borehole fill materials esed for GSHP [J]. ASHARE Transaction，1997，106（2）：434.

[11]　JONES W V，BEARD J T，RIBANDO R J. Thermal performance of horizontal closed-loop ground-coupled heat pump systems using flowable-fill [C]//Proceedings of the Intersociety Energy Conversion Engineering Conference，1996，（2）：748-754.

[12]　ALLAN M L，KAVANAUGH S P. Thermal conductivity of cementitious grouts and impact on heat exchanger length design for ground source heat pumps [J]. HVAC & R Research，1999，5（2）：87-98.

［13］ KAVANAUGH S P，ALLAN M L. Testing of thermally enhanced cement ground heat exchanger grouts ［J］. ASHRAE Transactions，1999，105（1）：446-450.

［14］ 胡平放，孟庆丰，管昌生，等. 岩土综合热物性参数的不确定性分析 ［J］. 湖南大学学报（自然科学版），2009，36（S2）：35-39.

［15］ 於仲义，陈焰华，雷建平. 地源热泵的地埋管群换热特性研究 ［J］. 暖通空调，2012，42（4）：82-85.

［16］ 於仲义，陈焰华，雷建平. 阵列式 U 形地埋管群换热能效特性研究 ［J］. 暖通空调，2015，45（2）：124-128.

第 12 章
工业热泵技术

12.1 工业热泵

12.1.1 技术背景

热泵技术的发展经历了一个多世纪。1824 年卡诺首先提出热力学循环理论，1852 年开尔文具体提出了热泵的设计思想，直到 1917 年德国卡赛伊索达制造厂首次把热泵应用于工业生产上。20 世纪 30 年代，从热泵本身来说，由于设备的一次投资比供暖系统的一次投资要高，以及因冬季温度低而使蒸发器表面容易结霜，需用电阻丝加热除霜，这无疑阻碍了热泵在西欧国家的应用。到了 20 世纪 50 年代，科学技术进步很快，电能成本降低，而燃料价格不断上涨，又由于精密工业和公共建筑大量要求进行空气调节，于是国外又积极开展热泵研究工作，并有了较大的发展，这段时间主要发展的是蒸气压缩式热泵，目前已在空调方面得到广泛应用，产品已成系列化。20 世纪 70 年代以来，欧洲各国和苏联、日、美、澳等国对热泵研究工作十分重视，各工业国均投入了大量的资金致力于更经济、输出温度更高、工业更为先进的新型热泵开发[1]。

热泵本身不是能源，而是有效利用低温余热的一种技术手段[2]。采用热泵可以达到降低生产成本、减少环境污染、提高能源利用率的目的。热泵的发展受到技术经济的制约，能源紧张和费用上涨是促进热泵发展的主要推动力。随着国际能源问题的日益突出，如何高效地使用能源、回收各种余热和减少对环境的污染成为人们关注的焦点[3]。热泵技术可通过利用各类低品位热源产生出相对高品位的热资源，用于集中供暖、石油化工、农业烘干、纺织、冶金、食品及屠宰等行业的生产工艺[4]。

热泵按工作方式主要可分为以下三类：

1）压缩式热泵。它是利用工质的饱和温度随着压力变化的特性进行工作的（与压缩式制冷机相同）。工质在热泵系统中循环使用的称为闭合型压缩式热泵，多用于供暖、干燥、空调等系统。开式循环的热泵所利用的工质是工艺中要处理的物质，最适合用于水溶性料液的蒸发，蒸馏操作单元的余热（150℃以下）回收。

2）蒸汽喷射式热泵。该热泵是利用高压蒸汽（8 个大气压以上）从喷管中高速喷出后产生卷携作用将蒸发器内蒸发形成的二次蒸汽不断吸入混合室，从而形成生产工艺过程中所需要的中压蒸汽（一般在 4 个大气压以下）供蒸发器重新使用。其最大特点是没有转动部件，构造简单，但对蒸汽的压力有一定要求，节能效果也不如压缩式热泵。

3）吸收式热泵。该热泵是以高温位热源为代价，通过某种吸收式热泵循环装置把低温位热源的温度提高到使用部门所需要的温度，向用户供热。使用的工质是由两种沸点不同的物质组成的二元工质对。

目前工业热泵已成功地用于许多方面，如化学工业中液体的蒸发、冷却、浓缩、造纸、建材产品和农产品的干燥等。

由于热泵技术的产生，国外已有利用凝汽式发电厂的余热（冷却水），通过地下非金属管线传至需要供热的城市中心，再通过热泵升温对用户供热[6]。热泵站是一种新型的供热动力系统，其特点是节省燃料显著，并能极大地减轻对居民区的污染。因此，热泵站由于在动力技术上、经济上和环境生态上的优点，决定了由它来代替部分热水锅炉的合理性。同时在一定的条件下还可起到代替热电厂和热电结合中部分尖峰锅炉的作用。

国外热泵在干燥和除湿领域中的应用发展也很快[7]。最早应用的例子是木材干燥窑。新西兰的研究证明，在木材干燥窑上采用热泵装置可把能耗降低35%。苏联在制茶工艺中应用了热泵干燥技术不仅降低了能耗，而且提高了茶叶质量，据当时的估计在格鲁吉亚所有的茶叶工厂中推广热泵装置后，一年内可节约运行费1500万卢布，并节省10万t以上的高质量的重油。

使用蒸发设备的工业比其他工业更适合使用热泵[8]。在蒸发技术中，多效蒸发器并不是到处或者任何时候都能够使用的。例如有的料液在高温的第一效中要分解以降低产品的得率和质量，在这种和其他许多情况下，用热泵和单效蒸发器相结合既能满足工艺要求，又可节能，同时还免去了冷凝器、真空泵及大量的冷却水。

热泵蒸发装置是根据逆卡诺循环的理论结合开放型机械压缩式热泵的特点，将一系列设备巧妙地组合在一起，充分利用工艺过程中的热量，从而达到高效节能的目的[9]。蒸发器中来自料液的二次蒸汽经过压缩机的绝热压缩提高其压力、温度、焓值后，再作为新蒸汽送回蒸发器的加热室循环使用。热泵蒸发装置一经启动就不再需要加入新鲜蒸汽或仅需补充少量蒸汽就能一直运行下去。整个过程仅消耗少量的电能或机械能，节能效果特别好，对于温度低于150℃的余热利用则更能显示出它的优越性。

12.1.2　系统简介

1. 热泵技术的简述

热泵是一种利用高位能使热量从低位热源流向高位热源的节能装置。顾名思义，热泵也就像泵一样，可以把不能直接利用的低位热源（如空气、土壤、水中所含的热能、太阳能、工业废热等）转换为可以利用的高位热能，从而达到节约部分高位能（如煤、燃气、油、电等）的目的[10]。由此可见，热泵的定义涵盖以下几点：

1）热泵虽然需要消耗一定量的高位能，但所供给用户的热量却是消耗的高位热能与吸取的低位热能的总和。因此，热泵是一种节能装置。

2）热泵可由动力机和工作机组成热泵机组。利用高位能来推动动力机，然后再由动力机驱动工作机运转，把低位的热能输送至高位，以向使用者供热。

3）热泵既遵循热力学第一定律，又遵循热力学第二定律。在热泵定义中明确指出，热泵是靠高位能拖动，迫使热量由低温物体传递给高温物体。

热泵与制冷机的工作原理和过程完全相同。从热力学观点看都是热机工作过程的反循环，即是利用某种工质的状态变化，从较低温度的热源吸取一定的热量，通过一个消耗功的补偿过程，向较高温度的热源放出热量。热泵与制冷机在名称上的差别只是反映了在应用目的上的不同。如果以得到高温为目的，则一般称为热泵，反之则称为制冷机。由于热泵装置的工作原理与压缩式制冷是一致的，所以在小型空调器中，为了充分发挥它的效能，在夏季空调降温或在冬季取暖，都是使用同一套设备来完成的。

2. 工业领域中热泵技术的三大类系统

根据热水出水温度，可将热泵系统分为以下三类：

1）出水温度在 60℃以下的热泵系统。

2）出水温度在 60～120℃范围内的热泵系统。

3）出水温度在 120～175℃范围内的热泵系统。

在单级系统中，出水温度在 60℃以下时一般使用回收普通热源的热泵系统，出水温度在 60～120℃时一般使用回收余热热源的热泵系统，出水温度在 120～175℃时一般使用蒸汽直接压缩系统。在双级或复叠热泵系统中，出水温度在 60℃以下时一般使用回收余热热源的热泵系统，出水温度在 60～120℃时一般使用回收普通热源的热泵系统，出水温度在 120～175℃时一般使用回收余热热源的热泵系统加上蒸汽直接压缩系统。

吸收式循环目前被广泛应用于各种低品位工业余热回收领域，吸收式循环按用途可分为吸收式热泵和吸收式制冷，两者原理相同，只是应用场合不同，导致其运行参数有显著区别。吸收式热泵分为一类热泵和二类热泵[12]。一类热泵可以采用高温热水或者蒸汽驱动，回收低品位热量（即制冷循环中的冷水），产出大量的中品位热量（即制冷循环中的冷却水），单效热泵的 COP 可达 1.6，如热电厂用汽轮机抽气驱动热泵回收乏汽热量用于供热。而二类热泵则是消耗大量的中品位热量产生少量的高品位热量，如化工厂用大量废水产生少量的蒸汽用于其生产工艺，其 COP 为 1.3 左右。图 12-1 所示为两级蒸发两级吸收热泵系统，高温水进入发生器驱动热泵运行，冷却水依次通过两级吸收器和两级冷凝器升温后用于供热，冷水依次进入两级蒸发器降温实现余热利用。该热泵相比常规单级吸收式热泵余热回收能力显著增强，在应用于热水驱动回收工业余热供热场合时，能显著提高供热能力，并降低供热的能源成本，同时还可用于夏季制冷工况，因此在余热利用领域具有较为广阔的应用前景。

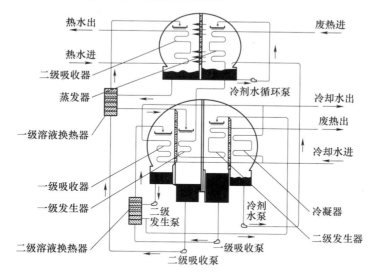

图 12-1　两级蒸发两级吸收热泵系统图

采用热泵技术可将工业余热、城市污水及空气、土壤和海水中的低品位热能提升利用，这对可持续性发展具有重要意义[13]。但单级热泵存在较大局限性，如在高纬度地区冬季室外温度很低时，单级热泵的供热能力和制热效率均很低，因此复叠式热泵应运而生。复叠式热泵具有压缩比小、排气温度低、制热能效水平高等优点[14]。复叠式热泵系统由高温级循环和低温级循环组成，且制冷剂在两个子循环中独立工作。两个子循环的关联部件为蒸发冷凝器，既作为高温级循环的蒸发器，又作为低温级的冷凝器。图 12-2 和图 12-3 分别为复叠式热泵系统理论模型及所采用制冷剂工质的饱和压力和温度关系图。

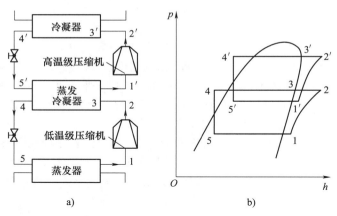

图 12-2　复叠式热泵系统理论模型

a）系统原理　b）系统压—焓图

3. 工业热泵之压缩机关键技术

高温型能够承受高排气温度，而普通型则无此功能。热泵机组作为一个多种配件组合运行的机件，必须多部件都尽可能保持最佳的运行状态，尤其是核心部件压缩机，影响压缩机寿命的直接因素主要有排回气温度、高（低）压、回油状况。天气炎热制热水，本身属于恶劣工况，压缩机的运行尽量以保护其不受损伤，以能保证热水的供应为主，压缩机总是在高排气温度、低压比状态下运转。热天效率过低，回气温度过高，造成回油不好，润滑不好压缩机易损坏，同时回气温度高、排气温度也高，压缩机润滑油被烧焦造成压缩机损坏是比较常见的问题，也是空气源

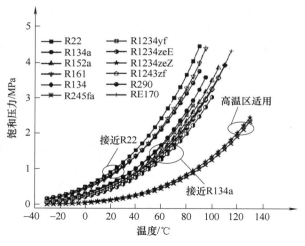

图 12-3　饱和压力和温度关系图

热泵热水器易烧压缩机及寿命大大缩短的原因。中温压缩机本身就不太适合在高温下运行。

目前空气源热泵市场早已过了追求超高效率的时代，而转到提高稳定性及机组寿命上了。主要措施如下：

1）夏天用低速，冬天用高速以优化系统供热负荷稳定运行。

2）一定高压停风机（保持压力值及排气温度）来保护机组，延长寿命。

3）热泵机组的设计及匹配既要保证热天机组在环境温度高的情况下正常稳定运行，又要保证在冷天机组能从空气中吸收到足够的热量以保证热水的供应，并且在低温高湿的天气条件下能尽量少结霜，而结霜后机组能够高效迅速地自动除霜，这样机组才能在一年四季运行稳定，尽可能延长机组寿命，保证热水的供应。

受气候公约的限制，随着现有制冷剂的禁用，新型高效环保制冷剂的探索及其在热泵中的应用成为一个紧迫的课题，目前世界各国均在不断地探索当中。研究发现 R513A 可作为 R134a

替代制冷剂，R513A 含有 56% 的 R1234yf 成分，GWP 仅为 R134a 的 44%，和 R134a 相比，当 R513A 应用于普通热泵时，制热能力和能效均有所提高。当 R513A 应用于工业热泵领域时，制热能力和能效有所下降，但运行范围扩大；R450A 也可作为 R134a 替代制冷剂，R450A 含有 58% 的 R1234ze 成分，GWP 仅为 R134a 的 42%，可以用于热泵、气冷式水冷机组、自动饮料售货机等中低温设备，是 R134a 替代物中性能较好的一种；由 Chemours 开发并销售的 R454C 是 R32 和 R1234yf 的混合物，其 GWP 值为 146，而因其具有轻度易燃性，被归类为 A2L 类制冷剂，主要用于中低温冷冻、冷藏设备和热泵空调应用；R744 作为天然制冷剂，具有环保无毒不易燃、低温工况能耗小等优势，但因其压力高、系统设计压力高、成套系统价格成本高等局限，并没有广泛地应用在热泵系统中。替代制冷剂与现用制冷剂对比分析见表 12-1。

表 12-1 替代制冷剂与现用制冷剂对比分析

现用制冷剂	替代制冷剂	组成成分	GWP	安全等级	优 点	缺 点
R134a	R513A	56%R1234yf、44%R134a	630	A1	温度滑移低，应用于普通热泵时，制热能力和能效均提高	应用于高温热泵时，制热能力和能效下降
	R450A	58%R1234ze、42%R134a	601	A1	GWP 值相比 R134a 降低 58%，可以用于热泵、气冷式水冷机组、自动饮料售货机等中低温设备	制热能力和能效均略低于 R134a
R404A、R22	R454C	21.5%R32、78.5%R1234yf	146	A2L	GWP 值仅为 146，可用于中低温冷冻、冷藏设备和热泵空调应用	具有可燃性
R410A	R452B	26%R1234yf、67%R32、7% R125	676	A2L	GWP 值降低了 65%，能够很好地兼容 R410A 设备，并具有优良且均衡的特性，包括提高的能效性能、极低的可燃性和在高温环境中的优越性能	具有可燃性

从目前来看，替代制冷剂主要为低 GWP 的 HFO 类混合物，但由于各研究学者对 HFO 类混合物配比的保密性，不利于新型制冷剂的发展与市场推广，从长远来看，替代制冷剂主要为 GWP 值低于 150 的天然制冷剂。

容积比是影响热泵系统理论性能系数 COP 的关键因素。在低环温下单机双级压缩机由于其双级压缩特性，大幅度提高了压缩机压比，在恶劣工况下，极大地拓宽了压缩机的运行条件，保证冬季制热效果，热泵能效也大幅度增加，并且解决了高压缸杂质、补气带液、润滑不足、振动噪声大等运行问题。

换热器的性能也是影响热泵系统理论性能系数 COP 的关键因素。从目前换热器的发展趋势来看，换热器的优化主要在以下几个方面：

1）小管径换热器。小管径换热器具有成本低、换热效率高的特点，并且采用小管径换热器能够大幅度减少制冷剂的充注量，减少温室气体的排放。

2）具有新翅片片形的换热器。目前热泵所采用的翅片形式主要有平直翅片、波纹翅片、条缝翅片和百叶窗翅片，翅片的片形直接影响着流体的湍动程度，从而对换热产生影响。

3）具有新材料（包括涂层）的换热器。在翅片表面进行耐腐蚀性涂抹处理，可以解决干湿交替环境下翅片表面 $Al_2O_3 \cdot H_2O$ 氧化的问题；在翅片表面进行亲水性涂膜处理，可以解决湿工况下翅片冷凝水形成"水桥"，导致风阻增加，能耗加大的问题。

4）微通道翅片扁管换热器。微通道翅片扁管换热器的传热和热阻的综合性能指标高于圆管。

变频技术也是提高热泵系统性能的核心技术。定频热泵不论是其工作的环境温度还是水温情况，都只能使用固定的频率运行，其能耗比较大。假如定频热泵工作的环境温度比较低或者是水温比较低，其制热能力不够，不仅会浪费电力资源还需要很长的加热时间。假如定频热泵工作的环境温度比较高或者是水温比较高，其制热能力太大，将浪费很多的电能。定频热泵在恒温之后开启及停止的频率较高将致使水温变化较大，直接影响用户的使用效果。而变频热泵则不同，变频热泵可以依据环境及水温来调节压缩机的转速，不仅有着较好的节能效果还可以将制热量及能效控制在合理的状态中。假如变频热泵工作的环境温度比较低，压缩机将自动转为高频提高热泵的制热能力，假如变频热泵工作的环境温度比较高，压缩机将自动转为低频以最佳的能效输出，在恒温之后变频热泵会将频率降低并且将水温控制在设定值。

12.1.3　工业热泵应用展望

Sakashita 介绍了工业热泵在过去几十年对节能和阻止全球变暖所做的贡献，同时指出了其应用仍然局限于小部分区域的原因，分析了阻碍其发展的壁垒以及现实可行的解决措施，尤其是 CDM（清洁发展机制）项目的实施对其未来的发展起到了重要推动作用[15]。Sakamoto 等人对 11 个国家的食品和饮料行业应用热泵技术可实现的 CO_2 减排潜力进行了估算，假设采用电驱动热泵取代供热温度在 100℃ 以下的蒸汽锅炉，估算结果显示每年的 CO_2 减排量可达到 4700 万 t，达到参与调查国家工业燃料燃烧产生的 CO_2 总量的 1.4%[16]。Kadowaki 等人开发了一种具有温湿度调节功能的烘干木材热泵系统，与传统的矿物燃料锅炉相比可以显著降低 CO_2 排放量，提高系统经济性，同时还可以提高木材烘干的质量[17]。Nordtvedt 等人对安装在挪威屠宰场的混合式余热回收热泵的运行数据进行了分析，表明这种压缩式和吸收式混合热泵采用氨水作为工作介质，可以回收制冷过程中温度约为 50℃ 的介质中的冷凝热，将热水侧温度提升至 100℃[18]。

工业热泵和普通热泵比较相似，区别在于普通热泵的温度是常温，工业热泵是指制热出水温度及出风温度都能够高达 90℃ 以上的，而相对于制热出水温度可达 65℃ 的热泵则称为普通中温热泵或者中高温热泵。在系统设计和压缩机设计上，两者也有着很大的不同，工业热泵直热产水、循环环保、冷水进入机组，出水即为稳定的高温热水，热水储蓄在水箱，满足随时使用。以相同的热水制造量为基准，和普通热泵、煤锅炉相比，工业热泵最大化节约电能，使用成本只有普通热泵的 1/4。

可再生能源作为低位热源使热泵系统受其变化影响较大，根据各个国家及地区的实际情况，采用复合热泵技术可以实现更好的节能环保效果，因此复合热泵系统研究仍然具有很大的空间。

研究热泵技术在实际工程中的应用，使热泵的节能环保作用在实际中得以更好地发挥，是推广热泵技术的重要基础，因此实际工程应用及优化研究工作十分重要。

12.2　螺杆热泵型压缩机在低环温空气源热泵领域的应用

常规的单级螺杆式压缩机，在热泵应用时仅适用于 -15℃ 以上的环境温度，最高出水温度 60℃。如果要突破这个应用极限，则需要使用双级配合或者复叠系统。同时，高压比的工况，给传统的单级压缩机带来了压缩过程中泄漏量过大、排温过高等问题，进而造成在这种恶劣工况下运行的单级压缩机效率低、可靠性低。而单机双级型压缩机，很好地解决了上述问题，其系统如图 12-4 所示。较之双级配合或者复叠系统，其具有占地面积小、控制简单等显著优势。较之单级压缩机，其具有高效、高可靠性等显著优势。

综上考虑，上海汉钟精机股份有限公司（简称"上海汉钟"）专门开发了 LT 系列高温产品。该产品主要以在大压差、大压比工况下的高效率、高可靠性为主要目的进行设计，结合了上海汉钟在螺杆式压缩机领域丰富的技术积累、大量的应用经验，该产品可广泛应用于高温热水、集中供暖等多个场景。

可基于单机双级螺杆热泵机组的 p—h 图（图 12-5），阐述它的工作流程：

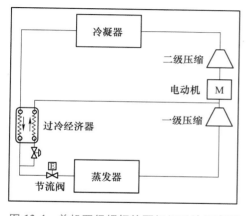

图 12-4　单机双级螺杆热泵机组系统示意图

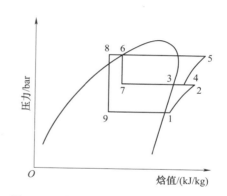

图 12-5　单机双级螺杆热泵机组 p—h 图

⑨→①：低压气液两相冷媒吸热蒸发后，变为低压过热冷媒气体。

①→②：低压过热冷媒气体经低压级螺杆压缩后，变为中压冷媒气体。

②、⑦→③：低压级压缩后气体与中压补气混合后，对电动机进行冷却。

③→④：混合后中压冷媒气体经高压级螺杆压缩后，变为高温高压冷媒气体。

④→⑤：高温高压冷媒气体与使用侧水换热后，变为高温高压冷媒液体并加热热水。

⑤→⑥：经济器（ECO）支路高压冷媒液体 ECO 节流阀节流降压后，变为气液两相冷媒。

⑥→⑦：支路气液两相冷媒从主路高温高压冷媒液体吸热，变为系统中压补气。

⑤→⑧：高温高压冷媒液体通过经济器板式换热器，把热量传递给支路气液两相冷媒，温度降低，冷媒液体过冷，可从环境中吸收更多热量。

⑧→⑨：主路过冷冷媒液体经节流降压后，变为低压气液两相冷媒。

考虑到中间冷却器中盘管换热存在换热温差，盘管内的制冷剂液体不可能被冷却到中间温度，一般情况下中间冷却器盘管的制冷剂温度比中间温度高 3~5℃。而双级压缩的中间压力则可根据下式计算：

$$p_m = \psi \sqrt{p_0 p_k}$$

$$(12-1)$$

式中　p_0——蒸发压力；

　　　p_k——冷凝压力；

　　　ψ——比例系数，可由循环制热性能最大法确定。

该循环的相对补气量 a 可根据中间冷却器的热平衡关系求出。由

$$q_{mL}(h_2 - h_3) + q_{mL}(h_5' - h_7) = (q_{mH} - q_{mL})(h_3 - h_6) \tag{12-2}$$

化简可得

$$a = \frac{q_{mH}}{q_{mL}} - 1 = \frac{h_2 - h_7}{h_3 - h_5'} - 1 \tag{12-3}$$

式中　h_2、h_7、h_3、h_5'——各点焓值；

　　　q_{mH}——高压压缩机流量；

　　　q_{mL}——低压压缩机流量。

双级压缩理论循环性能计算如下：

1）单位质量制热量 q_k，单位 kJ/kg：

$$q_k = h_4 - h_5' \tag{12-4}$$

2）制热量 Φ_k，单位 kW：

$$\Phi_k = q_{mH} q_k \tag{12-5}$$

3）低压压缩机比功 w_L，单位 kJ/kg：

$$w_L = h_2 - h_1' \tag{12-6}$$

4）低压压缩机功率 P_L，单位 kW：

$$P_L = q_{mL} w_L \tag{12-7}$$

5）高压压缩机比功 w_H，单位 kJ/kg：

$$w_H = h_4 - h_3 \tag{12-8}$$

6）高压压缩机功率 P_H，单位 kW：

$$P_H = q_{mH} w_H \tag{12-9}$$

7）循环 COP：

$$COP = \frac{q_{mH} q_k}{q_{mL}(h_2 - h_1') + q_{mH}(h_4 - h_3)} \tag{12-10}$$

从图 12-6 可以看出 LT-S-H 系列压缩机采用 R134a 作为制冷剂时，可在 -25℃ 的极寒地区制取 75℃ 的热水。LT 单机双级高温型产品应用于水、地源热泵最高出水温度可高达 90℃，满足暖气片供暖及其他工业用热需求，应用于空气源热泵最低环境温度可低至 -50℃，极大拓宽了传统空气源热泵的应用地域范围，低环境温度下能效比高，是治理雾霾、锅炉替代的完美解决方案。

传统单级螺杆式空气源热泵技术，其许用环境温度在 -10℃ 以上，无法满足华北、东北、西北等寒冷地区的使用需求，而许用出水温度在 50℃ 以下，无法满足暖气片供暖的温度需求。双机双级空气源热泵技术，循环加热水温最高可达 65℃，一定程度上可用于暖气片供暖；但由两台压缩机串联组成，系统较复杂，系统造价略高且不易维护保养。复叠空气源热泵技术，循环加热水温最高可达 65℃，一定程度上可用于暖气片供暖，但由两套独立系统组成，系统极其复杂，系统造价高且不易维护保养。CO_2 空气源热泵技术，水温最高可到 90℃，但进行小温差的循环加热时制热能效极低，其系统运行排气压力极高，只能采用进口活塞压缩机与小型换热器，适合小型家用需求。因此，Hanbell 对单机双级螺杆式低环温空气源高温热泵进行了研究和开发，如图 12-7 所示，LT-S-A 系列螺杆式压缩机通过系统简单的单机双级螺杆式空气源热泵技术实现了更大的制热量、更低的许用环境温度、更高的出水温度及更高的效率。

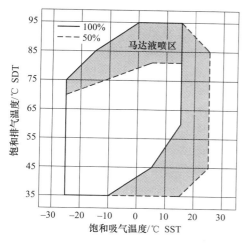

图 12-6　LT-S-H 系列压缩机采用
R134a 作为制冷剂时运行范围

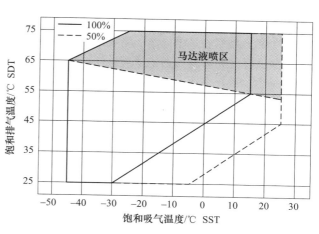

图 12-7　LT-S-A 系列螺杆式压缩机采用
R134a 作为制冷剂时运行范围

图 12-8 所示为单机双级螺杆式低环温空气源高温热泵机组的系统流程，主要元器件包括螺杆式单机双级热泵专用压缩机，空气侧翅片盘管换热器、水侧壳管换热器、节流装置等；翅片盘

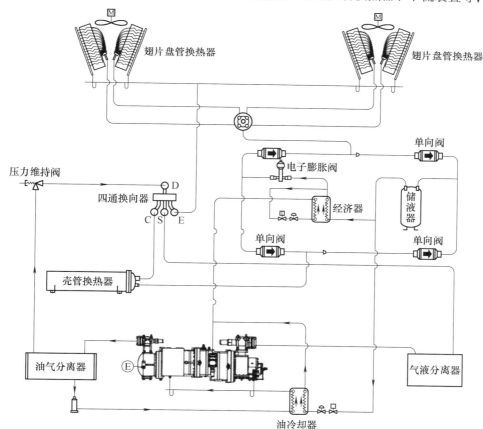

图 12-8　单机双级螺杆式低环温空气源高温热泵机组的系统流程

管换热器从空气中吸收热量，工质蒸发，气态的工质经过集气总管进入四通换向器，再进入气液分离器，后由压缩机加压，排气进入油气分离器，高温高压的气体工质进入壳管换热器制取高温热水，工质冷凝后经过单向阀、储液器、经济器进入节流膨胀装置，工质闪发成两相流体，经过分液盘进入翅片盘管换热器，完成循环。

压缩机的选择采用上海汉钟专门设计的螺杆式单机双级热泵专用压缩机 LT 系列压缩机。LT 系列压缩机和普通压缩机相比具有以下优势：

1）不加电加热装置，能使机组在 -35℃ 环温下安全稳定运行。

2）在 -35℃ 环温下，可以制取 60℃ 热水；在 -25~15℃ 环温下，可以制取 70℃ 热水。

3）高效率：环境温度 -12℃，出水温度 55℃，IPLV（H）超过国标一级能效 24%、COP_h 超过国标能效限定值 27%。

4）低环温下，快速启动。

上文所介绍两款压缩机均采用丫-△启动，如图 12-9 所示。

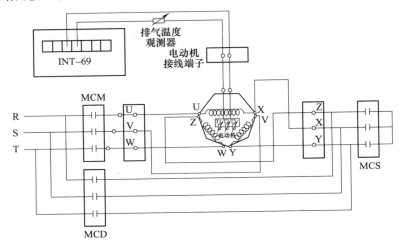

图 12-9　丫-△启动原理图

丫-△联结启动方式，在刚开机时是丫联结，此时绕组上的电压降低为输入电压的 1/3，等启动完毕后，重新连接为△联结。通过这种方式启动，可以通过降低启动电压来减小启动电流，这种启动方式又称为降压启动。

丫-△启动特点：

1）丫联结的启动电流为堵转电流的 1/3。

2）丫联结的启动转矩为堵转转矩的 1/3。

3）重载启动的电极转动加速度降低，所以压缩机需要轻载启动。

RC2-T 系列半封闭螺杆式压缩机和 LT 系列螺杆式压缩机配有容量调节系统。

其中 RC2-T 系列半封闭螺杆式压缩机采用 3 段/4 段（有段）容量调节系统或者连续（无段）容量调节系统，由调节滑阀、活塞杆、活塞缸以及活塞环构成。滑阀与活塞通过活塞杆连接，利用油压推动活塞缸中的活塞，毛细管用于控制适当的油量进入活塞缸，如图 12-10 所示。

润滑油从油箱中流出，通过油过滤器和毛细管，由于油压高于右端弹簧力与制冷剂压力之和，润滑油进入活塞缸。在压差的作用下，活塞在活塞缸中向右侧移动。当滑阀向右侧移动时，压缩腔内的有效压缩容积增加。这也意味着制冷剂气体的排气量增加，最终导致制冷量增加。然

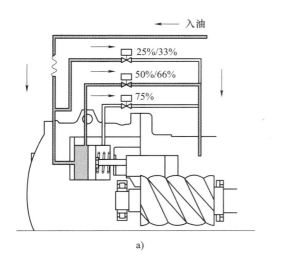
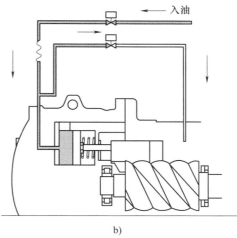

图 12-10　RC2-T 系列半封闭螺杆式压缩机容量调节系统示意图

a）有段容量调节系统 b）无段容量调节系统

而，当有段容调电磁阀（3 段/4 段容量调节系统）中的任意一个通电时，活塞缸内的高压油旁通至吸气侧，导致活塞与滑阀向左侧移动，一部分制冷剂气体从压缩腔内旁通回吸气口，使得制冷剂的排气量减少，制冷量降低。

活塞弹簧用于将活塞推回至它的起始位置，以降低下次启动的启动电流。因为压缩机在满负荷下启动会产生过电流启动，故 25% 负荷状态仅为缩短启动时间设计，避免电动机启动电流长时间维持而发生跳机保护。启动过程完毕后不要在 25% 负荷状态下长时间运行，应直接加载运行（特别是在大压差、大压比情况下），以防压缩机排气温度过高而导致转子、轴承等部件损坏。

LT 系列螺杆式压缩机配备 3 段/4 段（有段）容量调节系统或者连续（无段）容量调节系统调节低压吸气量，如图 12-11 所示。当滑阀完全贴紧吸气侧时，螺杆转子处于满载吸气状态，此时压缩机的工作容积达到最大。随着滑阀脱离吸气侧，向排气侧移动，则在滑块与吸气侧之间形成旁通空腔。空腔的存在导致此范围内的压缩气体直接旁通至低压，螺杆转子实际吸气容积减小。滑阀往排气侧移动越多，压缩机的实际吸气容积就越小，从而减少系统制冷量。

滑阀是通过容量调节系统内部的压差变化进行驱动。润滑油先是从外置油箱中流出，通过油过滤器

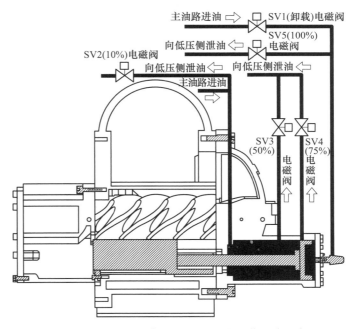

图 12-11　LT 系列螺杆式压缩机容量调节系统示意图

233

后从压缩机入油口进入压缩机，然后分两路进入活塞的两侧。于是，通过将某一侧的高压润滑油泄放至低压，就可以控制活塞，使其向压力低的一侧移动，因此滑阀也随着活塞移动，实现压缩机加卸载。

活塞弹簧用于将活塞推回至它的起始位置，即最小负荷位置，从而实现压缩机的自动卸载启动。这不仅减轻了压缩机各零件在启动时承受的负荷，也显著降低了压缩机启动时的启动电流，减少了对电网的冲击。

12.3 螺杆式压缩机在北方清洁供暖的应用

12.3.1 技术背景

2019年以前，我国北方农村基本没有集中供暖，供暖方式主要以分散自供暖为主。我国农村大部分地区供暖和其他生活用能方式较为原始，供暖设备缺乏统一标准，技术落后。

目前，北京、天津、河北、山西、山东、河南等多个北方省市，以煤改电和煤改气作为主要技术路径，正在积极开展煤改清洁能源工作。空气能、太阳能、生物质能、地热能与余热作为常见的供暖用可再生能源，以其较低的运行成本优势得到了越来越多的重视。

燃气往往受到管网限制，只有部分城郊农村可以应用。在农村地区敷设燃气管网受到成本和安全性限制，往往采用液化气或压缩气的方式，通过罐装或在村庄设置小型供气站供能。山西、内蒙古等地区煤层气丰富，正在尝试将煤层气提纯或与天然气混掺后作为清洁供暖主要能源加以应用。

燃气供暖主要通过燃气锅炉集中供暖、燃气壁挂炉+散热器或地面辐射装置供暖，分布式燃气热电联产等多种方式实现。传统燃气供暖技术成熟，产业支撑和市场化能力较强，用户接受程度高，在城市煤改清洁能源工程中应用最为广泛，但其应用受到供气管网和气源可靠性影响，越来越严格的低氮排放要求也对其在农村地区的应用前景蒙上了阴影。

空气源热泵供暖系统是目前煤改电项目中应用最广的技术，它利用逆卡诺循环原理，通过输入电力从低品位的空气中提取热能，输送给供暖装置使用。空气源热泵可分为热风型和热水型。热风型热泵一般分室设置，室内机直接置于房间内，控制灵活方便，利于主动节能，没有防冻需求，但农户对室内机噪声和热风供暖的接受程度还需要进一步评估；热水型热泵一般和常规热水供暖系统配套，一户一系统，末端散热方式与土暖气相同，农户易于接受，但不易实现分室调节，长期不住的室内系统有防冻要求。

与电直接转化为热相比，空气源热泵能效高，一份电力可产生多份热量，对电网增容要求相对要低很多，在既有农村建筑中更易于实施。但是，空气源热泵也存在低温环境下性能下降、结霜融霜、室外机噪声等问题需要解决，在严寒和高湿度地区应用还有待进一步验证。

地热能供暖可以分为中高温地热直接供暖和浅层地源热泵供暖两种方式。

中高温地热直接供暖直接利用地热资源供暖，仅需输配系统能耗，系统能效高；但其应用范围和规模受地热资源限制，采用地热井成井成本较高，采用取水换热方式回灌有一定难度，存在地热田被污染的风险；采用地下直接换热方式对管材承压要求高，换热效率低，换热面积大，初投资昂贵。

浅层地源热泵供暖与空气源热泵类似，都具有能效高，一份电力可产生多份热量，对电网增容要求不高的特点，由于浅层地源热泵以浅层地热能作为热源，其性能较稳定，受环境温度变化影响小。浅层地源热泵供暖系统一般可分为地下水地源热泵、地表水地源热泵和地埋管地源热泵三种形式，其中地下水地源热泵受水资源保护约束，很难取得许可；地表水在冬季温度较低，易于解冻，较少使用；地埋管地源热泵系统投资一般较高，在单纯供暖时需要注意地下土壤的热平衡问题和地埋管的打孔场地问题。

生物质直接低效燃烧取暖的方式已逐渐被淘汰，有希望得到大量推广应用的是生物质固体成型燃料高效燃烧供暖、沼气燃烧供暖和村镇微型生物质热电联产供暖。生物质固体成型燃料高效燃烧供暖技术相对简单，能够实现分散资源的分散利用，易于市场化和产业化，但生物质原材料收储运相对困难，固体燃料容易被掺假，混入垃圾煤炭等非环保材料，在某些区域受到环保部门限制。此外，生物质固体燃料热值相对较低，价格较高，对后期供暖费用也会产生负面影响。

沼气技术在我国农村地区已推广多年，具有较好的应用基础。但是沼气存在热值低，需要专门燃具，在供暖季低温下产气量下降，原材料收储运较难，沼液沼渣处理和沼气池清淤等专业服务欠缺等问题，严重阻碍了该项技术的推广应用。

村镇微型生物质热电联产在丹麦等西方发达国家得到了很好的应用，成为当地区域供暖常规热源的有益补充，国内也有试点示范。但是生物质燃料的收储运困难，发电上网受政策性影响较大，热电供应相互影响，随着人工和燃料价格上涨，持续盈利面临挑战。

太阳能热利用在我国具有悠久的历史和很好的应用研究基础，太阳能供暖作为太阳能热利用领域中的一个重要方向，一直受到众多的关注。根据热媒不同，太阳能供暖可分为太阳能热水供暖和太阳能空气供暖两种类型。

太阳能热水供暖系统是在太阳能生活热水系统基础上发展起来的，集热技术成熟，产业和市场支撑较好，可分户或集中实施，也可与季节蓄热结合区域供暖。但是由于集热器暴露在室外，需要考虑防冻措施，在非供暖季系统闲置时还需要考虑防过热措施。在严寒或单纯供暖导致地下土壤过冷的项目中，也可与地埋管热泵系统复合应用，利用太阳能在非供暖季为地下补热，实现太阳能全年度的综合应用。

太阳能空气供暖系统是近年来针对单层、闲置易冻农房发展起来的，它以空气为工作介质，价格便宜，简单可靠，不存在冬季冻结问题和非供暖季过热问题，在非供暖季还可强化室内通风，改善室内环境。但是以空气作为工作介质，集热效率相对较低，存在空气流道积尘的隐患，对蓄热体的要求也更高。

余热供暖是指利用工业低品位余热进行供暖的方式。由于热源成本较低，余热供暖在技术和经济上均具有较好的可行性。但是余热供暖的前提条件是要有稳定的余热源，而余热源与生产工艺紧密相关，连续性与稳定性一般较差；此外余热源离用热点一般距离较大，需要远距离输送热媒，需要进行技术经济分析以确定其可行性。

12.3.2　应用实例

水源热泵技术的工作原理是：通过消耗少量的电能，将低温位热能转向高温位热能。对于水源热泵而言，在冬季，水体作为热泵供暖的热源，水源热泵从水源中提取热能，为室内供暖；而在夏季，水体作为热泵制冷的冷源，将热泵从建筑物中提取的热量通过温度较低的水源带走，实现夏季制冷的目的。虽然水源热泵运行安全、稳定，且高效节能，满足环保要求，但水源热泵的使用必须要有充足的水源，并且受到水层地理结构的影响，初投资也较大，具有一定的局限性。高温水源热泵机组利用逆卡诺循环原理，将空气（或水）中的低品位热能转化为高品位热能。热泵中的制冷剂通过压缩机驱动，在闭合的管道回路中不断循环，如图 12-12 所示。简单地说，就是制冷剂通过压缩机的驱动在蒸发器（与低温热源接触）膨胀蒸发吸收热量，变成高温低压气体，经压缩机加压后变成高温高压气体，然后进入冷凝器（与高温热源接触）放出相变潜热，成为低温高压液体，又经节流阀绝热节流成为低温低压液体，再回到低温热源处进入下一次工作循环。经过制冷剂的循环，高温热源处不断得到热量从而达到制热的目的。在整个过程中，制冷剂只是把从低温热源处吸收到的热量连同压缩机对其所做的功传递给高温热源，所以并未违背能量转化和守恒定律。

污水源热泵系统是水源热泵系统的一种，因为城镇污水的温度较为稳定，在使用时受季节影响较小。在冬季污水源热泵系统将污水作为热源，利用污水中的低品位热能承担系统中的热负荷。在夏季时将污水作为冷源，利用其承担系统中的冷负荷。污水源热泵技术，通过提取储存在污水的能量，消耗少许的电能，然后在制冷剂循环状况转变的帮助下，在夏季制冷热泵系统从室内空气中提取的热量排放到水中，由温度低的水带走热量，从而降低室内温度；冬天则从污水水源中提取热量，由热泵通过空气或水作为载热介质，提高温度后送至建筑物中，从而达到冷却和加热的目的。污水源热泵冷热水机组的原理如图 12-13 所示。

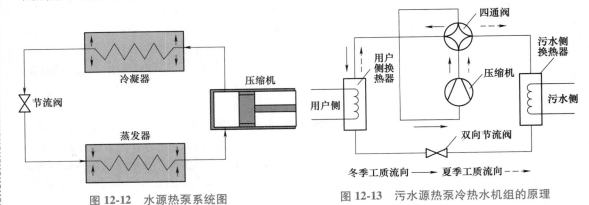

图 12-12　水源热泵系统图

图 12-13　污水源热泵冷热水机组的原理

地源热泵是指通过将传统的空调器的冷凝器或蒸发器延伸至地下，使其与浅层岩土体或地下水进行热交换，或是通过中间介质作为热载体，并使中间介质在封闭环路中通过在浅层岩土体中循环流动，从而实现利用低温位浅层地能对建筑物内供暖或制冷的一种节能、环保型的新能源利用技术。图 12-14 所示为地源热泵的工作原理。冬季，通过热泵将浅层岩土体中的低位地能提高并对建筑物供暖，同时储存冷能，以备夏用；夏季，通过热泵将建筑物内的热量注入浅层岩土体中，对建筑物降温制冷，同时又储存热能，以备冬用。利用该技术可以充分发挥浅层地表的储能储热作用，达到环保、节能的

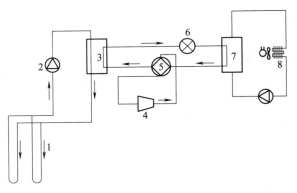

图 12-14　地源热泵的工作原理
1—室外地下换热器　2—循环水泵　3—冷凝器　4—压缩机
5—换向阀　6—节流阀　7—蒸发器　8—室内机盘管系统

双重功效，该技术被誉为"21 世纪最有效的空调技术"。地源热泵的冷（热）源主要为浅层地热资源，如地表水、土壤、地下水等，地源热泵是可以实现在夏季供冷冬季供热的空调设备。

空气源热泵以无处不在的空气中的能量作为主要动力，通过消耗少量电能，实现能量从低

温位向高温位的转移。空气源热泵的优点如下：

1）安全环保，高效节能。

2）安装灵活，使用方便。

3）装置简单，初投资低，是 2020 年以来备受关注的新能源技术，也是我国目前使用最多的热泵装置。

虽然空气源热泵具有以上优点，但也存在着一定的局限性。在我国北方地区，冬季环境温度很低，气候严寒，空气中的热能很少，所能转换的热能就更少。随着室外环境温度的降低，蒸发温度随之降低，系统吸气比容增大，压缩比增加，排气温度升高，同时制热量减少，系统 COP 急剧下降，同时，润滑油温度升高，黏度下降，甚至会积存在气液分离器内，导致压缩机缺油，情况严重时，导致压缩机停止工作，机组无法正常运行。因此，在低温环境下，空气源热泵系统的整体运行性能下降，无法保证正常的供暖或热水供应。单级空气源热泵系统以逆卡诺循环原理为理论基础，利用少量电能驱动，通过蒸发器中制冷剂相变换热从空气中吸收热量，再经冷凝器放热供给用户侧，该系统把低品位能转换为高品位能，是一种节能装置。图 12-15 为单级空气源热泵的系统原理图，其具体工作过程为：制冷剂从压缩机排出后变成高温高压的气体 4′，在冷凝器里与循环水换热变成高温高压液体 5，同时向水释放出大量热能，随后经过膨胀阀节流后变为低温低压液体 8′，节流后的制冷剂压力和温度都降低，低温低压制冷剂液体 8′ 在蒸发器内吸收周围空气中的热量后变为低温低压蒸汽 1，然后又进入压缩机压缩成高温高压气体 4′，完成一个循环。

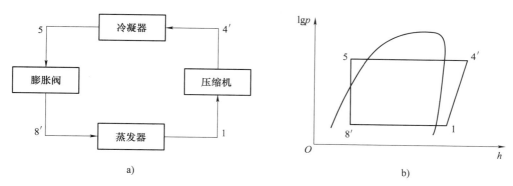

图 12-15　单级空气源热泵的系统原理图

a）流程图　b）压焓图

12.3.3　发展展望

经过几十年的研究发展，热泵技术在各个领域均已得到应用。

（1）提供生活用热水　热泵技术作为新型节能环保技术，具有节省能源、安全可靠、经济环保等诸多优点。与传统的电热水器相比，初期投入费用较高，但后期运行中，热泵消耗电能仅为热水器的 1/3，在减少电能消耗的同时，也减少了煤炭的用量。既符合经济效益的追求，也符合环境效益的要求。而与太阳能热水器比较，具有全时段、全天候不停机运行的优点，避免了太阳能在冬季能质低的缺陷，带来更好的用户体验。

（2）家用供热、制冷　空气源热泵在我国南方地区应用较适宜，既可用于冬季的供热，也可用于夏季的制冷。与传统的插电式空调相比，具有节省电能、能源可以循环利用的优点。随着社会的发展，人类生活水平的提高，人类对空调的依赖会更强，热泵技术的优点也正在于此，不受地域、空间限制，可大面积供热、制冷，使用面积越大，节省能源越多。

（3）辅助供能　在我国一些太阳能资源丰富的地区，太阳能资源得到充分的开发利用，形成较大规模的太阳能发电、供热系统。但由于太阳能在冬季能质低，太阳能的利用始终不能全方面满足使用需求。为解决这一问题，可配备辅助热源，根据当地的具体地形特点选择地源热泵、水源热泵，这不仅解决了因为光照不足引起的太阳能系统运行不稳定的问题，也不会使用更多的其他能量，达到了节能、循环利用的环保要求。

（4）干燥技术　工业生产、农业生产过程中都需要有干燥设备的加入。而热泵系统可以有效吸收湿热空气中的热能以及水蒸气，达到干燥的目的。所以，热泵可以有效地应用于干燥设备。热泵技术在木材、谷物的干燥中已经得到广泛的应用。

（5）城镇供热　热泵系统可以通过消耗一定量的高位能，将工业余热中的低位能传递给供热管线，以提升供热管线的温度，减少煤炭的用量。热泵系统回收余热用于供热已经在多地实际应用，取得明显效果，是现期应用较广泛、经济效益和环保效益较高、发展潜力巨大的热泵系统应用方式。

热泵系统的技术优势主要在以下几个方面：

（1）绿色环保　我国北方地区逐步开始采用，以工业余热为低温热源通过热泵技术实现城镇供热管线升温的技术，该技术充分利用了工业余热，降低了余热载体的温度，提升了供热管线的温度，既避免了工业余热排放导致的大气变暖和温室效应，也减少了供热锅炉的煤炭燃烧量以及煤炭运输、煤灰处理相关的能源消耗，达到节能环保、能源循环利用的目的，得到良好的环境效益。

（2）经济效益明显　传统的供热、制冷方式，不仅消耗大量能源，而且经济效益较差。工业余热一直是排空处理，白白浪费。通过热泵技术可以提炼出余热中可利用部分。热泵技术并不需要改变原有的管线设计，而是使用单独的系统，所以该部分节省的能源为企业纯利润，相应减少的资源运输费用、场地费用、余料处理费用也相当可观。

（3）安全可靠　热泵系统自动化程度比较高，这样就有效减少了因人为原因可能产生的误操作问题，同时也可以减少现场工作人员，提高现场的安全性。同时，热泵系统中不存在压力容器，安全性能较高。热泵系统中运行环境温度较低、运行机组较小，这样又提升了热泵系统运行的稳定性。

总之，热泵系统是一套安全可靠的环保新技术。

螺杆式压缩机在热泵领域具有以下的优势：

（1）可靠性高　螺杆式压缩机零部件少，没有易损件，因而它运转可靠，寿命长，大修间隔期可达4万~8万h。

（2）操作维护方便　螺杆式压缩机自动化程度高，操作人员不必经过长时间的专业培训，可实现无人值守运转。

（3）动力平衡好　特别适合用作移动式压缩机，体积小、质量轻、占地面积少。

（4）适应性强　螺杆式压缩机具有强制输气的特点，容积流量几乎不受排气压力的影响，在宽广的范围内能保持较高的效率，在压缩机结构不做任何改变的情况下，适用于多种工质。

（5）多相混输　螺杆式压缩机的转子齿面间实际上留有间隙，因而能耐液体冲击，可输送含液气体、含粉尘气体、易聚合气体等。

热泵作为一种由电力驱动的可再生能源设备，获取环境介质、余热中的低品位能量，提供可被利用的高品位热能，热泵每消耗1份能量，可以获得3倍甚至更多的热量，很大程度上提高了能源的利用效率，是一种高效节能的清洁能源产品。另外，采用热泵技术进行热回收，以及采用不同的技术对余热热源进行充分利用，可为国家有效节约大量能源资源。热泵不仅能够同时兼顾夏季制冷和冬季供暖以及热水制取，还可以在工农业生产、国防建设等国民经济的诸多领域发挥作用，应用潜力巨大。

本章参考文献

[1] 孙芙蓉．一种用于原油加热的新型热泵装置［D］．北京：中国石油大学，2011.

[2] 张富珍．浓缩溶液的热泵蒸发系统优化分析［D］．哈尔滨：哈尔滨工程大学，2000.

[3] 乔凤杰，徐砚．热泵技术的发展及存在问题［J］．信息技术，2011，35（2）：119-121.

[4] 孔清峰．热泵技术及其应用概述［J］．山西建筑，2008，34（25）：210-212.

[5] 马一太，田华，李敏霞，等．水源热泵能效标准的研究和合理化分析［C］∥中国制冷学会．中国制冷学会 2009 年学术年会论文集［S. l.］：［s. n.］．2009.

[6] 刘福秋，王修彦，蔡文汇．火力发电厂余热利用与热泵技术［J］．应用科技，2013，40（1）：68-71.

[7] 李阳春，王剑锋，陈光明，等．热泵干燥系统几种循环的对比分析与研究［J］．农业机械学报，2003（6）：84-86；95.

[8] 冯霄，运新华．多效蒸发与热泵蒸发的分析与比较［J］．化工机械，1995，22（1）：52-55.

[9] 李成春，王守谦，庞合鼎．热泵蒸发技术与节能［J］．节能技术，1983（1）：21-24.

[10] 马最良．热泵技术：上［J］．电力需求侧管理，2003，5（5）：58-60.

[11] 陈东，谢继红．热泵技术及其应用［M］．北京：化学工业出版社，2006.

[12] 耿惠彬．吸收式热泵［J］．制冷技术，1989（4）：62.

[13] 张玲．土壤热湿传递与土壤源热泵的理论与实验研究［D］．杭州：浙江大学，2006.

[14] 陈镇凯，何雪强，胡文举，等．复叠式空气源热泵低温适应性研究［J］．低温建筑技术，2011，33（12）：107-109.

[15] SAKASHITA S. Industrial heat pump: contribution to global warming prevention and its issues［C］∥10th IEA Heat Pump Conference. Japan，2011.

[16] TONG Y，KOZAI T，NISHIOKA N，et al. Reductions in energy consumption and CO_2 emissions for greenhouses heated with heat pumps［J］. Applied Engineering in Agriculture，2012，28（3）：401-406.

[17] KADOWAKI K，MATIDA A，NISHIDA K，et al. S0803-1-4 development of a kiln dried wood system using heat pump technology［J］. The proceedings of the JSME annual meeting，2010，3：125-126.

[18] NORDTVEDT S R，HORNTVEDT B R，EIK EF JORD J，et al. Hybrid heat pump for waste heat recovery in Norwegian food industry［J］. Chapter 3：Thermally Driven Heat Pumps for Heating & Cooling，2013：57-61.

第 13 章
喷气增焓技术及其在低温热泵系统的应用

2020 年 9 月底，我国在联合国大会上承诺，将提高国家自主贡献力度，采取更加有力的政策和措施，二氧化碳排放力争于 2030 年前达到峰值，努力争取 2060 年前实现碳中和。2060 年碳中和目标促进我国低碳化进程进一步加速的同时，也将加快清洁取暖的进程。

清洁取暖政策实施前，我国北方地区冬季供暖大多都采用燃煤锅炉来加热水，继而通过暖气片或地暖末端等供热设备实现供暖。然而，燃煤带来的二氧化硫、氮氧化物、雾霾等一系列环境问题也愈发引起人们的重视，2013 年国务院发布《大气污染防治行动计划》规定全面整治燃煤小锅炉。随着绿色经济概念的提出，在"煤改电"的政策推动下，空气源热泵技术凭借其节能环保的特性，逐渐得到了大力推广，并开始广泛地应用于户式供暖以及区域供暖市场。自 2008 年我国第一部针对热泵热水器产品的国家标准颁布以来，相应的热泵行业国家标准也陆续出台，推动了我国热泵行业的规范化进程。

2013—2017 年，我国空气源热泵供暖行业持续快速发展，如图 13-1 所示[1]。尤其是 2016 年，各北方大省纷纷将"煤改电"工程提上议事日程，使得空气源热泵供暖进入发展的黄金期。

图 13-1　空气源热泵行业产值发展

我国《民用建筑热工设计规范》（GB 50176—2016）将建筑热工设计分区分为严寒、寒冷、夏热冬冷、夏热冬暖、温和地区。冬季供暖主要集中在严寒、寒冷和夏热冬冷地区。各地区的冬季平均温度区间的差异，对热泵系统在不同的运行工况下的性能提出了挑战。

早期我国低环境温度空气源热泵推广相对较缓，其瓶颈是在低环境温度下，热泵系统无法可靠运行，主要表现为：①排气温度高，系统可靠性挑战较大；②输气量衰减严重，制热量不足；③能效比不高，能源利用率低。

近几年国内外针对空气源热泵在冬季寒冷环境工况下性能改进的相关研究越来越多，如采用二级压缩策略、搭载喷气增焓系统、引入变频技术等改进方式的低温空气源热泵产品应运而生[2]，热泵系统的稳定性和制热效率也得到了加强，使得热泵系统能够充分地适应各种运行工况，见表 13-1。

表 13-1　各地区低温热泵技术应用情况

地　　区	最低环境温度	热泵技术
严寒	−30℃	多级压缩系统、复叠式系统、亚临界 CO_2 与 R134a 复叠系统、喷气增焓准二级压缩系统
寒冷	−10℃	喷气增焓准二级压缩系统、传统单级压缩系统
夏热冬冷	0℃	传统单级压缩系统

针对空气源热泵在寒冷工况下的适应性，国内科研机构也进行了大量研究，并提出低温空气源热泵冷水机组在环境温度−12℃下制取 41℃热水且 COP 达到 2.3 时，空气源热泵制热一次能源利用率将高于燃煤、燃气锅炉制热，验证了空气源热泵在供暖方面的潜力。

针对低环境温度下热泵供暖技术，我国陆续制定并颁布了相关产品标准，如《低环境温度空气源热泵（冷水）机组　第 1 部分：工业或商业用类似用途的热泵（冷水）机组》（GB/T 25127.1—2020）、《低环境温度空气源热泵（冷水）机组　第 2 部分：户用及类似用途的热泵（冷水）机组》（GB/T 25127.2—2020）以及《低环境温度空气源热泵（冷水）机组能效限定值及能效等级》（GB 37480—2019）[3] 等，进一步推动低温热泵技术产业化。

13.1　低环境温度喷气增焓技术

低环境温度空气源热泵基于逆卡诺循环的原理，利用少量电能，通过制冷剂将室外空气中热量转移到室内，使低品位空气能热源转换为高品位热能。低环境温度下空气源热泵运行面临压比高、排气温度高、输气量衰减严重等问题，喷气增焓技术（Enhanced Vapor Injection，EVI）能有效改善这一问题。

13.1.1　喷气增焓原理介绍

喷气增焓采用两级节流中间喷气技术，主流路冷凝后的液体一部分进入经济器，蒸发后进入压缩机中腔压缩，主路的制冷剂液体被经济器过冷后经膨胀阀节流，进入蒸发器蒸发，蒸发后的制冷剂蒸气再被压缩机吸入。

1. 喷气增焓

喷气增焓系统循环示意图和热力过程图如图 13-2 所示，其流程为：

压缩机出口高温、高压的制冷剂气体经过冷凝器冷凝，将冷凝放出的热量传递给中间介质（如水），中间介质吸热后流经室内换热器用于供暖。

冷凝后的制冷剂回路分为两路：主回路为制冷回路；辅助回路为补气回路。

辅助回路中的制冷剂液体 i 经过电子膨胀阀膨胀被降压到一定的中间压力，变为中压气、液混合物，并与来自主回路的温度较高的制冷剂液体 m 在经济器中发生热交换。辅助回路的制冷剂液体吸收热量后全部变为气体，通过压缩机的补气口进入压缩机中压腔。

主回路的制冷剂换热后变为过冷状态，经过膨胀阀膨胀后进入蒸发器。在蒸发器中，主回路的制冷剂吸收低温环境中的热量变为低压气体进入压缩机。

主、辅回路的制冷剂气体在压缩机工作腔中混合，混合后的制冷剂经压缩机进一步压缩，至此完成一个完整的封闭循环。

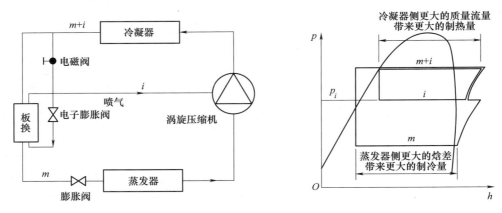

图 13-2　喷气增焓系统循环示意图和热力过程图

2. 喷气增焓制冷循环与普通制冷循环的差异

市场上，带喷气增焓功能的涡旋压缩机覆盖空调、热泵、冷冻冷藏等领域，对于制热和制冷模式，喷气增焓技术能有效提升系统能力和能效，并有效扩展运行范围：

1）制热工况下，当室外温度很低时，室外机热交换能力会下降，压缩机回气口的回气量也随之减少，此时压缩机效率较低，运行表现不佳。但通过中间压力回气喷射口补充制冷剂气体，可以增加压缩机排气量，使得室内机换热器制热的循环制冷剂流量增加，从而增加制热量。因此喷气增焓热泵更加适用于寒冷地区。

2）制冷工况下，主供液回路的制冷剂液体被经济器冷却，带来额外的过冷度，增大了蒸发器蒸发前后的焓差，从而有效地增加制冷量。

喷气增焓系统可以有效控制压缩机的排气温度，利于压缩机运行范围的扩展。

控制排气温度的另一种技术手段是喷液冷却，相比于喷液冷却系统，喷气增焓在制热量和COP上都有显著提升，如图 13-3 所示。在同等制热需求下，利用喷气增焓技术，可有效扩展单台压缩机能力，有助于减少搭建系统所需的压缩机数量，降低了投资成本和运营成本。另外在GB/T 25127 以及 GB 37480 中，对低温制热性能系数要求进一步提升，喷液技术对于满足标准中COP 的准入门槛存在较大的挑战。

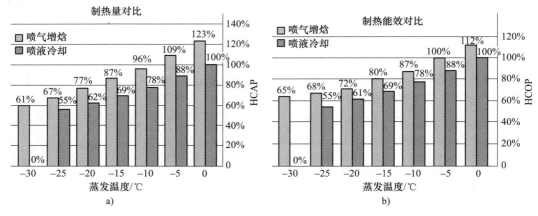

图 13-3　喷气增焓与喷液冷却的对比
a）制热量对比　b）制热能效对比
注：上述数据为压缩机单体性能，以喷液系统在 0℃/60℃ 下的表现为标定基准。

相同制冷量的情况下，喷气增焓系统使用更小的压缩机，机组质量更轻，运行噪声小，振动小，利于提升机组整体综合品质。

13.1.2　低环境温度喷气增焓热泵系统

空气源热泵以其独特优点成为热泵供暖诸多形式中应用最为广泛的一种，而且在供暖过程中不产生二氧化碳、氮氧化物、硫化物及颗粒粉尘等污染物，对环境的影响小。另外，空气源热泵作为热源无须像燃煤（气）锅炉需要配套燃料供应、除尘系统和烟气排放系统，设备安装简单，安全可靠，使用方便。因此，空气源热泵是一种可靠的清洁能源供热的节能装置。但是它的应用受到气候条件的约束。随着环境温度的不断下降，室内供暖热负荷会不断增加，同时传统空气源热泵系统将会面临下列问题：

1）随着室外气温的降低，制冷剂吸气比容增大，机组吸气量迅速下降，制热量衰减严重，不能满足室内最大供暖热负荷。

2）随着室外温度的降低，压缩机压缩比不断增加，其排气温度迅速升高。可能会造成润滑油失效（图 13-4），润滑油的失效会导致压缩机损坏或系统其他零部件异常，例如节流元器件堵塞等。

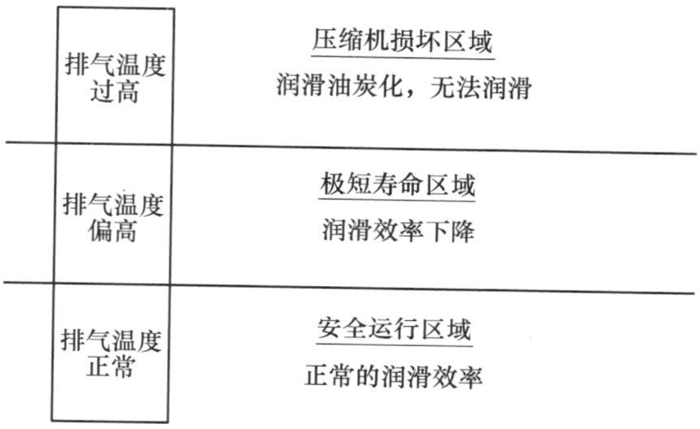

3）由于压缩机压力比的增大，导致系统的性能系数（COP）急剧下降。

4）如果热泵只为低温情况下设计，那么它的制热量远远大于较高室外温度下所需热负荷。当这种热泵在较高室外温度情况下运行时，需要循环地启闭来减少其制热量，这样会降低系统性能。

图 13-4　排气温度过高对压缩机的影响

针对传统空气源热泵的以上局限性，20 世纪 80 年代中期提出了带经济器的准二级压缩热泵系统，即喷气增焓技术，并在螺杆机组中得到成功应用。经过研究，在 -30℃ 的环境温度下，该系统完全可以取代双级压缩系统。但是螺杆机组容量一般较大，同时其相对于双级压缩系统的优点随蒸发温度的上升而不明显，长期以来它的研究仅仅局限于低温制热情况。带辅助进气口的涡旋压缩机实现带经济器的准二级压缩空气源热泵于 2000 年被提出，用来提高空气源热泵在低温工况下的制热性能，现在应用较广。

1. 喷气增焓热泵系统结构

喷气增焓热泵系统是由喷气增焓压缩机、高效热水换热器、经济器、节流阀、高效蒸发器组成的新型供暖系统。

喷气增焓热泵系统采用经济器进行中间级喷气回路以及主供液回路的分离，系统中间级喷气回路的冷媒进入中压腔，与主回路的冷媒混合后再一起压缩至排气压力，输送至排气管道，不仅提高了压缩机排气量，达到低温环境下提升制热能力的目的，而且能对压缩机进行冷却，有效降低压缩机排气温度，增加系统对低环境温度的适应性。

喷气增焓压缩机多了一个吸气口，中间级喷气回路的制冷剂蒸气就是从第二个吸口进入压缩机的，其压缩过程分为两段，变为准二级压缩过程。喷气增焓压缩机的补气口位置非常重要，直接影响压缩机可靠性及能效，压缩机厂家经过严格的计算后还需要进行大量的模拟工况测试才能确定补气口的位置。

高效经济器在整个系统中也起到了重要的作用，一方面对主循环回路冷媒进行节流前过冷，增大焓差；另一方面，辅助回路的冷媒（这路冷媒将由压缩机中部导入直接参与压缩）蒸发吸热，输送至压缩机进行二次压缩。

2. 喷气增焓热泵系统的优势

喷气增焓技术能够增大制热量，提高能效，扩展热泵系统应用范围，应用喷气增焓技术的热泵系统在低环境温度下仍然具有较好的制热能力和节能效果，这为空调在低温环境下的性能进一步改善奠定了良好的技术基础。

（1）喷气增焓技术提高系统的制冷量、制热量　喷气增焓热泵系统，压缩机压缩腔内制冷剂流量为吸气流量与喷射流量两者之和，以典型 10HP 压缩机为例，在 $-12℃/49℃$ 工况下，涡旋压缩腔流量增加 30%，如图 13-5 所示。

采用典型 R410A 10HP 喷气增焓热泵单元机与普通热泵相比，在不同环境温度下进行制热量测试，测试结果如图 13-6 所示。在 $-20℃$ 室外温度下，喷气增焓热泵制热量与普通热泵相比提高 22%。在 $-30℃$ 室外温度下，喷气增焓热泵能够可靠运行并提供强劲稳定的制热能力。

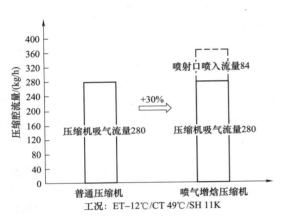

图 13-5　喷气增焓与普通压缩机压缩腔流量对比

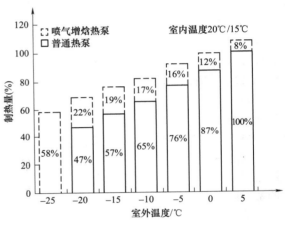

图 13-6　典型 R410A 10HP 喷气增焓热泵单元机与普通热泵制热量的对比

（2）喷气增焓技术提高热泵系统制热能效　采用典型 R22 12HP 喷气增焓热泵与普通热泵相比，在冬季进行不同环境温度下的制热能效测试，结果如图 13-7 所示。在相同环境温度下喷气增焓热泵系统能效都明显高于普通热泵系统，尤其是低环境温度下，节能效果非常显著。

（3）低环境温度下可靠运行　在热泵热水器应用上，如图 13-8 所示，普通热泵用压缩机只能运行在蒸发温度大于 $-20℃$ 范围，而且较低的冷凝温度限制了出水温度。喷气增焓热泵热水器用压缩机可扩展运行范围至最低蒸发温度 $-35℃$ ，有效增加了超

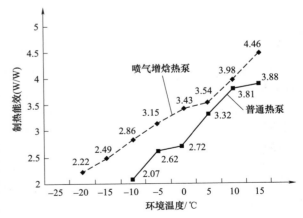

图 13-7　典型 R22 12HP 喷气增焓热泵与普通热泵制热能效的对比

低温运行时的可靠性,并且在蒸发温度 −25℃ 的工况下,冷凝温度可高达 65℃,大大提高了出水温度。

(4) 喷气增焓技术改善压缩过程,降低排气温度 普通热泵系统运行时,制冷剂从压缩机吸气口直接压缩至排气口,当系统运行在低环境温度下,吸排气压缩比增大,压缩机排气温度升高。如果压缩机排气温度超出正常的排气温度范围,可能会造成压缩机、四通阀等系统零部件失效。

喷气增焓热泵系统,喷射口喷入压缩机的制冷剂能有效改善压缩过程,降低压缩机排气温度。图 13-9 中列出了典型 10HP 普通涡旋压缩机与喷气增焓涡旋压缩机实测排气温度对比,可以看出,在 −12℃/49℃ 工况下,应用喷气增焓技术,对于 R22 制冷剂,排气温度降低 7℃;对于 R410A 制冷剂,排气温度降低 22℃;对于 R32 制冷剂,排气温度降低 55℃。

3. 喷气增焓技术在热泵系统中的应用

喷气增焓技术是通过设置经济器来获

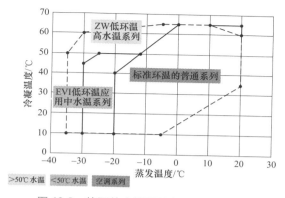

图 13-8　热泵热水器压缩机运行范围对比

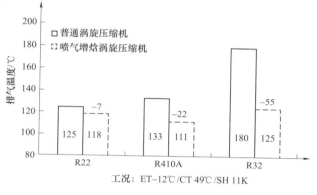

图 13-9　压缩机排气温度对比

得更高的制冷(热)量,同时提高系统的效率。带 EVI 功能的涡旋压缩机除了常规的吸气口和排气口外,还具有第二个吸气口,即蒸气喷射口,中压的制冷剂蒸气通过蒸气喷射口和位于定涡旋盘的喷射孔喷射到涡旋盘的中间腔,以增加制冷剂有效流量,结合带经济器的系统设计,达到增加系统制冷(热)量,提高运行可靠性的目标。定涡旋盘上喷射孔的位置在很大程度上决定了系统最优制冷剂中间喷射的压力和流量,可以进行优化设计,以实现最佳的喷射效果。

带经济器的涡旋压缩机热泵系统简单可靠、易于实施,无须造成常规系统结构的很大改变,是目前最为经济、有效的改善方案。经济器有过冷器和闪蒸器两种基本类型,以下分别进行介绍。

(1) 带闪蒸器的 EVI 系统循环 带闪蒸器的 EVI 系统循环设计有很多,但其基本系统原理是相同的,图 13-10 所示的系统是典型的设计之一。

带闪蒸器的 EVI 系统循环如图 13-10 所示,在制冷和制热时均可通过二次节流过程来实现 EVI 功能。制冷时,风侧换热器为冷凝器,水侧换热器为蒸发器;制热时正好相反。参照图 13-10,制冷和制热的制冷剂循环是相似的,压缩机排气进入冷凝器冷凝,从冷凝器出来的液体经过节流装置 A 节流进入闪蒸器后,分成两部分:一是主回路部分,流量为 m 的中压饱和液体,再经节流装置 B 节流后进入蒸发器蒸发吸热,然后进入压缩机主吸气口;二是喷射部分,流量为 i 的中压饱和蒸气,被压缩机第二吸气口吸入。值得注意的是,闪蒸器的设计必须通过测试试验来得到优化。

(2) 带过冷器的 EVI 系统循环 带过冷器的 EVI 系统如图 13-11 所示,压缩机排气进入冷凝

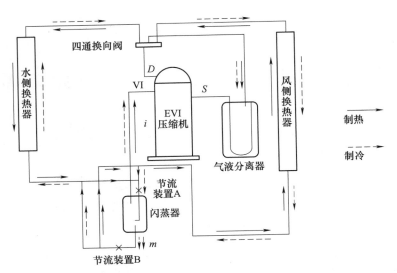

图 13-10　带闪蒸器的 EVI 制热与制冷示意图

器冷凝，从冷凝器出来的液体分为两部分：一是主回路部分，流量为 m，直接进入到过冷器，产生进一步的过冷；二是喷射部分，流量为 i，经节流装置 A 节流到中间某一中间压力进入过冷器。这两部分制冷剂在过冷器中产生热交换，后一部分汽化后被压缩机第二吸气口吸入，前一部分得到进一步过冷后，经节流装置 B 节流后进入蒸发器蒸发吸热，然后进入压缩机主吸气口。

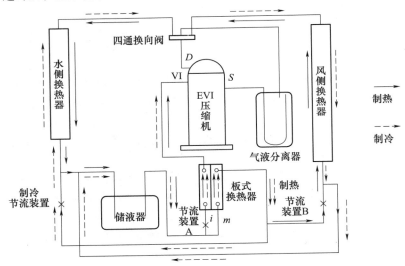

图 13-11　带过冷器的 EVI 制热与制冷示意图

4. 排气温度控制方案

目前热泵系统控制压缩机排气温度的方式通常有以下几种：

1）通过降低压缩机吸气过热度或吸气带液从而降低排气温度。通过带液方式降低排气温度可能会对压缩机产生损害。在压缩机运行过程中，如果将液体带入压缩机压缩腔内，并且压缩机没有采用柔性技术，由于液体的不可压缩性，在压缩腔内受活塞或涡旋盘的强制作用，产生强烈的撞击，可能会造成压缩机的损坏。

　　2）通过对压缩机压缩缸体内直接喷液来降低排气温度。2020 年 6 月 2 日发布的低环境温度制热国标明确要求−20℃低温能力衰减不低于−12℃的 75%；以及−20℃低温能效最低要求，采用喷液冷却方式不能满足此要求，图 13-12 与图 13-13 为喷液和 EVI 制热量及能效 COP 的对比。

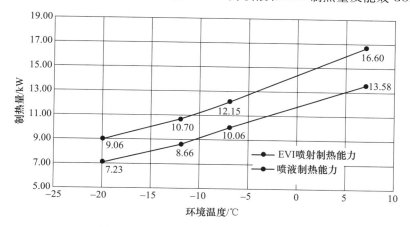

图 13-12　直接喷液和 EVI 制热能力对比

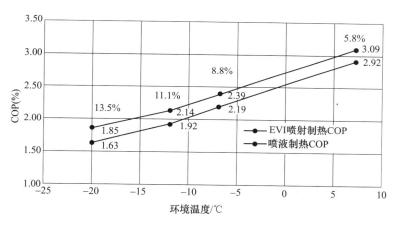

图 13-13　直接喷液和 EVI 制热能效 COP 对比

　　3）通过 EVI 喷射来降低压缩机排气温度。低温空气源热泵系统在实现 R410A 切换的过程中，排气温度的系统控制解决方案是主要的技术障碍。一种比较理想的解决方式是对 EVI 进行独立控制（图 13-14），从而继续保留原有的系统主控硬件和逻辑架构。这样可以最大化地降低 EVI 系统的复杂性和开发难度。

13.1.3　喷气增焓技术应用的拓展

　　喷气增焓技术不仅可以解决热泵在低环境温度制热的问题，该技术还被进一步拓展至制冷空调、冷冻等领域的应用。

　　以空调模块机应用为例，由于市场竞争日益激烈，主机厂家的产品路线也在逐步向大冷量方向发展。常规的 130kW 冷量模块都逐步拓展为 150kW 冷量。150kW 喷气增焓系统与 130kW 常规模块相比，优势在于：采用喷气增焓技术，单位冷量成本降低 7% 左右，单位冷量占地面积节约 15% 左右，大冷量的工程项目可以有效减少设备数量，降低现场安装的人工和材料成本。另

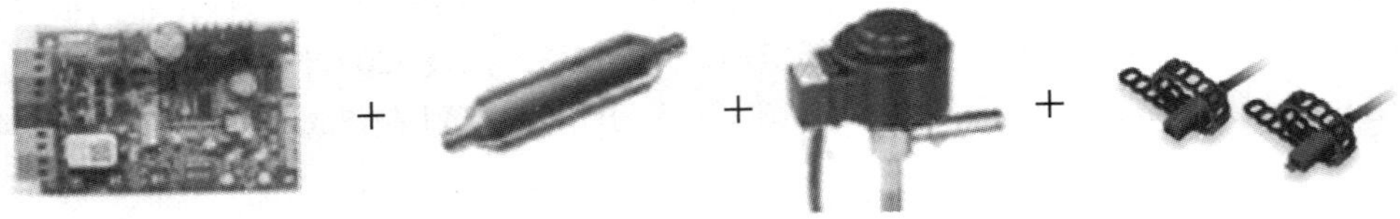

板式控制器　　　　过滤器　　　　电子膨胀阀　　　　温度传感器

图 13-14　EVI 独立控制方案

外喷气增焓压缩机可以覆盖更大的环境范围以及多种水温应用。主机厂家可以利用该特点，简化产品线，提升制造效率。

1. 热泵性能的优化

（1）低温工况下制热性能优化　在室外温度非常低的情况下，传统的空气源热泵系统会因为压缩机吸气比增大、压比增加、蒸发器结霜等原因而导致系统制热量减小、系统稳定性变差，而喷气增焓技术通过往压缩机回流部分制冷剂而显著降低压缩机吸气比焓和排气温度，最终使热泵性能得到提升，因此该技术在多级压缩热泵上得到了广泛的应用。研究表明，将闪蒸罐蒸汽喷射应用于两级热泵后，蒸汽喷射双级热泵较单级热泵的总制冷剂流量高出 30%～38%，COP 和制热量分别有 10%、25%的提升[4]。

在低温工况下应用喷气增焓技术可使热泵在我国北方地区具备广泛的应用潜力[5,6]，已从理论分析、仿真模拟、试验研究三个方面得到了验证。以某 10HP 喷气增焓涡旋空气源热泵的热力学模拟分析为例，当模拟室外气温为 −25℃、相对湿度为 86%时，喷气增焓涡旋空气源热泵的制热性能系数为 1.38，可满足东北部分地区的冬季供暖需求[7]。而在古宗敏[8]学者的研究中，应用喷气增焓技术对商用空气源热泵机组进行优化改造，可使得商用空气源热泵机组在环境温度处于 −10～2℃ 范围时，平均制热量提高 16.7%，制热系数平均提升 15.7%。除了理论分析和仿真模拟，实地试验同样表明喷气增焓技术在热泵上的应用具有重要意义。某研究[9]在兰州地区建立了喷气增焓空气源热泵试验系统，对不同温湿度工况下系统 COP 进行检测，当环境温度为 −11.2℃时，热泵 COP 在 2.0 左右，这表明喷气增焓技术的应用改善了兰州地区热泵系统的低温性能。即使在维度更高的地方，喷气增焓技术仍然能有效发挥作用。陈晓宁等[10]对沈阳地区采用地板低温辐射供暖的住宅应用喷气增焓变频空气源热泵，并就系统的运行特性，包括季节性能、逐时性能、供热效果及预热特性等进行了为期两个月的监测。结果显示应用喷气增焓技术的热泵系统即便在室外温度较低的情况依旧能保持满足用户需求的制热量，且绝大部分监管日期中的能效比都在 2 以上，能满足沈阳地区的供热需求并稳定运行。

（2）高温工况下制冷性能优化　提升空气源热泵在高温工况下制冷性能的研究较之于低温工况下的研究稍显欠缺，但也是性能优化研究的重要方面[11]。某研究[12]将蒸汽喷射技术分别运用于级联式热泵的高压级和低压级，使得热泵在制热量和制冷量分别提升了 12%和 6%，证明了蒸汽喷射技术可使热泵系统在制热量、制冷量上都实现提升。此外喷气增焓技术常用于非典型的制冷循环系统的性能优化，例如跨临界 CO_2 循环。研究表明[13]，在跨临界 CO_2 循环中应用带两段气体喷射的多级压气机，系统冷却 COP 比两段非喷射循环的最大提高 16.5%。同样的结论也出现吴孟霞等[14]的研究中，相较于未采用喷气增焓技术和采用普通喷气增焓技术的热泵，采用高温超临界喷气增焓技术的热泵具有更高的 COP。

2. 多联机（热泵）季节经济性作用域研究

喷气增焓技术的应用可以使多联机系统在供暖季节的经济性作用域增加，有效拓宽多联机系统的应用范围。在文献[15]中名义制冷和名义制热工况性能为基准的多联机室内外机组之间的合理连接管长度（称为"经济性作用域"）第一次被提出，而随着技术的发展和用户对室内环境要求的提升，空气调节需求的季节性和地域性差异变得越来越大，这使得基于产品名义工况能效比确定的多联机（热泵）作用域变得愈发局限。针对以上问题，李子爱等[16]提出多联机（热泵）季节经济性作用域的概念和基于空调系统的季节能效比（SEER）和全年性能系数（APF）的多联机季节经济性作用域的确定方法，对比了不同热泵系统的能效。式（13-1）、式（13-2）分别定义了季节能效比（SEER）和全年性能系数（APF）。

$$SEER(HSPF) = \frac{制冷（热）季节总制冷量}{制冷（热）季节总耗电量} \tag{13-1}$$

$$APF = \frac{制冷季节总制冷量+制热季节总制热量}{制冷季节总耗电量+制热季节总耗电量} \tag{13-2}$$

在该研究中，供冷季节管长允许范围内，多联机系统的 SEER 均大于 FCU 系统，若考虑名义制冷工况下多联机制冷量衰减率不超过 20% 的原则，则制冷季节经济性作用域≤132m。研究还指出，在供暖季节或全年运行的情景下传统多联机系统的能效、经济性不如风冷式冷（热）水机组+风机盘管空调系统，而喷气增焓技术的发展和在多联机系统上的应用将会为解决该问题提供新的思路。

13.2 喷气增焓热泵系统应用案例

喷气增焓涡旋压缩机技术可以实现在−30℃环境温度下运行可靠，强劲制热。因此喷气增焓热泵系统更加适用于寒冷地区。

13.2.1 国内最大空气源热泵集中供暖项目——河北赵县

我国在近年来一直推进环保事业，其中清洁取暖改造工程是其中重要的一环，并且也是未来发展方向。我国北方地区取暖使用能源以燃煤为主，燃煤取暖面积约占总取暖面积的 83%，天然气、电、地热能、生物质能、太阳能、工业余热等合计约占 17%。取暖用煤年消耗约 4 亿 t 标煤，其中散烧煤（含低效小锅炉用煤）约 2 亿 t 标煤，主要分布在农村地区。北方地区供热平均综合能耗约 22kg 标煤/m²，其中，城镇约 19kg 标煤/m²，农村约 27kg 标煤/m²。

截至 2015 年，我国的集中供暖系统覆盖的热水管网总长度达到 19.2721 万 km，蒸汽管网总长度达到 1.1692 万 km。这代表着大约 650 吉瓦热力装机容量（GW·h），其中 14% 用于蒸汽生产。大约 49% 的集中供暖装机使用了热电联产，在 2015 年生产了大约 481 太瓦·时（TW·h，1TW·h=1012W·h）的热力。我国的集中供暖管网在 2015 年总计生产了 977 太瓦·时的热力（住建部，2015 年）。由于传统供热行业存在如燃煤污染环境、热源设备效率低下、管线老旧、热网分布不合理、热力失调严重、设备控制技术落后、系统跑冒漏滴严重、被动式设备监测管控、自动化程度低等问题影响，传统集中供热还存在诸多缺陷。

河北赵县为改善当地环境，于 2019 年上半年规划城区 430 万 m² 进行清洁能源改造，采用空气源热泵供暖，末端形式为暖气片+地暖。对 2018—2019 年供暖季运行资料的分析，为供热项目改造提供了有力支撑；在热源布置上为了避免敷设管网工程量大、建设周期长等问题，将整个方案设计为使用分布式空气源站为主的方式进行供热，设计热源站数量 44 座。该项目采用热泵机组共计 1200 台，其中每台机组搭载 4 台喷气增焓专用涡旋压缩机。机组于 2019 年供暖季正式投入使用，于 2020 年 1 月接受项目投资方、运营方、安装方等六方人员的实际检测，并达到验收标准。

该项目涉及工程范围：热源站的重新分布，老旧管网的合理改造、电力配套等。

1. 面临挑战

作为民生工程，改造工程在开展之初便面临几项重要挑战，对产品技术提出严苛要求：

1）技术要求：河北赵县处于我国华北地区，冬季长且平均温度低于零下，遇到极端严寒天气可能达到-25℃左右，因此项目要求供暖机组皆为超低温（至少-20℃），以应对低温环境和稳定运行的问题。

2）安装布局要求：河北赵县以老旧小区居多，对电力协调、噪声控制和供热灵活性等条件均需考虑在内，希望减少项目改造而造成的不便，保障居民舒适生活。

3）成本控制：该项目采用BOT模式运营，对投资回报有相应预期和期待，所以需要对成本有所控制，提高经济效益。

4）规模匹配：此项目是我国目前最大的空气源热泵集中供暖项目，使用的机组也是最多的，在区域供暖行业中属于标杆性案例，因此使用高效喷气增焓系统成为首选。

2. 解决方案

关于热用户对供暖季室温评价的调研，在所有调研热用户中，室温小于16℃的热用户占总热用户的3.65%，室温在16~18℃的热用户占总热用户的12.08%，室温在18~22℃的热用户占总热用户的73.03%，室温大于22℃的热用户占总热用户的11.24%。室温在18~22℃的热用户最多，由此可见室温在18~22℃时最适合，既满足了热用户要求，又没有浪费能源。

为配合项目实际需求进行压缩机升级和调整，最终将喷气增焓专用涡旋压缩机应用到该项目中，支持河北赵县完成清洁能源供暖改造项目。经过实际检测和应用对比，采用喷气增焓技术的涡旋压缩机能使热泵制热效果加强，实现超低温状态下的稳定安全运行，且整体能效相比其他机组提高了10%~20%，显著地减少能源消耗。针对2020年5月1日实施的《低环境温度空气源热泵（冷水）机组能效限定值及能效等级》（GB 37480—2019）（见表13-2），喷气增焓技术能够提高系统运行能效，低温环境提升制热COP达20%，助力能效规范。目前机组运行良好，通过六方严苛的检测标准，受到行业认可。

表13-2　低温热泵机组能效等级指标值

名义制热量（或名义制冷量）/kW	额定出水温度	能效等级			
		1	2	3	
		综合部分负荷性能系数［IPLV（H），W/W］			制热性能系数（COP$_h$，W/W）
$H \leq 35$（或CC≤50）	35℃①	3.40	3.20	3.00	2.40
	41℃②	3.20	2.80	2.60	2.10
	55℃③	2.30	1.90	1.70	1.60
$H > 35$（或CC>50）	35℃	3.40	3.20	3.00	2.40
	41℃	3.00	2.80	2.60	2.30
	55℃	2.10	1.90	1.70	1.60

① 主要适用于低温辐射供暖末端，如地板供暖等。
② 主要适用于强制对流供暖末端，如风机盘管、强制对流低温散热器等。
③ 主要适用于自然对流和辐射结合的供暖末端，如风机盘管、低温散热器等。

3. 运行费用

赵县供暖改造项目，改造供热站点总共覆盖供暖建筑面积407万 m²，其中385万 m²采用空气源热泵作为热源方式，投入空气源热泵机组设备 1200 台。

截至 2020 年 3 月 15 日 24 时，空气源供热系统总用电量为 100372522 度电，用水 139238t，空气源热泵供暖系统覆盖建筑面积约为 385 万 m^2 左右，覆盖范围内的入住率约为 84.4%，一期供热面积约 325 万 m^2，一个供暖季每平方米耗电量约为 30.88kW·h 电。139238t 水从 5℃ 加热到 50℃ 所需热量：7285709kW（6265710000kcal）。供暖期为 4 个月，电价（清洁供暖政府补贴价）计算：实行峰谷电价，峰电价格 0.5 元/（kW·h），时段早 8：00~22：00（14h），谷电价格 0.28 元/（kW·h），时段 22：00~早 8：00（10h）。实际缴纳电费 4300 万元（部分费用未执行峰谷电价政策），面积为 325 万 m^2，采用空气源热泵供热每个供暖季约 13.23 元/m^2。其中部分站点由于电网不能就位等因素，采用燃气锅炉作为热源，覆盖建筑面积约为 22 万 m^2 左右，截至 2020 年 3 月 15 日 24 时，实际缴纳运行费用 600 万元，面积为 22 万 m^2，采用燃气锅炉供暖每个供暖季约 27.27 元/m^2。在河北地区供暖季时燃气的供应非常紧张，且运行稳定较低。

由表 13-3 对比分析可知，供热面积 325 万 m^2，采用空气源热泵供暖每个供暖季费用为 4300 万（合计每平方米供暖费约 13.23 元）；供热面积 22 万 m^2，采用燃气锅炉供暖季费用为 600 万（合计每平方米供暖费约 27.27 元）。

表 13-3 赵县 407 万 m^2 供暖运行费用效益比较

序号类型		供暖费用比较	
序号	设备工作类型	一个供暖季（120 天）总费用（万元）	一个供暖季每平方米所需供暖费用（元）
1	EVI 超低温空气源热泵供暖	4300	13.23
2	燃气锅炉供暖	600	27.27

4. 项目总结

可靠性高，通过六方检测验收：以专用涡旋压缩机作为热泵机组核心，维持机组平稳可靠运行，减少故障发生。项目投资方、运营方和安装方等六方人员随机对 20 台运行设备进行联合检测，其平均制热量和平均性能系数 COP 均达到验收标准。

系统稳定，抵御超低温环境：通过喷气增焓技术，空气源热泵制热强劲，运行蒸发温度 -35℃，冷凝温度 50℃，意味着在最低环温 -30℃，出水温度可以达到 45℃，能轻松应对北方地区冬季寒冷潮湿天气，甚至是极端天气，保障居民用热。

性能高效，经济效益优越：机组制热量输出 ≥130kW，整体能效相比螺杆机组提高了 10%~20%；喷气增焓技术对比喷液技术，能力提高 8%~10%，能效提高 15%~20%；且实际投资成本和运行费用也相对较低，投资回报周期短，不管是对项目投资还是独立用户，都在经济效益方面呈现优越性。

建设周期短，噪声小：供暖系统安装灵活便捷，项目采用分布式安装，在短短 2 个月内便建设好 46 个能源站并投入使用；同时涡旋机组噪声小，减少对老旧小区影响。

我国最大的空气源热泵集中供暖项目，模式可复制：作为行业中最大的空气源热泵集中供暖项目，其建设和运行经验都为未来超大型供暖项目提供宝贵经验。利用空气源替代传统能源，不仅满足居民供热需求，也为我国低碳事业提供助力。

13. 2. 2 喷气增焓低温空气源热泵在太原旅馆建筑中的应用案例

为推进我国节能减排步伐，落实建设节约型社会和可持续发展战略，传统的燃煤、燃油锅炉越来越受到挑战，使用空气源热泵制取生活热水成为备受鼓励和支持的应对措施之一。空气源热泵已广泛应用于我国长江中下游的冬冷夏热地区，随着热泵技术的发展，其应用范围已逐渐扩大到寒冷地区，不仅出现了用于供暖的低环境温度空气源热泵冷（热）水机组、多联机系统，而且出现了专门制备生活热水的低环境温度用空气源热泵热水机（简称"低温热泵热水机"或"机组"）。

《低环境温度空气源热泵（冷水）机组 第1部分：工业或商业用类似用途的热泵（冷水）机组》（GB/T 25127.1—2020）、《低环境温度空气源热泵（冷水）机组 第2部分：户用及类似用途的热泵（冷水）机组》（GB/T 25127.2—2020）以及《低环境温度空气源热泵（冷水）机组能效限定值及能效等级》（GB 37480—2019）规定了工商业用和家用空气源热泵热水机的名义运行工况和性能限定值。热泵热水机的名义工况和变工况性能通常都是在实验室内稳定的环境工况下测试的，但在实际工程中，机组的运行工况是时刻变化的，与实验室的测试条件相差很大。因此，为探明热泵热水机的实际运行性能，只能在实际项目中通过长期的运行性能测试，才能得出更具说服力的结论。

山西省太原市一栋5层商务旅馆建筑，共有客房70余间。建筑中装有2台空气源热泵热水机，置于楼顶，为客房提供生活热水，其热水系统原理和现场如图13-15和图13-16所示。对应用于太原市一栋商务旅馆的低温热泵热水机连续1年的测试数据进行分析，考察其实际运行性能以及其在旅馆建筑中的运行规律，为低温热泵热水机的全年运行性能研究和旅馆建筑生活热水系统的优化设计提供必要的参考。

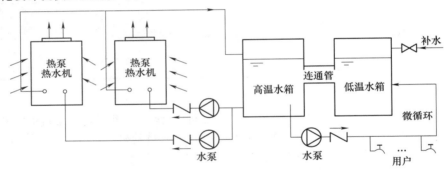

图 13-15 某商务旅馆生活热水系统原理图

a)   b)

图 13-16 低温热泵热水机及热水系统的现场照片

a) 低温热泵热水机 b) 贮水箱

1. 解决方案

2台热泵热水机并联设置，为客房提供生活热水。从高温水箱流出的热水经2台循环水泵分别送入2台热泵热水机中加热，然后返回高温水箱。当高温水箱中水温低于45℃时机组和水泵运行，当水温高于 50℃时机组和水泵停止运行。生活热水的负荷决定热泵热水机的开启台数与运行时间，2 台机组共用一套控制器，根据需求控制机组和水泵的启停。为均衡机组的运行时间，控制器控制 2 台机组开启运行的时间概率大致相同。高温水箱中的热水通过变频水泵输送到客房供用户使用，当用户不使用生活热水或用水量很小时，水泵驱动热水在用户生活热水干管内缓慢流动，流回低温水箱（称为"微循环"），这样可以保证客房用户在打开用水装置后能够很快获得热水。

每台热泵热水机配置了 1 台采用中间补气的准双级涡旋压缩机，其名义工况性能参数见表 13-4。图 13-17 和图 13-18 分别为热泵热水机的循环流程图和循环压焓图。机组制热运行时，压缩机的排气（4，质量流量为 $G_e + G_i$）经冷凝器（即板式换热器）冷凝成高压液态制冷剂（5），再经过膨胀阀 EV_B 节流成中间压力状态（6）后进入经济器，中压液态制冷剂（7，质量流量为 G_e）再经过膨胀阀 EV_A 节流后（8）进入蒸发器（室外风冷换热器），并从室外空气中吸热蒸发后返回压缩机（1），中压气态制冷剂（9，质量流量为 G_i）通过补气口向压缩机中间腔进行补气。当室外风冷换热器需要除霜时，机组切换为四通阀换向除霜模式，从热水中取热为室外风冷换热器提供热量，以融化霜层。

表 13-4　低温热泵热水机的名义工况性能参数

名义工况类型	工况条件		制热量/kW	输入功率/kW	能效比
	空气侧	水侧			
名义工况 1	室外干/湿球温度 = 20℃/15℃	水流量 = 7.5m²/h，出水温度 = 55℃	42	9.8	4.29
名义工况 2	室外干/湿球温度 = 7℃/6℃		33	9.5	3.47

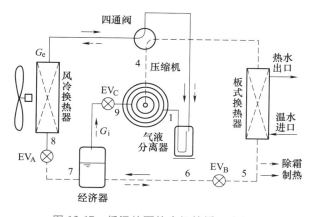

图 13-17　低温热泵热水机的循环流程图

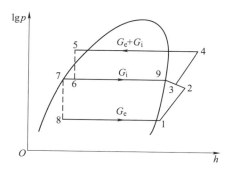

图 13-18　低温热泵热水机的循环压焓图

2. 运行规律总结

该旅馆的生活热水全部由 2 台低温热泵热水机提供，热泵热水机的运行时间是由旅馆的热水需求决定的，而旅馆的热水需求又与入住率、用水习惯等有关。2 台机组根据需求随机开启运行，为保证机组的使用寿命通过控制系统使每台机组的运行时间概率相同，故其中 1 台机组的运行情况可以反映旅馆的生活热水用水需求的大致规律。

图 13-19 所示为 1 台机组一年内每个月的运行时间分布，图中可见机组各月的运行时间的变

化没有明显的规律，且相对比较均匀，与气温的关联性并非十分显著。由图 13-20 可看出，该旅馆建筑的生活热水耗热量与入住率关系更为密切，基本不受室外气温的影响，故没有明显的季节性变化规律。2 月和 3 月的生活热水耗热量较低，这是由于春节期间和春节后的一段时间是旅馆处于营业淡季，入住率较低；而在旅游旺季的 5 月份，旅馆的入住率高，热水用量大。

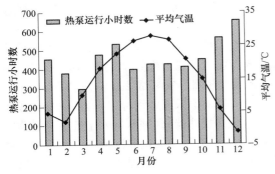

图 13-19 各月份低温热泵热水机运行时长

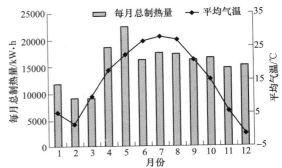

图 13-20 各月份低温热泵热水机制取的总制热量

此前的研究表明，我国家庭的热水用水时间主要有 3 个峰值时间段，按时间顺序依次为早上 6：00～9：00，中午 11：00～13：00，晚上 17：00～23：00；旅馆建筑的用水规律与家庭类似，但由于没有做饭用水，中午用水量不大，仅有早上和晚上 2 个用水高峰段。值得注意的是，由于生活热水系统内设置了贮水箱，属于循环加热式系统，机组的运行时间分布与旅馆的生活热水用水时间分布并不完全一致，在旅馆生活热水用水高峰过后，热泵热水机仍将运行一段时间以补充贮水箱的热水，并为了维持贮水箱内的温度，在深夜时段（凌晨 3：00～6：00）也会间歇运行，且冬季的漏热量大，而夏季室外温度高，其漏热量明显减小。

鉴于空气源热泵热水机的制热能力和能效比随室外温度的升高而提高，在生活热水系统设计和运行时，应综合考虑热水的使用习惯，选用容量合理的机组和贮水箱，并优化控制策略（包括设定热水温度），使热泵热水机在白天气温相对较高时段制取适量的热水储存在贮水箱中备用，当用过高峰后，在深夜先不必保温运行，到早上 5：00 后再驱动机组加热热水，以避免机组夜间运行时效率降低和过多的漏热损失。

3. 项目总结

该旅馆低温热泵热水机全年运行正常，全年平均制取的热水温度为 46.7℃，能够满足旅馆建筑对热水温度的要求；冬季典型测试月内，平均外温为 3.8℃，机组的平均制热功率为 24.5kW，逐月能效比（HMPF）为 2.78；过渡季典型测试月内，平均外温为 17.8℃，平均制热功率为 35.3kW，HMPF 为 3.46；夏季典型测试月内，平均外温为 26.7℃，平均制热功率为 39.1kW，HMPF 为 3.97。

当室外环境温度低至 -5℃时，机组制热功率约为 20.0kW，逐时能效比（HHPF）约为 2.50；随着环境温度的升高，机组的制热量和能效比均逐渐增大，当室外环境温度升高到 20℃以上时，机组制热功率约为 42.0kW，HHPF 约为 4.00；当环境温度升高到 20℃以上时，制热量和能效比趋于稳定。

该旅馆建筑的机组在全年各月的运行时长大致相近，与室外平均温度的高低关联性不强，而与旅馆的入住率更为密切；一年四季中机组每天的运行时间分布和制热量均出现 2 个峰值，且各季节的峰值的时间区间相近。

13.2.3　北京电力行业协会办公楼案例

随着低环境温度空气源热泵技术发展，我国北方寒冷地区也有越来越多的空气源热泵作为供暖设备投入使用。北京电力行业协会办公楼采用了中间补气的涡旋压缩机准双级压缩空气源热泵热水机组进行供暖。系统包含相同规格的 12 台低温热泵冷热水模块机组作为空调系统的冷热源，在冬季向 272 台室内风机盘管和 11 台新风机组提供供暖用热水。每台机组配置了 2 套独立的低温热泵系统，通过三通道板式换热器制取供暖热水。每套系统采用一台中间补气的准双级压缩涡旋压缩机和一台风侧换热器，通过两套系统的启停，调节机组的容量，其热泵循环的工作原理如图 13-21 所示。

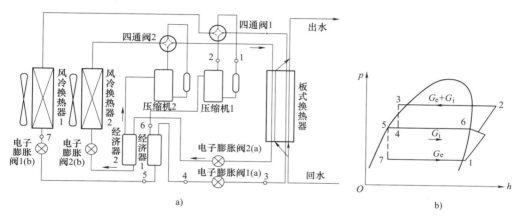

图 13-21　低温热泵冷热水机组的工作原理
a）原理图　b）压焓图

采用涡旋压缩机中间补气（或气体喷射）的准双级压缩热泵循环是优良的低温热泵技术途径，实测性能良好，运行可靠；在制热工况下，风冷换热器为蒸发器，板式换热器为冷凝器。压缩机的排气（2）经冷凝器冷凝，高温高压液态制冷剂（3）经过电子膨胀阀 1（a）节流成中间压力状态（4）后进入经济器，中压液态制冷剂（5）再经过电子膨胀阀 1（b）节流后（7）进入蒸发器，并从室外空气中吸热蒸发后返回压缩机（1），中压气态制冷剂（6）通过补气口向涡旋压缩机进行补气。

该案例采用机组的名义工况性能参数见表 13-5。其名义制冷功率为 66.0kW，制热功率为 70.0kW，额定制冷 COP 为 3.51，制热 COP 为 3.59。

表 13-5　低温热泵冷热水机组的名义工况性能参数

模　　式	名义工况	制冷（热）功率 /kW	输入功率 /kW	COP	板式换热器水侧流量/（m³/h）
制冷	室外干球温度 = 35℃	66.0	18.8	3.51	11.4
	出水温度 = 7℃				
制热	室外干/湿球温度 = 7℃/6℃	70.0	19.5	3.59	
	出水温度 = 45℃				

对此低温热泵冷热水机组进行了近一个供暖季的性能测试，被测机组在整个冬季的制热季节能效比 HSPF 达到了 3.20，相对燃煤发电（效率按 38% 计算）而言，其一次能源效率达到

1.22，相对于燃气发电（效率按 50% 计算），其一次能源效率达到 1.60，在室外温度为 -7.5℃ 时的 COP 仍能保持在 2.8 以上，在各室外温度下的机组的逐时能效比 HHPF 与设备厂商提供的 COP 参考值接近，具有良好的一致性。整个供暖季的逐日性能如图 13-22 所示。

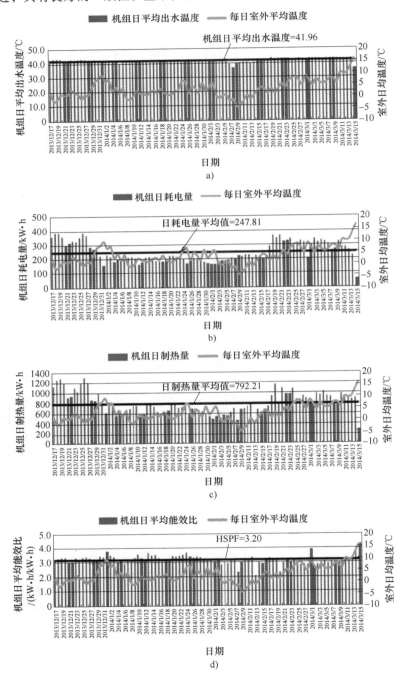

图 13-22 整个供暖季的逐日性能

a）逐日出水温度 b）逐日耗电量 c）逐日制热量 d）逐日能效比（HDPF）

13.2.4　廊坊某酒店案例

河北省廊坊市某温泉度假村酒店使用 40 台空气源热泵热回收机组。其中 38 台为相同型号的空气源冷（热）水模块机组，提供空调冷水和供暖热水；2 台为相同型号的空气源热泵热回收机组（简称机组），制备生活热水。所有的机组均参与能力计算，按负荷的大小决定运行机组的数量，实现设备的高效利用。空调用水和生活热水用水现场及系统原理如图 13-23 和图 13-24 所示。

图 13-23　空气源热泵热回收机组现场测试照片

a）空气源热泵热回收机组　b）贮水箱

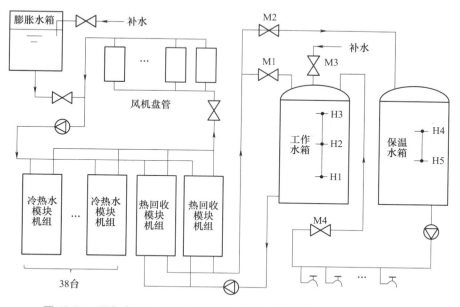

图 13-24　制备空调用水和生活热水的热回收型空气源热泵系统原理图

被测空气源热泵热回收机组由两个独立的以 R22 为工质的空气源热泵系统构成，采用并联方式设置，为建筑制备生活热水或空调用水。机组使用带中间补气口的涡旋压缩机，构建了采用换热式气体喷射（中间补气）的准双级热泵循环。该系统可以在制热模式、冷模式、热水器模式、制热与热水器模式以及制冷与热水器模式 5 种运行模式下工作。在冬季 2015 年 1 月 31 日到 2015 年 2 月 6 日；过渡季 2015 年 3 月 21 日到 2015 年 6 月 27 日；夏季 2015 年 7 月 9 日到 2015 年 7 月 28 日，对机组进行了测试和分析，机组耗电量、制热量及制热能效比如图 13-25 ~ 图 13-27 所示。

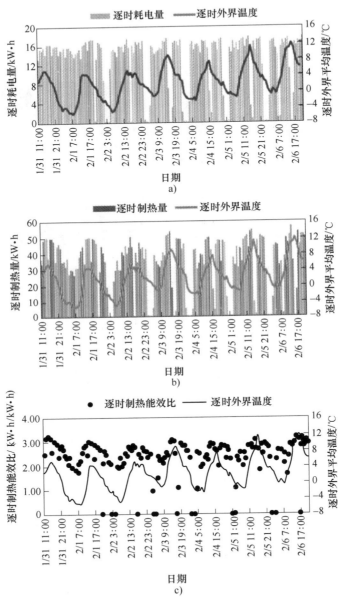

图 13-25　冬季逐时耗电量、制热量、制热能效比

a）冬季逐时耗电量变化情况　b）冬季逐时制热量变化情况　c）冬季逐时制热能效比变化情况

在冬季测试期间，空气源热泵热回收机组总制热量为 5223kW。在外界平均温度为 2.3℃，平均供水温度为 43.4℃ 时，冬季测试期制热能效比（HPPF）为 2.59。低温空气源热泵热水机组在寒冷地区能够替代锅炉制取满足要求的生活热水。

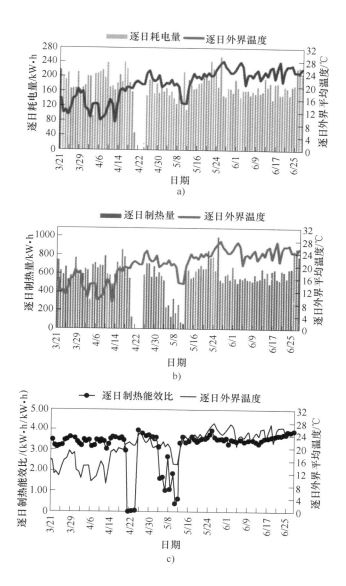

图 13-26　过渡季逐日耗电量、制热量、制热能效比

a) 过渡季节逐日耗电量变化　b) 过渡季节逐日制热量变化　c) 过渡季节逐日制热能效比变化

整个过渡季节，在持续 99 天的测试期内，机组的总耗电量为 16846kW·h，总制热量为 56089kW。在外界平均温度为 20.4℃，平均供水温度为 44.7℃，机组的制热季节能效比为 3.33。其中，逐时制热能效比处于 3.00~4.00 之间的比例占到测试期的 43%，逐时制热能效比的平均值为 3.37。从逐时制热能效比的角度来说，即使在部分负荷工况下，机组仍然可以高效运行。

夏季测试期为 20 天，机组总耗电量为 3387kW·h，总制热量为 13274kW。在外界平均温度为 27.0℃，平均供水温度为 44.9℃的条件下，机组测试期的制热季节能效比为 3.92。

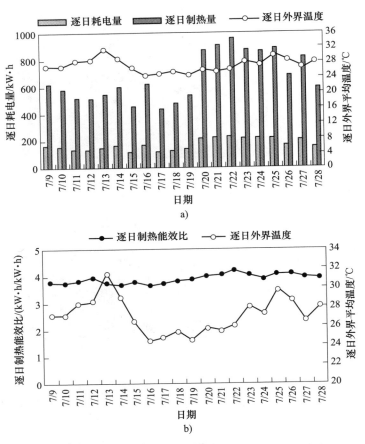

图 13-27 夏季机组逐日耗电量、制热量、制热能效比

a）逐日耗电量、制热量变化情况 b）逐日制热能效比变化情况

本章参考文献

［1］ 赵恒谊. 空气源热泵供暖市场发展与展望［J］. 中国建筑金属结构，2020（10）：17-19.

［2］ 李通禹. 低温空气源热泵国内外发展现状［J］. 西部皮革，2020，42（10）：83.

［3］ 张天寿. 低环温空气源热泵供暖系统的技术应用及案例分析［J］. 安装，2020（8）：73-77.

［4］ HEO J，JEONG M W，KIM Y. Effects of flash tank vapor injection on the heating performance of an inverter-driven heat pump for cold regions［J］. International journal of refrigeration，2010，33（4）：848-855.

［5］ 席战利. 补气增焓技术提升空调制热量的试验研究［J］. 建筑热能通风空调，2017，36（5）：38-41.

［6］ 杨文军，邓志扬，李敬泉. 低环境温度工况下喷液和喷气增焓空气源热泵热水机排气温度控制分析［J］. 制冷与空调，2017，17（10）：70-73.

［7］ 董旭，田琦，商永，等. 喷气增焓涡旋低温空气源热泵制热性能的分析［J］. 流体机械，2017，45（3）：81-86.

［8］ 古宗敏. 商用空气源热泵机组极端环境气温下运行性能分析及系统改进实验研究［D］. 南昌：南昌大学，2013.

［9］ 张东，李金平，刘伟，等. 喷气增焓空气源热泵热性能评价及预测［J］. 化工学报，2014，65（12）：5004-5009.

［10］ 陈晓宁，李万勇，张成全，等. 低温环境下户式变频空气源热泵地板辐射采暖系统性能测试及分析［J］. 太阳能学报，2018，39（1）：57-63.

［11］ 王超，赵蕾，李延，等. 制冷剂喷入技术在空气源热泵中的应用研究现状［J］. 制冷学报，2019，40（5）：13-25.

［12］　ROH C W, KIM M S. Effect of vapor-injection technique on the performance of a cascade heat pump water heater ［J］. International journal of refrigeration, 2014, 38： 168-177.

［13］　CHO H, BAEK C, PARK C, et al. Performance evaluation of a two-stage CO_2 cycle with gas injection in the cooling mode operation ［J］. International journal of refrigeration, 2009, 32 （1）： 40-46.

［14］　吴孟霞, 王汉治, 李帅旗, 等 . 高温 CO_2 热泵的超临界喷气增焓性能 ［J］. 化工进展, 2020, 39 （5）： 1667-1673.

［15］　石文星, 邵双全, 彦启森 . 多联式空调（热泵）系统的作用域 ［J］. 制冷学报, 2007 （2）： 8-12.

［16］　李子爱, 宋鹏远, 黄文宇, 等 . 风冷式多联机空调系统的季节经济性作用域 ［J］. 制冷学报, 2016, 37 （1）： 38-44.

第 14 章

功能型材料的发展及其在建筑节能领域的应用[⊖]

近年来，随着社会经济的高速发展，能源消耗总量也在逐年上升，其中建筑能耗总量占比达到 20%~40%[1]。高效建筑节能技术对于提高能源利用率，减少能源消耗具有重大意义。建筑节能技术可分为主动式节能技术和被动式节能技术。主动式节能是指通过提高建筑设备能效、利用新技术、使用可再生能源等方式达到节能的目的。被动式节能是指在建筑规划设计中通过对建筑朝向的合理布置、遮阳的设置、使用建筑围护结构的保温绝热技术和有利于自然通风的建筑开口设计等方式实现建筑供暖、制冷、通风等负荷需求的降低。被动式节能建筑的提出为建筑节能提供了一个有效的思路：在充分利用环境资源，降低室内热量积聚或耗散的前提下，通过较小的能源输入即可将室内环境调节到合适的状态，提高人体舒适度，减少碳排放。降低建筑体的冷热负荷，不光需要建筑体结构设计上的优化，还离不开建筑材料的革新，新型节能材料已成为建筑节能领域的研究热点与前沿技术。本章重点介绍目前可用于被动式节能建筑的辐射冷却材料和绝热材料的特性、发展概况、在建筑行业的应用及存在的挑战。辐射冷却材料包括纳米光子辐射器、纳米颗粒材料辐射器以及其他超材料辐射器，绝热材料主要为气凝胶及由其衍生出的复合材料或系统。

14.1 辐射冷却材料

在地球上，大气层对于不同的辐射电磁波具有不同的透射率，其中有一些波段具有较高的透射率，如近红外波段（0.3~1.5μm）、中红外波段（3.5~5μm）、热红外波段（8~13μm）等，它们被称为大气窗口。在这些波段中，热红外波段（8~13μm）是比较特殊的大气窗口，它也是普朗克定律定义的环境温度为 300K 时黑体的热辐射峰值范围。大气窗口为辐射冷却提供了有利的条件：大气层的高透射率保证了材料与外界的有效热交换，当一个材料在大气窗口内具有高发射率时，它就可以通过辐射方式将热量传递给超低温度的外太空（温度约为 3K）。与传统的利用供热通风与空气调节系统的主动冷却方式相比，辐射冷却不需要额外的能量输入，是一种完全被动式的制冷方式，高效的辐射冷却材料是实现室内有效冷却降温的技术核心。这些材料需要尽量提高在大气窗口波段的辐射能力，同时尽量增强对太阳辐射的反射能力[2]。天然材料很难具有这种特性，因此，越来越多的学者专注于辐射冷却新型材料的研究。本节将对现阶段研究进展进行具体讨论。

14.1.1 辐射冷却技术的分类

辐射冷却技术的研究始于 20 世纪 60 年代，但在初期，虽然提出了诸多具有高发射性的材

⊖ 基金项目：国家自然科学基金 No.51706078。

料（如二氧化硅 SiO_2[3]，二氧化钛 TiO_2[4]）以及将其用于制冷系统[5,6]的研究，但这些研究多为辐射冷却材料在夜间的应用，并不需要考虑太阳辐射的影响。近年来，随着日间制冷需求的增加以及材料领域的革新，日间辐射冷却技术越来越受到关注。与夜间辐射冷却相比，由于必须考虑太阳辐射的影响，日间辐射冷却技术更加复杂，日间辐射冷却材料必须尽可能减少对太阳辐射的吸收，使得其向外太空辐射的热量超过吸收的太阳辐射热量[7]。而这一点是用于夜间辐射冷却的传统发射性材料所不能满足的。

现阶段，日间辐射材料可基于以下两种不同的辐射器：选择性辐射器和宽带辐射器。

1）选择性辐射器在大气窗口（8~13μm）具有高度选择发射性，而在太阳光主要辐射波段（0.3~2.5μm）具有高反射性。这种高度选择性发射的材料结构需要进行人为的调控和设计，这在过去是一个难题，而光子方法和纳米科技的发展快速促进了选择性辐射器的开发进程。2014年，Raman 等人[8]利用电子束蒸发法和 Needle 优化策略成功设计了一种具有一维多层光子结构的选择性辐射器，首次实现了日间环境下通过辐射制冷达到低于环境温度的冷却。该试验中，光子辐射器在 850W/m^2 的直射阳光下，将温度冷却至低于环境空气温度 4.9℃。2016 年，Chen 等人[9]设计了一种多层光子结构与透明窗口材料相结合的选择性辐射器材料，在减少进入辐射器的太阳辐射的同时确保了选择性辐射器到外部空间的辐射可以有效透过，基于试验和模拟，从理论上论证该辐射器在理想条件（最小化太阳辐照度和寄生热损失）下的极限温度可低至环境温度 60℃ 以下。此外，还有许多相关选择性辐射器的研究[10,11]，均表明了其在建筑应用中的巨大潜力。

2）宽带辐射器在太阳光主要辐射波段（0.3~2.5μm）具有高反射性，但其发射性并不需要在大气窗口内具有选择性，通常在除太阳光波段的整个大气辐射波段内（5~25μm）都具有强烈的发射性和吸收性（图 14-1）。对于某些高于环境温度的设备或建筑，宽带辐射器在此波段（5~25μm）可以发射更多的辐射，这时热辐射高于入射的大气辐射，可以实现设备或者室内的降温；同时，17~22μm 波长段被认为是大气半透明窗口，也具有一定的大气透射率，对辐射冷却有一定帮助。但是，由于它也会吸收更多的非大气窗口波段的大气辐射，且在非大气窗口波段大气层的透射率较低，使得辐射器向外传输的热量会被大气层所阻挡，因此在设备或者建筑远低于环境温度（低于环境温度约 10℃ 以上）时，辐射器辐射出的总热量可能会减少到小于吸收的非大气窗口入射辐射，丧失冷却效果。因此宽带辐射器比较适合用于高于环境温度的设备冷却[2]。2013年，有学者[12]设计了一个 2D 光子晶体结构，具有宽带辐射器的性质，可在环境温度下实现超过 100W/m^2 的制冷量。2017 年，有学者[13]研发了一个近黑红外发射器，在 5~25μm 波段具有接近黑体的发射率，是典型的宽带辐射器，利用这种近理想的发射器，可实现在阳光直射条件下低于环境温度 8.2℃ 的冷却。

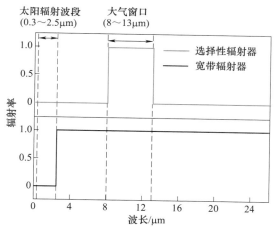

图 14-1　理想的选择性辐射器（Ideal Emitter 1）和宽带辐射器（Ideal Emitter 2）的吸收、发射光谱

14.1.2 用于日间辐射冷却的选择性辐射器

选择性辐射器按照其结构及加工方式，可分为纳米光子辐射器、纳米颗粒材料辐射器以及其他超材料辐射器，这些复合材料将依托光子方法、纳米科技等技术，通过精准设计材料的光学特性，增强材料的选择发射性，实现高效的辐射冷却。

1. 纳米光子辐射器

纳米光子技术是一种设计选择性辐射器的有效方式，通过在纳米尺度上设计多种材料的周期性结构[14]（这种结构通常为多层结构），利用不同材料之间的干涉效应或等离子体共振等，通过优化多层结构的层数与厚度，设计光子晶体的图案化表面，从而达到预期的光谱响应效果[15, 16]。由于光子晶体具有"光子带隙"特征，即某一波长范围的电磁波不能在此结构中传播，因此光子晶体非常适合用于设计材料的选择性。

常见的纳米光子晶体可分为一维（1D）、二维（2D）和三维（3D）结构，即在不同的维度上具有不同的特征。1D 光子晶体在一维具有平面结构，设计较为简单，通常由不同层材料周期性堆叠而成。在这种结构中，层的数量和厚度是决定材料光学性能的重要因素，其相关参数设计也是 1D 光子晶体研发的难点问题。相比于 1D 光子晶体，2D 和 3D 光子晶体在多维度上具有周期性的结构，这些周期性结构可以通过光刻技术来设计，如激光光刻、电子束光刻、纳米压印光刻等。其中 2D 光子晶体通常会在其表面进行设计，形成图案化表面，如气孔形表面（图 14-2a）、圆锥形表面（图 14-2b）、金字塔形表面（图 14-2c）等。这些特殊设计的图案表面将影响材料的光学性能。圆锥形结构[17]可以吸收几乎全部的非偏振光（即为各个振动方向的光波），由于其顶部和底部的材料尺寸决定了光谱的吸收范围，因此可以通过合理设计顶部和底部直径来控制吸收峰所处波长范围的上下限，以达到调控其光学特性的目的。金字塔形结构[18]源于蛾眼结构，这种蛾眼结构是一种良好的抗反射结构，通过光子晶体与抗反射特性结合的这种金字塔

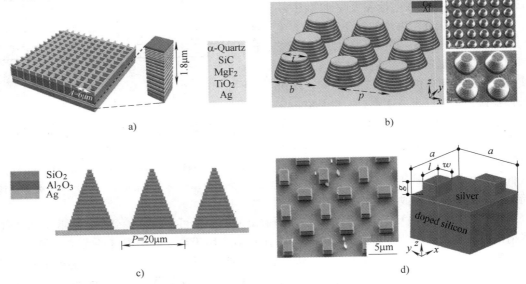

图 14-2　2D 光子晶体的表面设计

a）气孔形表面[12]　b）圆锥形表面[17]（由 Ge 和 Al 组成，$b = 1.7\mu m$、$1.75\mu m$、$1.8\mu m$、$1.85\mu m$，$t/b = 0.6$，$p = 1.3b$）
c）金字塔形结构[18]　d）正交排布结构[30]（$a = 6.9\mu m$，$l = 2.3\mu m$，$w = 1.55\mu m$，$g = 1.5\mu m$）

结构可以实现高度单向吸收，利用金字塔结构中 SiC 块的串级耦合，可以有效吸收从顶侧入射的光，并反射 90% 以上从底侧入射的光，根据基尔霍夫效应其可以充当高度单向选择性辐射器，向顶侧方向发出大气窗口波段的辐射[19]；在这种结构底部还加入了银基底来加强太阳光反射，可以实现有效的日间辐射冷却。还有一些特殊的表面设计，如表面涂覆 100nm 厚银层、正交形式排布的硅基底结构（图 14-2d），该结构简单，易于大规模制作[20]。与 1D 和 2D 光子晶体相比，3D 光子晶体具有完全的光子带隙，在该结构的某一范围内，光子不能在任一方向传播，这种光学特性使其具有重要的研究价值，但 3D 光子晶体结构复杂，试验制备 3D 光子晶体仍存在困难。由于目前光刻技术等制造工艺的发展，使 3D 光子晶体也可以有更加细化的结构和更加精准的光谱响应，这对于在大气窗口内实现选择发射性有重大意义[21]。其结构的简化设计是目前研究的难点，目前与之相关的研究较少，仍有待进一步探寻。

如前所述，层结构参数直接影响材料的光学特性。现有研究中，这些参数主要通过优化算法进行模拟，如 Needle 优化方法[8, 22, 23]、模拟退火法[21, 24]、Taguchi 方法[25]、遗传算法[26]、进化算法[27] 等，基于模拟结果设计试验并参考试验结果进行验证或改进。然而，大部分基于优化算法的结构设计工作还停留在理论层面，由此类理论分析出的多层结构仍离不开试验上的校核。

在多层结构中，每层所选择使用的基底材料也极为重要，需要具有高反射率或在大气窗口内具有高发射率，一些较为合适的基底材料总结在表 14-1 中。在 1D 光子晶体中，最初设计中采用的是由不同厚度的 HfO_2 和 SiO_2 周期交替组成的结构[8]，底部采用 200nm 的 Ag 层充当反射层（图 14-3a），这类结构可以达到 97% 的太阳反射率和 62% 的大气窗口平均发射率，也正是这种结构首次在日间实现了低于环境温度的冷却过程，对后续的研究有着重要影响。在此结构基础上，为实现降低成本的优化设计，有学者[22] 采用更为便宜的 TiO_2 替换 HfO_2（图 14-3b），并重新设计了每层的厚度，最终使辐射器的平均发射率提升到 84%。金属-电介质结构也是常见的基底材料选择，金属和电介质具有不同的介电常数，不同的介电常数的周期性分布可以促进结构光谱特性的修改，以实现较好的光谱选择性。有学者[24] 设计了一种底层用 Ag，上层由聚甲基丙烯酸甲酯（PMMA）和 SiO_2 交替组成的多层材料（图 14-3c），发现可达到 94% 的反射率；有学者[28] 将 SiO_2 和 Si_3N_4 结合，可制成一种具有彩色装饰特性的辐射器，其发射率维持在 80% 左右；还有学者[29] 将辐射冷却材料与相变材料 VO_2 相结合，多层结构由不同厚度的 ZnSe、TiO_2 和 VO_2 层构成（图 14-3d），相变材料的加入可实现材料基于环境温度自行调节其光学性质的功能，使得辐射冷却材料在需要温度调节的应用中表现得更加智能与稳定。

表 14-1　常用材料的光学性能

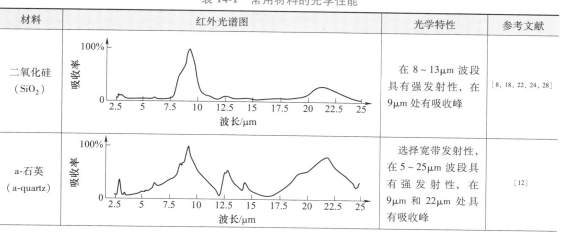

材料	红外光谱图	光学特性	参考文献
二氧化硅（SiO_2）		在 8～13μm 波段具有强发射性，在 9μm 处有吸收峰	[8, 18, 22, 24, 28]
a-石英（a-quartz）		选择宽带发射性，在 5～25μm 波段具有强发射性，在 9μm 和 22μm 处具有吸收峰	[12]

（续）

材料	红外光谱图	光学特性	参考文献
氮化硅 （Si$_3$N$_4$）		在 8~13μm 波段具有高发射性，在 11μm 处有吸收峰	[28]
聚甲基丙烯酸甲酯 （PMMA）		对太阳光具有透射性，且在 8~13μm 具有一定的选择发射性	[24, 31]
聚二甲基硅氧烷 （PDMS）		在 8~13μm 波段具有高发射性，在 9μm 和 13μm 处有吸收峰	[32, 33]
二氧化铪 （HfO$_2$）	N/A	在 0.22~12μm 具有高透射性，可减少太阳辐射的吸收，促进在大气窗口的高发射性	[8]
二氧化钛 （TiO$_2$）		在 0.42~7μm 具有高透射性，可减少太阳辐射的吸收	[12, 22, 29]
氟化镁 （MgF$_2$）		在 0.12~7μm 具有高透射性，可减少太阳辐射的吸收	[12, 33]

（续）

材料	红外光谱图	光学特性	参考文献
硒化锌 （ZnSe）	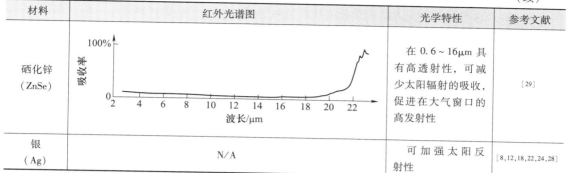	在 $0.6 \sim 16\mu m$ 具有高透射性，可减少太阳辐射的吸收，促进在大气窗口的高发射性	[29]
银 （Ag）	N/A	可加强太阳反射性	[8,12,18,22,24,28]

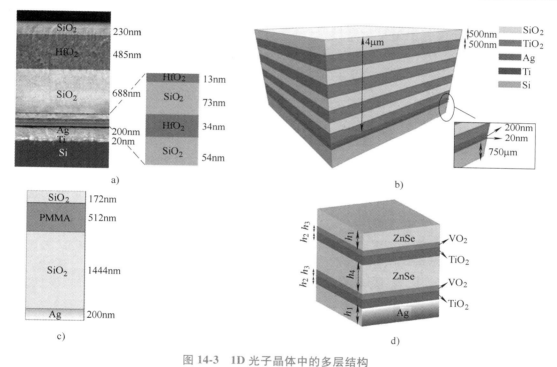

图 14-3　1D 光子晶体中的多层结构

a）SiO₂ 和 HfO₂ 交替组成成的 7 层结构[8]　　b）TiO₂ 替代 a）中 HfO₂ 后的优化结构[22]

c）金属-电解质多层结构[24]　　d）结合相变材料的多层结构[29]

综上所述，对纳米光子辐射器而言，结构的复杂性和制作过程的高成本是现阶段有待解决的挑战问题。由于光子材料通常以微米级或纳米级设计和加工，精密化的设计更易于得到高性能材料，但同时也提高了对制造工艺的要求。合理的结构设计，例如简化多层结构层数、降低表面图案的复杂度，可从一定程度上降低制造工艺的难度及成本，引入更为先进的加工技术，简化生产过程，方可实现此类辐射器的规模化制造生产与应用上的普及。

2. 纳米颗粒材料辐射器

纳米颗粒通常具有与宏观材料不同的光学特性，将纳米颗粒与基质材料相结合可制成基于纳米颗粒的选择性辐射器，在辐射冷却方面具有很大的应用潜力。与纳米光子辐射器相比，纳米颗粒材料的制作工艺较为简单，便于实现规模化制作加工，这对于辐射冷却材料在建筑领域商业化的应用十分重要。

纳米颗粒材料通常由嵌入纳米颗粒的基质材料组成，下层有基底材料增强反射，如图 14-4a 所示。纳米颗粒、基质材料和基底材料相互耦合作用直接影响辐射制冷性能。

纳米颗粒可选用一些无机材料，如 SiO_2、SiC、TiO_2 等，这些材料在大气窗口具有较好的选择发射性，或对太阳辐射有良好的反射性。纳米颗粒的性能一方面取决于所选用材料的自身特性，另一方面取决于复合颗粒材料的结构参数，如颗粒分布尺寸、填充浓度、颗粒内部状态（实心或者空心）[34]等。基质材料是纳米颗粒的承载体，通常是一些聚合物材料，如聚二甲基硅氧烷（PDMS）、聚甲基戊烯（TPX）等。这些基质材料具有较好的透射性，可以保证内部辐射向材料外部发散，很适合与纳米颗粒结合。2017 年，有学者[35]提出将 SiO_2 颗粒嵌入聚甲基戊烯（TPX）基质设计，采用 Ag 作为基底材料增强太阳能反射，使得纳米颗粒材料的大气窗口发射率高达 93%（图 14-4b）。另有学者[36]将 SiC 和 SiO_2 纳米颗粒的混合物嵌入聚乙烯（PE）基质中（图 14-4c），这两种纳米颗粒在不同的波段具有光吸收带，通过互补的作用，实现在 $8\sim13\mu m$ 波段内的选择发射性，但在这类混合型材料中，纳米颗粒占比有严格的要求，需要重点考虑。

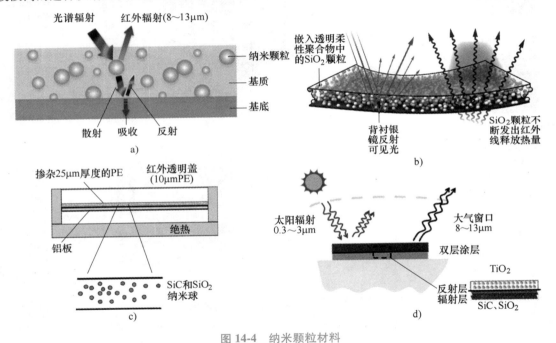

图 14-4　纳米颗粒材料

a) 纳米颗粒材料原理示意图[34]　b) SiO_2 纳米颗粒材料[39]　c) SiC 和 SiO_2 混合纳米颗粒材料[36]
d) 纳米颗粒双层结构[37]

基底材料可以被用作反射层来加强材料对太阳能的反射，通常情况下会选择一些金属板，如银板、铝板等。在一些研究中，为进一步提升对太阳能的反射性，会通过增加额外的反射层，形成双层结构以达到更好的效果。例如，有学者[37]提出一种双层结构的纳米颗粒材料：发射层为紧密填充的 SiC、SiO_2 颗粒，反射层为紧密填充的 TiO_2 颗粒，基底材料为铝板（图 14-4d），该材料的太阳能反射率可以达到 90.7%，大气窗口发射率可以达到 90.11%。另有学者[38]提出以嵌入炭黑颗粒的丙烯酸树脂（Acrylic Resin）作为发射层，以嵌入 TiO_2 颗粒的丙烯酸树脂作为反射层，最终太阳能反射率和选择发射率均超过 90.00%。

现阶段，纳米颗粒材料研究中的主要挑战是相关材料的选择，以及纳米颗粒参数的优化设计和高精度制造，与光子晶体相似，由于这些设计及制造尺度处于纳米或微米级别，对工艺过程仍有一定的要求。以纳米颗粒尺寸为例，理想状态下需要其分布均匀，而其实际的分布情况并不理想，从而导致模拟计算结果与试验测试性能的不匹配。但总体而言，相较于光子晶体，纳米颗粒材料的加工难度较低，更适合于规模化的材料研发和制造加工，具有广阔的应用前景。

3. 其他超材料辐射器

辐射器的可扩展制造是提升其商业应用的重要特性，为进一步提高辐射冷却器的冷却效率，降低制造成本，目前还有一些关于其他新型超材料的探究，如改造的自然材料、仿生材料、纳米多孔材料等。

自然界本身就存在很多材料具有天然的辐射冷却现象，虽然冷却效果难以达到工业应用的程度，但这些天然的材料或现象都可为超材料的开发提供参考依据。有学者[40]发现撒哈拉银蚂蚁体表上所覆盖的银色三角形毛皮，可以达到理想的选择性发射率，采用与之相似的结构将有可能实现用于热带建筑或纺织品的冷却。另有学者[41]报道了一种名为 Goliathus Goliatus 的白色斑点甲虫，其表面的白色鳞片可实现宽带反射和中红外发射。还有学者[42]受到 Morpho Didius 蝴蝶的启发，设计了一种仿生超材料，在 450~495nm 的光谱范围中具有高度反射性。此外，有学者已基于自然材料进行了相关改造，如近期有学者[43]开发出易于扩展制造的新型"冷却木头"材料，通过将天然木材脱木质素处理后再机械加压制作而成，如图 14-5a 所示。"冷却木头"由纤维素纳米纤维组成，这些纤维不吸收可见光范围内的光波，并且"冷却木头"中纤维素的分子振动和拉伸会促进红外线的强烈发射，从而使"冷却木头"发出的热通量超过吸收的太阳辐射，其在大气辐射波段（5~25μm）具有高效的宽带发射性，可以达到日间和夜间的被动环境的辐射冷却。另外，这种木材的机械强度和韧性大约是天然木材的 8.70 倍和 10.10 倍，适合用于建筑领域。

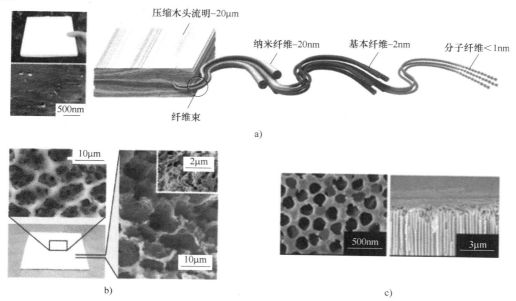

图 14-5　超材料辐射器中关键材料的结构示意图

a) 用于日间辐射冷却的高强度冷却木材及其分级孔结构[43]

b) 分层多孔聚合物涂层 P（VdF-HFP）$_{HP}$结构[44]　　c) 纳米多孔结构[45]

与纳米颗粒材料相对应，纳米多孔材料也是一种很有潜力的超材料，多孔结构适合用于散射太阳光。有学者[44]利用相位转置的方法制备聚偏氟乙烯共聚物 P（VdF-HFP）和水（非溶剂）在丙酮（溶剂）中的前体溶液，再将薄膜涂到基材上，在空气中干燥后形成分层多孔聚合物涂层 P（VdF-HFP）$_{HP}$（图 14-5b）。这种涂层中的微孔和纳米孔可有效地散射太阳光并增强热辐射，可以实现 96% 的高太阳能反射率和 97% 的长波发射率。另有学者[45]制造出一种使用多孔阳极氧化铝（AAO）的多孔薄膜（图 14-5c），这种薄膜在大气窗口内可以获得 98% 的吸收率，进而可以实现较高的发射率。

此外，还有诸多具有辐射冷却潜力的材料仍有待进一步的研究与探索，如各向异性超材料、多功能超材料等。

4. 可应用于建筑的辐射冷却器光学及冷却性能汇总

下面对现阶段提出的可应用于建筑的辐射冷却器材料类型、结构、光学性能及冷却性能进行总结，相关数据汇总于表 14-2。对比结果表明，光子晶体辐射器具有更好的冷却性能，然而，其设计和制造工艺的复杂性和高成本，是其在建筑应用中的主要障碍。对于基于纳米颗粒和其他超材料的辐射器，继续探索、选择具有理想辐射选择性的材料是未来研究的主要方向。

14.1.3 辐射冷却材料在建筑中的应用和挑战

目前，辐射被动冷却尚未广泛应用于建筑物中。在非常有限的案例研究中，我们发现，学者们通常选择屋面作为应用对象，因为在同一建筑物中它比外墙表面吸收更多的热量。虽然在以往的研究中，已提出冷却屋面的概念，用于降低城市建筑温度，解决城市"热岛效应"的问题，但这些研究通常着力于反射性材料，辐射冷却材料的加入可使冷却屋面自身向外辐射，实现被动的冷却效果[53]。有学者[54]将选择性辐射器材料布置于位于城市交通密集地带的建筑屋面，该材料由特殊选择的多层聚合物和银薄膜组成，在 $7.9 \sim 13\mu m$ 波段有良好的辐射冷却性能，经试验测试发现其在日间可使屋面温度持续低于环境温度 11℃，在夜间效果更为明显，相较于现有的包含白色高反射薄膜（反射性好，发射性差）的商用冷却屋面具有更好的性能（图 14-6a）。另有学者[55]评估了使用参考文献［35］中的纳米颗粒材料辐射器设计的冷却屋面性能，与传统的基于反射性材料热塑性聚烯烃（TPO）的冷却屋面的冷却效果相比，材料在 9：00 ~ 18：00 这段时间性能更佳，如图 14-6b 所示。模拟计算[56]和试验测试结果发现，基于该薄膜材料的冷却屋面可实现 $113.0 \sim 143.9 kW \cdot h/(m^2/年)$ 的节电能力。此外，还有一些其他有关辐射冷却材料的冷屋面动态模拟的研究[57, 58]，基于已研发高性能材料[44]属性分析了屋面光学属性（发射率和反射率）对冷却效果和节能收益的影响，模拟结果显示屋面材料的发射率和反射率有利于增强冷却性能，相较于白色高反射冷却屋面，使用辐射冷却材料可进一步降低制冷需求。该模拟结果与试验结果相吻合。总体而言，由于 2014 年才首次实现了低于环境温度的辐射冷却[8]，将辐射冷却材料用于建筑系统中仍有很大的发展空间，由于受外部气候和环境的影响，其发展也存在很多挑战：如受污染的墙体涂层表面会逐步老化，降低太阳反射率，需要定期清洁以减缓这种衰减[59]；缺少控制，可能导致室内过冷，也无法应对不同季节的需求，可考虑引入相变材料等功能性材料，提升不同环境温度下的自适应能力。考虑到以上制约因素，辐射冷却材料可与主动系统结合使用[60]，如辐射制冷与光伏系统[61]、光热系统[62-64]相结合，主动系统利用辐射制冷进行热端散热，或冷端冷量供应，辅助设备保证系统的性能调控及稳定运行，提供系统效率[65-68]。

表 14-2 辐射冷却器材料类型、结构、光学性能和冷却性能

参考来源	结 构		光学性能	冷却温度 /℃	平均冷却功率 /(W/m²)
Raman et al. [8]	SiO₂ (230 nm) / HfO₂ (485 nm) / SiO₂ (688 nm) / HfO₂ (13 nm) / SiO₂ (73 nm) / HfO₂ (34 nm) / SiO₂ (54 nm) / Ag (200 nm) / Ti / Si (20 nm)			4.9	40.1
Suichi et al. [24]	SiO₂ (172 nm) / PMMA (512 nm) / SiO₂ (1444 nm) / Ag (200 nm)	1D 光子晶体		3	N/A
Jeong et al. [22]	SiO₂ / TiO₂ / SiO₂ / TiO₂ / SiO₂ / TiO₂ / SiO₂ / TiO₂ (500 nm / 500 nm) / Ag (200 nm) / Ti (20 nm) / Si (750 nm)			7.2	14.3
Lee et al. [28]	SiO₂ / Si₃N₄ / Ag / SiO₂ / Ag / Si			3.9	N/A

（续）

参考来源		结构	光学性能	冷却温度 /℃	平均冷却功率 /（W/m²）
Kort-Kamp et al.[29]		 ZnSe VO$_2$ TiO$_2$ ZnSe VO$_2$ TiO$_2$ Ag		5	N/A
Zhu et al.[46]	1D 光子晶体	 PDMS 100 μm TiO$_2$ 36 μm MgF$_2$ 200 μm silica 500 μm Ag 120 μm		10.7	N/A
Raman et al.[12]		 a-quartz SiC Mgf$_2$ TiO$_2$ Ag		7	105
Hossain et al.[17]	2D 光子晶体	 Ge Al		12.2	116.6

					122	N/A
Wu et al.[18]						
Zou et al.[30]	2D 光子晶体				95.84	7.36
Zhu et al.[47]					N/A	13
Wu et al.[48]					N/A	N/A

（续）

参考来源	结　　构	光学性能	冷却温度/℃	平均冷却功率/(W/m²)
Zhai et al.[35]	1) SiO_2 颗粒随机分布在 TPX 基质中 2) 基底材料是银板 3) 颗粒直径为 8μm，体积浓度占 6% 4) 涂层厚度为 50μm		N/A	93
Gentle et al.[36]	1) SiC 和 SiO_2 颗粒嵌入 PE 中 2) 基板材料是铝板 3) 颗粒直径均为 50nm，体积浓度各占 5% 4) 涂层厚度为 25μm		N/A	N/A
纳米颗粒材料　Bao et al.[37]	1) 反射层是密集填充的 TiO_2 颗粒反射层 2) 颗粒直径为 1μm 3) 发射层是密集填充的 SiC、SiO_2 颗粒 4) 颗粒直径小于 600nm 5) 涂层厚度为 10μm		5	N/A
Huang et al.[38]	1) 发射层是嵌有炭黑颗粒的丙烯酸树脂 2) 反射层是嵌有 TiO_2 颗粒的丙烯酸树脂 3) 颗粒直径是 0.4μm 4) 体积浓度为 4% 5) 涂层厚度为 500μm		6	100

Liu et al.[49]	纳米颗粒材料	1) 发射层是嵌有 SiO$_2$ 和 CaMoO$_4$ 纳米颗粒的 TPX 2) 反射层是沉积在 Si 片上的银层 3) SiO$_2$ 颗粒平均直径为 409.4nm 4) CaMoO$_4$ 颗粒平均直径为 433.2nm		4.9	47.4
Atigan yanun et al.[50]		使用黑色基底的随机填充 SiO$_2$ 颗粒的白色涂层		4.7	N/A
Liu et al.[51]		1) SiO$_2$ 颗粒填充 AAO 的孔隙 2) 基底材料是铝板		4	N/A

275

（续）

参考来源	结构	光学性能	冷却温度/℃	平均冷却功率/(W/m²)
Li et al. [43]	通过脱木素和再压木材制成的冷却木材		4	53
Didari et al. [42]	超材料　仿生 Morpho Didius 蝴蝶的树状纳米结构		N/A	N/A
Mandal et al. [44]	1）由聚偏氟乙烯共聚物 P（VdF-HFP）制备的分层多孔聚合物涂层 P（VdF-HFP）HP 2）纳米孔径约 0.2μm，微米孔径约 5.5μm 3）涂层孔隙率约为 50%，厚度大于 500μm		6	96

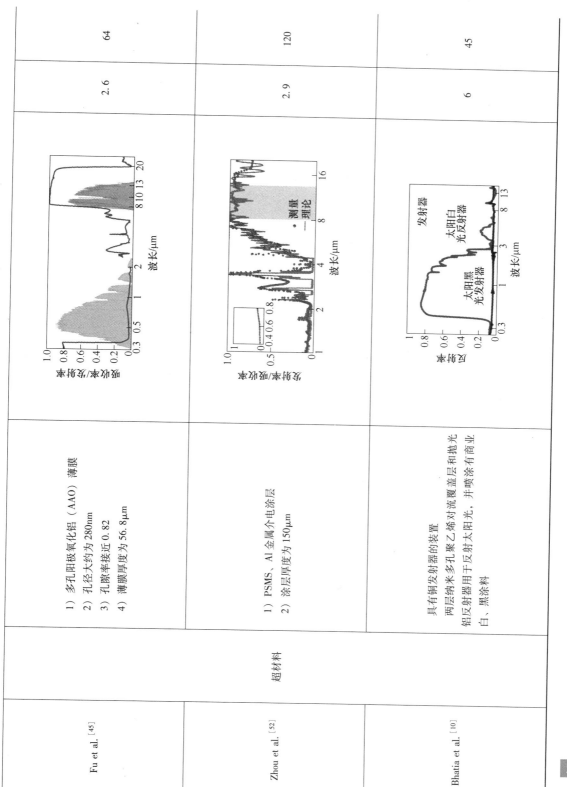

Fu et al. [45]		1）多孔阳极氧化铝（AAO）薄膜 2）孔径大约为 280nm 3）孔隙率接近 0.82 4）薄膜厚度为 56.8μm		2.6	64
Zhou et al. [52]	超材料	1）PSMS、Al 金属介电涂层 2）涂层厚度为 150μm		2.9	120
Bhatia et al. [10]		具有铜发射器的装置 两层纳米多孔聚乙烯对流覆盖层和抛光 铝反射器用于反射太阳光，并喷涂有商业 白、黑涂料		6	45

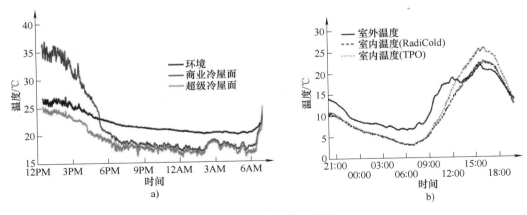

图 14-6　温度变化趋势图

a）多层聚合物薄膜超级冷屋面与白色高反射薄膜商业冷屋面的比较[54]

b）采用文献[35]中的纳米颗粒材料 RadiCold 的冷却屋面和

基于热塑性聚烯烃（TPO）的冷却屋面的室内温度比较[55]

14.1.4　小结

本节主要论述了可用于被动式建筑中的辐射冷却材料。以现今社会日益关注的日间辐射冷却需求为主，详细介绍了三类具有较强选择发射性的日间辐射冷却材料——纳米光子辐射器、纳米颗粒材料辐射器和其他超材料辐射器。纳米光子辐射器采用纳米光子方法制成，相较于其他两种材料具有较强的选择发射性，能够在日间达到很好的制冷效果，但纳米光子辐射器结构的复杂性和制造过程的高成本是制约其快速发展的瓶颈问题。纳米颗粒材料辐射器也具有较好的辐射冷却性能，制作工艺简单且有利于规模化制造生产，在相关材料的选择、结构参数的优化设计和严格控制上仍可进一步探索提升。

14.2　绝热材料

14.2.1　绝热材料的分类

阻滞热流传递的材料被称为绝热材料。传统的绝热材料，如玻璃纤维棉、矿物棉、挤塑聚苯乙烯（XPS）、发泡聚苯乙烯（EPS）、酚醛树脂和聚异三聚氰酸酯（PIR）等，通常以单层或多层的形式在建筑物围护结构中使用，尤其是在寒冷地区使用。然而，这些传统的绝热材料存在如下一些问题：有机绝热材料阻燃性差，因其易燃性而具有安全隐患；部分有机绝热材料存在老化的现象，强度与绝热性能随使用年限的增加而出现一定程度的衰减；与大多数有机绝热材料相比，无机绝热材料虽然具有较好的阻燃性，但其导热系数通常较高；由于大部分绝热材料为多孔结构，在高湿环境中易出现水蒸气渗入冷凝，降低绝热性能。现阶段，绝热材料领域中得到较快发展的两类具有较大应用潜力的材料为气凝胶和真空绝热板[69]。气凝胶复合类绝热材料已在现有建筑中得到一定程度的应用，真空绝热板由于无法在建筑施工过程中任意加工，而仅在冰箱、冷库等制冷设备以及船舱等[70-72]小规模场合得以应用。因此，本节将主要针对在现有节能建筑中得以应用的气凝胶及其相关复合绝热材料展开论述。

14.2.2　气凝胶

气凝胶是一种新型合成多孔材料，是目前世界上密度最小的固体，呈半透明，其固体相和孔隙结构均为纳米尺度，气凝胶在湿凝胶干燥过程中将凝胶内液体替换成气体并且仍然保持其凝胶网络的三维多孔结构。与传统绝热材料相比，气凝胶具有优异的物理和化学性能，例如密度小、比表面积大、孔隙率高（>90%）、导热系数小 [< 0.02W/(m·K)]、声学特性特殊 [声阻抗在 $10^3 \sim 10^7$ kg/(m·s) 范围内]、光学性质特殊 [在可见光范围内 (380～780nm) 具有高透光率]。气凝胶可分为四类形式 (图 14-7)[73]、无机气凝胶、有机气凝胶及碳基气凝胶、复合气凝胶及其他气凝胶。无机气凝胶是由无机化合物形成的气凝胶，如 SiO_2 气凝胶、Al_2O_3 气凝胶等；有机气凝胶是由有机单体通过聚合形成凝胶后干燥得到，如间苯二酚-甲醛 (RF) 有机气凝胶、三聚氰胺-甲醛 (MF) 有机气凝胶

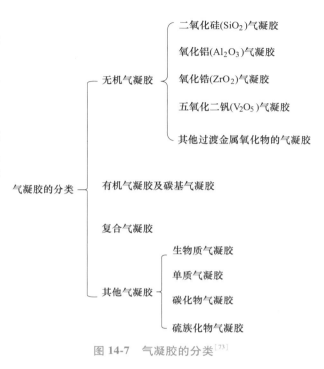

图 14-7　气凝胶的分类[73]

等；碳基气凝胶由有机气凝胶（通常为 RF 类有机气凝胶）在惰性气体的保护下经高温碳化处理后制得，如石墨烯气凝胶等；复合气凝胶通过对气凝胶进行复合或掺杂处理而得到某些特殊性能，如纤维-SiO_2 复合气凝胶；其他气凝胶包括生物质气凝胶、单质气凝胶等。整体而言，有机气凝胶及碳基气凝胶具有更好的力学性能；无机气凝胶存在高脆性，但具有更好的绝热性能。

14.2.3　气凝胶在建筑围护结构系统中的应用

建筑围护结构是隔离室内和室外环境的结构，需具有较好的绝热、隔声、耐火、防水防潮以及耐老化的特性。围护结构系统中材料的选择对室内冷热负荷有着极大的影响。目前，二氧化硅气凝胶由于其密度低 ($3kg/m^3$)[74]、导热系数低 [<0.014W/(m·K)][75]、比表面积高、孔隙率高 (80%～99.8%)、原材料易于获取等优点而具有较为广泛的应用[76, 77]。

1. 气凝胶混凝土

由于二氧化硅气凝胶具有高度开放的多孔结构，其中二氧化硅的二级颗粒彼此连接，只有很少的硅氧烷键连接，使其因受力而破碎开裂，纯气凝胶的拉伸强度通常低于 16kPa[78]，为克服纯气凝胶的脆性，通常添加混合材料以改善其力学性能。2008 年，首次有学者提出将二氧化硅气凝胶嵌入水泥基质中的想法，并开发出一种建筑用气凝胶混凝土[79]，以改进建筑材料的绝热性能。在该学者研究中，使用颗粒尺寸在 0.01～4.00mm 之间、密度在 120～150kg/m^3 之间、孔隙率高于 90% 的超疏水二氧化硅气凝胶颗粒添加到混凝土中形成新型气凝胶混凝土；当气凝胶的体积分数从 50% 增加到 70% 时，气凝胶混凝土的密度可从 1050kg/m^3 降至 580kg/m^3。还有学

者[80]将不同体积分数的二氧化硅气凝胶颗粒嵌入到普通混凝土中，发现当气凝胶体积分数为60%时，实现最佳混合点，即导热系数为0.10W/(m·K)，抗压强度为0.6~1.5MPa，弹性模量为52~127MPa。另外，还有学者[81]将气凝胶泡沫混凝土应用于不同地区（Burlington、Chicago、Miami和Phoenix）建筑模拟研究，发现含70%气凝胶的气凝胶泡沫混凝土可极大程度影响建筑物壁面及屋面的热量传递，有效降低建筑物的供热和制冷需求。此后，更多学者开始关注气凝胶混凝土的制备与改进工作，现阶段已提出的相关制备方法及性能汇总见表14-3。

表14-3　气凝胶混凝土的制备及性能汇总

参考文献	制备方法	抗压强度/MPa	导热系数/[W/(m·K)]	密度/(kg/m³)
Júlio 等人[82]	用混合气凝胶颗粒完全代替石英砂骨料与水泥混合	N/A	0.085	410
Kim 等人[83]	用质量分数为0.5%~2%的SiO₂气凝胶粉末与水泥混合	5.9~13.1	0.135~0.55	N/A
Gao 等人[84]	将体积分数为60%的SiO₂气凝胶颗粒掺入到普通混凝土中合成	8.3	0.26	100
Serina 等人[85]	将体积分数为50%的气凝胶颗粒与水泥利用超高性能混凝土（UHPC）配方混合	20	0.55	N/A
Fickler 等人[80]	将体积分数为60%的SiO₂气凝胶颗粒与不同浓度的混合物按超高性能混凝土（UHPC）配方混合	3.0~23.6	0.16~0.37	N/A
Liu 等人[81]	利用泡沫与水泥砂浆混合得到含有大量气孔的轻质隔热泡沫混凝土，将泡沫混凝土与硅溶胶通过真空浸渍和超临界干燥合成新型气凝胶泡沫混凝土	1.12	0.049	392
Wang 等人[86]	将填充有SiO₂气凝胶颗粒的分级和非分级（根据颗粒粒径分级）的膨胀珍珠岩分别与普通混凝土混合	3.71	0.098	N/A
Li 等人[87]	将SiO₂气凝胶粉末与泡沫混凝土混合得到气凝胶泡沫混凝土	N/A	0.049	198
Ratke 等人[79]	将不同体积分数的SiO₂气凝胶颗粒添加到普通混凝土中	0.6~1.5	N/A	580~1050

作为建筑结构材料，气凝胶混凝土的力学性能和绝热性能同等重要。有学者[88]认为要实现将气凝胶混凝土作为建筑保温结构材料使用，其抗压强度应≥20MPa，导热系数应≤0.1 W/(m·K)。考虑到气凝胶的脆性，混凝土中气凝胶化合物的含量不应过高，然而，气凝胶含量较低时无法使复合混凝土的整体导热性达到理想的绝热要求。有学者为此提出系列改进方法（见表14-3）。通过比较表14-3中气凝胶混凝土的最佳混合点的抗压强度与导热系数发现，Fickler等学者利用一种超高性能混凝土（UHPC）的配方（符合高性能要求的凝胶材料水泥、矿物掺合料、粗细骨料以及高性能减水剂的混合），将体积分数为60%的SiO₂气凝胶与不同浓度的混合物（硅酸盐水泥、硅粉、石英砂、混凝土减水剂、混凝土稳定剂）混合，开发出一种高性能气凝胶混凝土，密度为860kg/m³，抗压强度为10MPa，导热系数为0.17W/(m·K)。虽然抗压强度上相较于传统气凝胶混凝土有所提升，但其绝热性能仍有一定程度的衰减。为在低材料成本的基础上提升气凝胶混凝土的绝热性能和力学性能，有学者提出使用气凝胶和其他低成本填料与水泥混合的

方法[89]，将两类绝热材料——玻璃微珠和二氧化硅气凝胶分别作为粗、细填料，与水泥混合制备。所制备出的气凝胶混凝土经测试发现，当二氧化硅气凝胶体积分数为 5%，玻璃微珠体积分数为 50% 时，气凝胶混凝土综合性能达到最佳点，导热系数为 0.28W/(m·K)，抗压强度为 17.5MPa。为减少气凝胶混合过程中气凝胶的破裂，有学者[86]提出使用填充有 SiO_2 气凝胶的分级 [粒径主要分布在 0.3~0.60mm、0.60~1.18mm、1.18~2.36mm、2.36~4.75mm 内，导热系数为 0.048W/(m·K)] 和未分级 [粒径主要分布在 1.18~4.75mm 内，导热系数为 0.043W/(m·K)] 膨胀珍珠岩作为混凝土中的骨料，测试结果表明，当水灰比 W/C（水与水泥的质量比）为 0.7，填充有 SiO_2 气凝胶的未分级膨胀珍珠岩体积分数为 80% 时，气凝胶混凝土的综合性能达到最佳点，导热系数为 0.3W/(m·K)，抗压强度为 7.2MPa。

通过上述分析可以看出，气凝胶混凝土的发展存在两大挑战：一是如何同步优化气凝胶混凝土的力学性能和绝热性能；二是如何降低气凝胶复合混凝土的制备成本。如前所述，当气凝胶是混凝土中唯一的绝热填料时，在体积稳定性和抗压强度方面存在缺陷，因此有必要混合其他填料作为载体与气凝胶混合，实现降低导热系数的同时保持较好的力学性能，通过加入纤维类材料以提高气凝胶与水泥基质之间的结合力，也可从一定程度上改善气凝胶混凝土的力学性能。现阶段，由于气凝胶的高成本问题[90, 91]造成气凝胶混凝土的材料及制备费用仍较高，这在对成本极为敏感的建筑行业中并不是一种经济实用的方法，因此，可考虑复合低成本填料的方法，辅助考虑综合性能和材料成本的多目标优化设计方法，实现在不大幅降低综合性能的基础上改进材料与制备成本，充分开发气凝胶混凝土的应用潜力。

2. 气凝胶毡

在含有凝胶前体的预凝胶混合物中加入纤维或纤维基质（如玻璃纤维、聚酯、芳纶和纤维素纤维，以及碳纳米纤维），便可获得柔韧的复合绝热产品——气凝胶毡。向气凝胶中添加纤维或纤维基质的优点是可在保持低导热系数的同时增强抗压强度。其原因是纤维的添加降低了二氧化硅网格结构中纳米颗粒的聚集程度，使孔隙分布更为均匀，网状结构有助于结构稳定，当材料被外部应力破坏时，该结构可防止材料进一步的开裂。由于气凝胶毡具有极低的导热系数 [0.013~0.018W/(m·K)，25℃]，其厚度比具有相同绝热热阻的传统绝热材料具有较大优势。

现阶段，已有学者开展气凝胶毡在实际建筑中的应用研究。有学者[92]提出使用气凝胶毡作为内胆层加入一种新型的热辐射屏障系统中，敷设于屋面和阁楼，经过一系列的试验测试和模拟计算发现，含气凝胶毡的辐射屏障表现出优异的绝热性能，与传统的设计相比，得热量降低了 35%~40%。另有学者[93]将气凝胶毡应用于建筑外部绝热复合系统 ETICS 和内部绝热多层系统 ITI（图 14-8）中，发现将气凝胶毡加装于墙体内部的绝热多层系统 ITI 可将墙体的等效导热系数从 0.63W/(m·K) 下降至 0.33W/(m·K)；此外，通过空气噪声测试发现，加入气凝胶毡后的 ITI 系统降低了 25% 的噪声，约 7dB，体现出气凝胶毡应用在建筑中时较好的声学特性。

然而，与气凝胶混凝土的问题相似，气凝胶毡的制备成本是具有相同热阻的传统建筑材料成本的 10 倍。气凝胶毡的性能和制备成本高度依赖于其制造方法。气凝胶毡的制备流程通常为先调出溶胶与纤维混合形成纤维复合湿凝胶，然后对湿凝胶进行老化、表面改性、溶剂置换等一系列的处理之后，经过干燥，最终获得气凝胶毡。在干燥过程中，有三种干燥方法：超临界干燥（SCD）、环境压力干燥（APD）和冷冻干燥。大多数商业产品采用超临界干燥工艺生产，可有效地降低纤维之间的毛细管力，防止纤维进一步的收缩和断裂[94]，然而，超临界干燥条件及创造该条件的能耗增加了材料制造的总成本。此外，基于超临界干燥方法的高压生产规模也非常有限[95]。因此，近年来，操作简单、成本低、安全性高的环境压力干燥方法受到了更多的关注[96, 97]。但是，由于环境压力干燥方法中表面张力引起的毛细管力很大，易导致气凝胶结构的

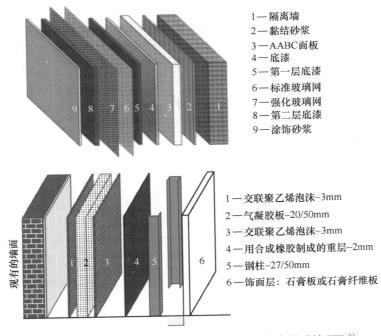

1—隔离墙
2—黏结砂浆
3—AABC面板
4—底漆
5—第一层底漆
6—标准玻璃网
7—强化玻璃网
8—第二层底漆
9—涂饰砂浆

1—交联聚乙烯泡沫-3mm
2—气凝胶板-20/50mm
3—交联聚乙烯泡沫-3mm
4—用合成橡胶制成的重层-2mm
5—钢柱-27/50mm
6—饰面层：石膏板或石膏纤维板

图 14-8　外部绝热复合系统 ETICS 和内部绝热多层系统 ITI[93]

破裂，因此，需通过增强湿凝胶的骨架结构，降低气-液界面的张力以及增加疏水基团等途径来进行改善。具体方法包括延长老化时间、用表面张力小的液体代替溶剂、表面疏水化改性减少-OH 的数量[98]。冷冻干燥方法是将物质中的液体预先冷冻成固体，然后在真空下进行升华干燥。由于在干燥过程中没有液相的存在，可有效地防止由干燥过程产生的毛细管力，降低孔塌陷的风险。然而，当溶剂冷冻成固体时，体积的膨胀也会在一定程度上破坏气凝胶的骨架结构。有学者[99]为保持冷冻干燥方法下气凝胶的完整性，采用甲基三甲氧基硅烷

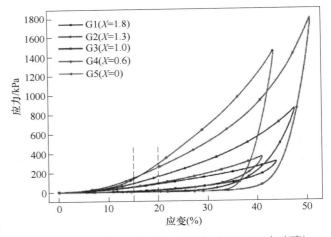

图 14-9　SiO_2 气凝胶毡复合材料在（MTMS/水玻璃）不同摩尔比下的应力-应变曲线

（MTMS）和水玻璃共前驱体通过冷冻干燥方法合成的玻璃纤维（GF）来增强二氧化硅气凝胶复合材料。通过单轴压缩试验发现，SiO_2 气凝胶毡复合材料具有优良的机械强度和柔韧性（图 14-9），其中复合材料 MTMS/水玻璃摩尔比为 $X=1.8$ 和 1.3 时表现出很大的弹性，可以承受较大的压缩和弯曲应变而不会破坏结构，所获得的气凝胶毡在 MTMS/水玻璃摩尔比 $X=1$ 时可以实现达到高比表面积（$870.9m^2/g$）、低密度（$0.174kg/m^3$）、低导热系数 $[0.0248W/(m \cdot K)]$。

作为建筑用绝热材料，耐火性、热湿性能和耐老化性是评价材料的关键因素。与建筑常用保温材料相比（见表 14-4），气凝胶毡可保持最佳耐火性，达到 A 级，火焰蔓延指数小于 5，火焰

烟雾发展指数低于 10。然而，在湿热性能方面，与其他类型的纤维绝热材料类似，气凝胶毡的绝热性能难以在潮湿环境中保持。现阶段，已有诸多学者对气凝胶毡在不同湿热环境下的绝热性能展开研究，见表 14-5。从表 14-5 可以看出，二氧化硅气凝胶与其他纤维材料合成的气凝胶毡的导热系数随着环境相对湿度的提高（含水率增加）而增大，但由于气凝胶的疏水性使其导热系数变化范围较小。另有学者[100]利用热湿特性试验系统对纤维类绝热材料气凝胶毡进行了热湿测试，观察样本形貌变化发现，在湿热环境下，湿分的入侵可能会导致气凝胶毡纤维上附着的气凝胶分离，聚集形成易脱落的颗粒，从而导致导热系数增加。耐老化性方面，气凝胶毡的老化过程将导致导热系数和亲水性的增加。有学者[101]通过对 2 种不同的商业气凝胶毡（比表面积分别为：800m²/g、840m²/g；主要孔径分别为：12nm、18nm）设计加速老化试验［所有样品暴露在炎热和潮湿的条件下（70℃/90%RH 或 50℃/70%RH，RH 表示相对湿度）384 天］以探究气凝胶的老化机制，测试结果显示气凝胶毡的老化造成亲水性增加，比表面积减小以及孔径分布的移动和扩大，导热系数提升明显，但最高达 2.5W/(m·K)。因此，使用气凝胶毡的环境对其湿热性能和耐老化性有很大影响。

气凝胶毡未来的研究主要集中在两个方面：一是改进其制备流程，降低生产成本，优化气凝胶纤维类复合材料的性能与结构；二是探索综合性能更好，与气凝胶复合更佳的廉价纤维类材料。

表 14-4　常用外墙保温材料基本性能参数[102]

材料种类	导热系数 /[W/(m·K)]	抗压强度 /kPa	密度 /(kg/m³)	最高燃烧等级
硬质聚氨酯泡沫	≤0.024	≥150	30~50	B₁
膨胀聚苯板	≤0.041	≥60	15~25	B₁
挤塑聚苯板	≤0.029	≥200	25~30	B₁
岩棉板	≤0.041	≥15	≥150	A
酚醛树脂	≤0.029	—	60~100	B₁
胶粉聚苯颗粒	≤0.060	≥200	180~250	—
玻化微珠浆料	≤0.085	≥600	≤350	A 级复合
无机保温砂浆	≤0.100	≥600	≤550	A 级复合

表 14-5　气凝胶毡的热湿性能汇总

参考文献	材料类型	尺寸	密度 /(kg/m³)		测试温湿度		质量含水率 (%)	导热系数 /[W/(m·K)]		干湿比
			干样密度	湿样密度	K	%RH		干样	湿样	
Ibrahim 等人[93]	二氧化硅气凝胶毡	0.15m×0.15m×0.025m	N/A	N/A	296	50	N/A	0.016	0.017	0.941
						80			0.019	0.84
						90			0.023	0.695
Lakatos 等人[103]	二氧化硅气凝胶毡	0.3m×0.3m×0.013m	29.32	30.00	N/A	N/A	2.340	0.018	0.024	0.773
				30.17			2.915		0.025	0.742
				30.81			5.087		0.027	0.694
				30.74			4.858		0.027	0.681
				31.21			6.463		0.029	0.637

（续）

参考文献	材料类型	尺寸	密度/(kg/m³)		测试温湿度		质量含水率（%）	导热系数/[W/(m·K)]		干湿比
			干样密度	湿样密度	K	%RH		干样	湿样	
Nosrati 等人[104]	二氧化硅气凝胶毡	0.15m×0.15m×0.08m	160.00	N/A	296	N/A	7.100	0.017	0.018	0.950
							13.300		0.018	0.955
							13.300		0.018	0.961
							17.000		0.020	0.868
Hoseini 等人[105]	二氧化硅气凝胶-聚酯和玻璃纤维复合材料	N/A	130.00	N/A	298	N/A	0.710	0.016	0.016	0.951
							2.340		0.018	0.881
Nocentini 等人[106]	二氧化硅气凝胶-玻璃纤维复合材料	0.3m×0.4m×0.03m	N/A	N/A	293	10	N/A	N/A	0.015	N/A
						35			0.016	
						90			0.021	
	二氧化硅气凝胶-PET纤维复合材料	0.3m×0.4m×0.015m	N/A	N/A	293	10	N/A	N/A	0.015	N/A
						35			0.016	
						90			0.019	

14.2.4 气凝胶在采光系统中的应用

玻璃是建筑采光系统中常使用的材料。对于节能建筑，玻璃需具有较好的透光性，以提高视觉舒适度并节省照明设备的能耗。此外，在寒冷地区，玻璃需具有较低的导热系数，以减少通过玻璃热量损失，而在炎热地区，玻璃需具有较低的太阳辐射得热系数，降低通过玻璃的太阳辐射得热。气凝胶是一种具有潜力的透明绝热材料，由于具有光透射率高、密度小、导热系数低等优势，已有相关学者将其添加至玻璃内形成具有更好的绝热性能和光透射率的窗户材料[107, 108]。有学者[109]用颗粒气凝胶填充到两块4mm厚的低辐射双层玻璃之间的间隙，从而形成了填充厚度为16mm、导热系数1.4W/(m·K)的气凝胶玻璃。另有学者[110]制备了填充厚度为15mm、导热系数为0.7W/(m·K)的整体式气凝胶玻璃。还有学者[111]将颗粒气凝胶填充到聚碳酸酯（PC）面板之间制备透明壁应用于建筑物上，与传统玻璃相比，减少了68%的热损失。下面将分别结合现阶段已有的应用——整体式气凝胶玻璃、颗粒气凝胶玻璃以及气凝胶透明壁展开论述。

1. 整体式气凝胶玻璃

通过将具有透明性质的气凝胶薄层（图14-10a）夹在双层玻璃（图14-10b）之间，密封并抽真空处理之后便可获得整体式气凝胶玻璃（图14-10c）。与双层低辐射玻璃相比，在可见光谱中，在浮法玻璃间加入整体式气凝胶的玻璃透光率降低了17%，与欧盟国家传统所用窗户相比，其综合导热系数可从2.8W/(m·K)降低至0.6W/(m·K)[112]；通过增加气凝胶薄层的厚度，可使导热系数低于0.5W/(m·K)而不大幅影响太阳辐射得热系数和光透射率。与双层浮法玻璃相比，在浮法玻璃间加入整体式气凝胶的玻璃可使房间冬季热损失降低55%，但透光率降低了25%[113]。虽然整体式气凝胶玻璃的显色指数 R_a（90~93）略低于传统玻璃的 R_a（约98），但在视觉质量上仍可保持在可接受的范围内。整体式气凝胶具有优良的绝热性能。有学者[108]使用

ISO 10077-2 提出的方法计算分析具有不同百分比整体式气凝胶窗户（图 14-11）的导热系数，发现含 100%整体式气凝胶的窗户导热系数为 $0.6W/(m \cdot K)$，相比于不含整体式气凝胶的窗户（图 14-11a），导热系数降低了 60%。

　　虽然整体式气凝胶玻璃具有较好的光热性能，但由于气凝胶的脆性易导致其在制造过程中引起结构龟裂等问题，此外，受高压釜尺寸的限制，无裂缝整体式气凝胶玻璃的最大尺寸仅为 $0.58m \times 0.58m$[114]。整体式气凝胶玻璃的规模化无损、多尺寸制造方法和工艺仍有待进一步研究探索。

图 14-10　整体式气凝胶玻璃

a）整体式气凝胶样品　b）添加整体式气凝胶双层玻璃前的视觉效果

c）添加整体式气凝胶双层玻璃后的视觉效果[108]

a）　　　　　　　b）　　　　　　　c）　　　　　　　d）　　　　　　　e）

图 14-11　具有不同百分比的整体式气凝胶玻璃的窗口配置[108]

a）0　b）40%　c）60%　d）80%　e）100%

2. 颗粒气凝胶玻璃

　　颗粒气凝胶玻璃的制备流程与整体式气凝胶玻璃相似，只是其中的整体式气凝胶薄层由半透明气凝胶颗粒（图 14-12）代替。现阶段，颗粒气凝胶玻璃是市场上唯一一种可批量生产的气凝胶玻璃。相较于整体式二氧化硅气凝胶，颗粒气凝胶的透光率略低[115]。有学者[112]利用浮法玻璃和低辐射玻璃制备了整体式气凝胶玻璃与颗粒气凝胶玻璃，比较它们的透光率发现（图 14-13），颗粒气凝胶的透光率比整体式气凝胶低 50%。与双层低辐射玻璃相比，整体式气凝胶玻璃可使热损失降低 55%，透光率降低 25%，颗粒气凝胶玻璃可使热损失减少 25%，但透光率降低 66%[113]。可以看出，颗粒气凝胶玻璃的绝热性能和透光率并不理想，但仍可用于如大型影院、展览中心、会议中心等不需要良好的视觉效果的地方。有学者[116]基于颗粒气凝胶玻璃优良的绝热性能和太阳能透射率制备了导热系数为 $0.35W/(m \cdot K)$ 的太阳能集热器，与导热系数为 $0.56W/(m \cdot K)$ 的常规平板式集热器相比，其导热系数降低了 60%。同时，颗粒气凝胶玻璃可解决整体式气凝胶玻璃中气凝胶薄层脆性的影响。现阶段，颗粒气凝胶玻璃的低透光率是其发展受

图 14-12　半透明气凝胶颗粒

限的主要原因。为提高颗粒气凝胶玻璃的整体性能，相关学者在其优化设计方面做了大量工作。有学者[108]基于整体及颗粒气凝胶材料，制备多种气凝胶玻璃，结果发现玻璃腔约为 20mm 时可以使导热、透明以及材料成本达到最佳平衡点。此外，通过一系列气凝胶玻璃的老化测试，发现气凝胶玻璃的热损失和光照性能几乎保持不变。有学者[117]系统研究了颗粒气凝胶几何参数，如颗粒尺寸和填充厚度，对气凝胶玻璃性能的影响。结果表明，在给定范围内（粒径分别为 0.41mm、1.03mm、1.64mm 和 2.54mm，填充厚度分别为：6mm、9mm 和 12mm），气凝胶玻璃的透光性能与粒径呈正相关变化，而与填充厚度呈负相关变化；基于敏感性分析，填充厚度更影响气凝胶玻璃的透光性能。另有学者[118]通过将不同粒径的气凝胶填充于中空玻璃中制得颗粒气凝胶玻璃，研究了粒径和填充厚度对气凝胶玻璃的透光和绝热性能的影响。研究结果表明，透光性能上，玻璃的透光率随粒径减小而降低，随填充厚度的减小而增强；绝热性能上，玻璃的导热系数随粒径的减小而降低，随填充厚度的减小而升高。颗粒气凝胶玻璃目前仍难以在透光率、辐射得热和绝热性能之间保持平衡，而此方面在被动式节能建筑的进一步应用中非常重要。

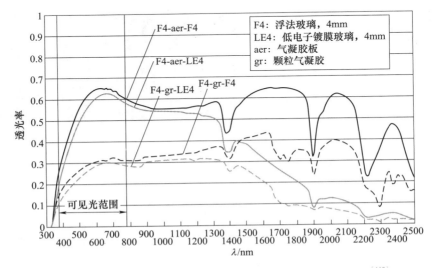

图 14-13　颗粒气凝胶玻璃与整体式气凝胶玻璃透光率的比较[112]

3. 气凝胶透明壁

与气凝胶玻璃略有不同，气凝胶透明壁由气凝胶薄层与聚碳酸酯（PC）板结合制成。聚碳酸酯（PC）板可塑耐用，轻便，阻燃和防碎，并且具有优良的性能：耐候性、抗紫外线性以及良好的绝热性能（导热系数在 1.2～1.9W/（m·K）范围内）[119]。气凝胶透明壁与传统玻璃相比，在质量、耐用性、耐火性、耐候性、抗紫外线性以及成本方面均具有一定优势。气凝胶透明壁的制备与颗粒气凝胶玻璃类似，通过将二氧化硅气凝胶颗粒填充到 PC 板之间的空隙来实现透光绝热的效果，如图 14-14 所示。与气凝胶玻璃类似，现有研究多是针对气凝胶薄层厚度展开探究，分析不同厚度对透明壁透光率、得热及绝热特性的影响规律。有学者[120]将 6mm 和 10mm 气凝胶填充厚度的透明壁分别安装在现有的单层玻璃上，发现装有 6mm 气凝胶透明壁的传热量相较于原来的单层玻璃降低近 73%，10mm 气凝胶透明壁则可降低 80%；与单层玻璃的透射率相比，安装有 6mm 和 10mm 气凝胶透明壁窗户的透光率分别降低了 20% 和 30%，但整体透射率仍可保持在 50% 以上。有学者[121]分析了具有气凝胶的先进 PC 板的光学、传热性能。通过研究分别具有半透明颗粒气凝胶和空气三种厚度（16mm、25mm 和 40mm）的先进多层 PC 板，发现含气凝胶的 PC 板相比于含空气的 PC 板，透光率降低了 15%～40%，并且随着气凝胶厚度的增加而降低，但在建筑物中可提供舒适的视觉舒适条件；传热系数降低了 46%～68%，且与气凝胶厚度呈负相关变化。

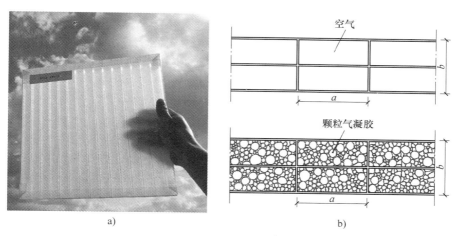

a)　　　　　　　　　　　　　　　b)

图 14-14　气凝胶透明壁

a）实物图　b）填充与不填充气凝胶颗粒的原理示意图[121]

14.2.5　小结

本节主要论述了可用于被动式建筑中的绝热材料——气凝胶及其复合材料，详细介绍了其在节能建筑围护结构系统及采光系统中的应用潜力及瓶颈问题。在建筑围护结构系统中，气凝胶混凝土及气凝胶毡的发展虽具有一定潜力，但现阶段，气凝胶混凝土绝热性能、力学性能和制备成本相互制约，气凝胶毡也存在制备成本、颗粒粉尘等问题的挑战。在建筑采光系统中，相较于颗粒气凝胶玻璃和气凝胶透明壁，整体式气凝胶玻璃具有较好的透光性和热特性，但由于无法解决气凝胶薄层的脆性问题，目前仍无法实现大规模、多尺寸的批量制造；基于颗粒气凝胶填充的颗粒气凝胶玻璃和气凝胶透明壁则受限于透光率的影响，现有研究也多是基于填充厚度探究性能上的优化，需进一步从材料特性及填充、复合模式入手，解决透光率低的瓶颈问题。

14.3　本章小结

节约能源是当今世界的一种重要社会意识，尽可能地减少能源的消耗、增加能源的利用率是目前社会的发展方向。被动式建筑节能技术的重点包括功能型材料的开发，以及复合功能型材料的主动节能技术优化。本章仅从部分功能型材料的特性出发，汇总分析其研究现状，论述其在被动式建筑中的应用潜力与发展瓶颈，为相关学者的深入探究提供相关背景和基础资料。

本章参考文献

[1] CAO X, DAI X, LIU J. Building energy-consumption status worldwide and the state-of-the-art technologies for zero-energy buildings during the past decade [J]. Energy and Buildings, 2016, 128: 198-213.

[2] HOSSAIN M M, GU M. RADIATIVE Cooling: principles, progress, and potentials [J]. Advanced Science, 2016, 3 (7): 1500360.

[3] GRANQVIST T M J N. Condensation of water by radiative cooling [J]. Renewable Energy, 1994, 5 (1-4): 310-317.

[4] HARRISON A W, WALTON M R. Radiative cooling of TiO_2 white paint [J]. Solar Energy, 1978, 20 (2): 185-188.

[5] HEIDARINEJAD G, FARMAHINI FARAHANI M, DELFANI S. Investigation of a hybrid system of nocturnal radiative cooling and direct evaporative cooling [J]. Building and Environment, 2010, 45 (6): 1521-1528.

[6] ZHANG S, NIU J. Cooling performance of nocturnal radiative cooling combined with microencapsulated phase change material (MPCM) slurry storage [J]. Energy and Buildings, 2012, 54: 122-130.

[7] ZHAO B, HU M, AO X, et al. Radiative cooling: a review of fundamentals, materials, applications, and prospects [J]. Applied Energy, 2019, 236: 489-513.

[8] RAMAN A P, ANOMA M A, ZHU L, et al. Passive radiative cooling below ambient air temperature under direct sunlight [J]. Nature, 2014, 515 (7528): 540-544.

[9] CHEN Z, ZHU L, RAMAN A, et al. Radiative cooling to deep sub-freezing temperatures through a 24-h day-night cycle [J]. Nature Communications, 2016, 7 (1): 13729.

[10] BHATIA B, LEROY A, SHEN Y, et al. Passive directional sub-ambient daytime radiative cooling [J]. Nature Communications, 2018, 9 (1): 5001.

[11] FAN S, RAMAN A. Metamaterials for radiative sky cooling [J]. National Science Review, 2018, 5 (2): 132-133.

[12] REPHAELI E, RAMAN A, FAN S. Ultrabroadband photonic structures to achieve high-performance Daytime Radiative cooling [J]. Nano Letters, 2013, 13 (4): 1457-1461.

[13] KOU J, JURADO Z, CHEN Z, et al. Daytime radiative cooling using near-black infrared emitters [J]. ACS Photonics, 2017, 4 (3): 626-630.

[14] SUN X, SUN Y, ZHOU Z, et al. Radiative sky cooling: fundamental physics, materials, structures, and applications [J]. Nanophotonics, 2017, 6 (5): 997-1015.

[15] BARANOV D G, XIAO Y, NECHEPURENKO I A, et al. Nanophotonic engineering of far-field thermal emitters [J]. Nature Materials, 2019, 18: 920-930.

[16] CUI Y, FUNG K H, XU J, et al. Ultrabroadband light absorption by a sawtooth anisotropic metamaterial slab [J]. Nano Letters, 2012, 12 (3): 1443-1447.

[17] HOSSAIN M M, JIA B, GU M. A metamaterial emitter for highly efficient radiative cooling [J]. Advanced Optical Materials, 2015, 3 (8): 1047-1051.

[18] WU D, LIU C, XU Z, et al. The design of ultra-broadband selective near-perfect absorber based on photonic structures to achieve near-ideal daytime radiative cooling [J]. Materials & Design, 2018, 139: 104-111.

[19] DEVARAPU G C R, FOTEINOPOULOU S. Broadband near-unidirectional absorption enabled by phonon-polariton resonances in SiC micropyramid arrays [J]. Physical Review Applied, 2017, 7 (3): 034001.

[20] ZOU C, REN G, HOSSAIN M M, et al. Metal-loaded dielectric resonator metasurfaces for radiative cooling [J]. Advanced

Optical Materials, 2017, 5 (20): 1700460.

[21]　HUANG Y, PU M, ZHAO Z, et al. Broadband metamaterial as an "invisible" radiative cooling coat [J]. Optics Communications, 2018, 407: 204-207.

[22]　JEONG S Y, TSO C Y, HA J, et al. Field investigation of a photonic multi-layered TiO$_2$ passive radiative cooler in sub-tropical climate [J]. Renewable Energy, 2020, 146: 44-55.

[23]　TIKHONRAVOV A V, TRUBETSKOV M K, DEBELL G W. Optical coating design approaches based on the needle optimization technique [J]. Applied optics, 2007, 46 (5): 704-710.

[24]　SUICHI T, ISHIKAWA A, HAYASHI Y, et al. Structure optimization of metallodielectric multilayer for high-efficiency daytime radiative cooling [C]. Society of photo-optical instrumentation engineers. Society of Photo-optical Inst-rumentation Engineers (SPIE) Conference Series, 2017.

[25]　ZAMAN M A. Photonic radiative cooler optimization using Taguchi's method [J]. International Journal of Thermal Sciences, 2019, 144: 21-26.

[26]　HAGEMAN J A, WEHRENS R, VAN SPRANG H A, et al. Hybrid genetic algorithm-tabu search approach for optimising multilayer optical coatings [J]. Analytica Chimica Acta, 2003, 490 (1-2): 211-222.

[27]　WIESMANN D, HAMMEL U, BACK T. Robust design of multilayer optical coatings by means of evolutionary algorithms [J]. IEEE Transactions on Evolutionary Computation, 1998, 2 (4): 162-167.

[28]　LEE G J, KIM Y J, KIM H M, et al. Colored, daytime radiative coolers with thin-film resonators for aesthetic purposes [J]. Advanced Optical Materials, 2018, 6 (22): 1800707.

[29]　KORT-KAMP W J M, KRAMADHATI S, AZAD A K, et al. Passive radiative "thermostat" enabled by phase-change photonic nanostructures [J]. ACS Photonics, 2018, 5 (11): 4554-4560.

[30]　ZOU C, REN G, HOSSAIN M M, et al. Metal-loaded dielectric resonator metasurfaces for radiative cooling [J]. Advanced Optical Materials, 2017, 5 (20): 1700460.

[31]　AILI A, WEI Z, CHEN Y, et al. Selection of polymers with functional groups for day-time radiative cooling [J]. Materials Today Physics, 2019, 10: 100127.

[32]　ZHAO B, AO X, CHEN N, et al. General strategy of passive sub-ambient daytime radiative cooling [J]. Solar Energy Materials and Solar Cells, 2019, 199: 108-113.

[33]　ZHU Y, WANG D, FANG C, et al. A multilayer emitter close to ideal solar reflectance for efficient daytime radiative cooling [J]. Polymers, 2019, 11 (7): 1203.

[34]　CHENG Z, WANG F, WANG H, et al. Effect of embedded polydisperse glass microspheres on radiative cooling of a coating [J]. International Journal of Thermal Sciences, 2019, 140: 358-367.

[35]　ZHAI Y, MA Y, DAVID S N, et al. Scalable-manufactured randomized glass-polymer hybrid metamaterial for daytime radiative cooling [J]. Science, 2017, 355 (6329): 1062-1066.

[36]　GENTLE A R, SMITH G B. Radiative heat pumping from the earth using surface phonon resonant nanoparticles [J]. Nano Letters, 2010, 10 (2): 373-379.

[37]　BAO H, YAN C, WANG B, et al. Double-layer nanoparticle-based coatings for efficient terrestrial radiative cooling [J]. Solar Energy Materials and Solar Cells, 2017, 168: 78-84.

[38]　HUANG Z, RUAN X. Nanoparticle embedded double-layer coating for daytime radiative cooling [J]. International Journal of Heat and Mass Transfer, 2017, 104: 890-896.

[39]　ZHANG X. Metamaterials for perpetual cooling at large scales [J]. Science, 2017, 355 (6329SI): 1023-1024.

[40]　SHI N N, TSAI C, CAMINO F, et al. Keeping cool: enhanced optical reflection and radiative heat dissipation in Saharan silver ants [J]. Science, 2015, 349 (6245SI): 298-301.

[41]　XIE D J, YANG Z W, LIU X H, et al. Broadband omnidirectional light reflection and radiative heat dissipation in white beetles Goliathus goliatus [J]. Soft Matter, 2019, 15 (21): 4294-4300.

[42]　DIDARI A, MENGüç M P. A biomimicry design for nanoscale radiative cooling applications inspired by Morpho didius butterfly [J]. Scientific Reports, 2018, 8 (1): 16891.

[43]　LI T, ZHAI Y, He S, et al. A radiative cooling structural material [J]. Science, 2019, 364 (6442): 760-763.

[44]　MANDAL J, FU Y, OVERVIG A C, et al. Hierarchically porous polymer coatings for highly efficient passive daytime radia-

tive cooling [J]. Science, 2018, 362 (6412): 315-319.

[45] FU Y, YANG J, SU Y S, et al. Daytime passive radiative cooler using porous alumina [J]. Solar Energy Materials and Solar Cells, 2019, 191: 50-54.

[46] ZHU Y, WANG D, FANG C, et al. A multilayer emitter close to udeal solar reflectance for efficient daytime radiative cooling [J]. Polymers, 2019, 11 (7): 1203.

[47] ZHU L, RAMAN A P, FAN S. Radiative cooling of solar absorbers using a visibly transparent photonic crystal thermal blackbody [J]. Proceedings of the National Academy of Sciences, 2015, 112 (40): 12282-12287.

[48] WU S, LAI K, WANG C. Passive temperature control based on a phase changemetasurface [J]. Scientific Reports, 2018, 8 (1): 7684.

[49] LIU Y, BAI A, FANG Z, et al. A pragmatic bilayer selective emitter for efficient radiative cooling under direct sunlight [J]. Materials, 2019, 12 (8): 1208.

[50] ATIGANYANUN S, PLUMLEY J B, HAN S J, et al. Effective radiative cooling by paint-format microsphere-based photonic random media [J]. ACS Photonics, 2018, 5 (4): 1181-1187.

[51] LIU D, XIA Z, SHI K, et al. A thermally stable cooler for efficient passive radiative cooling throughout the day [J]. Optical Materials, 2019, 92: 330-334.

[52] ZHOU L, SONG H, LIANG J, et al. A polydimethylsiloxane-coated metal structure for all-day radiative cooling [J]. Nature Sustainability, 2019, 2 (8): 718-724.

[53] KACHKOUCH S, AIT-NOUH F, BENHAMOU B, et al. Experimental assessment of thermal performance of three passive cooling techniques for roofs in a semi-arid climate [J]. Energy and Buildings, 2018, 164: 153-164.

[54] GENTLE A R, SMITH G B. A subambient open roof surface under the mid-summer sun [J]. Advanced Science, 2015, 2 (9): 1500119.

[55] FANG H, ZHAO D, YUAN J, et al. Performance evaluation of a metamaterial-based new cool roof using improved roof thermal transfer value model [J]. Applied Energy, 2019, 248: 589-599.

[56] ZINGRE K T, WAN M P, YANG X. A new RTTV (roof thermal transfer value) calculation method for cool roofs [J]. Energy, 2015, 81: 222-232.

[57] ZINZI M, AGNOLI S. Cool and green roofs. An energy and comfort comparison between passive cooling and mitigation urban heat island techniques for residential buildings in the Mediterranean region [J]. Energy and Buildings, 2012, 55: 66-76.

[58] BANIASSADI A, SAILOR D J, BAN-WEISS G A. Potential energy and climate benefits of super-cool materials as a rooftop strategy [J]. Urban Climate, 2019, 29: 100495.

[59] YANG W, LV Q, WANG Q, et al. Field weathering tests on cool roof coatings [J]. Paint & Coatings Industry. 2019, 49: 56-62.

[60] ARGIRIOU A. Passive cooling of buildings [M]. New York: Earthscan, 2013.

[61] ZHAO B, HU M, AO X, et al. Conceptual development of a building-integrated photovoltaic-radiative cooling system and preliminary performance analysis in Eastern China [J]. Applied Energy, 2017, 205: 626-634.

[62] HU M, PEI G, WANG Q, et al. Field test and preliminary analysis of a combined diurnal solar heating and nocturnal radiative cooling system [J]. Applied Energy, 2016, 179: 899-908.

[63] HU M, ZHAO B, AO X, et al. Field investigation of a hybrid photovoltaic-photothermic-radiative cooling system [J]. Applied Energy, 2018, 231: 288-300.

[64] ZHAO D, MARTINI C E, JIANG S, et al. Development of a single-phase thermosiphon for cold collection and storage of radiative cooling [J]. Applied Energy, 2017, 205: 1260-1269.

[65] WANG W, FERNANDEZ N, KATIPAMULA S, et al. Performance assessment of a photonic radiative cooling system for office buildings [J]. Renewable Energy, 2018, 118: 265-277.

[66] GOLDSTEIN E A, RAMAN A P, FAN S. Sub-ambient non-evaporative fluid cooling with the sky [J]. Nature Energy, 2017, 2 (9): 17143.

[67] BERGMAN T L. Active daytime radiative cooling using spectrally selective surfaces for air conditioning and refrigeration systems [J]. Solar Energy, 2018, 174: 16-23.

[68] ZHANG K, ZHAO D, YIN X, et al. Energy saving and economic analysis of a new hybrid radiative cooling system for single-

family houses in the USA [J], Applied Energy. 2018, 224: 371-381.

[69] GANGÅSSAETER H F, JELLE B P, MOFID S A, et al. Air-filled nanopore based high-performance thermal insulation materials [J]. Energy Procedia, 2017, 132: 231-236.

[70] THIESSEN S, KNABBEN F T, MELO C, et al. A study on the effectiveness of applying vacuum insulation panels in domestic refrigerators [J]. International Journal of Refrigeration, 2018, 96: 10-16.

[71] XU X, ZHANG X, LIU S. Experimental study on cold storage box with nanocomposite phase change material and vacuum insulation panel [J]. International Journal of Energy Research, 2018, 42 (14): 4429-4438.

[72] ZHENG Q R, ZHU Z W, CHEN J, et al. Preparation of carbon based getter for glass fiber core vacuum insulation panels (VIPs) used on marine reefer containers [J]. Vacuum, 2017, 146: 111-119.

[73] 张泽, 王晓栋, 吴宇, 等. 气凝胶材料及其应用 [J]. 硅酸盐学报, 2018, 46 (10): 1426-1446.

[74] BISSON A, RIGACCI A, LECOMTE D, et al. Effective thermal conductivity of divided silica xerogel beds [J]. Journal of Non-Crystalline Solids. 2004, 350 (350): 379-384.

[75] SOLEIMANI DORCHEH A, ABBASI M H. Silica aerogel: synthesis, properties and characterization [J]. Journal of Materials Processing Technology, 2008, 199 (1): 10-26.

[76] BAETENS R, JELLE B P, GUSTAVSEN A. Aerogel insulation for building applications: a state-of-the-art review [J]. Energy and Buildings, 2011, 43 (4): 761-769.

[77] BURATTI C, MERLI F, MORETTI E. Aerogel-based materials for building applications: influence of granule size on thermal and acoustic performance [J]. Energy and Buildings, 2017, 152: 472-482.

[78] WONG J C H, KAYMAK H, SAMUEL B, et al. Mechanical properties of monolithic silica aerogels made from polyethoxydisiloxanes [J]. Microporous and Mesoporous Materials, 2014, 183: 23-29.

[79] L R. Herstellung und eigenschaften eines neuen leichtbetons aerogelbeton [J]. Beton- und Stahlbetonbau, 2008, 4: 236-243.

[80] FICKLER S, MILOW B, RATKE L, et al. Development of high performance aerogel concrete [J]. Energy Procedia, 2015, 78: 406-411.

[81] LIU S, ZHU K, CUI S, et al. A novel building material with low thermal conductivity: rapid synthesis of foam concrete reinforced silica aerogel and energy performance simulation [J]. Energy & Buildings, 2018, 177: 385-393.

[82] JÚLIO M D F, SOARES A, ILHARCO L M, et al. Silica-based aerogels as aggregates for cement-based thermal renders [J]. Cement and Concrete Composites, 2016, 72: 309-318.

[83] KIM S, KIM S, SEO J, et al. Chemical retreating for gel-typed aerogel and insulation performance of cement containing aerogel [J]. Construction and Building Materials, 2013, 40: 501-505.

[84] GAO T, JELLE B P, GUSTAVSEN A, et al. Aerogel-incorporated concrete: an experimental study [J]. Construction and Building Materials, 2014, 52: 130-136.

[85] A S N, JELLE B P, SANDBERG L I C, et al. Experimental investigations of aerogel-incorporated ultra-high performance concrete [J]. Construction and Building Materials, 2015, 77: 307-316.

[86] WANG L, LIU P, JING Q, et al. Strength properties and thermal conductivity of concrete with the addition of expanded perlite filled with aerogel [J]. Construction and Building Materials, 2018, 188: 747-757.

[87] LI P, WU H, LIU Y, et al. Preparation and optimization of ultra-light and thermal insulative aerogel foam concrete [J]. Construction and Building Materials, 2019, 205: 529-542.

[88] NG S, JELLE B P, ZHEN Y, et al. Effect of storage and curing conditions at elevated temperatures on aerogel-incorporated mortar samples based on UHPC recipe [J]. Construction and Building Materials, 2016, 106: 640-649.

[89] ZENG Q, MAO T, LI H, et al. Thermally insulating lightweight cement-based composites incorporating glass beads and nano-silica aerogels for sustainably energy-saving buildings [J]. Energy & Buildings, 2018, 174: 97-110.

[90] CARLSON G, LEWIS D, MCKINLEY K, et al. Aerogel commercialization: technology, markets and costs [J]. Journal of Non-Crystalline Solids, 1995, 186: 372-379.

[91] GARRIDO R, SILVESTRE J D, FLORES-COLEN I, et al. Economic assessment of the production of subcritically dried silica-based aerogels [J]. Journal of Non-Crystalline Solids, 2019, 516: 26-34.

[92] KOSNY J, FONTANINI A D, SHUKLA N, et al. Thermal performance analysis of residential attics containing high perform-

ance aerogel-based radiant barriers [J]. Energy & Buildings, 2018, 158 (C): 1036-1048.

[93] IBRAHIM M, NOCENTINI K, STIPETIC M, et al. Multi-field and multi-scale characterization of novel super insulating panels/systems based on silica aerogels: thermal, hydric, mechanical, acoustic, and fire performance [J]. Building and Environment, 2019, 151: 30-42.

[94] LOSARCZYK A. Recent advances in research on the synthetic fiber based silica aerogel nanocomposites [J]. Nanomaterials, 2017, 7 (2): 44.

[95] ISWAR S, MALFAIT W J, BALOG S, et al. Effect of aging on silica aerogel properties [J]. Microporous and Mesoporous Materials, 2017, 241: 293-302.

[96] OH K W, KIM D K, KIM S H. Ultra-porous flexible PET/aerogel blanket for sound absorption and thermal insulation [J]. Fibers and Polymers, 2009, 10 (5): 731-737.

[97] CHANDRADASS J, KANG S, BAE D. Synthesis of silica aerogel blanket by ambient drying method using water glass based precursor and glass wool modified by alumina sol [J]. Journal of Non-Crystalline Solids, 2008, 354 (34): 4115-4119.

[98] GARAY MARTINEZ R, GOITI E, Reichenauer G, et al. Thermal assessment of ambient pressure dried silica aerogel composite boards at laboratory and field scale [J]. Energy & Buildings, 2016, 128: 111-118.

[99] ZHOU T, CHENG X, PAN Y, et al. Mechanical performance and thermal stability of glass fiber reinforced silica aerogel composites based on co-precursor method by freeze drying (1) [J]. Applied Surface Science, 2018, 437: 321-328.

[100] 郭海金. 基于无机纤维和有机闭孔绝热材料的热湿特性实验研究 [D]. 武汉: 华中科技大学, 2019.

[101] CHAL B, FORAY G, YRIEIX B, et al. Durability of silica aerogels dedicated to superinsulation measured under hygrothermal conditions [J]. Microporous and Mesoporous Materials, 2018, 272: 61-69.

[102] 亓延军. 常用有机外墙外保温系统火灾特性研究 [D]. 合肥: 中国科学技术大学, 2012.

[103] LAKATOS Á. Investigation of the moisture induced degradation of the thermal properties of aerogel blankets: measurements, calculations, simulations [J]. Energy & Buildings, 2017, 139: 506-516.

[104] NOSRATI R H, BERARDI U. Hygrothermal characteristics of aerogel-enhanced insulating materials under different humidity and temperature conditions: 1 [J]. Energy and Buildings, 2018, 158: 698-711.

[105] HOSEINI A, BAHRAMI M. Effects of humidity on thermal performance of aerogel insulation blankets [J]. Journal of Building Engineering, 2017, 13: 107-115.

[106] NOCENTINI K, ACHARD P, BIWOLE P, et al. Hygro-thermal properties of silica aerogel blankets dried using microwave heating for building thermal insulation [J]. Energy & Buildings, 2018, 158: 14-22.

[107] CHA J, KIM S, PARK K, et al. Improvement of window thermal performance using aerogel insulation film for building energy saving [J]. Journal of Thermal Analysis and Calorimetry, 2014, 116 (1): 219-224.

[108] BERARDI U. The development of a monolithic aerogel glazed window for an energy retrofitting project [J]. Applied Energy, 2015, 154: 603-615.

[109] GARNIER C, MUNEER T, MCCAULEY L. Super insulated aerogel windows: Impact on daylighting and thermal performance [J]. Building and Environment, 2015, 94: 231-238.

[110] SCHULTZ J, JENSEN K, KRISTIANSEN F. Super insulating aerogel glazing [J]. Solar Energy Materials and Solar Cells, 2005, 89 (2-3): 275-285.

[111] ALSAAD H, CHANG J D. The efficiency of night insulation using aerogel filled polycarbonate panels during the heating season [J]. Journal of the Korean Society of Living Environmental System, 2014, 21 (4): 570.

[112] BURATTI C, MORETTI E. Glazing systems with silica aerogel for energy savings in buildings [J]. Applied Energy, 2012, 98: 396-403.

[113] BURATTI C, MORETTI E. Experimental performance evaluation of aerogel glazing systems [J]. Applied Energy, 2012, 97: 430-437.

[114] SCHULTZ J M, JENSEN K I. Evacuated aerogel glazings [J]. Vacuum, 2008, 82 (7): 723-729.

[115] BURATTI C, MORETTI E. Lighting and energetic characteristics of transparent insulating materials: experimental data and calculation [J]. Indoor and Built Environment, 2011, 20 (4): 400-411.

[116] REIM M, KÖRNER W, MANARA J, et al. Silica aerogel granulate material for thermal insulation and daylighting [J]. Solar Energy, 2005, 79 (2): 131-139.

[117]　LV Y, WU H, LIU Y, et al. Quantitative research on the influence of particle size and filling thickness on aerogel glazing performance [J]. Energy & Buildings, 2018, 174: 190-198.

[118]　王珊. 透光隔热气凝胶玻璃与建筑节能应用研究 [D]. 广州: 广州大学, 2016.

[119]　MORETTI E, ZINZI M, BELLONI E. Polycarbonate panels for buildings experimental investigation of thermal and optical performance [J]. Energy and Buildings, 2014, 70: 23-35.

[120]　DOWSON M, HARRISON D, CRAIG S, et al. Improving the thermal performance of single-glazed windows using translucent granular aerogel [J]. International Journal of Sustainable Engineering, 2011, 4 (3): 266-280.

[121]　MORETTI E, ZINZI M, MERLI F, et al. Optical, thermal, and energy performance of advanced polycarbonate systems with granular aerogel [J]. Energy & Buildings, 2018, 166: 407-417.

第 15 章
制　冷　剂

15.1　制冷剂的发展历史

制冷剂的诞生由来已久。早在 1805 年埃文斯（Evans）就提出了在封闭循环中使用挥发性流体的思路，用以将水冷冻成冰。这种系统在真空下将乙醚蒸发，并将蒸汽泵到水冷式换热器，冷凝后再次使用。1834 年帕金斯（Perkins）第一次开发了蒸汽压缩制冷循环，并且获得了专利。在他所设计的蒸汽压缩制冷设备中使用乙醚（R-610）作为制冷剂。19 世纪中叶出现了机械制冷。二氧化碳（R-744）在 1850 年首次由特维宁（Twining）提出用作制冷剂，并于 1866 年由洛（Lowe）首次用于制冰机械。氨（R-717）制冷剂于 1869 年首次用于美国新奥尔良的一家酿造厂的冷冻设备。此外，化学氰（石油醚和石脑油）、二氧化硫（R-764）和甲醚等化学制品都曾被作为蒸汽压缩制冷剂，但仅应用于工业生产中，食物等存储仍然使用冬天收集或工业制备的冰块。可以说，早期业界对制冷剂进行了各种尝试，基本上"能用就行"。直到 20 世纪 30 年代出现了人工合成的卤代烃制冷剂，当时的杜邦公司将其命名为氟利昂（Freon）。一系列卤代烃制冷剂相继出现，使其在制冷剂应用中占据统治地位[1,2]。

卤代烃制冷剂到目前一共经历了四代。第一代为 CFC（氟氯烷烃）类物质，其中包括 CFC-11（R-11）、CFC-12（R-12）等，于 20 世纪 30 年代引入。HCFC（氢氟氯烃）为第二代制冷剂，最具代表性的产品为人们所熟知的 HCFC-22（R-22），它几乎与第一代制冷剂同时问世，被广泛应用于空调、冷冻、发泡等行业，其他的代表性物质包括 HCFC-142b（R-142b）和 HCFC-141b（R-141b）。有关制冷剂的编号和命名规则，可参考 ASHRAE 34 以及 GB 7778 等标准。

第一、二代制冷剂由其优良的热物性而被广泛使用，直到 1974 年，莫里纳和诺兰两位教授发表氯元素的臭氧层破坏效应（ODP）论文后[3]，ODP 问题引起了广泛的关注。在联合国的主持下，国际社会制定了相关的条约开始淘汰和限制使用 ODS（臭氧层破坏物质），涉及制冷剂、发泡剂以及灭火剂等应用。目前欧洲发达国家的第二代制冷剂已经完全退出，美洲地区也在快速淘汰。但制冷设备从开始使用一种制冷剂到淘汰一般需要 8~10 年的时间，这导致第二代仍有相当规模的需求，后文将详述淘汰的日程表。

HFC（氢氟烃）作为第三代制冷剂，主要用于替代第一、二代制冷剂，其 ODP 值为 0。典型的物质有 HFC-134a（R-134a，用于替代 R-12）、R-410A/R-407C（用于替代 R-22）以及 HFC-245fa（R-245fa 发泡剂用以替代 R-141b），其 ODP 值为 0。HFCs 凭借着优秀的能效与环保特性，于 20 世纪 90 年代推出后，在全球范围内迅速且广泛地应用于空调、制冷、发泡等行业。尽管第三代制冷剂的 ODP 值为 0，但是具有比较高的全球变暖潜值（GWP），随着使用量的扩大，仍会加速全球变暖。因此国际社会也开始限制使用高 GWP 的 HFCs 类制冷剂，并积极需求其替代技术方案。

第四代制冷剂的分子结构更为复杂，目前主要有 HFO（氢氟烯烃）类，代表产品包括 HFO-

1234ze［R-1234ze（E）］、HFO-1234yf（R-1234yf）以及 HCFO-1233zd［R-1233zd（E）］等。三个物质的 GWP 值都不超过 1，具有卓越的环保性能。随着对高 GWP 制冷剂的使用限制，HFO 制冷剂在汽车空调、冷水机组以及商业冷冻、冷藏等领域开始规模化的商业应用。此外一些低 GWP 的 HFC 类制冷剂也得到了重视，例如 R-32 在家用空调中的应用[4]。

15.2　驱动制冷剂发展的法规介绍

15.2.1　ODS/GWP 管控相关协议

1974 年，莫里纳和诺兰两位教授揭开氯元素与臭氧层破坏之间的关系后，联合国于 20 世纪 80 年代主持召开了一系列国际会议，并最终在 1985 年签署了《保护臭氧层维也纳公约》。在此基础上以欧共体等国家为主体于 1987 年签署了《蒙特利尔协议》，增加了具体的行动措施。协议列举了 8 种受控物质，将 MOP 缔约国（蒙特利尔协议缔约国）分成两类，一般称为条款 5（多为发展中国家和地区，如中国）和非条款 5（多为发达国家和地区）国家，并定义了两类主体的责任和义务。之后 MOP 大会定期召开，又通过了一系列的协议，扩大了受控物质的范围[5]。

按照《蒙特利尔协议》第一代 CFC 物质已经被行业所淘汰，在此不再赘述。第二代 HCFC 制冷剂，协议规定的非条款 5 国家于 2020 年停止使用，只保留 0.5% 的量供维修用。而缔约国 A5 条款国家，正在按照图 15-1 所示的日程表逐步实施淘汰，并将于 2030 年淘汰 95%，只保留 5% 用作维修使用。

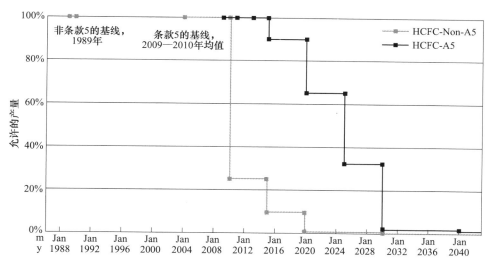

图 15-1　《蒙特利尔协议》HCFC 淘汰日程

注：基线的计算，（1989 年 HCFC 的产量+2.8% CFC 产量）与（1989 年 HCFC 的消费量+2.8%CFC 消费量）的平均值。

我国作为 MOP 缔约国 A5 国家，分阶段实施 HPMP（HCFC Phase out Management Program）履约项目，主要是空调用制冷剂 R-290 替代 R-22，发泡剂 R-245fa 替代 R-141b。

作为四大环境问题之一的另一个议题是全球变暖，20 世纪 90 年代随着臭氧层破坏问题的逐步控制和解决而引起重视，《京都协议》在此背景下于 1997 年在日本京都签署。在此框架下，欧盟承诺的减排目标为：与 1990 年相比，在 2008—2012 年年间，碳排放减少 8%；长期而言，则要减少70%。

《蒙特利尔协议》作为"有史以来最成功的国际协议",为保护环境提供了良好的实践经验,因此全球范围内控制温室气体排放的协议——《基加利协议》在此基础上签署。这里主要介绍欧盟的含氟气体指令,日本、美国等国家关于限制和淘汰高GWP物质,以及全球的减排协议,特别是和制冷剂应用有关的法律法规。这些法规以不同的机制来限制高GWP制冷剂的应用,对未来制冷空调行业将产生非常深刻的影响,甚至是重塑整个行业。

15.2.2　欧盟含氟气体指令

欧盟地区主要采用总量削减,配合在一些具体应用中禁用高GWP值物质来实现减排目标,具体实施则采用配额管理。

1. 碳当量削减

2006年发布实施的2006/842/EC含氟气体指令[6],针对含氟气体做出了一系列的规定:包括储藏(泄漏检测)、回收,作业人员培训及认证,(生产商、贸易商)报备,禁用(六氟化硫和其他一些应用)等内容。该指令对制冷空调中含氟制冷剂的使用影响并不大,其中的一些措施主要是为进一步实施更严格的排放控制法规做政策准备,如生产商、进出口贸易商对生产和销售的含氟气体量进行报备,直接作为后续配额管理和分配的依据。该阶段最大的影响来自汽车空调,即2006/40/EC[7]指令,其中直接规定了从2011年1月1日起,新注册车型的空调制冷剂GWP不能超过150,具体影响的车型可参考指令中指明的范围。而从2017年1月1日起,所有的新出厂车型的空调制冷剂GWP都不能超过150,实行全面的切换。

为实现长期的减排目标,2014年欧盟又发布了2014/517/EC[8],该指令明确提出对若干高GWP制冷剂实施禁用,并通过逐步削减总的二氧化碳当量排放来实现最终目标。新指令主要采取两大措施:减少泄漏以及禁用高GWP含氟气体。指令从2015年1月1日起实施。

削减的基准值是2009—2012年报告的制冷剂消耗量的平均二氧化碳当量值,然后从2015年起冻结消费量到上述的基准值。2016年起逐步削减,最终到2030年削减79%(二氧化碳当量)。具体的削减时间表如图15-2所示。

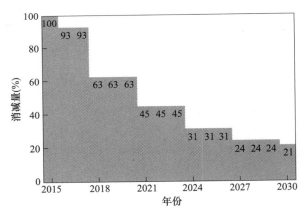

图15-2　欧盟HFCs削减计划(2015—2030年)

2. 禁用措施

禁用措施即在未来某个时间点针对某些设备直接禁止高GWP制冷剂的使用,无论是维修还是新造系统。

从2020年开始,针对满足制冷功率高于40kW且温度低于-50℃(不包含)的大型冷藏设备,首先禁止维修用GWP高于2500的HFCs,基于此R-404A、R-507A在很多冷冻系统中的维修、维护不可以继续使用。但是特别鼓励制冷剂回收,对回收再利用的HFCs则可以使用到2030年。

对新造系统,针对不同类型的设备,设置了不同的禁用限值和时间,见表15-1。

表 15-1 新造制冷空调设备中制冷剂禁用年限及 GWP 限值

设 备[①]	禁用制冷剂	年限
家用冰箱、冷藏箱	GWP>150 的制冷剂	2015 年
商用（全封系统）冰箱、冷藏箱	GWP≥2500 的制冷剂	2020 年
固定冷藏设备（但不包括用于−50℃以下的设备）	GWP>2500 的 HFCs 制冷剂	2020 年
功率大于 40kW 的商用中央冷藏系统（不包括复叠系统）	GWP>150 的 HFCs 制冷剂	2022 年
移动式房间空调器（全封闭）	GWP≥150 的 HFCs 制冷剂	2020 年
充注量小于 3kg 的分体式空调系统	GWP≥750 的制冷剂	2025 年

① 由于翻译以及国内外不同的定义，相关规定以欧盟官方的描述为准。

15.2.3 合理使用和适当管理碳氟化合物法案（日本）

日本的管制法案整体上采用"抓大放小"的策略，只对使用达到一定规模的氟产品进行控制，且通过设定加权平均的 GWP 上限目标值来引导产业向低 GWP 技术转移，从而达到减排的目的。

关于氟制品使用合理化和妥善管理的法律（2001 年 6 月 22 日第 64 号法律，下文简称氟制品修正法[9]）第 2 条第 2 项指定的制品（下文简称管制品）必须满足以下两点：

1）在日本国内大量被使用，且使用了相当数量的含氟制冷剂的产品。具体数量的规定如下：

①最近年度内该产品在日本国内的出货量对应的氟制冷剂使用量（折算成二氧化碳）超过 1 万 t 二氧化碳。

②市场保有的该产品对应的含氟制冷剂量（折算成二氧化碳）超过 5 万 t 二氧化碳。

2）具备潜在的替代技术。替代技术的可用性依据下述指标来评估：

①安全性（燃烧性、毒性等对人体或者财产有危害的因素）。

②经济性（价格、供给稳定性、防止泄漏而带来的经济效益、回收—再生—降解需要的费用等各因素的综合考虑）。

①性能（包含能效）。

②新技术开发和商品化的预期。

在针对现有产品的替代品中，选择具有最低 GWP 值的不含氟产品或者可降低使用量含氟产品，且这些产品能够普及使用。根据该替代品的 GWP 值设定出上限目标值[10]。

据此，确定了表 15-2 管制品以及 GWP 的目标值。

表 15-2 各类管制品及 GWP 的目标值

管制品类别	管 制 品	GWP 的目标值	时 间
空调	家用空调（柜机，多联机，以及豁免产品中所列项目除外）	750	2018 年
	店铺，办公室用空调（柜机，标称制冷能力 3 冷吨以上的产品，以及豁免产品中所列项目除外）	750	2020 年
	车用空调（仅限于小型乘用车，定员人数 11 人以上的汽车除外）	150	2023 年

（续）

管制品类别	管 制 品	GWP 的目标值	时　间
冷冻冷藏机组	冷凝机组和固定式冷冻冷藏机组（蒸发温度下限值不足-45℃的产品，压缩机标称功率在 1.5kW 以下的产品除外）	1500	2025 年
	中央式冷冻冷藏机组（仅限于蒸发器出口被冷却介质温度下限值不足-10℃的产品，有效容积 5 万 m² 以上的新建、改建、增建的冷冻冷藏仓库）	100	2019 年
	用硬质聚氨酯泡沫制造的隔热材料（仅限于现场发泡用的住宅建筑材料）	100	2020 年
	充填了专用抛射剂的气雾器（专门用于不燃性用途的产品除外）	10	2019 年

作为《基加利协议》的缔约国，在该列表的基础上，后续无论是制冷剂还是系统，若在安全性、经济性和热性能（能效）、环境性能等方面的开发有进展，将陆续增加新的应用的 GWP 限值[11]。

15.2.4　杰出替代品目录修订（美国）

早在淘汰 CFC 时期，美国环保署就制定实施了 SNAP（Significant New Alternatives Policy，杰出替代品政策），该政策针对不同的应用，制定了可供选择使用的制冷剂列表。而不在列表中的制冷剂，则不可以在美国使用，这也意味着，新的制冷剂若在美国使用，必须先进行 SNAP 注册，添加到相应的列表中，才有可能进入实用。环保署通过定期发布 SNAP 规则，添加新的物质或者移除计划淘汰的制冷剂，从而引导行业走向环保的方向。

在规则 20 以及 21 中[12]，具体政策如下：

1）新造轻型车（Light Duty Vehicles）的空调制冷剂，从 2021 车型年（Model Year）起，R-134a 不适用。

2）对改造食品零售冷冻（包含分体式机组、冷凝单元、超市系统）、自动售货机用制冷剂，从 2016 年 7 月 20 日起，R-507A 和 R-404A 不适用。

3）对新造超市冷冻，从 2017 年 1 月 1 日起，R-507A 和 R-404A 不适用；冷凝单元，从 2018 年 1 月 1 日起，R-507A 和 R-404A 不适用；自动售货机，从 2019 年 1 月 1 日起，R-507A、R-404A、R-134A 不适用。

4）此外还对 R-134a 等作为气雾剂和发泡剂应用，以及独立式制冷系统的制冷剂如 R-404A、R-507A 以及 R-134a 等提出了禁用年限。特别指出的是，该方案对每一类应用都列出详细的禁用物质，以上只是列举了最常用的制冷剂，详细以原文为准[12]。

近年来，美国联邦政府在碳排放政策上有些反复[13,14]。在此背景下，以加利福尼亚为代表的州政府倡议继续实施 SNAP 的有关规则，并得到多个州政府的响应，后续关于该规则的实施进展，还需密切关注有关的立法进展[15]。

15.2.5　基加利协议[16]（全球）

《蒙特利尔协议》被认为是迄今为止实施最成功的国际性条约，其对 ODS 的管控成功减小了臭氧层空洞的直径，因此关于全球变暖问题也纳入到该框架下来解决。在 2016 年签约国第二十八次会议（卢旺达首都基加利）就削减 HFCs、解决全球变暖问题形成了《基加利协议》。该协议主要内容包括受控物质、管控时间表、非条约国家贸易、许可证制度、资金安排、替代技术审查（特别是安全考量）以及豁免等事项。这里主要介绍一下受控物质以及管控时间表。

1. 受控物质

表 15-3 列举了主要的受控 HFC 物质，目前广泛使用的 HFC 类制冷剂基本都在管控之列，例如 HFC-134a、HFC-32、HFC-125 等（ASHRAE 编号为 4×× 系列的制冷剂为这些单体的混合物，因此自然也属管控对象）。

表 15-3　《基加利协议》受控 HFC 物质

类　别	名　称	GWP（100 年）
组 1		
CHF2CHF2	HFC-134	1100
CH2FCF3	HFC-134a	1430
CH2FCHF2	HFC-143	353
CHF2CH2CF3	HFC-245fa	1030
CF3CH2CF2CH3	HFC-365mfc	794
CF3CHFCF3	HFC-227ea	3220
CH2FCF2CF3	HFC-236cb	1340
CHF2CHFCF3	HFC-236ea	1370
CF3CH2CF3	HFC-236fa	9810
CH2FCF2CHF2	HFC-245ca	693
CF3CHFCHFCF2CF3	HFC-43-10mee	1640
CH2F2	HFC-32	675
CHF2CF3	HFC-125	3500
CH3CF3	HFC-143a	4470
CH3F	HFC-41	92
CH2FCH2F	HFC-152	53
CH3CHF2	HFC-152a	124
组 2		
CHF3	HFC-23	14800

2. 管控时间表

《基加利协议》约定 HFC 生产和消费的"逐步减量"，而非针对特定应用的禁用，且各个国家将制定各自的政策实现减排目标。相关国家和地区分成了三类，条款 2 国家（美国等发达国家），条款 5 国家一组（中国等发展中国家）以及条款 5 国家二组（基本以印度、海湾国家等高温地区组成）。表 15-4 为各类国家的淘汰目标和日程。

表 15-4　《基加利协议》HFC 淘汰日程

项　目	条款 2 国家	条款 5 国家一组	条款 5 国家二组
基线	2011—2013 年	2020—2022 年	2024—2026 年
算法	HFC 消费平均值	HFC 消费平均值	HFC 消费平均值
HCFC	15%基线	65%基线	65%基线

（续）

项　　目	条款2国家	条款5国家一组	条款5国家二组
冻结年	—	2024年	2028年
第一步	2019年：10%	2029年：10%	2032年：10%
第二步	2024年：40%	2035年：30%	2037年：20%
第三步	2029年：70%	2040年：50%	2042年：30%
第四步	2034年：80%	—	—
最终水平	2036年：85%	2045年：80%	2047年：85%

15.3　主要的低GWP制冷剂介绍

15.3.1　主要HFO制冷剂及天然制冷剂特性

新制冷剂的研发主要考量了环保、安全、性能以及综合成本等因素。比较适宜当前工程应用的制冷剂研发和筛选应满足如下要求：

1）环境方面：ODP值应为0或低到可忽略的水平。GWP值尽可能的低，可参考一些主流法律法规的限值，如小于750或150。

2）安全：毒性和可燃性。新工质应低毒，依据不同的使用场景，有可接受的可燃性。

3）热工性能：新制冷剂要有合适的蒸发温度、冷凝温度、冷凝压力、排气压力等特性。

4）成本：指整体的应用成本，包括制冷剂本身的成本、碳排放配额、因可燃性而带来的安全措施成本、维修维护成本以及设计变更等要求带来的额外成本。

制冷剂的安全性，按照ASHARE 34约定，制冷剂的毒性分两类，A类为低毒性，B类为高毒性；而可燃性则分四个等级，1为不可燃，2L为弱可燃，2为可燃，3为易燃。由毒性和可燃性组合，可生成如图15-3所示的8个类别。

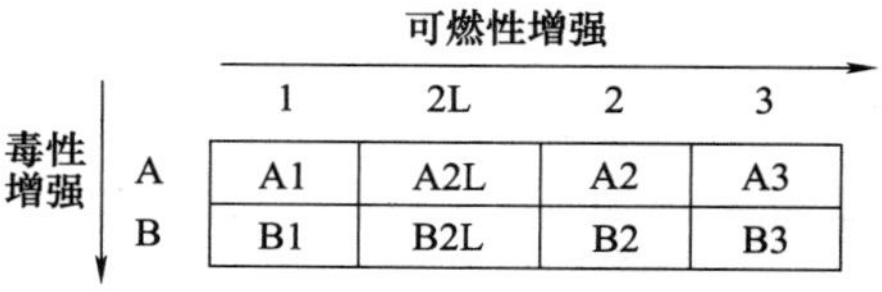

典型制冷剂如R-410A为A1类，低毒不可燃。氨（R-717）则为B2L类，高毒弱可燃。丙烷（R-290）为A3类，低毒易燃。

	可燃性增强			
	1	2L	2	3
毒性增强 A	A1	A2L	A2	A3
B	B1	B2L	B2	B3

图15-3　制冷剂安全性分类
（毒性、可燃性）

第四代HFO制冷剂与之前的卤代烷烃制冷剂相比，其分子结构为卤代烯烃，含有碳-碳双键，大气寿命短，GWP值显著降低。目前已经商业化的分子主要有1234yf、1234ze（E）、1233zd（E）、1336mzz（E）等。此外，一些"天然"制冷剂，如二氧化碳、氨、碳氢化合物（HC）等，以及一些低GWP的HFC类物质，也具有较好的环保特性被使用和研究。表15-5给出主要低GWP物质的特性，包含了HFC、HFO、HC以及部分天然工质。

表15-5　主要低GWP物质特性

项　　目	R-152a	R-32	R-1234yf	R-1234ze（E）	R-1233zd（E）	R-1336mzz（Z）	R-717	R-744	R-1270	R-290	R-600	R-600a
分子量	66.1	52.0	114.0	114.0	130.5	164.1	17.0	44.0	42.1	44.1	58.1	58.1
临界压力/MPa	4.5	5.8	3.4	3.6	3.6	2.9	11.4	7.4	4.6	4.3	3.8	3.6

（续）

项　目	R-152a	R-32	R-1234yf	R-1234ze (E)	R-1233zd (E)	R-1336mzz (Z)	R-717	R-744	R-1270	R-290	R-600	R-600a
临界温度/℃	113.3	78.1	94.7	109.4	166.5	171.4	132.4	31.0	91.1	96.7	152.0	134.7
标准沸点/℃	−24.0	−51.6	−29.5	−19.0	18.3	33.5	−33.3	—	−47.6	−42.1	−0.5	−11.7
GWP[①]	124	675	<1	<1	<1	<1	15	1	<20	<20	<20	<20
ASHRAE 安全性等级	A2	A2L	A2L	A2L	A1	B1	B2L	A1	A3	A3	A3	A3
类别	HFC	HFC	HFO	HFO	HCFO	HFO	—	—	HC	HC	HC	HC

① 此处的 GWP 值均参考 IPCCC AR4[17]（下同），部分物质参考 AR5。碳氢化合物则采用一般性的处理，统一采用 <20 的数值。

上述物质可以单独使用，例如 R-1234yf 是目前汽车空调 R-134a 的主要替代物，或者作为混合制冷剂开发的主要成分，这也是目前替代制冷剂研究非常活跃的领域，每年都有新的制冷剂配方发布。AHRI（美国供热、制冷协会）组织了两轮低 GWP 替代工质的筛选和评估[18]，结合工业界的最新状态，下面介绍相关进展。

15.3.2　低 GWP 制冷剂应用进展

1. 冷冻用制冷剂

在冷冻用高压混合制冷剂中，R-404A 作为 HCFC-502A 的替代物，显著的特点是具有比较低的排气温度，因而广泛地应用于工业、商业制冷中，特别是低温冷冻以及高环境温度的冷冻，例如低温冷藏集装箱等应用。但其具有相对较高的 GWP 值（3952），且对制冷剂充注量较大的制冷系统（例如超市），通常具有较高的泄漏率（每年 5% ~ 25% 不等），对环境产生重大的影响。因此 R-404A 也是相关法规首先限制或淘汰的物质。对于《蒙特利尔协议》条款 5 国家，目前也正在淘汰 R-22，目前的替代方案中，主要有两类：GWP<1500，不可燃的替代物，主要用于类似超市冷冻等大充注量，泄漏率高等场合；另一类为可燃或弱可燃，GWP<150，充注量小、泄漏率也比较小的场合，例如自携柜、一体柜等。表 15-6 和表 15-7[19,20] 列出了两类替代方案主要的替代物的基本信息（除非特别说明，其他新型制冷剂信息主要来源于此）。

表 15-6　可燃 R-404A/507A/22 替代物

项　目	R-404A	R-507A	R-452A[①]	R-448A	R-449A	R-407H	R-22
组成	[R-125/143a/134a (44/52/4)]	[R-125/143a (50/50)]	[R-32/125/1234yf (11/59/30)]	[R-32/125/1234yf/134a/1234ze(E) (26/26/20/21/7)]	[R-32/125/1234yf/134a (24.3/24.7/25.3/25.7)]	[R-32/125/134a (32.5/15/52.5)]	[R-22/(100)]
临界压力/MPa	3.7	3.7	4.0	4.6	4.5	4.9	5.0
临界温度/℃	72.1	70.6	75.0	82.7	82.1	86.5	96.1
沸点/℃	−46.2	−46.7	−46.9	−46.1	−45.7	−44.6	−40.8
容积制冷量@25℃/(kJ/kg)	9209.8	9404.3	9285.8	9200.4	9128.2	9053.4	8082.9

（续）

项　　目	R-404A	R-507A	R-452A①	R-448A	R-449A	R-407H	R-22
饱和气相压 @25℃/bar	12.4	12.8	11.9	11.2	11.1	10.6	10.4
温度滑移 @25℃/K	0.4	0.0	3.7	5.2	4.8	5.6	0.0
GWP	3922	3985	2140	1387	1397	1495	1810
ASHRAE 安全性等级	A1	A1	A1	A1	A1	A1	A1
主要特点 及应用	GWP值都比较高，用于工商业冷冻，R-507A适用于满液式系统，其他场合R-404A和R-507A可互换		用于高环境温度的低温冷冻	工商业冷冻R-404A替代，R-448A性能略优		HFC混合物，性能较R-404A有所下降	HCFC类工质，正在淘汰

① 此处特别列出R-452A，尽管其GWP超过1500，由于具有和R-404A接近的低排气温度，特别适合在一些高环境温度的应用场合应用，比如冷藏集装箱等

表 15-7　弱可燃的 R-404A 替代物

项　　目	R-404A	R-455A	R-454C	R-290
组　　成	［R-125/143a/ 134a(44/52/4)］	［CO₂/32/1234yf (3/21.5/75.5)］	［R-32/1234yf (21.5/78.5)］	［R-290/ (100)］
临界压力/MPa	3.7	4.65	4.32	4.25
临界温度/℃	72.1	85.6	85.7	96.7
沸点/℃	−46.2	−52.0	−45.6	−42.1
容积制冷量 @25℃/(kJ/kg)	9209.8	8945.2	8168.0	6922.1
饱和气相压力 @25℃/bar	12.4	10.42	9.77	9.5
温度滑移@25℃/K	0.4	10.79	7.32	0.00
GWP	3922	148	148	
ASHRAE 安全性等级	A1	A2L	A2L	A3
燃烧下限（LFL） （v/v,%）	—	11.8	>7	2.1
主要特点及应用		具有接近R-404A的容积制冷量和效率，非常窄的可燃范围，适用于小型商业冷冻以及大型载冷剂系统	适用于小型商业冷冻以及大型载冷剂系统	易燃，适用于小型制冷装置，对使用场所有严格限制

2. 家用、轻商空调制冷剂

R-410A 制冷剂广泛应用于家用以及轻型商用空调，其 ODP 为 0。但是 R-410A 的 GWP 为 2088。按照有关协议，家用空调的 GWP 值不超过 750，且从长远来看，要满足整体 HFC 碳排放

减少 80% 左右的目标，R-410A 的 GWP 值还是太高。家用空调目前主要的替代方案是 R-32，但需要解决润滑油和材料兼容性的问题。而 R-452B 与 R-454B 整体上物性更接近 R-410A，因而替代相对容易一些，也得到了一些厂商的青睐。但是这三个替代物均为弱可燃，2L 类，有一定的充注量限制以及安全性的担心，因而主要应用在小充注量的场合，如家用分体式空调、热泵热水器等场合。以目前的法律法规来看，2L 制冷剂不适宜类似轻型商用空调等充注量比较大的应用，例如多联机。

R-466A 是目前混合制冷剂中唯一的 GWP 低于 750 且不可燃的替代方案，应用于轻商空调时，无须担心可燃性带来的安全风险。表 15-8 给出 R-410A 空调用替代方案的主要特性。

表 15-8　GWP 低于 750 的 R-410A 替代方案对比

项　　目	R-410A	R-32	R-466A	R-452B	R-454B
组　　成	［R-32/125（50/50）］	［R-32/（100）］	［R-32/125/13I1（49/11.5/39.5）］	［R-32/125/1234yf（67/7/26）］	［R-32/1234yf（68.9/31.1）］
临界压力/MPa	4.90	5.78	5.14	5.22	5.27
临界温度/℃	71.3	78.1	76.5	77.1	78.1
沸点/℃	-51.4	-51.6	-54.0	-50.7	-50.5
容积制冷量@25℃/（kJ/kg）	12314.2	12824.4	12814.0	11705.0	11575.8
饱和气相压力@25℃/bar	16.5	16.9	17.5	15.4	15.2
温度滑移@25℃/K	0.1	0.0	0.1	1.2	1.2
GWP	2088	675	733	698	466
ASHRAE 安全性等级	A1	A2L	A1	A2L	A2L
燃烧下限（LFL）（v/v,%）	—	14.4	—	11.9	11.25
主要特点及应用	主流的家用，轻型商用空调制冷剂	家用空调主要的替代物，弱可燃	不可燃替代物，特别是对充注量比较大的系统，不需要额外的安全措施	比较接近 R-410A，针对充注量小的系统，无须对系统设计进行大的变更	

3. 冷水机组应用

大型冷水机组目前主要采用两类制冷剂：中压制冷剂以 R-134a 为主，低压制冷剂以 R-123 为主。前者的 GWP 值为 1430，从长远来看，不能满足 HFC 削减的目标，需要降低。而后者则为 HCFC 类物质，正在被淘汰。表 15-9 和表 15-10 给出中压、低压冷水机组主要替代方案的特性。

表 15-9　中压冷水机组替代方案

项　　目	R-134a	R-1234ze(E)	R-515B	R-450A	R-513A	R-1234yf	R-1270
组　　成	［R-134a/（100）］	［R-1234ze（E）/（100）］	［R-227ea/1234ze（E）（8.9/91.1）］	［R-134a/1234ze（E）（42/58）］	［R-134a/1234yf（44/56）］	［R-1234yf/（100）］	［R-1270/（100）］
临界压力/MPa	4.06	3.63	3.58	3.82	3.65	3.38	4.56

（续）

项　目	R-134a	R-1234ze(E)	R-515B	R-450A	R-513A	R-1234yf	R-1270
临界温度/℃	101.1	109.4	108.9	104.5	94.9	94.7	91.1
沸点/℃	−26.1	−19.0	−18.8	−23.4	−29.6	−29.5	−47.6
容积制冷量 @25℃/(kJ/kg)	5751.4	4393.4	4367.1	5070.2	5883.3	5512.9	5302.6
饱和气相压力 @25℃/bar	6.65	4.99	4.95	5.79	7.13	6.83	11.54
温度滑移@25℃/K	0.00	0.00	0.02	0.64	0.00	0.00	0.00
GWP	1430	<1	299	601	629	<1	<20
ASHRAE 安全性等级	A1	A2L	A1	A1	A1	A2L	A3
燃烧下限（LFL）(v/v,%)	—	6.5	—	—	—	6.2	2.7
主要特点及应用	主流的中压冷水机组用制冷剂	超低温室效应替代物，较高的临界温度，较低的工作压力	物性与R-1234ze(E)相同，GWP略高，不可燃	与R-134a性能比较接近，可实现快速替换，综合经济性好	与R-134a性能相同，快速替代	与R-134a性能接近，适用于紧凑型系统	易燃，用于对可燃性有专业的管理能力的场合

表 15-10　低压冷水机组以及 ORC、热泵用替代方案

项　目	R-123	R-1233zd（E）	R-245fa	R-514A
组　成	［R-123/(100)］	［R-1233zd(E)/(100)］	［R-245fa/(100)］	［R-1336mzz(Z)/1130(E)(74.7/25.3)］
临界压/MPa	3.66	3.62	3.65	3.65
临界温度/℃	183.7	166.5	153.9	94.9
沸点/℃	27.8	18.3	15.1	37.4
容积制冷量 @25℃/(kJ/kg)	156.6	248.1	284.1	120.6
饱和气相压力 @25℃/bar	0.91	1.30	1.49	0.60
GWP	77	<1	1030	2（AR5）
ASHRAE 安全性等级	B1	A1	B1	B1
主要特点及应用	HCFC 类物质，正在淘汰	低毒不可燃工质，新一代冷水机组的主流工质，也可用于高温热泵、ORC	HFC 类物质，冷水机组有少量应用，目前高温热泵、ORC 的主要工质	接近 R-123，可用于新造及改造机组

15.4　可燃制冷剂的风险评估

15.4.1　制冷剂的可燃性

　　制冷剂的可燃性分两个维度，以四个参数来度量，如图 15-4 所示[21]。第一个维度为燃烧的可能性，燃烧下限以及最小点火能量。燃烧下限越低，越容易发生燃烧，表示空气中只要有少量的物质就具备燃烧的条件；最小点火能量表示在浓度超过燃烧下限后，激发燃烧所需的外界能量，能量越低则越容易发生燃烧。另外一个维度是一旦发生燃烧后，燃烧的危害性，通过燃烧热和燃烧速度来度量。燃烧热指燃烧发生时的放热，显然，放热越多，带来的危害越大；燃烧速度指燃烧扩展的速度（注意，这里不是指火焰传播的速度），速度越高则带来的危害越大。

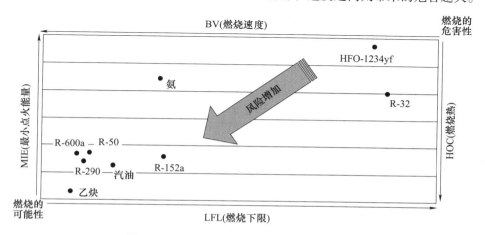

图 15-4　可燃制冷剂可燃性、危害性的表征

15.4.2　风险评估

　　如上所述，可燃制冷剂发生燃烧需要两个基本条件，第一是制冷剂浓度要高于 LFL，第二是环境中有能量高于 MIE 的激发源。此外，如果燃烧能够持续，则空气流动的速度要小于燃烧速度。这三个条件发生的交集则为燃烧发生的区域，如图 15-5 所示[22]。JSRAE（日本冷冻空调工程师协会）组织学界、工业界组成多个工作组，针对分体式空调（包括壁挂机和柜机）、多联机、冷水机组等不同应用，利用故障树方法，分析了 2L 制冷剂在使用中可能发生燃烧的概率，并公布了相关的研究结果。当燃烧发生的概率高于设定目标时，则建议采取相应的工程措施将风险降低到可接受的范围。

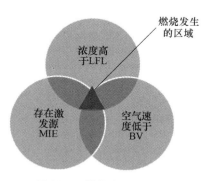

图 15-5　燃烧发生的机理

　　美国历来对可燃制冷剂的使用都持十分谨慎的态度，AHRI 联合加州空气委员会、ASHRAE 以及美国能源部等机构，也从不同角度对可燃制冷剂的使用进行评估，并发布了相关的研究报告[23]。

　　可燃制冷剂的使用，特别是对空调系统的使用，相关的研究和标准还在不断地完善中。从标准的角度看，主要集中在不同可燃级别制冷剂充注量在不同的设备中限定值的确定及方法，对使用可燃制冷剂设备的安全要求以及对安装使用场所的相关要求；对设备商来说，充注量的放宽只是准许使用的第一步，如何在实践中管控自己产品的风险还需要逐步积累更多的经验和数据。

本章参考文献

[1] 王如竹. 制冷学科进展研究与发展报告 [M]. 北京：科学出版社，2007.

[2] CARROLL G, Refrigeration：a history [M]. [s. l.] McFarland & Company, Inc., 2015.

[3] MARIO M, ROWLAND F S. Stratospheric sink for chlorofluoromethanes：chlorine atom-catalysed destruction of ozone [J]. Nature, 1974, 249：810-812.

[4] CALM J M. Proceedings of the ASHRAE/NIST conference, refrigerant transitions again moving towards sustainability [C], Atlanta：ASHRAE, 2012.

[5] OZONE SECRETARIAT UNEP. Handbook for the montreal protocol on substances that deplete the ozone layer：twelfth edition [EB/OL]. [2019-12-22]. https：//ozone. unep. org/sites/default/files/2019-04/MP_ handbook-english-2018. pdf.

[6] EUR-LEX. Regulation (EC) No. 842/2006 of the european parliament and of the council of 17 May 2006 on certain fluorinated greenhouse gases (text with EEA relevance) [R/OL]. [2019-12-22]. http：//eur-lex. europa. eu/legal-content/EN/TXT/? uri=CELEX：32006R0842.

[7] EUR-LEX. Regulation (EC) No. 2006/40/EC of the european parliament and of the council of 17 May 2006 relating to emissions from air conditioning systems in motor vehicles and amending council directive 70/156/EEC：text with EEA relevance [R/OL]. [2019-12-22]. http：//eur-lex. europa. eu/legal-content/EN/TXT/? uri=CELEX：32006L0040.

[8] EUR-LEX. Regulation (EU) No 517/2014 of the european parliament and of the council of 16 April 2014 on fluorinated greenhouse gases and repealing regulation (EC) No. 842/2006：text with EEA relevance, [R/OL]. [2019-12-22]. http：//eur-lex. europa. eu/legal-content/EN/TXT/? uri=uriserv：OJ. L_. 2014. 150. 01. 0195. 01. ENG.

[9] Ministry of the Economics Trade and Industry Japan. Law on rationalization and use of fluorocarbons [EB/OL]. [2020-02-15]. https：//www. meti. go. jp/policy/chemical_ management/ozone/index. html.

[10] Ministry of Environment Japan. Act on rational use and proper management of fluorocarbons [R/OL]. [2020-06-22]. http：//www. env. go. jp/earth/furon/files/englishmaterial. pdf.

[11] The Japan Refrigeration and Air-conditioning Industry Association. Meeting presentation [R/OL]. [2019-12-18]. https：//www. jraia. or. jp/english/relations/index. html.

[12] Environmental Protection Agency. Significant new alternatives policy (SNAP) [R/OL]. [2020-06-15]. https：//www. epa. gov/snap/snap-regulations.

[13] The NEWS. Supreme court declines to hear HFC case [R/OL]. [2020-2-23]. https：//www. achrnews. com/articles/140040-supreme-court-declines-to-hear-hfc-case.

[14] United States Court of Appeals FOR THE DISTRICT OF COLUMBIA CIRCUIT. [R/OL]. [2020-5-20] http：//www. ipcc. ch/site/assets/uploads/2018/02/ar4_ syr_ full_ report. pdf.

[15] CALIFORNIA AIR SOURCE BOARD. California significant new alternatives policy (SNAP) [R/OL]. [2020-05-20]. https：//ww2. arb. ca. gov/our-work/programs/california-significant-new-alternatives-policy-snap.

[16] UNEP. Decision XXVIII/1：further amendment of the montreal protocol [R/OL]. [2020-4-15]. https：//ozone. unep. org/sites/default/files/2019-04/Original_ depositary_ notification_ english_ version_ with_ corrections. pdf.

[17] IPCC. The fourth assessment report of the intergovernmental panel on climate change [EB/OL]. [2019-09-10].

[18] AHRI. AHRI low-GWP alternative refrigerants evaluation program [A/OL]. [2019-11-23]. http：//www. ahrinet. org/arep.

[19] HONEYWELL. Refrigerants [R/OL]. [2020-5-11]. https：//www. fluorineproducts-honeywell. com/refrigerants/products/.

[20] CHEMOURS. Refrigerants [R/OL]. [2020-5-11]. https：//www. opteon. com/en/products/refrigerants.

［21］　HONEYWELL. Mildly flammable refrigerants working with A2Ls ［R/OL］. ［2020-3-08］. https：//www. honeywell-re-frigerants. com/europe/wp-content/uploads/2018/12/Chillventa-2018_ Honeywell_ Mildly-Flammable-Refrigerants-Working-with- A2L. . . . pdf.

［22］　The Japan Society of Refrigerants and Air Conditioning Engineers. Risk assessment of mildly flammable refrigerants ［R/OL］. ［2019-12-15］. https：//www. jsrae. or. jp/committee/binensei/final_ report_ 2016r1_ en. pdf.

［23］　AHRI，AHRI flammable refrigerants research initiative ［A/OL］. ［2019-11-23］. http：//www. ahrinet. org/Resources/Re-search/AHRI-Flammable-Refrigerants-Research-Initiative.